成方金融科技有限公司·组编

张曙光 涂锟 陆阳 王琦 陈艳晶 柯琪锐·编著

量子计算与人工智能前沿技术丛书

隐私计算与密码学应用实践

电子工业出版社
Publishing House of Electronics Industry
北京·BEIJING

内 容 简 介

随着数据要素化时代的到来，数据的流通和共享已成为数据要素化的显著特征。然而，这种流通和共享往往具有隐私泄露的风险，甚至可能给企业或个人造成不可估量的损失。为此，隐私计算技术成为数据要素化发展的重要支撑。

本书以密码学知识体系作为介绍隐私计算的着眼点，系统介绍了如何通过密码学构建隐私计算体系，并解析了如何将这些知识体系应用到真实场景中。全书共分 6 章，内容涵盖基础密码学、前沿密码学及相关知识，同时也梳理了隐私计算应用、隐私计算算子、基础密码算法的具体对应关系。

本书适合密码学、隐私保护、大数据和人工智能等相关专业的学生和初级从业者阅读，同时也适合对隐私计算、密码学感兴趣并尝试转岗的从业者阅读。

图书在版编目（CIP）数据

隐私计算与密码学应用实践 / 成方金融科技有限公司组编；张曙光等编著. —北京：电子工业出版社，2023.11

（量子计算与人工智能前沿技术丛书）

ISBN 978-7-121-46592-5

Ⅰ．①隐… Ⅱ．①成… ②张… Ⅲ．①计算机网络－网络安全②密码学 Ⅳ．①TP393.08 ②TN918.1

中国国家版本馆 CIP 数据核字（2023）第 205821 号

责任编辑：李利健

印　　刷：北京宝隆世纪印刷有限公司
装　　订：北京宝隆世纪印刷有限公司
出版发行：电子工业出版社
　　　　　北京市海淀区万寿路 173 信箱　　邮编：100036
开　　本：720×1000　1/16　印张：20.25　字数：388.8 千字
版　　次：2023 年 11 月第 1 版
印　　次：2023 年 11 月第 1 次印刷
定　　价：118.00 元

凡所购买电子工业出版社图书有缺损问题，请向购买书店调换。若书店售缺，请与本社发行部联系，联系及邮购电话：(010) 88254888，88258888。

质量投诉请发邮件至 zlts@phei.com.cn，盗版侵权举报请发邮件至 dbqq@phei.com.cn。

本书咨询联系方式：faq@phei.com.cn。

我们正生活在一个数字化时代，数据已经成为推动社会进步和创新的重要驱动力，它能够为人类提供智能化、高效化、便捷化的生产、生活和服务，同时也能为科学研究和技术发展提供有力的支撑。然而，数据价值的释放并不是无条件的。数据中可能包含个人或组织的敏感信息，这些信息如果没有得到有效保护，就可能遭到泄露或者被滥用，从而导致隐私侵犯或者安全威胁问题的出现。因此，如何在保护数据隐私的同时实现数据的价值释放，是我们迫切需要解决的问题。

隐私计算技术正是为了解决这个问题而诞生的。它利用密码学等技术手段，在不暴露原始数据内容的情况下，实现对数据的安全处理和分析。通过隐私计算技术，我们可以打破数据孤岛，实现多方数据共享、联合分析、智能化处理等功能，从而提升数据利用效率和价值。

隐私计算技术不仅有助于解决人们当前面临的数据隐私保护问题，还将为未来的数据应用和创新开辟新的可能性。例如，在人工智能领域，隐私计算不仅可以实现跨域、跨机构、跨平台的模型训练和预测，还可以为当下火热的大模型应用提供安全推理保证，使得未来各种多模态的大模型推理服务能够在不侵犯个人隐私的前提下部署；在区块链领域，隐私计算可以实现对链上数据和交易的加密保护和验证，为去中心化、可信任、可追溯等特性提供更加完善和安全的保障；在物联网领域，隐私计算可以实现对海量设备数据的安全采集和处理，为智慧城市、智慧家庭、智能制造等提供更高效、更便捷的管理和服务。

本书由来自领域内的技术专家和实践者共同编写，旨在为读者提供一个全面且深入地了解隐私计算技术的机会。全书从基础知识到核心技术，从理论原理到

---

① 推荐人按姓氏笔画排序。

实际应用，从案例分析到未来展望，涵盖了隐私计算技术的各个方面，语言表述简洁而清晰。

  我很高兴将本书介绍给所有对隐私计算感兴趣或者想要学习隐私计算技术的读者。无论你是初学者，还是进阶者，都能从本书中得到很多收获。隐私计算技术的进步和应用不仅能够帮助提升整个社会的个人隐私保护力度，也必将促进数据要素价值的最大化释放。让我们共同期待，共同参与构建一个安全、公平、高效的数据要素时代。

浙江大学求是讲席教授

ACM Fellow、IEEE Fellow

任奎

推荐序 2

随着科技的发展，我们的生活变得越来越数字化。我们的日常活动被记录在各种设备中，从智能手机到智能家居，再到智能汽车。这些数据的使用为我们带来便利的同时，也带来了数据安全方面的挑战。在这个数据空前丰富的时代，如何保护数据安全成为一个亟待解决的问题。而这正是隐私计算的意义所在。

这本《隐私计算与密码学应用实践》将带领读者踏上一段探索隐私计算世界的奇妙旅程。

本书作者通过简单明了的语言和对科技发展历史的回顾，向读者介绍了隐私计算的发展历程、基本概念和理论基础。书中详细阐述了以下内容：隐私计算协议，包括隐私信息检索、隐私集合求交、多方联合计算分析，以及隐私保护机器学习这个隐私计算的热点应用；支撑构造隐私计算协议的前沿密码学内容，包括混淆电路、秘密共享、同态加密、零知识证明和不经意传输；用以构造隐私计算协议和算子的密码学基础理论知识，包括安全模型假设、分组密码、伪随机函数、密码哈希函数以及公钥密码等内容，从而给读者构建了隐私计算世界以及相关密码学理论的体系化的知识框架。

同时，本书不仅仅是一本"科普"和"理论"书，还是一本"实战"书。全书通过从不同领域中选取具有代表性的案例，探讨了隐私计算技术的应用并进行分析研究。通过阅读本书，读者将了解到隐私计算是如何在这些领域中应用并发挥价值的。

此外，作者还讨论了隐私计算技术所面对的挑战及其未来的发展方向，比如，量子计算机、对抗量子计算攻击的密码算法，利用硬件芯片提高隐私计算的效率等。

所以，无论你是想了解隐私计算，还是想尝试把这项技术应用到实际工作中，这本书都是不错的选择。快来和我们一起踏上隐私计算的神奇之旅吧！

清华大学交叉信息研究院长聘副教授

清华大学金融科技研究院副院长、区块链中心主任

徐葳

　　隐私计算，这一跨越密码学、数据分析、机器学习等多个领域的综合学科，正为数据共享与隐私保护之间的微妙平衡提供着创新性解决方案。随着大数据和人工智能等领域的快速发展，数据的敏感性和隐私问题愈加凸显，进而推动了隐私计算技术的迅速崛起。与隐私计算息息相关的图书和学习资源正如涓涓细流般涌现，学者和业界专家们的深入探讨，不仅开阔了我们的知识视野，更在实际应用中为我们提供了宝贵的指导。然而，这些学习资料往往要求读者具备一定的密码学基础和理论素养。对于初学者而言，这些内容可能难以轻松掌握。在这个背景下，一本旨在从初学者的角度引入隐私计算及其密码学基础的图书应运而生。

　　本书正是这样一本引人入胜的佳作。它以解析密码学知识为起点，以通俗易懂的方式，帮助初学者逐步理解隐私计算的核心原理。这本书将复杂的概念剖析得浅显易懂，让读者可以轻松了解隐私计算的要点，特别是涉及的密码学背景知识。本书不仅关注理论框架，更将目光投向实际应用。作者们不仅深入探讨了隐私计算技术如何构建协议和算子，以实现对数据的隐私保护，还精选了多个实际案例，详细分析了隐私计算技术如何应用到现实场景中，从而帮助读者更好地理解其实际价值。此外，本书还将探讨隐私计算领域的前沿探索和未来发展方向，为读者提供一个洞察未来的视角。

　　编写这本书的团队成员均为业界的专家，他们用通俗易懂的语言，将复杂的概念和技术讲解得清晰明了，让读者能够迅速掌握和应用所学知识。无论从事学术研究还是负责落地实施，这本书都将是你在隐私计算领域中不可多得的重要参考资料。

　　作为一位长期致力于隐私计算研究和教学的学者，我对这本书大加赞赏，并诚挚推荐。它不仅是一本权威的隐私计算和密码学入门佳作，更是一本能够帮助读者深入理解和应用隐私计算技术的实用指南。无论你是相关专业的学生、从业者，还是对这一领域感兴趣的普通读者，都将从这本书中获得宝贵的知识和有益的启发。愿这本书能够广泛传播，推动隐私计算技术的创新与发展，为数据安全和隐私保护贡献更多价值。

复旦大学教授、博士生导师、软件学院副院长
韩伟力

前　言

关于本书

随着隐私计算技术的日渐火热，与隐私计算相关的图书和其他学习资料也越来越多，特别是很多业界专家的著作，从专业视角为大家提供了权威、严谨的学习指导。但我们发现，业界专家分享的基础知识、术语及其思想对初学者而言，理解起来具有一定的难度。在密码学领域，这个特点尤为显著，而密码学又是隐私计算技术的重要安全理论基础；因此，我们认为，市面上需要一本从初学者的角度去介绍隐私计算及其密码学知识的图书，以帮助读者梳理、构建起隐私计算的理论知识体系，特别是构建起密码学的知识体系。

本书就是一本写给初学者阅读的隐私计算与密码学图书。同时，作为一本技术图书，我们希望它具有较高的实用价值。

本书还有一个重要的目标，就是希望帮助初学者学习如何应用隐私计算技术去解决实际问题。

基于以上目标，本书具有以下鲜明特点：写给初学者，内容注重实践。

当我们关注一项技术时，总会关心这项技术能解决什么问题，以及怎样解决这些问题，因为任何一项技术总是在具体的应用中才能更好地体现自身价值。

关于隐私计算的应用，实施路径上一般会首先针对需要解决的问题或者需求，基于隐私信息检索、隐私集合求交、多方联合计算分析、隐私保护机器学习等技术设计出满足需求的解决方案。这些解决方案的核心技术内容由同态加密、零知识证明、不经意传输等隐私计算的协议和算子构成，而支撑实现这些协议和算子功能的是分组密码、伪随机函数、密码哈希函数等基础密码算法。所以从基础密码算法开始，沿着这条实施路径往应用的方向去看，就形成了一条隐私计算初学者的学习路径。

就像建造一座大厦一样，当初学者去开启学习之旅的时候，需要从地基（基础密码算法）开始，逐步构建起建筑的框架（隐私计算协议、算子），最终完成大厦的建造（隐私计算的应用）。因此，本书在章节安排上遵循了上述逻辑来进行知识体系的梳理和构建，并从隐私计算协议、算子的部分开始，注重具体应用案例的介绍。

本书结构

本书共分 6 章，具体内容如下。

第 1 章，梳理隐私计算技术的发展历程，通过通俗易懂的语言以"初学者的视角"构建隐私计算及密码学的认知线索，旨在帮助读者建立起对隐私计算的整体认识。

第 2 章，重点介绍用以构造隐私计算协议和算子的密码学基础理论知识，包括安全模型假设、分组密码、伪随机函数、密码哈希函数，以及公钥密码等内容，旨在为读者对后续内容的理解和学习打下坚实的基础。

第 3 章，详细介绍支撑隐私计算应用的前沿密码学内容，包括混淆电路、秘密共享、同态加密、零知识证明和不经意传输。这些内容是构造隐私计算协议、支撑隐私计算应用的重要构件。本章和第 2 章的内容构成了隐私计算的密码学理论基础。

第 4 章，在完成密码学的基础学习之后，更进一步地介绍能够支撑广泛应用的隐私计算协议，包括隐私信息检索、隐私集合求交、多方联合计算分析，以及隐私保护机器学习这个隐私计算的热点应用。针对每一个知识点，书中除了介绍理论知识，还在每节的最后给出了该领域的具体应用案例，旨在让读者能够了解该技术的应用，从而加深对该技术的理解。

第 5 章，深入探讨隐私计算技术的应用案例，从不同领域中选取具有代表性的案例进行分析和研究，旨在展示隐私计算技术在不同领域中的应用及其效果。

第 6 章，以量子力学、工程优化和生态建设为切入点，介绍当下隐私计算业界的一些探索，以及在技术上未来发展的可能性。

本书以密码学知识体系作为介绍隐私计算的着眼点，涵盖了基础密码学和前沿密码学的相关内容，梳理了隐私计算应用、隐私计算算子、基础密码算法的具体对应关系，读者可以根据需要有针对性地进行学习。希望本书可以为隐私计算的初学者构建一个"从入门到精通"的学习地图。当然从另一方面来看，有志于跨过密码学门槛的学习者，肯定也会对隐私和密码技术怀有浓厚的兴趣，因此才会开启这次学习之旅。

所以，最后我们想说，这也是一本写给对隐私计算感兴趣的读者的书。

致谢

首先，我们要感谢成方金科（成方金融科技有限公司的简称）的各位领导和同事，可以说成方金科开放、包容、鼓励技术创新和研究的工作氛围，是支持本书顺利完成的重要基础。

其次，我们在写作过程中也参阅了大量的专业著作、科研论文和其他技术资料，对这些资料的研读和学习，让我们受益匪浅。在此，对这些著作、论文及其他技术资料的作者致以诚挚的谢意。

这里要特别感谢许洁同学对书稿的审读。

最后，特别感谢我们的家人。正是有了他们的支持与陪伴，我们才有时间完成本书的编写工作。

由于作者水平有限，书中难免会有一些错漏之处，欢迎广大读者批评、指正。

作　者

目　录

第 1 章
从隐私计算到密码学

1.1 什么是隐私计算

在本书开始介绍隐私计算的理论基础和技术细节之前，让我们先从一个问题的讨论开始这次隐私计算的探索之旅。这个问题就是：什么是隐私计算？这可能是大多数第一次接触到隐私计算这个概念的人会产生的疑问。从这个问题的探讨中，我们还能够进一步阐释隐私计算在做什么、为什么隐私计算是近两年的讨论热点等问题。需要说明的是，本章的相关讨论并不是试图从学术角度给出一个科学严谨的定义，我们的目的是希望和读者一起，从最朴素的"找到问题、定义问题、解决问题"的思考历程出发，尽量通过简单平实的语言来讨论、梳理隐私计算的兴起缘由以及发展脉络，并借此给读者提供一个隐私计算在数字时代的概貌描述。在开始隐私计算相关技术和密码学理论的学习之前，希望这样的概貌描述能够有助于读者建立一个整体的认知框架，从而为其后续的深入学习打下一个良好的基础。

这就像一个没有见过飞机也不知道飞机有什么作用的人，直接接触艰深的流体力学、发动机制造等理论和技术，一定会有很多的认知挑战和困难，因为他对这些理论知识在具体实践中怎么运用、能有什么样的效果还没有直观的感受。而当他对飞机的样貌形态、飞行感受、用途和价值等方面有了一个整体认知之后，再开始飞机构造相关理论技术的学习，这时候其先前的整体认知和感受就会对自身的学习和知识理解带来帮助，知道这些理论知识、技术在飞机的整体制造和最后的应用中的哪个环节发挥作用。

所以，就让我们从这个问题开始本书的探索吧：什么是隐私计算？

1.1.1 从"百万富翁"问题说起

与隐私计算相关的技术概念，最早可以追溯到 1982 年，图灵奖获得者姚期智院士在提出"百万富翁"问题并给出解答的过程中，创立的多方安全计算（Secure Multi-Party Computation，简写为 MPC）。"百万富翁"问题指的是两位百万富翁想在不泄露自己资产的情况下，比较双方谁更富有。姚院士就该问题从安全理论层面进行了研究，并提出了基于混淆电路的解决方案，由此开启了安全计算领域的研究和探索工作。

从安全密码专业的角度来看，这个问题更为科学严谨的表述是，"一组互不信任的参与方在需要保护隐私信息以及没有可信第三方的前提下进行协同计算的问题"。当然，这样的定义对于初学者来说有些不易理解。在这里让我们试着用更为简单通俗的方式，解析一下"百万富翁"问题的含义，相关的理论细节将在后面的章节中进行详细介绍。

让我们拆解一下"百万富翁"问题的各个要素：富翁们要比较的对象是他们的资产，也就是两人各自的数据信息。比较谁更富有其实就是比较两人资产数额的大小，简单来说就是比较两个数字的大小，这个动作可以被理解为"对数据的一种计算"。当然，这种计算还可以是求和（加）、求差（减）乃至更复杂的运算。这个问题最有意思的地方大家可能也察觉到了：其实类似于比大小这种计算在日常语境下并不难理解，具有小学阶段的算术知识就可以解决此类问题。但是这里加上了一种特殊的限制，而一旦加上这种限制，即使是比大小这样简单的计算，在变得有趣的同时，也变得更加复杂。这个限制就是"不泄露自己的资产"，也就是富翁们不想泄露自己的数据隐私。

至此，我们对隐私计算有了一个初步的感受和认识，隐私计算想要解决的问题是类似于"百万富翁"这样的问题，就是如何在保护数据隐私的前提下，完成数据的某种计算。我们可以直观地感受到，相较于大家日常熟悉的计算，这种问题的定义和解决方式，显得并不自然且麻烦，但为什么这样的问题解决模式会成为近几年人们讨论和研究的热点呢？其核心就是数据。

1.1.2 数据很重要

隐私计算在近年来之所以受到越来越多的关注，究其根源，来自人们对于"数据"这个数字经济时代核心要素的重要性越来越深刻的认识。

从宏观层面看，对于支撑着社会运转的各类组织和机构，其信息化建设已经是持续了数十年的进程，并伴随着信息技术的迭代更新而不断发展。可以说维持当今社会运转的各类重要基础设施，都离不开信息化技术的应用和支持。这些与信息化密不可分的各类设施，在承担社会功能的同时，也会在其运转的过程中产生大量的信息数据。比如，在道路拥堵时大家查询的交通实时数据系统，在给大家带来道路信息的同时，也记录着城市道路通行的数据。再比如，承载通信功能的基站和通信网络，在给大家提供通话服务的同时，也会产生每个通话节点身处何处的信息。在新冠疫情期间，大家查询行程码的时候应该对此有着很深的感受。

从微观层面来说，使用智能手机的人，每天通过各类手机 App 给自己生活提供便利的同时，也在支付、出行、购物等方面产生并留下了相关的信息数据。即使对于并不使用智能手机或者计算机的人，只要他不可避免地参与到社会生活中，这个参与的动作就极有可能产生并留下了数据。比如，一位并不会使用智能手机或者计算机的老人，也许不存在因为使用移动支付、打车等功能而产生手机端数据的情况；但是，当这位老人去银行办理业务时，或者当老人家里安装的智能电表在运转时，又或者当老人通过电视机的机顶盒收看电视节目时，都会产生相应的数据：账户数据、用电情况、收视习惯等。

随着信息时代的发展，人们积累了种类丰富且海量的数据。在信息技术已经融入人们生活方方面面的今天，数据的产生和积累仍在不断地、随时随地发生着。这已经是当下人们普遍的认识。由此，人们对数据越来越重视，并且对数据的认知和态度也开始转变。这主要体现在两个方面：对数据价值的挖掘（数据的使用）和对数据信息的保护（数据的安全）。

在数据使用方面，伴随着人工智能、算力、网络等技术的发展，人们在工程实践上已经可以让计算机通过算法模型，在实际应用中从海量的数据中进行价值挖掘、规律发现、结果预测等种种工作。随着技术的持续发展和数据的不断丰富，可以预见，围绕数据开展的价值挖掘工作将会越来越深入，涉及的数据范围也会越来越广泛，数据所蕴含的价值必将不断地被发掘，这些数据也会被不断地使用。因此，人们越来越重视数据及其融合应用的重要价值。

数据到底有多重要呢？我们可以从近年来国家政策对数据的重视程度中得到一些启示。2020 年 3 月，《中共中央 国务院关于构建更加完善的要素市场化配置体制机制的意见》将"数据"与土地、劳动力、资本、技术等传统要素并列为要素之一写入文件，并要求推进政府数据开放共享，提升社会数据资源价值，加强数据资源整合和安全保护。这从中央文件的层面对数据要素提出了相应的要求，说明了数据在数字经济社会中已经成为一项具有重要价值和意义的关键资源。由此，我们很自然地想到了一个重要的问题：数据的安全。

1.1.3 数据安全很重要

人们对数据价值越来越重视的时候，数据安全也就自然而然地成为与数据价值同等重要的关注点。从自然人的角度来看，对于数据这种资源，我们每个人都是它的使用者、生产者和贡献者，我们从中获益，同时它也从各种角度描绘着我们。数据不光有价值，这种价值本身还可能包含着每个人并不愿意公开的信息，也就是隐私数据。因此，国内外出台了各类与数据安全相关的法规、政策，比如国内的《中华人民共和国个人信息保护法》《中华人民共和国数据安全法》，以及欧盟的《通用数据保护条例》（General Data Protection Regulation，简写为 GDPR）等。为什么大家会如此关注数据安全呢？我们可以从数据价值的重要性来说明，也可以列举各类数据泄露案例来论证，还可以讨论个人对自身隐私越来越重视的趋势。对于这样的讨论，大家通过各种渠道已经接触了很多，无论在广度方面还是在深度方面都有很多很好的论述。但作为普通人或者初学者，总感觉这些讨论都不够清晰明了。如果需要通过简单的一句话来说明数据安全为什么重要，我们认为可以这样描述：因为越有价值的事物，人们越会重视它的安全。

既然数据在数字社会中是一项具有战略价值的资源，那么数据的安全就是极其重要的。讨论到这里就会带来一个问题：既然数据安全如此重要，那么我们应该如何保护数据的安全呢？

保护数据安全这个问题涵盖的内容很多，我们可以从数据生命周期的角度去分析数据安全涉及哪些环节，以及应该采取哪些相应的保护措施。从数据诞生开始，首先要解决数据的存储问题，然后在流通过程中会涉及数据传输，而要发挥数据的价值，就需要进行数据的计算和结果应用，直至最后的数据销毁。这里提到的数据存储、数据传输、数据计算和结果应用，就是涉及数据安全的关键环节。数据安全保护的主要目的是实现数据的保密性，这个数据的保密性指的是防止未经授权的数据访问，简单理解就是让未授权的人访问不到数据，或者即使能访问数据，也读不懂数据。数据存储和数据传输环节的相关技术，例如数据的加/解密算法、网络防护、授权控制、身份认证等，已经比较成熟，在这里我们可以将其简单地归类为经典的密码安全技术。

而从前面的讨论中我们可以知道，光是数据存储和数据传输并不能发挥出数据价值，数据计算和结果应用才是发挥数据价值最为直接和关键的环节。这个环节的数据安全保护同样也是指数据的保密性。但这里有一个重要的前提，就是在数据得以使用的同时，能够保证数据信息的保密性。至此，大家是不是会想起前面我们讨论的"百万富翁"问题？加上了数据保密性这个前提的数据计算和结果应用，变成了一个有趣但也更为复杂的问题，解决这个问题的技术与经典的密码安全技术有所不同。相信读者已经猜到了，没错，解决这个问题的技术就是隐私计算。

1.1.4　隐私计算在做什么

让我们再回顾一下本节的探索之路。

从经典的"百万富翁"问题开始，我们对隐私计算有了初步的认识，就是在保护数据隐私的前提下完成数据的某种计算。可是，为什么这种"不自然"的计算方式会成为当前研究和应用的热点呢？这是因为"数据"这个数字经济时代的核心要素变得越来越重要。在数字经济社会中，数据是一项具有重要价值和意义的关键资源。因此，如何保护数据安全成为人们关注的焦点。从数据的全生命周期去看数据安全保护技术，在数据的存储和传输环节，数据安全保护技术发展得较为成熟，我们称之为经典的密码安全技术。但是在数据计算和结果应用环节，因为加上了数据保密性这个前提，数据计算和结果应用就变成了一个全新的挑战和问题。

回到本节（1.1 节）开始的那个问题：什么是隐私计算？

通过前面的探索，这里尝试给出一个便于人们感受和理解的定义：隐私计算是一种在发挥数据价值（数据计算和结果应用）的同时能够保护数据安全的技术。在数字时代，数据的重要性和安全性都得到了前所未有的重视，这种重视体现在与数据相关的政策、法规、个人隐私保护需求等方面。由于隐私计算的目的是在数据计算和结果应用环节实现数据的保密性，因此可以说，隐私计算是在当前各种条件下（政策、法规、个人隐私保护需求等）确保数据流通和价值发挥的技术最优解。这种能够在保护数据安全的前提下发挥数据价值的特点，也让隐私计算的研究和应用探索在数字经济时代得到了广泛的关注。特别是计算机算力的不断提高，移动互联网、云计算和大数据等技术的快速发展，给隐私计算的落地应用提供了强有力的支持，让人们看到了这项技术大规模应用的可能性。

现在我们对于什么是隐私计算有了一个初步的概念，知道这项技术是在保护数据安全的条件下进行数据计算和结果应用的。接下来需要讨论的，就是如何做到这些事情。再准确一点儿，就是如何通过计算机实现隐私计算这项技术。这涉及计算机科学和工程是如何有机结合从而解决问题的。由此可以扩展引申出一个话题：人类的科学家和工程师是如何解决问题，从而改变世界的。因此，让我们花一些时间和篇幅，了解一下这些科学家和工程师做出的卓越贡献和伟大成就，看看理论研究和工程实践有着什么样的特点，又是如何推进社会技术变革的。

1.2 理论研究与工程实践：技术变革的动力之源

在人类发展的历史长河中，推动社会进步的重要技术变革，无一不得益于人们在科学理论研究和工程实践上取得的重大突破和丰硕成果。可以说，理论研究和工程实践是社会技术变革的动力之源。正是无数科学家和工程师的不断探索和努力，攻克了一个又一个理论和工程上的难题，才造就了人类无数辉煌的成就，进而推动了技术的进步。现在，就让我们回望一下科技史上那些激动人心的历史时刻，以及那些对人类影响深远的理论研究和工程实践成果，看看星光闪耀的先贤们是如何通过他们的卓越贡献影响社会发展进程的。

1.2.1 基础理论研究：科技探索的基石

基础理论研究，是人类为探索宇宙真理而进行的最具创造性的智力活动，是一切科技探索的基石；基础理论研究为科技的发展提供了强有力的支撑。在人类发展的历史长河中，那些星光璀璨的科学家和他们取得的研究成果，引领着人类社会取得了一次又一次伟大的成就，也在科学理论、技术发展、哲学思想等领域产生了深刻的影响。

17 世纪末，《自然哲学的数学原理》的发表标志着牛顿力学的创立，自此近代经典物理学成为第一次工业革命的理论基础和创新源头，推动了蒸汽机的发明并促成了第一次工业革命。

19 世纪，法拉第发现电磁感应现象，此后麦克斯韦建立的方程组描述了电场、磁场与电荷密度、电流密度之间的关系，成功地统一了"电"和"磁"。通过这个优美的偏微分方程组，人类能够完美地描述所有的电磁现象，并由此揭开了第二次工业革命的序幕，人类社会步入了电气时代。

1905 年，爱因斯坦在这个被历史铭记的年份中连续发表了 4 篇开创性的论文，创立了相对论。相对论的提出，极大地突破了人类的认知边界。20 世纪初，爱因斯坦提出的光量子理论与普朗克等科学家的研究成果一起，拉开了量子力学的序幕，波尔、海森堡、薛定谔等一大批物理学家共同创立了量子力学。量子力学成为继相对论之后经典物理学的又一次重大突破，并与相对论一起构成现代物理学的理论基础。量子力学的研究探索促进了半导体产业的发展，人类由此进入了计算机时代。香农在 1948 年《通信的数学原理》中提出了香农定理，该定理成为现代信息科技时代的基础理论，人类从此进入了信息时代。

可以说，人类历史上那些重要的技术进步以及由此创造的辉煌成就，背后就是重要甚至是划时代的基础理论研究推动、引领的结果。在小说《三体》里有这样一个情节：三体人只要通过"智子"封锁住人类基础理论探索的道路，就可以阻断地球的科技进步。这就是因为基础理论研究是一切技术进步的重要基石。没有理论上的支撑，任何的技术进步都像是构筑在流沙之上的大厦，随时有坍塌的可能。

仰望璀璨星空，那些伟大科学家的辉煌成就让我们心生敬仰、倍感激动。但同时，相信很多读者也和我们一样，能够回想起自己在学生时代学习众多理论知识时所经历的那些"痛苦"：一面是自己对科学先贤的崇敬和对人类成就的赞叹，另一面是作为学习者，自己被各种艰深理论反复"折磨"而留下的"心理阴影"。这种反差和对比源自基础理论研究，这项体现了人类理性、严谨、积极探索和独立思考等优秀品质的活动，有着自身鲜明的特点。

首先，在理论研究中，数学是极为重要的研究工具。

一般来说，理论研究要求研究者具备对某个领域深入思考的能力和较为深厚的数学功底。当然这里需要说明的是，科学研究作为人类探索物质世界客观规律的活动，还有实验证明等与理论研究同等重要的手段、方式。尤其是像物理这样的学科，数学分析和推导的结论，一定是需要客观的实验和测量数据作为实证，才能得到认可的。这就涉及科学研究这个话题更广范围的讨论，这里不做过多的介绍。本小节主要是想说明理论研究中数学的重要性。特别是，数学作为一种逻辑严谨的知识体系，可以说是迄今为止人类进行科学研究最好的工具。但也正是因为数学有着高度的抽象化和严密的逻辑推演等特性，学习数学是一件不容易的事情。人们在直观感受上，就是数学有着较为明显的学习门槛和要求。就像一个广为流传的笑话一样：数学是不会欺骗你的，因为数学"不会"就是"不会"。虽然这句话不无调侃，但很贴切地体现了数学本身在学习掌握上的难度。

其次，理论研究常常超前于实际问题的应用，往往也不会产生即时的经济效益。

科学家们进行理论研究，关注的是透过客观世界的种种现象去寻找其背后的规律，发现和总结出世界运行的规则，再由此去预测或者指导客观世界的活动。这个过程涉及对于客观现象的观察、抽象、模型建立、数学分析、推演论证、实验证明、结论推导、预测和应用等环节，并且每个环节之间还可能相互形成反馈和影响。故此，该过程有着较长的周期。同时随着社会各学科的不断发展和细分，科学家们研究的课题，一般是某一领域某一方向上的研究，不太可能覆盖完整的"研究—应用"链条。这些都导致了很多理论研究成果，并不会马上体现出实际应用效果，因为需要等待完整的"研究—应用"链条的其他环节的工作完成。那么，这个机制是怎么运转的呢？

举个例子：德国数学家 Georg Friedrich Bernhard Riemann（黎曼）于 1854 年发表了《论作为几何学基础的假设》，在经典的欧氏几何之外，开辟了新的几何学领域，即黎曼几何。黎曼几何研究的是正曲率空间中的几何，在黎曼几何学中，同一平面内的任何两条直线都有交点，也就是黎曼几何中没有平行线。这是数学家黎曼对于几何学这个领域新的拓展、研究并形成的研究成果，但是这个成果是怎么应用的呢？

经过了近百年，到了近代，黎曼几何在广义相对论里得到了重要的应用。爱因斯坦的广义相对论中的空间几何就是黎曼几何，这是相对论的重要数学基础。物理学家爱因斯坦利用黎曼几何这个数学工具建立了相对论。但是，相对论又是如何对我们的生活产生影响的呢？

相对论中提出了时间膨胀理论，又称钟慢效应，就是运动越快的物体，时间过得越慢。而钟慢效应直接应用到了 GPS（全球卫星定位系统）中。因为太空中的卫星处于高速运动状态，如果不加以校正的话，GPS 系统每天将累积大约 10km 的定位误差。事实上如果不依据相对论的理论指导进行校正的话，GPS 将是无用的：你总不想自己下单的外卖，被不校正的 GPS 定位到 10km 以外去吧。

在这个例子中，数学家黎曼基于对正曲率空间中几何的研究，创立了黎曼几何，物理学家爱因斯坦以黎曼几何作为数学工具创立了相对论，而相对论效应在 GPS 中的应用切实地对我们的生活产生了深刻影响。需要说明的是，黎曼几何、相对论都是非常重要的理论研究成果，其影响是十分深刻和广泛的。GPS 的定位仅仅是一个我们感受比较明显的应用案例而已。这个例子中的"研究—应用"链条，让我们更直观地感受到了理论研究的重要性和超前性，有助于我们更好地理解理论研究的意义和特点。

让我们再回顾、总结一下本小节的内容：基础理论研究为前沿科技发展提供了强有力的支撑，众多伟大的理论研究成果引领着人类社会取得了一次又一次的辉煌成就。但同时，基础理论研究通常体现为形式化的描述和论证，有着一定的认知门槛，并且不总是能产生即时的经济效益或者应用效益。

所以，到这里大家可能会好奇地询问：虽然理论研究深刻地揭示了世界运转的规律，这些成果也引发了重大的技术变革，可是这个引发的过程是怎样的？书本里那些艰深的理论、那些优美的公式，是如何一步步转变成对我们生活的实实在在影响的呢？毕竟生活中的一切，才是我们能直接感受到的。仅仅是时间的飞逝，并不会让理论成果从"研究—应用"链条的一端行进到另一端。在中间发挥着关键作用的，就是人类的工程师以及他们在工程应用上所做出的不懈努力。

1.2.2　工程实践：让理论之光照向现实

回顾人类历史，可以说工程实践与理论研究共同组成了科技变革发展的双翼，让这个蓝色星球上的万物之灵能够去探索浩瀚宇宙的真理，同时也深刻地改变着自己所处的世界。理论研究揭示了事物运行的规律，工程实践则是在规律的指导下让理论成果具象转化为服务人类的各种工具和设备。这个转化的过程同样凝结着无数伟大工程师的智慧，充满着各种激动人心的传奇故事。

以电气时代的开启为例，1831 年法拉第提出了电磁感应定理，而后麦克斯韦通过优美的麦克斯韦方程组完成了严谨的数学证明和描述，从而奠定了电磁理论的基础，这也成为后人发明发电机与电动机的理论基石。而作为电磁理论指导下的重要应用，发电机与电动机的发明，把电磁理论切实转化成了改变人类生活的应用成果。而后特斯拉发明了交流电动机，第一次实现了电力的大规模生产和大规模分配。正是这些工程实践成果以及在此基础上涌现的各种应用，实实在在地改变了人类社会，从而开启了电气时代。

可以看到，工程实践同理论研究一样深刻地影响并改变着历史的进程。而工程实践能够在技术变革中发挥如此重要的作用，是因为其自身同样有着鲜明的特点。

首先，优秀的工程实践往往来源于当时的社会需求。当满足这样需求的工程实践成果出现的时候，该成果会极大地推进社会变革的进程。

以交流电动机的发明为例。在特斯拉发明交流电动机之前，人们使用的是直流电。当时，人们用电的目的主要是照明，而不是用于我们现在习惯的电力驱动的各类设施。这是因为直流电的电价不菲。为什么直流电比较贵？因为直流电不能进行远距离传输。这就意味着，一个电站的电力只能服务于周围有限的范围。修建一座发电站的成本非常高。由于整个配套设施的成本太高，电价也就降不下来。作为一名伟大的工程师，特斯拉的发明让电力可以在更远的距离实现高效传输。因为交流电在传输过程中电能的损耗比较小，可以实现远距离传输。所以当有了交流电系统后，人们只要建立一个大型发电站集中发电，就可以通过线路把电输送到电力网络所达的各个角落，从而将整个电力系统的成本降低，电力资源就有了广泛应用的工程基础。美国在尼亚加拉瀑布上修建了世界上的第一座水电站，其中就使用了特斯拉的交流电动机和交流电传输的原理，而这座水电站也成为纽约州水牛城的主要供电来源。事实上，从那之后，电力就成为工业生产的一个重要能源，这对于人类社会的发展是革命性的。

特斯拉发明的交流电动机之所以能成为开启电气时代的伟大发明，就是因为它满足了当时社会发展对廉价电力资源的需求。只有具备广泛的社会需求，才能推动工程师们在工程实践上不断探索、突破。而当工程实践实现这些需求之后，就会推动技术成果在人类社会的大规模应用，进而改变世界。

其次，如果工程实践中的问题得以解决，就将极大地提升理论研究成果的应用效率，从而推动理论研究成果的大面积应用。

以数字电路为例，数字电路的设计是以逻辑代数为数学基础的。逻辑代数又被称为布尔代数，是由英国科学家 George Boole（乔治·布尔）于 19 世纪中叶创立的，其研究内容是逻辑函数与逻辑变量之间的关系，是一种用于描述事物逻辑关系的数学方法。从直观上，二进制逻辑代数的运算规则与我们日常生活中熟悉的十进制运算有着明显区别。为什么要以只有 0 和 1 两个数字组成的二进制逻辑代数为基础呢？这是因为数字电路的基础元件能够通过电路开关的接通与断开、电平的高与低等物理状态，简单、直接地对应 0 和 1 的取值，这样数字电路就很好地匹配了逻辑代数的二值性。基于逻辑代数这个数学基础，我们就可以使用二进制的数字信号进行逻辑运算（与、或、非、比较等）和算术运算。因此，二进制逻辑代数运算规则能够指导数字电路中各类门电路的组合设计，从而由数字电路完成相应的运算操作。有了逻辑代数这样一套包含了公理、定理和定律的完整运算规则的严谨体系作为数学基础，数字电路的设计和运行就有了坚实的理论基础。这样工程师们解决掉数字电路的工程实践问题后，就能通过具象为数字电路的各类设备和芯片，完成我们熟悉的各类计算问题。

我们以加法器的设计实现为例，简单说明一下工程实践是如何基于逻辑代数运算规则来构建加法器电路的。在数字系统中，加、减、乘、除的运算都可以被归结为加法运算，因此，加法器是数字系统中最基本的运算单元。从运算规则上看，我们熟悉的十进制数求和，可以被转化为二进制数的求和。加法的运算过程被细化到两个相加数字的每一位，即 X_i 和 Y_i，其结果可以分为"求和"以及"进位"两个部分，我们分别以 S_i 和 C_i 来表示。

观察二进制数的加法运算和逻辑运算规则可以发现，两者有如下的对应关系：

- 二进制数每一位的加法"求和"运算结果与"逻辑异或"运算结果一致。
- 二进制数每一位的加法"进位"运算结果与"逻辑与"运算结果一致。

然后根据逻辑代数的运算规则，化简最小项后，就可以得到加法器函数的逻辑表达式：

$$S_i = X_i \oplus Y_i \oplus C_{i-1} \text{ 和 } C_i = \left(X_i \oplus Y_i \right) \cdot C_{i-1} + X_i \cdot Y_i$$

- "逻辑或"运算符用 + 表示，其电路图如图 1-1（左）所示。
- "逻辑与"运算符用 · 表示，其电路图如图 1-1（中）所示。
- "逻辑异或"运算符用 ⊕ 表示，其电路图如图 1-1（右）所示。

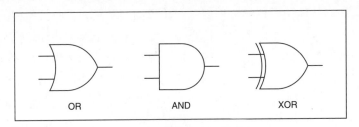

图 1-1　电路门表示形式

由此，加法器的简要数字电路图就设计出来了，如图 1-2 所示。

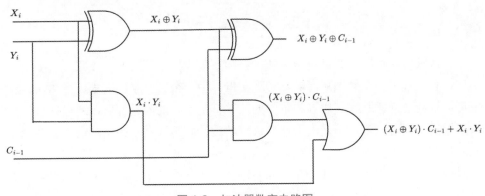

图 1-2　加法器数字电路图

不熟悉相关理论的读者可以不用关注运算规则的细节描述，这里只是想说明通过上述的推演过程，可以将二进制数每一位的加法转化为异或、与、或这三类基础逻辑运算单元的组合，从而在工程实践上其可以对应为异或门、与门和或门这三种基础单元电路的组合，这样就实现了一个基础的加法器电路。在这样的基础电路之上，可以构建功能更为丰富、能够完成各种算术计算的电路。从这个例子中我们可以看到，在工程实践中，往往是先将复杂问题拆分为规模更小、更为

11

简单的子问题，通过解决一个个简单的子问题来从整体上解决复杂问题。对应到数字电路，复杂功能的实现（比如，复杂计算）一般是由大量承担不同简单功能的原子单元（比如，数字电路中的各类基础门电路）组合而成的。由于原子单元在工程中具有极高的效率，当这些大规模的原子单元组合起来能够完成更为高级和复杂的功能时，就能极大地提升工程中实用的效率。当然，本小节对数字电路的描述是简化后的，主要用来说明从数学理论到工程实践的过程。事实上，在工程中还需要解决很多问题，才能确保实际的可用性：比如，需要解决数字电路元件间、电路板间的电磁兼容问题，以及解决外来电磁场的干扰、静电问题等。当这些问题都被解决后，理论成果就会以极高的效率被转化并应用到社会中。

至此，我们从理论研究和工程实践两个方面回顾了人类科技史中的一些重要成果，并分析了这两个领域各自的特点。让我们把视野聚焦到计算机领域，看看在计算机领域的理论研究和工程实践中，计算机科学家和工程师是如何思考并解决问题的。梳理清楚这个逻辑，有利于我们搞清楚隐私计算这项技术与信息时代的密码学理论以及相关的工程实践是什么关系，进而为更深入的学习和实践打下一个基础。所以，就让我们从计算机世界的问题解决之道（Thinking in Computer）开始吧。

1.3 计算机世界的问题解决之道

在计算机时代，计算机科学家和工程师不断地探索和实践，攻克了一个又一个理论和工程上的难题，从而满足了现实世界中一个又一个的需求。当然，计算机可以解决的问题是有其边界和范围的，并不是所有的问题都可以通过信息化的方式解决。但可以说，正是由于计算机科学理论和工程技术的不断进步、两者之间的相互融合和不断发展，以及这两方面取得的丰硕成果，才开创了人类的信息化时代。这个过程仍在持续，并且我们每个人都身处其中。以隐私计算为例，如前面介绍，这项技术起源于"百万富翁"问题及其理论层面的分析探讨，兴起于数据时代对数据安全的重视，目前正处于工程和技术层面的蓬勃发展阶段。隐私计算的兴起和发展就是十分典型的通过计算机解决现实问题的案例。本节就带领大家尝试像计算机科学家和工程师一样思考，看看计算机世界里解决问题的理论和工程基础。

1.3.1 从第三次数学危机说起

图灵机和计算理论是计算机科学的理论基础。这个划时代理论的缘起，可以追溯到第三次数学危机。

1874 年，德国数学家 Georg Cantor（康托尔）发表论文，建立了集合论。我们现在称之为康托尔集合论或朴素集合论。朴素集合论是数学领域的一个重大突破。当时，数学家们发现，从自然数与康托尔集合论出发，可以在严谨的逻辑基础上建立起整个数学大厦。被誉为欧洲数学界教皇的德国著名数学家 David Hilbert（大卫·希尔伯特）甚至称赞："没有人可以将我们从康托尔所创造的天堂中驱逐出来。"希尔伯特是一位伟大的数学家，他希望能够构造出一套基本的公理，通过这些公理和逻辑推导，可以构造出整个数学大厦。这一想法被称为希尔伯特计划。1900 年，希尔伯特应邀参加在巴黎举办的第二届国际数学家大会，在大会上，希尔伯特做了题为《数学问题》的重要演讲。在这次具有历史意义的演讲中，他提出了著名的 23 个数学问题，指明了 20 世纪数学发展的方向。这 23 个问题中的第 2 个问题，算术系统的相容性，正是希尔伯特计划的重要一环，这个问题的解决，将让整个数学大厦建立在坚实的基础之上。

但是，这个基础，受到了极大的挑战。

首先是针对朴素集合论，数学家 Bertrand Arthur William Russell（罗素）提出了"理发师悖论"：一个小城里的理发师宣称，他只为城里所有不为自己理发的人理发。然而，问题是理发师该为自己理发吗？如果理发师为自己理发，那么按照他的说法"只为城里所有不为自己理发的人理发"，那么他就不应该为自己理发；但如果他不为自己理发，同样按照他的说法"只为城里所有不为自己理发的人理发"，他又应该为自己理发。这个简单的悖论有一个更为严谨的等价表述，即罗素悖论，该悖论指出了朴素集合论的逻辑瑕疵。于是，数学的基础被动摇了，引发了第三次数学危机。

前面提到的希尔伯特 23 个问题中的第 2 个问题，即算术系统的相容性问题，如果得到正面的解答，就将终结这场危机。但是更为致命的打击即将来临。

希尔伯特计划的主要目标是为数学提供一个安全的理论基础，包含以下三个问题。

问题 1：数学的完备性，即一个数学体系中所有的真命题，均可被证明。

问题 2：数学的一致性，即一个数学体系不会推导出矛盾的结论（例如，出现一个命题，这个命题既为真又为假）。

问题 3：数学的可判定性，即存在一种算法，可以机械化地判定数学陈述的对错。

希尔伯特确信，这三个问题的答案都是肯定的。很快，前两个问题得到了解答，虽然答案并不是希尔伯特所期待的。1930 年，奥地利数学家 Kurt Gödel（哥德尔）证明并发表了两条定理，即哥德尔不完全性定理（或称为哥德尔不完备定理）。

定理 1-1：任意一个包含一阶谓词逻辑与初等数论的形式系统，都存在一个命题，该命题在这个系统中既不能被证明为真，也不能被证明为假。

定理 1-2：如果系统 S 含有初等数论，当 S 无矛盾时，它的无矛盾性不可能在 S 内被证明。

哥德尔不完全性定理指出任何包含了皮亚诺公理的数学系统，都不可能同时拥有完备性和一致性；任何包含了算术的数学系统，如果是自洽的，那么这个数学系统必定包含一个基于该数学系统构建的命题，但这个命题在这个数学系统内既不能被证明为真，也不能被证明为假。

简单来说，哥德尔不完全性定理否定了希尔伯特计划完成的可能性。

这场数学危机给数学界带来了许多新认识、新内容，建立了公理化集合论，也带来了革命性的变化。对于所有学习计算机科学的人来说，最重要的奠基人就要登场了，他的目标是判定问题。

1.3.2 图灵机：计算机科学的理论基石

Alan Mathison Turing（艾伦·麦席森·图灵），英国数学家、逻辑学家，被称为计算机科学之父、人工智能之父，是计算机科学领域最重要的科学家之一，计算机学界最重要的奖项就是用他的名字命名的图灵奖。

如图 1-3 所示，图灵在 1936 年发表了论文《论可计算数及其在判定问题上的应用》（*On Computable Numbers, with an Application to the Entscheidungsproblem*）[1]，这篇论文讨论、研究了希尔伯特的判定问题。在该论文里，图灵描述了一种可以辅助数学研究的机器，从理论上构想了一种可以执行计算的机器，这就是图灵机。

图灵机是一种抽象的机器模型，是一种十分简单但运算能力极强的计算模型，用来计算所有能想象得到的可计算函数。图灵在该论文中不仅对希尔伯特的判定问题给出了解答，更为重要的是，通用图灵机的诞生，完全改变了世界。从机械装置的角度描述，图灵机由以下几个部分组成。

（1）一条具有无限长度的纸带：纸带被分成多个相邻的单元格。每个单元格都可以写入某个有限字母表的一个符号。这个有限字母表中包含一个特殊的空白符号，以及一个或者多个其他符号。

（2）一个读/写头：读/写头可以在纸带上读/写符号，并一次将纸带向左或向右移动一个单元格。

（3）一个状态寄存器：状态寄存器用来存储图灵机的状态，这个状态是某个有限状态集中的一个。其中有一个特殊的启动状态，状态寄存器就是用它来初始化的。

（4）一个有限的指令表：指令表限定了图灵机的状态转换及动作规则。图灵机根据指令表和机器当前所处的状态，让机器依次做以下事情：擦除或写入一个符号、移动读/写头（向左或向右，或者停留在原地）、保持状态相同或进入新的状态。

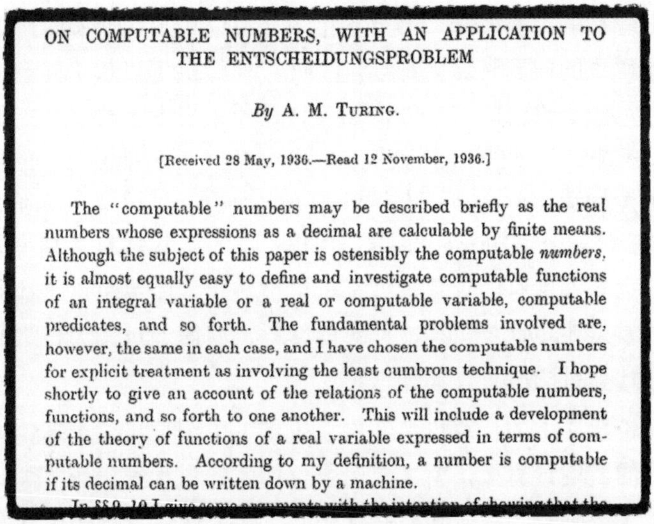

ON COMPUTABLE NUMBERS, WITH AN APPLICATION TO THE ENTSCHEIDUNGSPROBLEM

By A. M. TURING.

[Received 28 May, 1936.—Read 12 November, 1936.]

The "computable" numbers may be described briefly as the real numbers whose expressions as a decimal are calculable by finite means. Although the subject of this paper is ostensibly the computable *numbers*, it is almost equally easy to define and investigate computable functions of an integral variable or a real or computable variable, computable predicates, and so forth. The fundamental problems involved are, however, the same in each case, and I have chosen the computable numbers for explicit treatment as involving the least cumbrous technique. I hope shortly to give an account of the relations of the computable numbers, functions, and so forth to one another. This will include a development of the theory of functions of a real variable expressed in terms of computable numbers. According to my definition, a number is computable if its decimal can be written down by a machine.

In §§9, 10 I give some arguments with the intention of showing that the

图 1-3　图灵发表的《论可计算数及其在判定问题上的应用》论文（在此仅显示了部分内容）

通过上面的定义，图灵将计算归结为一些内容简单、含义明确的基本操作，这些基本操作非常直观地描述了计算过程：对于输入带上的一个输入字符串，图灵机从初始状态和带上最左边的字符开始，通过连续不断地扫描和执行确定的机械动作（例如，“读/写纸带单元格中的符号”“向左或向右移动一个单元格”“改变状态并写入纸带”等）来完成计算。如果在某个时刻按照规则进入终止状态，图灵机就接受输入串。在此可以看出，图灵机虽然是一个构造十分简单的机器模型，却有着十分重要的意义。

首先，图灵机给出了一个可实现的通用计算模型。上面提到的纸带、读/写头、状态寄存器、指令表等，都是十分简易的构件，在物理实现上具备极高的可行性。

其次，图灵把计算用确定性的机械操作来表示，并在论文中证明了通过上述过程，可以模拟人类所能进行的任何计算过程。依据图灵的设计和证明，上述简单构件组合而成的图灵机能完成极为复杂的计算。

上述贡献奠定了计算机科学的理论基础。

再次，图灵机的设计引入了通过"读/写符号"和"改变状态"这种简单操作进行运算的思想，并引入了存储区、寄存器、程序、控制器等概念。这些概念极大地突破了此前计算机器的设计理念，成为计算机程序设计的基础概念，至今仍深刻地影响着程序员的程序和算法设计。

可以说从图灵开始，计算机领域有了真正坚实的理论基础。

图灵证明了通用计算理论，以及计算机实现的可能性，同时图灵机的设计也给出了计算机应有的主要架构。图灵给出了计算的极限，明确了图灵机可以解决的问题、不能解决的问题。这些都划定了现代计算机可以解决问题的理论边界，这个边界本身是极有价值的。此外，图灵还进一步思考了机器智能的概念，提出了著名的"图灵测试"。这些工作使图灵赢得了"人工智能之父"的称号。图灵设计的图灵机虽然构造简单，却是人类目前可实现的计算模型中最强大的。著名的邱奇-图灵论题（Church-Turing thesis）提出，所有计算或算法都可以由一台图灵机来执行。这意味着所有的计算模型都可以被转化为图灵机这个计算模型。图灵从理论上证明了只要是计算模型能计算的问题，就能通过图灵机进行计算，因此它能模拟现代计算机的所有计算行为。

至此，理论意义上的计算机已经出现。接下来图灵机这个理论模型要形成真正物理意义上的通用计算机，就需要另一位伟大的科学家出场了。此人提出了电子计算机使用二进制数制系统和存储程序的概念，他就是冯·诺依曼。

1.3.3　冯·诺依曼结构：计算机工程发展的坚实基础

冯·诺依曼是"现代计算机之父""博弈论之父"，也是20世纪最杰出的数学家之一。他一生的辉煌成就无数，在统计学、核武器设计、流体力学、博弈论和计算机结构学等领域均有许多重要的贡献和成果，是一位全才式的天才科学家。

1945年，冯·诺依曼在 *First Draft of a Report on the EDVAC* [2]一文中，提出了"存储程序"的计算机设计思想，并提出了冯·诺依曼结构，这也成为现代计算机发展所遵循的基本结构形式。

冯·诺依曼提出计算机的数制应该采用二进制形式，并且计算机应该按照程序顺序执行。同时，我们应该将程序看作一种数据，将程序编码与数据一同存放在存储器中的不同地方，这样计算机就可以调用存储器中的程序来处理数据。这就是"存储程序"的概念，是冯·诺依曼结构的核心设计思想。依据这个核心思想，冯·诺依曼结构消除了此前只能依靠硬件控制程序的计算机结构，通过将程序编码视同数据存储在存储器中，使得计算机架构有了很好的可编程性，从而实现了硬件设计和程序设计的分离。这种开创性的设计大大促进了计算机的发展。因为无论实现什么功能的程序，按照冯·诺依曼结构，都可以被转换为数据的形式并存储在存储器中，执行程序时只需从存储器中的对应位置取出指令，然后顺序依次执行指令即可。这样冯·诺依曼确立了现今所用的将一组数学过程转变为计算机指令语言的基本方法，使得计算机具备了灵活性和普适性。

冯·诺依曼结构主要由运算器、控制器、存储器、输入设备和输出设备 5 部分组成。运算器是执行各种算术和逻辑运算操作的部件；控制器是进行指令分析和执行的核心部件；存储器是存储程序和各种数据的部件；输入设备和输出设备是人与机器相互沟通的媒介。

（1）完成数据加工处理的运算器：运算器的主要部件被称为算术逻辑单元（Arithmetic Logic Unit，简写为 ALU）。ALU 的主要功能是在控制信号的作用下，完成加、减、乘、除等算术运算以及与、或、非、异或等逻辑运算。

（2）控制程序执行的控制器：控制器又被称为控制单元（Control Unit），负责从存储器中取出并翻译指令，然后将控制指令发送至相关部件，控制相应的部件执行指令所指定的操作。运算器和控制器共同组成了中央处理器（Central Processing Unit），也就是我们常说的 CPU。其主要功能是解释计算机指令以及处理数据，告诉计算机的每一个部件按照指令完成指定的动作。CPU 是计算机的运算和控制核心。

（3）存储程序和数据的存储器：存储器的主要功能是存储程序和各种数据。存储器中的数据格式均为二进制格式。所以，计算机中的程序和数据都是以 0 和 1 这样的二进制码进行存储的。

（4）装载数据和程序的输入设备：输入设备是用于向计算机输入数据的设备。它将各种形式的信息转化为计算机可以识别的二进制的形式，常见的有键盘、鼠标、摄像头等。

（5）显示处理结果的输出设备：输出设备是用于转换计算机输出信息形式的设备。它将计算机运行得到的二进制数据转化为其他设备或人能接受和识别的信息形式，常见的有打印机、音响、显示器等。

冯·诺依曼将强大的计算理论模型——通用图灵机，转化成了可以指导实际计算机建造的冯·诺依曼结构。同时，计算机采用二进制数制，并按照程序顺序执行以及"存储程序"等设计概念,这也成为现代计算机程序设计的重要原则和基础规则。

可以说图灵机和冯·诺依曼结构为计算机科学奠定了坚实的理论基础,并为计算机世界制定了最基础的运行规则。后世的计算机学者、工程师、程序员,都是在这个理论基础之上、在运行规则的指导下开展工作的。在计算机世界里,科学家和工程师在图灵机的理论边界之内,依照冯·诺依曼结构,将现实需求转化并定义为问题,找到描述问题的方式或者模型,寻求解决问题模型的数学方法或工程方案,将解决方案实现为各种程序和软硬件产品,从而完成现实世界需求的响应和问题的解决。隐私计算这项技术就是遵循着这样的问题解决之道:将数据的保护和使用,转化为如何在保护数据信息前提下的数据计算这样一个问题,并给出了隐私计算这个解决方案,同时致力于在理论和工程上不断地优化完善,以期能够将隐私计算广泛服务于数据时代的人类社会。想要在发挥数据价值的同时实现保护数据信息这个目标,离不开密码学这项保护信息安全的核心科学。接下来,让我们了解一下隐私计算技术的重要安全基石:密码学。

1.4 现代密码学:计算机时代的密码学

引用百度百科里对密码学的定义:密码学是研究编制密码和破译密码的技术科学。定义里提到的编制密码和破译密码,可以被看成制定一套信息转换的规则,通过这套规则可以将人们想要保护的信息转换为加密的信息,只有获得授权的人才可以获知信息的内容。随着计算机科学的蓬勃发展和计算机时代的到来,密码学也发展到了新的阶段。当一个算力远超人类的机器出现之后,密码学研究的理论基础、工具和手段都有了全新的变化。

现代密码学的发展经历了几个重要的阶段。1949 年,香农发表了论文 *Communication Theory of Secrecy Systems*(《保密系统的通信理论》[3]),为密码学奠定了理论基础。1976 年,Diffie 和 Hellman 发表了论文 *New Directions in Cryptography*[4],开创性地提出了基于公钥密码的密码设计思想。至此,公钥密码体制诞生了。此后,学界提出了许多种公钥密码体制,1977 年由 Rivest、Shamir 和 Adleman 首先提出第一个实用的公钥密码体制,即著名的 RSA,1985 年由 Tather ElGamal(塔希尔·盖莫尔)提出 ElGamal 密码体制及基于椭圆曲线的 ElGamal 密码体制等。这些密码体制都得到了广泛的应用,并且为我们提供了各种各样的安全服务。

1.4.1　密码学简介

密码学的研究内容主要包括密码编码学和密码分析学两个领域。

1. 密码编码学

密码编码学主要研究与密码的编码和译码相关的协议及算法。这些协议和算法可以被理解为一套规则和机制，通过它们能够实现信息的保护和隐藏。这里提到的密码编码，就是我们常说的加密；密码译码，就是我们常说的解密。加密和解密过程中的一个重要参数，被称为密钥。密码编码学的研究主要是为了实现两类安全目标：信息保密和身份认证。信息保密指的是保证我们想要保护的信息只能由掌握密钥的人正确读取和理解，身份认证指的是能够保证和鉴别信息传递双方身份的真实性。

2. 密码分析学

密码分析学研究密码机制的分析和破译方法，主要包括穷举攻击、统计分析攻击和数学分析攻击等内容。穷举攻击指的是通过遍历所有可能的密钥进行破解的方法；统计分析攻击指的是通过分析明文和密文的统计规律来进行破译的方法；数学分析攻击指的是针对加密算法的数学基础（各种数学困难问题），通过数学求解的方法来破译密码的一种方法。针对每一种攻击，均会产生相应的抵御攻击的方法。

可以说，密码编码学和密码分析学相互之间是典型的矛与盾的关系，既相互对立，又相互依存；而恰恰是这种对立统一的关系，在相互不断的攻防过程中，推动了密码学的发展。

3. 密码系统

密码系统可以被抽象描述为五元组 $\langle M,C,K,\mathrm{Enc},\mathrm{Dec}\rangle$，主要包含以下几个要素。

- 明文：未经加密的信息，一般用 m 表示。$M=\{m\}$ 表示所有明文组成的明文空间。

- 密文：加密后的信息，一般用 c 表示。$C=\{c\}$ 表示所有密文组成的密文空间。

- 密钥：明文与密文转换过程中的重要参数，一般用 k 表示。$K=\{k\}$ 表示密钥空间。

- 加密转换：将明文转换为密文的算法、函数、协议或者映射，一般用 Enc

表示。加密转换以明文和密钥作为输入，输出为加密后的密文，可以表示为 $\mathrm{Enc}(k,m)=c$。

- 解密转换：将密文转换为明文的算法、函数、协议或者映射，一般用 Dec 表示。解密转换以密文和密钥作为输入，输出为解密后的明文，可以表示为 $\mathrm{Dec}(k,c)=m$。

此外，在进行密码学理论算法讨论的时候，会涉及很多"a 传输消息给 b"之类的描述。由于密码学中的算法理论往往比较复杂，因此为了便于描述和理解，我们习惯上会引入人物角色进行替代，其中最广泛应用的就是密码学讨论中著名的"人物"：爱丽丝（Alice）和鲍伯（Bob）。在密码学语境下，"a 传输消息给 b"一般被描述成如下过程：

Alice 想给 Bob 发送消息 m，为了实现信息的安全传递，Alice 和 Bob 事先通过密钥机制形成了密钥 k 并共享。然后 Alice 用密钥通过加密转换 $\mathrm{Enc}(k,m)=c$，将明文加密为密文消息 c，并把密文 c 发送给 Bob。接收到密文后，Bob 基于密钥，通过解密转换 $\mathrm{Dec}(k,c)=m$，得到 Alice 想要传递的明文 m。

根据密钥的管理策略，密码体制可以被分为对称密码体制和非对称密码体制。上述过程简单描述如下：在对称密码体制中，通常只有一个密钥，即 $k_{\mathrm{Alice}}=k_{\mathrm{Bob}}=k$，并且这个密钥仅有 Alice 和 Bob 知道。在通信过程中，Alice 和 Bob 通过该密钥对信息进行加密和解密。这里的加密算法和解密算法往往是互逆的，即 $\mathrm{Dec}(k,\mathrm{Enc}(k,m))=m$。在非对称密码体制中，在密钥生成阶段会为 Alice 和 Bob 生成各自的密钥对 $(\mathrm{pk},\mathrm{sk})$。其中，可以公开的那个密钥 pk 被称为公钥，不公开的那个密钥 sk 被称为私钥。

前面我们提到密码编码学的研究，主要是为了实现信息保密和身份认证这两类安全目标：为了实现信息保密，一般使用公钥加密、私钥解密，此时只有私钥的拥有者才能正确解密；为了实现身份认证，一般使用私钥签名（类似加密）、公钥验证（类似解密），此时知道公钥的任何人都可以验证（解密），但只能验证私钥拥有者签名的内容。这就是数字签名技术。

以上，我们简单介绍了密码学的一些基本概念。在讨论密码学和密码系统的时候，人们最朴素的需求是通过密码体制实现安全目标。接下来，就让我们看看密码体制的安全性都受哪些因素的影响。

1.4.2　浅析密码体制的安全性

让我们再回顾一下 Alice 和 Bob 通信的过程，看看要做到安全的通信，密码体制都需要做哪些事情。在整个过程中，通信双方希望传输的是加密后的密文，密文对于其他人来说应该是不可识别的，从而达到安全通信的效果；同时通信双方各自能够将密文转换为明文。实现这些目标的关键，在于 Alice 和 Bob 通信过程中的加密转换 $\mathrm{Enc}(k,m)=c$ 和解密转换 $\mathrm{Dec}(k,c)=m$ 。其中，Alice 和 Bob 知道密钥 k ，加/解密转换负责明文和密文的转换，同时不掌握密钥 k 的攻击者不能从密文获得明文的有效信息。

可以看出，密码体制的安全性主要包括两个方面：加/解密转换（Enc 和 Dec）的安全性，即密码体制抗破解的安全性；密钥（k）的安全性，即密钥管理的安全性。19 世纪，奥古斯特·柯克霍夫提出了著名的柯克霍夫原则（Kerckhoffs's principle）[5]，对于密码体制在这两个方面的安全性要求给出了描述：即使密码体制的一切运转细节被所有人知道，但只要密钥未被泄露，这个体系也应该是安全的。该原则已经成为密码系统设计的一项重要原则。

让我们来拆解一下柯克霍夫原则的含义。

"密码体制的一切运转细节被所有人知道"，是指加/解密转换（Enc 和 Dec）对所有人是公开的；具体来说就是，加/解密算法本身是所有人都知道的。这对密码体制设计者提出了要求，要在算法本身公开的情况下，体系仍是安全的。达成这一目标取决于两个方面。一方面是柯克霍夫原则的另一个要求，即"密钥未被泄露"，具体来说就是密钥 k（除了非对称加密中的公钥）是需要保密的。这就是密钥管理的研究内容，包括密钥的产生、存储、分配、保护、更新、撤销、销毁等。

另一方面，在密钥未被泄露的前提下，确保即使有人知道加/解密算法的内容，也无法破解加密的信息数据。

你肯定想知道如何做到这一点。

要讨论这个内容，需要从密码体制的无条件安全性和有条件安全性说起。

无条件安全性，也叫理论安全性，是指假定攻击者拥有无限的计算资源，仍然无法破译该密码体制。香农基于信息论证明了"一次一密"的加密体系可以实现无条件安全性。一次一密（one timepad）指使用与明文长度等长的随机密钥进行加密，并且密钥本身只使用一次。但很可惜这样的方式并不具备实用性，因为一次一密的密钥必须跟明文一样长（即 $|k|=|m|$），而且密钥不能重复使用。可以

说，香农证明了绝对安全是可以达到的。同时我们也可以看出，绝对安全的密码体制在实际应用中是有局限性的。我们需要考虑兼顾实用因素下的安全性评估方式，即有条件安全性。

有条件安全性，是指假定攻击者的计算资源有限或者存在某些条件的限制时的系统安全性。有条件安全性关注现实世界密码系统的实际安全性。可以看到，加入实用因素后，若想构造一种安全且高效的密码算法，挑战很大，需要从安全强度、运算效率、系统开销等方面综合考虑。当然，这样的难题总会被科学家和工程师解决。即使这不是理论上最完美的解决方式，也总能很好地解决现实世界的问题。

简单来说，目前业界主流的安全性设计思路和目标是，实现密钥管理简单，且算法破解过程的消耗远大于破解后的收益的密码体制。这里所说的"消耗远大于收益"，可以是破解所需要消耗的资源（一般指计算资源）远大于攻击者所拥有的资源，也可以是破解所需要的时间远大于信息本身存在的时间等，目的就是让破解"入不敷出"。用相对形式化一些的方式来描述的话，一个成功的密码体制需要满足以下原则：

（1）$\forall k \in K$，$m \in M$，$\mathrm{Enc}(k,m)$ 是容易计算的。

（2）$\forall k \in K$，$c \in C$，$\mathrm{Dec}(k,c)$ 是容易计算的。

（3）对于用密钥 k 加密后的密文 $c \in C$，在不知道密钥 k 的情况下，$\mathrm{Dec}(k,c) = m$ 是难以计算的。

在计算机时代，密码体制实现这样的安全目标主要基于计算复杂性理论，这种安全性可以被称为计算安全性。计算复杂性理论在图灵机的理论框架下刻画了算法破解的计算困难程度。而计算安全性，就是基于计算复杂性理论来建立这样一个密码体制的：虽然破解算法理论上可行，但限于现有的计算能力和工具，攻击者是不可能完成破解所需要的计算量的，或者不可能在可接受的时间内完成破解。要实现这样的目的，一般会基于数学困难问题设计密码机制，如基于分解大整数困难性的 RSA 密码体制及其变体、基于离散对数困难问题的公钥密码 ElGamal 密码体制及基于椭圆曲线的 ElGamal 密码体制等。

这些数学困难问题的理论基础是数论，密码学也成为数论这门学科的一个重要应用。接下来，让我们简单认识一下数论。

1.4.3 数论：现代密码学的数学基础

数论是最古老的数学分支之一，是一门优美的纯数学学科。数论的纯粹性吸引着一代又一代的数学家。被誉为"数学王子"的德国数学家高斯称赞"数学是科学的皇后，而数论是数学的女王"。前文提到的大数学家希尔伯特也说过："数学中没有一个领域能够像数论那样，以它的美——一种不可抗拒的力量，吸引着优秀的数学家。"

数论主要研究整数的性质和相互关系，产生了很多著名的悬而未解的问题，如哥德巴赫猜想、孪生质数猜想等。对这些问题严谨的数学证明的探索虽然仍未完成，但其研究推动了整个数学学科的发展，催生了大量的新思想和新方法。

数论的产生最早可以追溯到公元前的希腊时代。公元前 300 年左右，欧几里得发表了他的经典著作《几何原本》。《几何原本》是古希腊数学发展的顶峰和不朽杰作。欧几里得基于 5 个公理和 5 个公设，通过严密的公理化逻辑推导，构建了整个欧氏几何大厦。其内容和公理化推导的形式，对几何学本身以及整个数学的发展都产生了不可估量的影响。在这套 13 卷本的伟大著作中，第 7 卷到第 10 卷讨论了与数论相关的问题。在欧几里得时代大约 2000 年后，数论取得了再一次的重大突破。18 世纪末，数学家高斯完成了他的经典著作《算术研究》（该书于 1801 年出版）。这本著作汇集了费马、欧拉、拉格朗日等数学家的研究成果。在《算术研究》中，高斯将这些研究成果进行了系统化，并将符号进行了标准化，同时高斯还提出了很多新的概念和研究方法。至此，数论真正走向成熟，成为一门独立的学科。随着数学研究和数学工具的不断深化，新的数论研究工具和成果不断出现。计算机科学和应用数学的发展，使得数论得到了广泛的应用，特别是在现代密码学领域，数论已经成为支撑密码学发展的重要数学基础。

我们通过著名的 RSA 算法来说明数论在密码学中的应用。RSA 是 1977 年由 Ron Rivest（罗纳德·李维斯特）、Adi Shamir（阿迪·萨莫尔）和 Leonard Adleman（伦纳德·阿德曼）一起提出的密码算法，RSA 就是他们三人姓氏开头字母的组合。RSA 采用了一种非对称的密钥体制，在这种体制下，使用不同的加密密钥（一般为公钥，用于加密信息）与解密密钥（一般为私钥，用于解密信息），并且在计算上由已知公钥推导出私钥是不可行的。

数论是如何支撑实现 RSA 这种密码机制的呢？

首先把 RSA 中用到的数论基本概念做一个简要介绍。（这里仅做概念的简要介绍，以便大家理解 RSA。不感兴趣的读者可以略过解释和公式，直接阅读后面 RSA 如何运转的内容。）

整除： 设 $a,b \in \mathbf{Z}$ ，其中 $\mathbf{Z}$ 表示整数集合，如果 $a \neq 0$ ，并且 $\exists q \in \mathbf{Z}$ ，使得 $b=aq$ ，则称 b 可被 a 整除。

质数：又称为素数，指在大于 1 的自然数中，只能被 1 和自身整除的数。

互质关系：如果两个正整数，除了 1 之外没有其他公因子，就称这两个数为互质关系（该关系也被称为互素关系）。

模运算：如果 $a-b$ 能够被 m 整除，记作 $a \equiv b \bmod m$。这也被称为模 m 的同余式。

逆元：如果两个正整数 a 和 n 为互质关系，则一定存在整数 b，使得 $ab \equiv 1(\bmod n)$，b 就被称为 a 模 n 的逆元。

欧拉函数：记为 $\varphi(n)$，表示对于正整数 n，在小于或等于 n 的正整数之中，与 n 构成互质关系的正整数个数。例如，取 $n=10$，在小于或等于 10 的正整数之中，与 10 形成互质关系的正整数是 1、3、7、9，因此 $\varphi(10)=4$。

欧拉定理：如果两个正整数 a 和 n 为互质关系，则 $a^{\varphi(n)} \equiv 1(\bmod n)$ 成立，其中 $\varphi(n)$ 为 n 的欧拉函数。

接下来，我们结合 Alice 和 Bob 的通信过程，看看 RSA 是如何运转的。

密钥生成阶段如下。

步骤 1：随机选择两个不相等的质数 p 和 q。例如，随机选择 $p=97$，$q=71$。

步骤 2：计算 p 和 q 的乘积 n。这里 $n=97 \times 71=6887$。

步骤 3：计算 n 的欧拉函数 $\varphi(n)$。这里 $\varphi(6887)=6720$。

步骤 4：随机选择一个整数 e，满足 $1<e<\varphi(n)$，且 e 与 $\varphi(n)$ 互质。这里选择 $e=37$。

步骤 5：计算 e 模 $\varphi(n)$ 的逆元 d，即 $ed \equiv 1(\bmod \varphi(n))$。这里计算得到 $d=1453$。

至此，密钥生成阶段形成了公钥 (n,e)，在这里即 $(6887,37)$；以及私钥 (n,d)，在此即 $(6887,1453)$。

需要强调的是，在密钥生成阶段生成的 p、q、n、$\varphi(n)$、e 和 d 中，只有用于公钥 (n,e) 的两个数字是公开的，即 $(6887,37)$。其他数字均只有 Alice 和 Bob 知道。

加/解密阶段如下。

步骤 1：假设 Alice 要给 Bob 发送的消息是一个字符"@"，在计算机世界里，这个字符对应的 ASCII 码 64。所以这里的明文 $m=64$，且 $m<n$。

步骤 2：Alice 通过公钥 $\mathrm{pk_{Bob}}$ 及加密转换 $\mathrm{Enc}(m,\mathrm{pk_{Bob}})$ 得到密文 c。加密转

换的具体内容是数学公式 $m^{\text{pk}_{\text{Bob}}} \equiv c(\bmod n)$。这里 $\text{pk}_{\text{Bob}} = e = 37$，$m = 64$，计算 $64^{37} \bmod 6887 = 1682$，即加密后的密文 $c = 1682$。

　　步骤 3：Bob 接收到密文 c 后，用自己掌握的私钥 sk_{Bob} 及解密转换 $\text{Dec}(c, \text{sk}_{\text{Bob}})$ 解密出明文 m。解密转换的具体内容是数学公式 $c^{\text{sk}_{\text{Bob}}} \equiv m(\bmod n)$。这里 $\text{sk}_{\text{Bob}} = d = 1453$，$c = 1682$，计算 $1682^{1453} \bmod 6887 = 64$，即 $m = 64$。Bob 对照 ASCII 码，就知道 Alice 发送了字符"@"。

　　至此，我们通过简单的例子，了解了 RSA 的运转流程以及涉及的数论知识。但是你可能还有疑问：这个运算过程看起来好像并不十分复杂，用计算机来计算的话似乎也没有什么困难，如何能实现安全目标呢？上述过程中的哪些因素和哪些步骤实现了应用中的安全目标呢？再具体一点儿，上述过程是怎样保证只有 Alice 和 Bob 知道发送的消息"@"呢？

　　安全性说明：让我们回顾一下上面这个例子中 Alice 和 Bob 的通信过程。在密钥生成阶段，通信双方通过计算获得了 p、q、n、$\varphi(n)$、e 和 d。Alice 想要给 Bob 传递的明文消息是 m，同时为了安全传输，在 RSA 中，基于数论知识将加/解密转换设计为数学公式 $m^{\text{pk}_{\text{Bob}}} \equiv c(\bmod n)$ 和 $c^{\text{sk}_{\text{Bob}}} \equiv m(\bmod n)$。所以，真正在网络中传递的是基于加密转换后获得的密文 c。

　　在上述信息中，按照柯克霍夫原则，加/解密转换（也就是数学公式）是所有人都可以知道的。根据现实世界网络通信过程不能完全保证安全的假设，加密后传输的密文 c 是可能被攻击者获取的。根据非对称密钥机制，公钥信息，即 (n, e) 也是公开的。需要确保不被泄露的信息，包括私钥信息 d 以及在密钥生成阶段随机选择的质数 p 和 q。

　　这里的安全性关键是，如果私钥信息 d 是未被泄露的，攻击者能否基于公开的信息 n 和 e，推导、计算得到 d 呢？

　　通过前面介绍的数论知识可知，d 是 e 模 $\varphi(n)$ 的逆元，根据公式 $ed \equiv 1(\bmod \varphi(n))$，当我们知道 $\varphi(n)$ 时，就能够计算出 d。接下来看看欧拉函数 $\varphi(n)$ 如何计算。

　　回顾密钥生成阶段，我们通过随机选择的两个质数 p 和 q，得到了乘积 n。根据欧拉函数的性质，如果 n 可以被分解为两个质数的乘积，那么 $\varphi(n) = (p-1)(q-1)$。（欧拉函数有更为丰富的内容，这里为了便于理解，直接给出两个质数时的欧拉函数计算公式，未涉及具体的数学推导和说明。）所以，如果知道 p 和 q，就可以得到 $\varphi(n)$。

但是我们知道，p、q 和私钥 d 都是非公开的信息，因此对于想要破解密文的攻击者而言，只有通过对 n 进行因式分解，得到 p 和 q，从而计算 $\varphi(n)$，才能最终计算得到私钥 d。

至此，我们终于到达了 RSA 安全性的核心：在当前的计算机理论框架和算力下，大整数的因数分解（即对 n 进行因式分解，得到 p 和 q），是一件非常困难的事情。因此，只要 p、q 和私钥 d 未被泄露，攻击者就很难通过公开信息破解密文。

大整数的因数分解为何如此困难呢？

前面我们介绍了，计算机世界的理论基础源于图灵机这个计算模型。基于图灵机计算模型，图灵也给出了计算的极限，明确了图灵机可以解决的问题、不能解决的问题，这些都划定了现代计算机可以解决的问题的理论边界。冯·诺依曼结构奠定了计算机的工程结构基础，也从工程上给出了计算能力的工程边界。而大整数因式分解困难的原因如下：由于计算机的理论和工程能力边界的限制，即使这个问题的求解是通过计算机来完成的，但要具备求解问题所需要的资源（算力、时间、空间等等）也是困难的，或者说是不可承受的。

在计算机世界中，这样一类问题叫作计算困难问题。

1.4.4 计算困难问题：密码的安全基础

计算困难问题，简单来说是指计算机难以高效得到答案的一类问题。在密码体制设计中，计算困难问题是非常重要的设计基础。参考阿基米德的名言"给我一个支点，我就能撬动地球"，我们可以说"给密码设计者提供一个计算困难问题，就可以构建出一个公钥密码体制"。当然，上面提到的"计算机难以高效得到答案"这样的描述还不够严谨科学，为了更好地研究这个问题，我们需要更为理论化的工具。那么在计算机世界里，如何严谨科学地评估和刻画计算机解决问题的难易程度呢？这就是计算复杂性理论的研究内容。

在 1.3 节中已经介绍过，图灵机给出了一个可实现的通用计算模型，并将计算归结为一些内容简单、含义明确的基本操作。图灵证明了由图灵机这个计算模型按照一定的规则，通过确定性的机械操作可以完成各种计算问题。这些可以在图灵机模型下进行计算的问题被称为可计算问题；换句话说就是，可计算问题都是可以通过计算机来解决的。计算机科学家和工程师为了求解各类问题而设计出相应的算法，理论上这些算法都可以被看成最终转换成机械操作步骤的各种组合。

让我们回顾一下图灵机的构成：纸带、读/写头、状态寄存器和指令表。这个计算模型下的机械操作步骤可以对应成读/写头在纸带、状态寄存器和指令表之间的来回移动和读/写操作。简单来说，为了计算某一个问题而需要读/写头完成的操作数量，就可以被理解为解决这个问题所需的计算资源。而在求解过程中纸带、寄存器、指令表等部件存放的信息规模可以被理解为解决这个问题所需的存储资源数量。

计算复杂性理论主要研究的就是求解计算问题时所需的资源，包括如何衡量、评估以及如何优化、节省这些资源。这些资源主要包括算法步骤的数量或者规模，即时间复杂度；以及所需的存储资源的数量，即空间复杂度。在计算机世界中，时间复杂度和空间复杂度用来刻画和衡量计算机求解问题的难易程度。下面我们简要介绍一下计算复杂性理论中是如何描述一个算法的时间复杂度的。

假设一个需要求解的问题的规模为 n（比如，有 n 个数字的大整数），那么求解这个问题的算法的时间复杂度就被描述为一个以 n 为参数的函数关系，表示为 $O(n)$。这样就可以通过这个函数关系来研究算法的时间复杂度。常见的时间复杂度从小到大如下所示：

$$O(1) < O(\log n) < O(n) < O(n \log n) < O(n^k) < O(k^n) < O(n!)$$

这些复杂度代表什么意思呢？

如果某种算法求解问题所需要的时间与问题规模无关，该算法就被称为具有常数复杂度，表示为 $O(1)$。这种复杂度算法的运行时间不会随着问题规模的增加而增加，是时间复杂度最低、算法效率最高的一类算法。

如果某种算法求解问题所需要的时间与问题规模成指数关系，该算法就被称为具有指数复杂度，表示为 $O(k^n)$。其中，k 表示常数。这种复杂度算法的运行时间随着问题规模的增加，呈现指数增加的趋势。这表示这种算法的运行效率比较低。

按照类似的定义，$O(\log n)$ 表示算法具有对数复杂度，$O(n)$ 表示算法具有线性复杂度，$O(n \log n)$ 表示算法具有对数线性复杂度，$O(n^k)$ 表示算法具有多项式复杂度，$O(k^n)$ 表示算法具有指数复杂度，$O(n!)$ 表示算法具有阶乘复杂度。

其中，对于复杂度为 $O(k^n)$、$O(n!)$ 的算法，当这类算法所解决问题的规模比较大的时候，算法的复杂度将会迅速增加。从算法设计的角度来说，我们要尽量避免设计出这些复杂度的算法，因为该算法的执行效率不高。但是从另一个方面去看，如果解决某类问题的算法复杂度是 $O(k^n)$、$O(n!)$，就代表当问题规模较大时，这类问题通过计算机仍"难以高效得到答案"，那么这类问题就可以被称为计算困难问题。比如大整数分解问题，目前最优的算法复杂度为 $O\left(e^{n^{1/3}}\log n^{2/3}\right)$。这是指数复杂度级别的算法。因此，大整数分解可以作为密码体制设计的一个基础，事实上 RSA 密码体制的安全核心就基于此。

至此，我们介绍了什么样的问题被称为计算困难问题，并介绍了这类问题基于计算复杂性理论是如何衡量和评估算法复杂度的。

关于计算复杂性理论，再多说一点儿。

在计算复杂性理论中，通过计算机能够在多项式时间复杂度内解决的问题，被称为 P 问题（Polynomial problem）。在多项式时间复杂度内不能解决，但通过计算机能够在多项式时间复杂度内验证答案是否正确的问题，被称为 NP 问题（Non-deterministic Polynomial problem）。NP 问题的一个特点是，问题的求解比较困难，但是验证某个答案是否正确相对容易。大整数分解就是一个 NP 问题。

如果一个问题同时满足：（1）它是一个 NP 问题，（2）所有 NP 问题都可以被归约到它。那么这个问题被称为 NP 完全问题，也被称为 NPC 问题（Non-deterministic Polynomial Complete problem）。其中，第 2 个条件提到的"归约"的含义是：如果可以用问题 B 的解法解决问题 A，或者说问题 A 可以被转变成问题 B，就称问题 A 可以被归约为问题 B。因此 NP 完全问题的一个意义在于，如果可以在多项式时间复杂度内求解一个 NP 完全问题，那么就可以在多项式时间复杂度内求解其他任何的 NP 问题。

如果一个问题满足 NP 完全问题定义的第二条但不一定满足第一条，该问题被称为 NP 困难问题，也被称为 NP-Hard 问题。

为什么要提到上面这些概念呢？这跟计算机界的一个著名难题相关。

将时间拉回到 2000 年。美国克雷数学研究所（Clay Mathematics Institute）于 2000 年 5 月 24 日公布了 7 个数学难题，即"千禧年世纪难题"。根据克雷数学研究所制定的规则，答题没有时间限制，但是所有数学难题的解答必须发表在数学专业期刊上并经过各方验证。只要通过验证，研究者每解决一个数学难题，将获得 100 万美元奖金。在 1.3 节中曾提到，1900 年希尔伯特应邀参加在巴黎举办的第二届国际数学家大会。在该大会上，希尔伯特提出了著名的 23 个数学问题。"千禧年世纪难题"与希尔伯特提出的 23 个数学问题遥相呼应。这 7 个数学难题中排名榜首的问题，就是著名的" P = NP？"问题。

这个问题的解答，会直接影响计算机科学领域的理论基础和发展前景。

举个例子，如果证明了 P = NP，那么大整数分解这个 NP 问题，将会找到一个 P 问题量级的解答。也就是说，大整数分解将不再是计算困难问题，不会有"计算机难以高效得到答案"的特点。如此一来，基于此构建的密码体制将不再安全。但如果证明了 P ≠ NP，就说明计算困难问题仍将是密码体制设计的一个坚实基础，基于此构建的密码体制，在图灵机和冯·诺依曼结构框架下仍是足够安全的。

这个难题的意义，不仅仅是其本身的难度，更重要的是，无论证明这个问题成立与否，或者证明其不可被证明，都会给计算机科学和数学界带来巨大的影响。

1.5 小结

随着隐私计算技术的火热，无论是对这项技术的理论介绍、技术分析，还是对相关行业技术应用的挖掘、法律规范的探讨等等，都有很多很专业、很权威的资料。而我们想尝试的是，和读者一起，用一种"初学者的视角"来开启一段隐私计算的学习之旅。

本章从隐私计算的概念探讨开始，回顾了人类历史上理论研究和工程实践的伟大成果，介绍了计算机科学的理论基础和工程框架，探讨了计算机时代的密码学以及密码学的安全基础：计算困难问题。在深入隐私计算技术细节的讨论之前，和读者一起经历一遍这样的梳理过程，是因为我们想尝试用"初学者的视角"去看隐私计算的发展历程，去了解技术火热背后的发展逻辑，因为作者团队中的很多人也是从初学者的身份开始这段旅程的。

什么是"初学者的视角"呢？我们的经验感受就是：当刚刚接触一个技术领域的时候，每看到一个专业名词，自己都不知道它是什么意思；每听到一种技术内容，自己都觉得有些云里雾里。这种感受在隐私计算的学习过程中会特别明显。初次接触隐私计算的人，看到"不经意传输""隐私求交""同态加密"等专业名词的时候，一定会有很多"是什么"和"为什么"式的疑惑。

面对这样的问题，我们需要通过一条线索把关联的知识点有条理地串联起来。我们可以称之为"认知线索"。这个线索把关联的知识点按照一定的逻辑组织起来，这样便于学习者理解这些知识点。线索本身不会涉及每个知识点的详细内容，但是当初学者深入某一知识点的学习时，能够知道这个知识在整个线索中的哪个环节扮演了什么角色。

例如在隐私计算的学习中，认知线索可以是这样的：数据时代，需要在数据使用的同时保障数据的安全，隐私计算这项结合了密码学等多个学科的技术满足了数据安全的需求，因此得到了越来越多的关注。隐私计算中多方安全计算是以密码学为基础设计的，计算机时代的密码学实现安全目标的一个重要基础是计算困难问题。计算困难问题之所以能够成为密码体制安全的理论基础，是因为这类问题的求解在图灵机和冯·诺依曼架构下具有比较高的时间复杂度。因此，即使通过计算机，此类问题也难以被高效地求解。

从这条线索去看，当我们接触到一个隐私计算的具体技术点时，可以先关注它的安全性基础，也就是基于什么实现了数据的安全保护。如果基于密码学，接下来就可以看看支撑实现安全目标的理论基础，一般来说会是某类计算困难问题。而密码学的协议或者算子，就是在计算困难问题的基础上，设计了一套规则或者算法，从而达到某些应用场景下的安全目标。

这样做的好处是，大家会有一个相对容易的开始。

这样做的问题如下。首先是不够严谨。考虑到易于理解是首要目标，所以本章的介绍，科普性的描述和主观性的观点较多，严谨的理论推导和技术介绍相对较少。其次是还没有触及这项技术的核心内容。

不过就像"无限风光在险峰"，先描绘风景的壮丽确实更能激发大家前行的兴趣，但是想要真正欣赏到美丽的风景，攀登险峰是大家无法回避的。如果想真的了解和掌握隐私计算技术，那么密码学的理论知识以及相关的安全算法和协议，就是我们必须去征服的"险峰"。在这个攀登险峰的过程中，内容需要描述得严谨、科学，所以也许这些内容没有那么容易读懂，并且整个过程富有挑战性。挑战成功的成果，便是我们可以领略隐私计算技术的无限风光。

接下来就让我们开始这趟旅程吧。

第 2 章

密码学基础

密码学一词最初源于希腊语 kryptós（隐藏的）和 gráphein（书写），指的是对安全通信技术的研究，该技术仅允许消息的发送者和预期接收者查看内容。如图 2-1 所示，历时 400 多年，在经历了古典密码学、近代密码学和现代密码学三个阶段的发展后，密码学已然发展成为一门包含数学、计算机科学和信息论科学的综合性学科。在古典密码学时期（1949 年之前），人们使用手动方法进行加密，如替换密码、置换密码、移位密码等；在近代密码学时期（大约 1949 年—1975 年），出现了更多的机械加密方式，如 Enigma 机、Lorenz 机等；而在现代密码学时期（1975 年之后），则出现了大量的计算机加密方式，如 DES、AES、RSA 等。

密码学的应用范围也在不断扩大，从传统的密码技术（如数据加密、数字签名、认证等），到现代的安全协议（如 SSL/TLS、IPSec、VPN 等），再到无线通信安全（如 WPA2、802.11i 等），都与密码学息息相关。此外，在当今的互联网应用中，密码学也发挥着重要作用，如 Web 安全、电子商务安全、网络银行安全等，都需要依靠密码学的技术保障。

总之，密码学的发展历程可以追溯到古希腊，而今已经发展成一门综合性学科。其应用范围越来越广泛，并为保护个人和组织的信息安全提供了有力的技术保障。

既然密码学能够做到信息隐藏，那么使用密码学是否能够构建隐私计算解决方案呢？若这个问题放在 1975 年以前，答案自然是否定的。当然，在 1975 年以前，断然不会出现隐私计算的研究方向。这是因为在那个年代，信息化还没有发展起来，数据更没有被要素化，隐私计算无从谈起。但在 1975 年以后，随着多方安全计算、零知识证明、半同态加密、全同态加密等密码算法的提出，密码学已然成为构建隐私计算解决方案时不可或缺的重要技术之一。

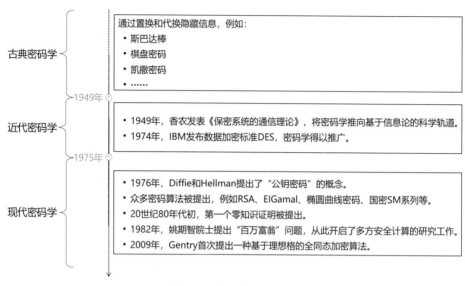

图 2-1　密码学发展历史

如表 2-1 所示，隐私计算领域包含隐私信息检索（也称匿踪查询）、隐私集合求交、多方联合计算分析（下面简称"联合计算分析"），以及隐私保护机器学习四个研究方向，每个研究方向都可基于多个算子构建，每个算子又由多个基础密码算法组成。表 2-1 里给出了隐私计算应用、隐私计算算子、基础密码算法的具体对应关系，读者可以根据需要有针对性地进行学习。从对应关系不难看出，要想深入研究隐私计算领域，就需要逐一理解同态加密（Homomorphic Encryption，简写为 HE）[6-10]、不经意传输（Oblivious Transfer，简写为 OT）[11-15]、秘密共享（Secret Sharing，简写为 SS）[16-19]、混淆电路（Garbled Circuit，简写为 GC）[20-25]、零知识证明（Zero-Knowledge Proof，简写为 ZKP）[26-29]算子等；而要想深入理解以上算子，又必须深入学习分组密码（Block Cipher，简写为 BC）[30-31]、伪随机函数（Pseudo Random Function，简写为 PRF）[32-34]、密码哈希函数（Cryptographic Hash Function）[35-38]、公钥密码（Public-Key Cryptography，简写为 PKC）[39-40]等基础密码算法。

表 2-1　隐私计算与密码学原语映射表

隐私计算应用	隐私计算算子	基础密码算法
隐私信息检索	不经意传输	• 密码哈希函数 • 公钥密码 • 伪随机函数
	同态加密	• 公钥加密

续表

隐私计算应用	隐私计算算子	基础密码算法
隐私集合求交	不经意传输	• 密码哈希函数 • 公钥密码 • 伪随机函数
	同态加密	• 伪随机函数
多方联合计算分析	秘密共享	• 分组密码
	不经意传输	• 密码哈希函数 • 公钥密码 • 伪随机函数
	混淆电路	• 分组密码
	同态加密	• 公钥密码
	零知识证明	• 密码哈希函数 • 公钥密码
隐私保护机器学习	秘密共享	• 分组密码
	不经意传输	• 密码哈希函数 • 公钥密码 • 伪随机函数
	混淆电路	• 分组密码
	同态加密	• 公钥密码
	零知识证明	• 密码哈希函数 • 公钥密码

回过头来看，是不是密码学的发展推动了隐私计算的发展呢？相信读者在读完整本书后会有自己的答案。现在，让我们先进入隐私计算中基础密码学的世界。

2.1　安全模型假设

在研读密码学论文时，我们经常会看到"IND"这个词，那"IND"究竟是什么呢？实际上"IND"是单词"Indistinguishability"的缩写，翻译成中文的意思是"不可区分性"。"不可区分性"是密码学安全性分析中的一个非常有用的性质，它指的是通过密码算法加密后的密文与随机数是不可分辨的[41]。为了使读者更清晰地理解"不可区分性"，下面我们使用一个由两人参与的游戏对"不可区分性"进行更形象化的描述。

假设两个参与方分别是 Alice 和 Bob。Alice 构造了一个新的加密算法 $\text{Enc}(\cdot)$，但她不确定 $\text{Enc}(\cdot)$ 的安全性如何。如图 2-2 所示，为了验证 $\text{Enc}(\cdot)$ 的安全性，Alice

尝试与 Bob 一起玩一个"不可区分"游戏。

步骤 1：Alice 使用加密算法 Enc(·) 对明文数据 m 加密，得到密文 c 。

步骤 2：Alice 选取随机数生成器 Rand(·)，并采样随机数 r 。

步骤 3：Alice 将密文 c 和随机数 r 一同发送至 Bob，并约定游戏的有效时间。

步骤 4：Bob 观察 c 和 r ，并判断这两个值的来源，即判断这两个值中的哪一个值是使用加密算法得到的。若在游戏的有限时间内，Bob 无法做出判断，则证明 c 和 r 在有限的时间内是不可区分的，即 Enc(·) 是安全的。

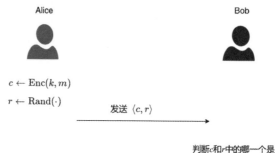

图 2-2 "不可区分"游戏

在实际的密码安全性分析场景中，不可区分性通常产生于不同的安全模型，即随着安全模型的变化，"不可区分性"的强度会随之改变。下面分别介绍几种场景的安全模型，包括唯密文攻击（Ciphertext Only Attack，简写为 COA）、已知明文攻击（Known Plaintext Attack，简写为 KPA）、选择明文攻击（Chosen Plaintext Attack，简写为 CPA）、选择密文攻击（Chosen Ciphertext Attack，简写为 CCA）等，并观察不可区分性在其模型中的作用。

2.1.1 两种较弱的攻击方式

唯密文攻击：指的是敌手（攻击者）能够掌握的只有密文。例如，密文 $c_1, c_2, \cdots, c_n$，此时敌手能做的只有对 $c_1, c_2, \cdots, c_n$ 进行分析[42-43]。

已知明文攻击：指的是比唯密文攻击稍强一些的攻击方式。例如，敌手掌握了 $c_1, c_2, \cdots, c_n$ 对应的明文，即敌手能够掌握的信息为 $\langle m_1, c_1 \rangle, \langle m_2, c_2 \rangle, \cdots, \langle m_n, c_n \rangle$。此时敌手可以根据对 $\langle m_1, c_1 \rangle, \langle m_2, c_2 \rangle, \cdots, \langle m_n, c_n \rangle$ 的分析，猜测加/解密密钥 k [44-45]。

2.1.2 选择明文攻击

选择明文攻击指的是敌手除了具备以上能力，还能够使用虚假身份进入加密系统，向系统提供明文并得到密文[46-48]。如图 2-3 所示，敌手具备自己选择任意待加密明文数据的能力，即加密系统会开放给敌手。整个攻击过程如下。

步骤 1：敌手发送待加密明文 m_i 至密码系统。

步骤 2：密码系统选择随机数 k 做密钥，并通过加密算法，将 m_i 加密为 c_i，并将其回发至敌手（步骤 1 和步骤 2 会执行多次）。

步骤 3：敌手再次发送待加密明文 m_0 和 m_1。

步骤 4：密码系统随机选择 0 或 1，将其设置为 b，并加密 m_b 得到密文 c_b，随后将 c_b 回发至敌手。

步骤 5：敌手通过 c_b，猜测 b 的值是 0 还是 1。

在以上过程中，若敌手无法猜测 b 的值是 0 还是 1，则证明敌手无法推测 c_b 是由哪个明文加密得到的。这证明密文具有足够的随机性，即密文和随机数是无法区分的。符合选择明文攻击的不可区分性被称为 "Indistinguishability Chosen Plaintext Attack"，即 IND-CPA。

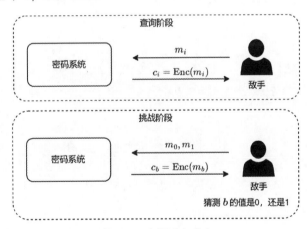

图 2-3　选择明文攻击

2.1.3　选择密文攻击

选择密文攻击指的是敌手除了具有选择明文攻击的能力，还能够选择或任意生成密文 c_i，并能够通过解密算法对 c_i 解密得到 m_i[49-51]。如图 2-4 所示，具体攻击过程如下。

步骤 1：敌手发送待加密明文 m_i 至密码系统。

步骤 2：密码系统选择随机数 k 做密钥，并通过加密算法，将 m_i 加密为 c_i，并将其回发至敌手（步骤 1 和步骤 2 会执行多次）。

步骤 3：敌手发送待解密密文 c_i' 至密码系统。

步骤 4：密码系统使用 k 做密钥，并通过解密算法，将 c_i' 解密为 m_i'，并将其回发至敌手（步骤 3 和步骤 4 会执行多次）。

步骤 5：敌手再次发送待加密明文 m_0 和 m_1。

步骤 6：密码系统随机选择 0 或 1，将其设置为 b，并加密 m_b 得到密文 c_b，随后将 c_b 回发至敌手。

在以上过程中，若敌手无法猜测 b 的值是 0 还是 1，则证明敌手无法推测 c_b 由哪个明文加密得到。这证明密文 c_b 具有足够的随机性，即密文 c_b 和随机数是无法区分的。符合选择密文攻击的不可区分性被称为 "Indistinguishability Chosen Ciphertext Attack"，即 IND-CCA。

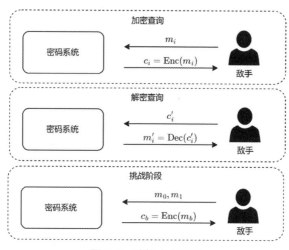

图 2-4　选择密文攻击

2.2　分组密码

分组密码（Block Cipher，简写为 BC）指的是，将待加密的明文消息划分为 n 个等长的组，每组明文消息片段分别在密钥的作用下映射为等长的一组密文序列。许多隐私计算相关密码原语与协议都可以基于分组密码构建。例如，隐私计算服务需求方使用分组密码构建不经意伪随机函数（Oblivious Pseudo Random Function，简写为 OPRF），进而实现隐私集合求交（Private Set Intersection，简写为 PSI）。本节首先介绍分组密码的定义和属性，然后给出分组密码的两个常用算法，即国际常用分组密码的高级加密标准（Advanced Encryption Standard，简写为

AES）[52-53]和中国自主设计的分组密码标准 SM4。

2.2.1　定义与属性

分组密码是一个确定性的加密体制，可以记为 $\varepsilon = (\text{Enc}, \text{Dec})$。其中，Enc 表示加密置换，Dec 表示解密置换，Dec 是 Enc 的逆置换。ε 的消息空间和密文空间同为有限集合 X。如果 ε 的密钥空间是 K，则称 ε 是一个定义在 (K, X) 上的分组密码，称元素 $x \in X$ 为数据块，X 为数据块空间。对于每一个固定密钥 $k \in K$，可以定义函数 $f_k := \text{Enc}(k, \cdot)$，即使用 $f_k := X \to X$，将 $x \in X$ 映射到 $\text{Enc}(k, x) \in X$。一个正确的 ε 意味着，每个固定的密钥 k 与函数 f_k 是一一对应的，由于 X 是有限的，f_k 也必须是有限的。因此，f_k 是 X 上的一个置换，而 $\text{Dec}(k, \cdot)$ 是其逆置换 f_k^{-1}。下面介绍两个常用的分组密码——AES 算法和 SM4 算法。

2.2.2　AES 算法

1997 年，美国国家标准与技术研究院（National Institute of Standards and Technology，简写为 NIST）提出了一项新的分组密码标准建议，即高级加密标准（Advanced Encryption Standard，简写为 AES）。AES 必须在 128 比特（bit，位）分组上操作，并支持 3 种密钥大小：128 比特、192 比特和 256 比特。1997 年 9 月，NIST 收到了 15 项提案，其中许多是由非美国国籍的候选人提出的。在举行了两次公开会议来讨论这些提案后，NIST 于 1999 年将名单缩小到 5 名候选人。在接下来的一轮激烈讨论中，与各自密码标准的优劣相关的议题被广泛探讨。这场讨论在 2000 年 4 月的 AES3 会议上达到了高潮，最后 5 个团队的代表都进行了演讲，阐述为何他们的标准应该成为 AES 的选择。2000 年 10 月，NIST 宣布，比利时学者提出的 Rijndael 分组密码被选为 AES。AES 在 2001 年 11 月成为官方标准，并在 FIPS 197 中发布，成为为期五年的标准化 DES 替代程序。Rijndael[54] 是由比利时密码学家 Joan Daemen 和 Vincent Rijmen 设计的。不过，AES 与原始的 Rijndael 密码略有不同。例如，Rijndael 支持大小为 128 比特、192 比特或 256 比特的分组，而 AES 只支持 128 比特的分组。

AES 是一个迭代密码，它会多次迭代一个简单的循环密码。迭代的次数取决于密钥的大小：例如，AES-128 分组密码示意图如图 2-5 所示。f_{AES} 是在 $\{0, 1\}^{128}$ 上的一个固定的置换（一个一对一的函数），它不依赖于密钥。然后用 f_{AES} 的输出与当前轮密钥进行异或操作。以上过程重复 9 次，直到最后一轮执行置换 $\hat{f}_{\text{AES}}$。AES 算法的逆迭代能够通过反向运行整个结构来实现。

遵循图 2-5 所示结构的密码被称为交替密钥密码（Alternating Key Cipher），

其也被称为迭代的 Even-Mansour 密码。在每一轮中关于置换 f_{AES} 的某些"理想"假设下，这种密码可以被证明是安全的。为了简化对 AES 的了解，只需描述置换 f_{AES} 和 AES 密钥扩展伪随机生成器（Pseudorandom Generator，简写为 PRG）。

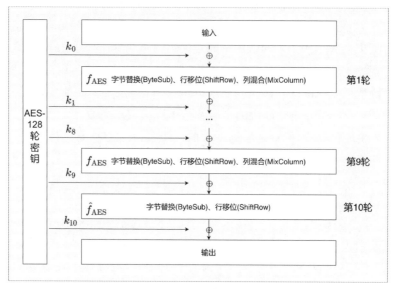

图 2-5　AES-128 分组密码示意图

1. AES 轮置换

置换 f_{AES} 由集合 $\{0,1\}^{128}$ 上的 3 个可逆操作序列组成。输入的 128 比特被组织成一个 4×4 的单元阵列，其中每个单元为 8 比特。然后，在这个 4×4 阵列上，依次执行以下 3 个可逆操作。

1）字节替换（ByteSub）

定义 $S:\{0,1\}^8 \to \{0,1\}^8$ 是一个固定置换。如图 2-6 所示，S 作用于 16 个单元中的每一个。S 在 AES 标准中被指定为一个包含 256 个条目的编码表。对于 $x\in\{0,1\}^8$，要求 $S(x)\neq x$，且 $S(x)\neq \bar{x}$，其中 $\bar{x}$ 表示 x 的按位补码。

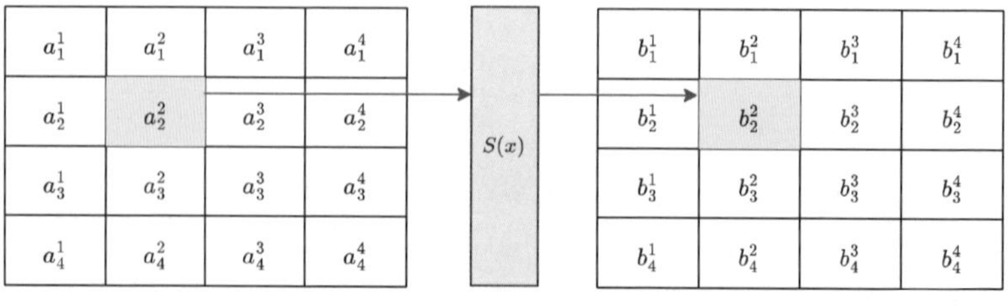

图 2-6　字节替换函数 $S(x)$

2）行移位（ShiftRow）

此步骤执行循环移动的 4 行：如图 2-7 所示，第 1 行不变，第 2 行循环左移 1 字节，第 3 行循环左移 2 字节，第 4 行循环左移 3 字节。

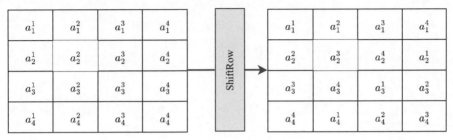

图 2-7　行移位（ShiftRow）

3）列混合（MixColumn）

如图 2-8 中的列混合（MixColumn）所示，在这一步中，4×4 阵列被视为一个矩阵，此矩阵乘以一个固定的矩阵，乘法算术发生在有限域 $GF(2^8)$ 内。$GF(2^8)$ 中的元素表示系数为 0 或 1，且幂小于 8 的多项式。其中，乘法模数为不可约多项式 $x^8 + x^4 + x^3 + x + 1$（其中，$GF(2^8)$ 表示伽罗瓦域，即有限集合 $\{0,1,2,\cdots,255\}$）。该集合中的每个元素都对应一个多项式，即 $GF(2^8)$，可以表示成 256 个多项式。不可约多项式指的是无法找到两个多项式相乘来得到本多项式。多项式的介绍将在 2.5.1 节中给出）。

$$\begin{bmatrix} 02 & 03 & 01 & 01 \\ 01 & 02 & 03 & 01 \\ 01 & 01 & 02 & 03 \\ 03 & 01 & 01 & 02 \end{bmatrix} \begin{bmatrix} a_1^1 & a_1^2 & a_1^3 & a_1^4 \\ a_2^2 & a_2^3 & a_2^4 & a_2^1 \\ a_3^3 & a_3^4 & a_3^1 & a_3^2 \\ a_4^4 & a_4^1 & a_4^2 & a_4^3 \end{bmatrix} \Rightarrow \begin{bmatrix} a_1'^1 & a_1'^2 & a_1'^3 & a_1'^4 \\ a_2'^2 & a_2'^3 & a_2'^4 & a_2'^1 \\ a_3'^3 & a_3'^4 & a_3'^1 & a_3'^2 \\ a_4'^4 & a_4'^1 & a_4'^2 & a_4'^3 \end{bmatrix}$$

图 2-8　列混合（MixColumn）

在这里，标量 01、02、03 使用 $GF(2^8)$ 中的元素进行表示（例如，03 表示 $GF(2^8)$ 中的元素 $x+1$）。这个固定矩阵在 $GF(2^8)$ 上是可逆的，因此整个转换都是可逆的。

2. AES-128 密钥扩展方法

回顾图 2-5，我们可以看到 AES-128 的密钥扩展需要生成 11 个轮密钥 $k_0,\cdots,k_{10}$。其中，每个轮密钥是 128 比特。为此，128 比特的 AES 密钥被划分为 4 个 32 比特的字 $w_{0,0}, w_{0,1}, w_{0,2}, w_{0,3}$（在计算机中，字是用来一次性处理事务的一个固定长度的比特组），这些字形成了第 1 个轮密钥 k_0，剩下的 10 个轮密钥按顺序生成：$k_{i-1} = (w_{i-1,0}, w_{i-1,1}, w_{i-1,2}, w_{i-1,3})$，其中

$$w_{i,0} \leftarrow w_{i-1,0} \oplus g_i(w_{i-1,3})$$
$$w_{i,1} \leftarrow w_{i-1,1} \oplus w_{i,0}$$
$$w_{i,2} \leftarrow w_{i-1,2} \oplus w_{i,1}$$
$$w_{i,3} \leftarrow w_{i-1,3} \oplus w_{i,2}$$

这里的函数 $g_i : \{0,1\}^{32} \rightarrow \{0,1\}^{32}$ 是 AES 标准中指定的一个固定函数。在此分 3 个步骤对它的 4 个字节输入进行操作。

步骤 1：对 4 字节输入循环左移一个字节，例如，假设"abcd"每个字母分别代表一个字节，则循环左移一个字节后为"bcda"。

步骤 2：对获得的 4 个字节中的每个字节应用字节替换中的 S 函数。

步骤 3：用固定的轮常数 c_i 异或最左边的字节。轮常数 $c_1,\cdots,c_{10}$ 在 AES 标准中指定。通常，轮常数是域$(GF(2^8))$中的一个长度为 8 比特的元素。

AES-192 和 AES-256 的密钥扩展程序与 AES-128 相似。对于 AES-192，每次迭代以类似于 AES-128 的方式生成 6 个 32 比特字（共 192 比特），但只有前 4 个 32 比特字（共 128 比特）被用作 AES 轮密钥。对于 AES-256，每次迭代以类似于 AES-128 的方式生成 8 个 32 比特字（共 256 比特），但只有前 4 个 32 比特字（共 128 比特）被用作 AES 轮密钥。AES 密钥扩展方法被有意设计为可逆的：给定最后 1 个轮密钥，可以反向恢复完整的 AES 密钥。这样做的原因是，为了确保每个 AES-128 轮密钥本身与 AES-128 秘密密钥具有相同的熵量（信息熵是信息论中用于度量信息量的一个概念。一个系统越有序，信息熵就越低[55-56]）。如果 AES-128 密钥扩展不可逆，那么在 $GF(2^8)$中，最后 1 个轮密钥将不一致。

可逆性确实为攻击者提供了更多的机会来尝试攻击加密算法。例如，在相关密钥攻击中，攻击者可以通过观察加密和解密过程中的密钥变化来推断出密钥的值。在对 AES 的侧信道攻击中，攻击者可以通过观察加密操作的功耗、电磁辐射等侧信道信息来推断出密钥的值。因此，在设计加密算法时，需要考虑可逆性带来的安全风险，并采取相应的措施来对抗攻击。

2.2.3　SM4 算法

SM4 算法是我国颁布的商用密码标准算法之一，它是一个迭代的分组密码算法。该算法最初为配合无线局域网标准的推广应用而设计，于 2006 年公开发布，并于 2012 年 3 月发布为密码行业标准，2016 年 8 月转化为国家标准。

如图 2-9 所示，SM4 具有以下特点[57-58]：

- 分组长度和密钥长度同为 128 比特。
- 密钥扩展和加密具有 32 轮迭代结构，其中迭代结构是非线性的。
- 加密的处理单位为字（32 比特串）。
- 解密算法和加密算法具有相同的结构，区别在于二者的轮密钥使用顺序相反。

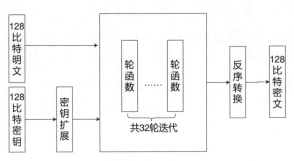

图 2-9　SM4 流程框架

1. 密钥扩展

在加密算法执行之前，需要将 128 比特密钥 k 扩展为 32 个轮密钥 $\{rk_0, \cdots, rk_{31}\}$。具体过程如下。

步骤 1：首先将密钥 k 划分为 4 个密钥块 (k_0, k_1, k_2, k_3)，选择系统参数 (fk_0, fk_1, fk_2, fk_3) 和固定参数 $(ck_0, \cdots, ck_{30}, ck_{31})$。其中，fk 与 ck 的取值如表 2-2 和表 2-3 所示。

表 2-2　系统参数 fk 的取值

系统参数	具体取值
fk_0	A3B1BAC6
fk_1	56AA3350
fk_2	677D9197
fk_3	B27022DC

表 2-3　固定参数 ck 的取值

固定参数	具体取值			
$ck_0, \cdots, ck_3$	00070E15	1C232A31	383F464D	545B6269
$ck_4, \cdots, ck_7$	70777E85	8C939AA1	A8AFB6BD	C4CBD2D9
$ck_8, \cdots, ck_{11}$	E0E7EEF5	FC030A11	181F262D	343B4249
$ck_{12}, \cdots, ck_{15}$	50575E65	6C737A81	888F969D	A4ABB2B9

固定参数	具体取值			
$ck_{16},\cdots,ck_{19}$	C0C7CED5	DCE3EAF1	F8FF060D	141B2229
$ck_{20},\cdots,ck_{23}$	30373E45	4C535A61	686F767D	848B9299
$ck_{24},\cdots,ck_{27}$	A0A7AEB5	BCC3CAD1	D8DFE6ED	F4FB0209
$ck_{28},\cdots,ck_{31}$	10171E25	2C333A41	484F565D	646B7279

步骤 2：计算 $(tk_0,tk_1,tk_2,tk_3)\leftarrow(k_0,k_1,k_2,k_3)\oplus(fk_0,fk_1,fk_2,fk_3)$。

步骤 3：执行第 1 轮迭代复合计算，输入 $(tk_0,tk_1,tk_2,tk_3,ck_0)$，输出 rk_0。首先计算得到 $I_0=tk_1\oplus tk_2\oplus tk_3\oplus ck_0$，然后计算 $\tau(I_0)$，最后计算 $rk_0=tk_4=tk_0\oplus L'(\tau(I_0))$。其中，$\tau(\cdot)$ 表示一个可逆非线性转换函数，输入 4 个 8 比特串的异或值，经过 4 个并行的 S 盒（如表 2-4 所示）置换，得到新的 4 个 32 比特串。$L'(\cdot)$ 表示一个可逆线性转换函数，假设输入为 32 比特串 I，则 $L'(I)=I\oplus(I<<13)\oplus(I<<23)$，$I<<i$ 表示 I 循环左移 i 比特。

表 2-4　S 盒

	0	1	2	3	4	5	6	7	8	9	A	B	C	D	E	F
0	D6	90	E9	FE	CC	E1	3D	B7	16	B6	14	C2	28	FB	2C	05
1	2B	67	9A	76	2A	BE	04	C3	AA	44	13	26	49	86	06	99
2	9C	42	50	F4	91	EF	98	7A	33	54	0B	43	ED	CE	AC	62
3	E4	B3	1C	A9	C9	08	E8	95	80	DF	94	FA	75	8F	3F	A6
4	47	07	A7	FC	F3	73	17	BA	83	59	3C	19	E6	85	4F	A8
5	68	6B	81	B2	71	64	DA	8B	F8	EB	0F	4B	70	56	9D	35
6	1E	24	0E	5E	63	58	D1	A2	25	22	7C	3B	01	21	78	87
7	D4	00	46	57	9F	D3	27	52	4C	36	02	E7	A0	C1	C8	9E
8	EA	BF	8A	D2	40	C7	38	B5	A3	F7	F2	CE	F9	61	15	A1
9	E0	AE	5D	A1	9B	34	1A	55	AD	93	32	30	F5	8C	B1	E3
A	1D	F6	E2	2E	82	66	CA	60	C0	29	23	AB	0D	53	4E	6F
B	D5	DB	37	45	DE	FD	8E	2F	03	FF	6A	72	6D	6C	5B	51
C	8D	1B	AF	92	BB	DD	BC	7F	11	D9	5C	41	1F	10	5A	D8
D	0A	C1	31	88	A5	CD	7B	BD	2D	74	D0	12	B8	E5	B4	B0
E	89	69	97	4A	0C	96	77	7E	65	B9	F1	09	C5	6E	C6	84
F	18	F0	7D	EC	3A	DC	4D	20	79	EE	5F	3E	D7	CB	39	48

步骤 4：执行第 2 轮迭代复合计算，输入 $(tk_2,tk_3,tk_4=rk_0,ck_1)$，输出 rk_1。具体计算过程与第 1 轮相同。

步骤 5：共执行 32 轮迭代，直至计算出 32 个轮密钥 $rk=(rk_0,rk_1,\cdots,rk_{31})$。

以上计算流程如图 2-10 所示。

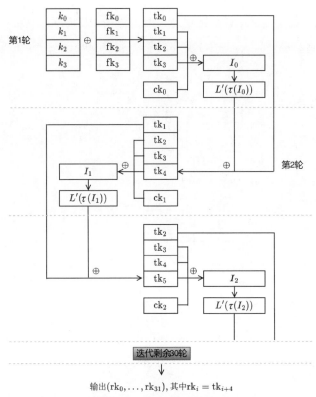

$$输出(\mathrm{rk}_0,\ldots,\mathrm{rk}_{31}),其中\mathrm{rk}_i=\mathrm{tk}_{i+4}$$

图 2-10　密钥扩展流程

2. 加密轮函数

如图 2-11 所示，加密轮函数与密钥扩展轮函数相似，同样具有 32 轮迭代非线性结构。具体过程如下。

步骤 1：输入明文 $m=\left(m_0,m_1,m_2,m_3\right)$ 和轮密钥 $\mathrm{rk}_0\in\mathrm{rk}$ ，其中 $\mathrm{rk}=(\mathrm{rk}_0,\mathrm{rk}_1,\cdots,\mathrm{rk}_{31})$ 。

步骤 2：计算 $\tau\left(m_1\oplus m_2\oplus m_3\oplus\mathrm{rk}_0\right)$ ，这里的 $\tau(\cdot)$ 与密钥扩展轮函数中的 $\tau(\cdot)$ 相同。

步骤 3：计算 $L'\big(\tau\big(m_1\oplus m_2\oplus m_3\oplus\mathrm{rk}_0\big)\big)$ ，这里的 $L'(\cdot)$ 与密钥扩展轮函数中的 $L'(\cdot)$ 相同。

步骤 4：计算 $m_4\leftarrow m_0\oplus L\big(\tau\big(m_1\oplus m_2\oplus m_3\oplus\mathrm{rk}_0\big)\big)$ ，完成第一轮迭代。

步骤 5：输入 $\left(m_1,m_2,m_3,m_4\right)$ 和轮密钥 $\mathrm{rk}_1\in\mathrm{rk}$ ，并重复执行以上计算步骤，完成第二轮迭代。

步骤 6: 共执行 32 轮迭代,输出 $m_4, m_5, \cdots, m_{35}$,并提取出 $(m_{32}, m_{33}, m_{34}, m_{35})$。

步骤 7: 将 $(m_{32}, m_{33}, m_{34}, m_{35})$ 反序转换,得到 $(m_{35}, m_{34}, m_{33}, m_{32})$,定义密文为 $(c_0, c_1, c_2, c_3) = (m_{35}, m_{34}, m_{33}, m_{32})$。

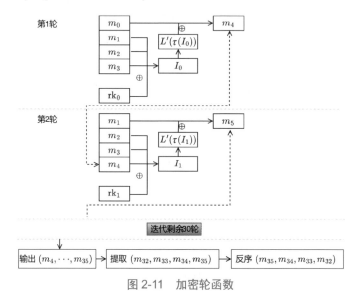

图 2-11　加密轮函数

3. 解密轮函数

如图 2-12 所示,解密轮函数是加密轮函数的反序,输入 (c_0, c_1, c_2, c_3) 和 $\mathrm{rk} = (\mathrm{rk}_{31}, \mathrm{rk}_{30}, \cdots, \mathrm{rk}_0)$,输出明文 $(m_0, m_1, m_2, m_3) = (c_{35}, c_{34}, c_{33}, c_{32})$。

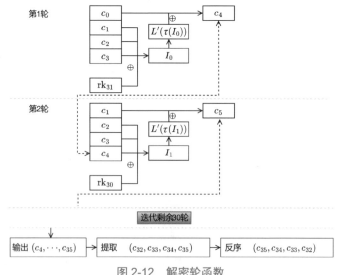

图 2-12　解密轮函数

2.3 伪随机函数

伪随机函数（Pseudo Random Function，简写为 PRF）是设计前沿密码学协议的核心工具。在隐私计算领域，PRF 是构成不经意传输（Oblivious Transfer，简写为 OT）、隐私集合求交（Private Set Intersection，简写为 PSI）等密码学算子和协议的重要基础算法。在本节中，首先给出构造伪随机函数所需的背景知识，即函数簇和随机函数；然后给出伪随机函数的定义与分析；最后给出伪随机函数的两个具体应用实例。

2.3.1 函数簇与随机函数

1. 函数簇

一个函数簇是一类映射 $F:K \times D \to R$，其中 K 是 F 的密钥集合，D 是 F 的定义域，R 是 F 的值域。密钥集合的范围都是有限的，而且所有的集合都是非空的。双输入函数 F 取一个密钥 k 和一个输入 $x \in X$，返回一个值 $y \in Y$，用 $y \leftarrow F(k,x)$ 表示。对于任何密钥 $k \in K$，定义映射 $F_k : D \to R$，其中 $F_k(X) = F(K,Y)$。函数 F_k 被称为函数簇 F 的一个实例。因此，F 指定了一类与每个密钥所对应映射的集合。

2. 随机函数

假设存在两个有限非空集合 $D, R \subseteq \{0,1\}^*$，ℓ、L 同为大于或等于 1 的两个整数，存在从 D 映射到 R 的函数 $\text{Rand}(D,R)$。为了简化，使用 $\text{Rand}(\ell,L)$ 表示 $\text{Rand}(D,R)$，其中 $D = \{0,1\}^\ell, R = \{0,1\}^L$。可以观察到，$\text{Rand}(\ell,L)$ 的输入和输出分别是长度为 ℓ 和 L 的二进制串，密钥空间为 $2^{L \cdot 2^\ell}$。下面结合实例，说明密钥空间如何计算得来：

假设随机函数为 $\text{Rand}(3, 2)$，即 $\ell = 3$，$L = 2$，函数定义域为 $\{0,1\}^3$，值域为 $\{0,1\}^2$。如图 2-13 所示，函数的输出为（11，01，00，10，10，00，01，11）。这里的输出可能性为 $2^{16} = 2^{2 \cdot 2^3}$，即密钥空间为 $2^{16} = 2^{2 \cdot 2^3}$（随机函数为确定性算法，输出和密钥是一一对应的）。

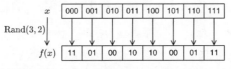

图 2-13 随机函数实例 Rand(3,2)

2.3.2 伪随机函数定义与分析

伪随机函数（Pseudo Random Function，简写为 PRF）是一类函数簇，其性质是该函数簇的随机实例的输入/输出行为与随机函数的输入/输出行为"在计算上无法区分"。现假设一个函数簇 $F: R \leftarrow K \times D$，其中 $K = \{0,1\}^k$、$D = \{0,1\}^\ell$、$R = \{0,1\}^L$，且 k、ℓ、L 同为大于或等于 1 的整数。

想象一下，某天 Alice 在路边捡到一个微型计算机，发现这个计算机能够打开一个终端。Alice 好奇地打开终端，屏幕提示："难题挑战游戏：该计算机连接两个不同的'计算世界'——World 0 和 World 1，两个世界各自拥有独特的计算函数。在输入一个定义域 $D = \{0,1\}^\ell$ 内的数值后，会得到一个值域 $R = \{0,1\}^L$ 内的返回值。请根据以上有限信息，判断返回值来自哪个'计算世界'，请问你是否接受挑战？"

下面分析 Alice 是否能够成功应对难题挑战。

首先，将两个"计算世界"形式化表示。

World 0：定义函数 g，且 g 属于随机函数簇 $\text{Rand}(D,R)$，即 $g \xleftarrow{\$} \text{Rand}(D,R)$。其中，$\$$ 表示随机选取。

World 1：定义函数 g，且 g 属于伪随机函数簇 $F_k(D,R)$，即 $g \xleftarrow{\$} F_k(D,R)$。其中，$\$$ 表示随机选取，k 表示在 K 中随机选取的密钥，K 表示密钥空间。

我们试图告诉 Alice 计算发生在哪个世界的行为，可以通过区分器（distinguisher）的概念正式确定。区分器是一种算法，它被赋予对函数 g 的神谕（Oracle）访问权，并试图确定 g 是随机的，还是伪随机的。（也就是说，计算是发生在 World 0 的，还是在 World 1 的。）区分器只能通过给函数 g 提供输入并检查这些输入的输出来与之互动；它不能以任何方式直接检查函数 g。定义 A^g 为区分器 A 被赋予对函数 g 的神谕访问权。如图 2-14 所示，如果区分器返回 $b=1$ 的概率无论在哪个世界都大致相同，即二者的概率差值小于或等于 ε（可忽略值），那么这个函数簇就是伪随机的。

区分器 A 模拟了 Alice，试图通过计算机向函数 g 输入查询来确定计算机背后是哪个世界。将查询 g 的能力形式化为给 A 一个神谕，它接收输入的任何字符串 $x \in D$ 并返回 $g(x)$。区分器 A 可以确定查询的内容，而且这些查询内容可以基于之前的查询结果构建。最终，它输出一个比特 b，这显示了它对计算机背后是哪个世界的决定。输出单比特值 1，意味着 A 认为计算机背后是 World 1；输出单比特值 0，意味着 A 认为计算机背后是 World 0。应该注意的是，函数簇 F 是公开的。

敌手和其他任何人都知道这个函数簇的描述，并且能够在给定值 k、x 的情况下计算出 $F(k,x)$。

$$
\begin{array}{l|l}
\text{实验Exmt}_F^{\text{PRF}-1}(A) & \text{实验Exmt}_F^{\text{PRF}-0}(A) \\
k \leftarrow K & g \leftarrow \text{Rand}(D,R) \\
g \leftarrow F_k(D,R) & b \leftarrow A^g \\
b \leftarrow A^g & \\
\text{返回 } b & \text{返回} b
\end{array}
$$

区分器 A 能识别出计算发生在 World 1 （PRF−1）的优势如下：

$$\text{Adv}_F^{\text{PRF}}(A) = Pr\left[\text{Exmt}_F^{\text{PRF}-1}(A) = 1\right] - Pr\left[\text{Exmt}_F^{\text{PRF}-0}(A) = 1\right] \leqslant \varepsilon$$

图 2-14　两个计算世界的实验

图 2-14 中的每个实验都有一定的概率返回 1。这个概率是在实验中所做的随机选择上取得的。因此，对于第一个实验，概率是关于 k 的选择和 A 可能做出的任何随机选择的组合，因为 A 被允许是一个随机算法。在第二个实验中，概率是关于随机选择 g 和 A 做出的任何随机选择的组合。这两个概率应该分开评估。观察一下两个实验返回 1 的概率的差值。如果 A 在判断它所处的世界方面做得很好，那么它在第一个实验中返回 1 的次数就会多于第二个实验。所以，这个差值是衡量 A 做得如何的一个标准。我们把这一措施称为 A 的优势（advantage）。不同的区分器会有不同的优势。有以下两个原因导致一个区分器可能比另一个区分器取得更大的优势：一个原因是，它提出的问题更"聪明"；另一个原因是它问的问题更多，或者花了更多的时间来处理回答的问题。事实上，随着区分器看到越来越多的 g 的输入和输出例子，或者花更多的计算时间，区分器分辨计算发生在哪个世界的能力应该上升。因此，函数簇 F 的"安全性"必须被认为取决于允许攻击者的计算资源和时间限定。

2.3.3　伪随机函数应用

为了更容易地理解伪随机函数，下面通过两个实例来介绍如何结合随机函数和伪随机函数构造对称加密算法和消息身份验证算法。

1. 对称加密算法

假设 Alice 和 Bob 已共享一个随机密钥 s。如图 2-15 所示，Alice 可以通过以下方式给 Bob 传递一个秘密消息 m。

步骤 1：Alice 选择随机数（随机整数）$r \in Z_p^*$，其中 p 为大素数。

步骤 2： Alice 计算 $c = \text{Enc}_s(r,m) = F_s(r) \oplus m$，其中 $F_s(\cdot)$ 表示某一伪随机函数。

步骤 3： Alice 将 $\langle r,c \rangle$ 发送至 Bob。

步骤 4： Bob 输入密钥 s 和 r，执行解密计算 $m = \text{Dec}_s(r,c) = F_s(r) \oplus c$。

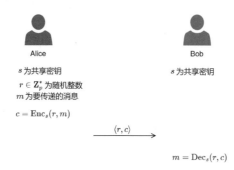

图 2-15　秘密消息安全传递

假设存在秘密消息 m_1 和 m_2，根据随机函数的性质可知，区分 $\text{Rand}(r) \oplus m_1$ 和 $\text{Rand}(r) \oplus m_2$ 在信息论上是不可能的。使用 $F_s(\cdot)$ 对 $\text{Rand}(\cdot)$ 进行替换，得到 $F_s(r) \oplus m_1$ 和 $F_s(r) \oplus m_2$。由图 2-15 可知，$F_s(r) \oplus m_1$ 和 $F_s(r) \oplus m_2$ 之间的任何有效区分的优势不会明显改变，因此保证使用伪随机函数构造的对称加密算法具有可证安全性。

2. 消息身份验证算法

该算法的目标是，让 Bob 验证一个消息 m 源自 Alice。为此，Alice 和 Bob 共享了一个只有他们知道的随机密钥 s。如图 2-16 所示，当 Alice 希望 Bob 能够验证 m 时，她会附加一个可以通过 m 和 s 计算出来的标记 σ（$\sigma = F_s(m)$）。Bob 在接收到 Alice 发送来的 (m,σ) 信息后，结合共享密钥 s 来计算标记 $\sigma' = F_s(m)$，通过判定 σ' 与 σ 是否相同来确定验证是否通过。(m,σ) 的可验证性源于 Bob 也知道 m 和 s，因此可以有效地计算 σ。

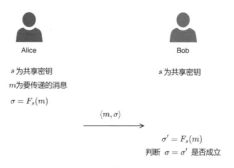

图 2-16　消息身份验证算法

3. 不经意伪随机函数

通过伪随机函数能够构造不经意伪随机函数（Oblivious Pseudo Random Function，简写为 OPRF），进而构造一些复杂的多方安全计算协议，例如隐私求交协议、联合计算协议等。下面结合一个具体的例子来描述不经意伪随机函数的用途。

假设 Alice 和 Bob 是两个互不信任的计算参与方，Alice 掌握输入数据 m，Bob 掌握随机密钥 k，其中密钥 k 和数据 m 同为他们各自的机密信息。如果 Alice 和 Bob 希望共同执行一个加密任务，即使用密钥 k，通过 AES 算法（这里将 AES 看作一个伪随机函数，并且只考虑加密算法，不考虑解密算法）将数据 m 加密为密文 c，他们该如何做呢？根据观察发现，他们各自在本地执行计算是无法完成任务的，根本原因在于 AES 算法的两个输入，即密钥 k 和数据 m 分处在两方本地存储域。为了任务的正常执行，Alice 和 Bob 可将自己掌握的信息与对方共享，如此 AES 算法便能正常运行。遗憾的是，他们并不能这样做，因为 Alice 和 Bob 是两个互不信任的参与方，一旦他们共享自己的机密信息，将面临信息泄露的风险。那么，他们如何在不泄露自己机密信息的前提下，完成计算任务呢？这似乎是一个不可能完成的任务。但随着不经意伪随机函数的出现，如图 2-17 所示，这个任务又变得很容易解决了。不经意伪随机函数是一个特别复杂的计算协议，这里不进行详细介绍，具体细节可参考 4.2.3 节的内容。

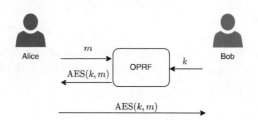

图 2-17　使用不经意伪随机函数实现联合加密任务

2.4　密码哈希函数

密码哈希函数将可变长度输入映射到固定长度输出。该类哈希函数输出可以被视为输入数据的指纹。密码哈希函数在许多应用中均扮演着重要的角色，例如数字签名、消息完整性、身份验证协议、密码保护和随机数生成等。在基于密码学构建的隐私计算领域，处处可见密码哈希函数的身影。

2.4.1 SHA-2 算法

安全哈希算法 2（Secure Hash Algorithm 2，简写为 SHA-2）是一系列哈希算法，可用于取代 SHA-1 算法。SHA-2 具有比 SHA-1 高的安全级别。SHA-2 由美国国家标准与技术研究院（National Institute of Standards and Technology，简写为 NIST）和美国国家安全局（National Security Agency，简写为 NSA）设计，共包含 6 个算法标准：SHA-224、SHA-256、SHA-384、SHA-512、SHA-512/224、SHA-512/256。本节以 SHA-256 为例，介绍 SHA-2 算法的原理，其计算流程如图 2-18 所示。

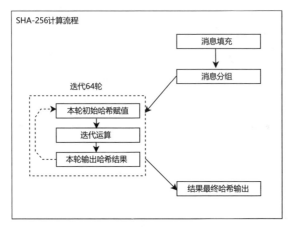

图 2-18　SHA-256 计算流程

1. 背景知识

如图 2-19 所示，SHA-256 是一个确定性算法，其输入的长度需要控制在 2^{64} 比特以内，在计算之前，输入需要先进行填充，然后按 512 比特分组进行处理，算法计算完成后，输出一个 256 比特的摘要。

图 2-19　SHA-256 示例

该算法在正式计算前，需要预备 1 个常量集合和 1 个函数集合。

1）消息填充

假设待计算的消息为 m，其长度为 $\mathrm{Len}(m)$。在执行逻辑计算前，需要对 m 补位填充，得到 m'。具体的填充方法如下。

步骤 1：将消息中的每个字符更换为 ASCII 码，例如，字符串 abc $\rightarrow$ 979899。

步骤 2：将其转换为二进制表示方式，如下所示。

$$abc \rightarrow 979899 \rightarrow 01100001\ 01100010\ 01100011$$

步骤 3：如图 2-20 所示，在最后 1 比特后填充 1，然后重复追加 0，直至 $\mathrm{Len}(m \parallel padding) = 448 \bmod 512$。其中，$\parallel$ 是比特串连接符，padding 表示填充比特。

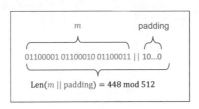

图 2-20　消息填充过程

步骤 4：将 $\mathrm{Len}(m \parallel padding)$ 转换为 64 比特的二进制值，并附加在 m' 的最后几比特。例如， abc 的长度是 24 比特，转换为 64 比特的二进制值是 0…011000，因此 m' 的最终结果如下。

$$01100001\ 01100010\ 01100011 \parallel 10...0 \parallel 0...011000$$

此时，$0 = \mathrm{Len}(m') \bmod 512$。

2）计算初始常量

SHA-256 计算过程需要 1 个常量集合和 1 个函数集合，常量集合包含 8 个初始常量 $(A_0, B_0, C_0, D_0, E_0, F_0, G_0, H_0)$ 与 64 个轮常量 $\{K_t\}_{t \in [0,63]}$，函数集合包含 6 个函数 $(C_h, M_a, \Sigma_0, \Sigma_1, \sigma_0, \sigma_1)$。

- **初始常量**

初始常量共包含 8 个值，其具体数值分别如下：

$$0x6a09e667, 0xbb67ae85, 0x3c6ef372, 0xa54ff53a$$
$$0x510e527f, 0x9b05688c, 0x1f83d9ab, 0x5be0cd19$$

以上常量分别通过以下方式计算得到。

步骤 1：选择正整数中最小的 8 个素数 $(2,3,5,7,11,13,17,19)$。

步骤 2：计算每个素数的平方根，得到 $(\sqrt{2},\sqrt{3},\sqrt{5},\sqrt{7},\sqrt{11},\sqrt{13},\sqrt{17},\sqrt{19})$。

步骤 3：截取每个素数平方根的小数部分，例如 $\sqrt{2}\approx 1.414213562373095048$，截取小数部分，得到 0.414213562373095048。

步骤 4：将每个素数平方根的小数部分转换为十六进制值，并取前 8 个字符。例如 $\sqrt{2}\approx 1.414213562373095048$，截取小数部分，得到 0.414213562373095048；将其转换为十六进制值，得到 6a09e667f3bccc；截取前 8 个字符，得到 6a09e667。

如图 2-21 所示，使用以上常量对 $(A_0,B_0,C_0,D_0,E_0,F_0,G_0,H_0)$ 进行初始化：$(A_0,B_0,C_0,D_0,E_0,F_0,G_0,H_0)$ 用于 SHA-256 的逻辑运算。

```
A₀ = 0x6a09e667;
B₀ = 0xbb67ae85;
C₀ = 0x3c6ef372;
D₀ = 0xa54ff53a;
E₀ = 0x510e527f;
F₀ = 0x9b05688c;
G₀ = 0x1f83d9ab;
H₀ = 0x5be0cd19;
```

图 2-21　初始常量列表

● 轮常量

轮常量 $\{K_t\}_{t\in[0,63]}$ 包含 64 个值，具体值在图 2-22 中给出。轮常量的计算方式与初始常量类似，具体过程如下。

步骤 1：选择正整数中最小的 64 个素数。

步骤 2：对以上每个素数计算立方根。

步骤 3：对每个素数立方根的小数部分，截取前 32 比特，得到最终的结果。

$$\{K_t\}_{t\in[0,63]}=\left\{\begin{array}{l}
\text{0x428a2f98,0x71374491,0xb5c0fbcf,0xe9b5dba5,}\\
\text{0x3956c25b,0x59f111f1,0x923f82a4,0xab1c5ed5,}\\
\text{0xd807aa98,0x12835b01,0x243185be,0x550c7dc3,}\\
\text{0x72be5d74,0x80deb1fe,0x9bdc06a7,0xc19bf174,}\\
\text{0xe49b69c1,0xefbe4786,0x0fc19dc6,0x240ca1cc,}\\
\text{0x2de92c6f,0x4a7484aa,0x5cb0a9dc,0x76f988da,}\\
\text{0x983e5152,0xa831c66d,0xb00327c8,0xbf597fc7,}\\
\text{0xc6e00bf3,0xd5a79147,0x06ca6351,0x14292967,}\\
\text{0x27b70a85,0x2e1b2138,0x4d2c6dfc,0x53380d13,}\\
\text{0x650a7354,0x766a0abb,0x81c2c92e,0x92722c85,}\\
\text{0xa2bfe8a1,0xa81a664b,0xc24b8b70,0xc76c51a3,}\\
\text{0xd192e819,0xd6990624,0xf40e3585,0x106aa070,}\\
\text{0x19a4c116,0x1e376c08,0x2748774c,0x34b0bcb5,}\\
\text{0x391c0cb3,0x4ed8aa4a,0x5b9cca4f,0x682e6ff3,}\\
\text{0x748f82ee,0x78a5636f,0x84c87814,0x8cc70208,}\\
\text{0x90befffa,0xa4506ceb,0xbef9a3f7,0xc67178f2}
\end{array}\right\}$$

图 2-22　轮常量

3）函数集合定义

在 SHA-256 的逻辑运算中，需要使用 6 个运算函数 $(C_h, M_a, \Sigma_0, \Sigma_1, \sigma_0, \sigma_1)$。其函数定义如下：

$$C_h(x, y, z) = (x \wedge y) \oplus (\neg x \wedge z)$$
$$M_a(x, y, z) = (x \wedge y) \oplus (x \wedge z) \oplus (y \wedge z)$$
$$\Sigma_0(x) = S^2(x) \oplus S^{13}(x) \oplus S^{22}(x)$$
$$\Sigma_0(x) = S^6(x) \oplus S^{11}(x) \oplus S^{25}(x)$$
$$\sigma_0(x) = S^7(x) \oplus S^{18}(x) \oplus R^3(x)$$
$$\sigma_1(x) = S^{17}(x) \oplus S^{19}(x) \oplus R^{10}(x)$$

其中，$x \wedge y$ 表示将 x 和 y 按位与，$x \oplus y$ 表示将 x 和 y 按位异或，$\neg x$ 表示将 x 按位非，$S^i(x)$ 表示将 x 逻辑右移 i 比特，$R^i(x)$ 表示将 x 循环右移 i 比特。

2. 算法细节

假设填充后的消息为 $m' = m + \text{padding}$，其长度为 $\text{Len}(m') = n \cdot 512$ 比特，其中 n 为大于或等于 1 的正整数。由于 SHA-256 的单次处理长度为 512 比特，因此需要将消息 m' 分成 n 个消息块，即 $m' = m'_1 \| m'_2 \| \cdots \| m'_n$。对于每个消息块执行以下计算。

步骤 1：将每个消息块划分为 16 个 32 比特字，例如，$m'_1 = w_0 \| w_2 \| \cdots \| w_{15}$，通过 $(w_0, w_1, \cdots, w_{15})$ 计算出 $(w_{16}, w_{17}, \cdots, w_{63})$，其计算方法如下。

$$w_t = \sigma_1(w_{t-2}) + w_{t-7} + \sigma_0(w_{t-15}) + w_{t-16}$$

步骤 2：迭代 64 轮计算，得到 $(A_{63}, B_{63}, C_{63}, D_{63}, E_{63}, F_{63}, G_{63}, H_{63})$。第 t 轮的计算过程如图 2-23 所示。其中，$t \in [1, 63]$。

$$
\begin{aligned}
A_t &= M_a(A_{t-1}, B_{t-1}, C_{t-1}) \oplus C_h(E_{t-1}, F_{t-1}, G_{t-1}) \oplus \Sigma_0(A_{t-1}) \oplus \Sigma_1(E_{t-1}) \oplus w_{t-1} \oplus K_{t-1} \oplus H_{t-1} \\
B_t &= A_{t-1} \\
C_t &= B_{t-1} \\
D_t &= C_{t-1} \\
E_t &= H_{t-1} \oplus C_h(E_{t-1}, F_{t-1}, G_{t-1}) \oplus \Sigma_1(E_{t-1}) \oplus w_{t-1} \oplus K_{t-1} \oplus D_{t-1} \\
F_t &= E_{t-1} \\
G_t &= F_{t-1} \\
H_t &= G_{t-1}
\end{aligned}
$$

图 2-23　第 t 轮的计算过程

步骤 3：将以上步骤计算得到的摘要值 $(A_{63}, B_{63}, C_{63}, D_{63}, E_{63}, F_{63}, G_{63}, H_{63})$ 赋

值给 $\left(A_0, B_0, C_0, D_0, E_0, F_0, G_0, H_0\right)$，输入 m'_i，并重复执行步骤 1~3，直至 $i = n$。其中，m'_i 表示第 i 个数据块。

步骤 4：最终输出 $\left(A_{63}, B_{63}, C_{63}, D_{63}, E_{63}, F_{63}, G_{63}, H_{63}\right)$，作为 m 的摘要。

2.4.2 SM3 算法

SM3 是中国国家密码管理局在 2010 年 12 月发布的一种类似于 SHA 系列的我国自主设计的密码哈希函数[59]。该算法的计算流程如图 2-24 所示。

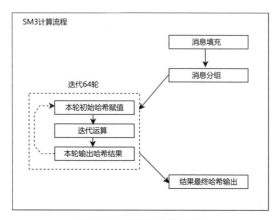

图 2-24　SM3 计算流程

1. 背景知识

1）初始常量

在 SM3 算法中，初始常量被用作填充初始 IV 值，即 IV_0，IV 值在每次迭代压缩函数的计算中会被用到。初始常量包含：

$$\mathrm{IV}_0 = \begin{pmatrix} A_0 = 7380166\mathrm{f}, B_0 = 4914\mathrm{b}2\mathrm{b}9, C_0 = 172442\mathrm{d}7, D_0 = \mathrm{da}8\mathrm{a}0600, \\ E_0 = \mathrm{a}96\mathrm{f}30\mathrm{bc}, F_0 = 163138\mathrm{aa}, G_0 = \mathrm{e}38\mathrm{dee}4\mathrm{d}, H_0 = \mathrm{b}0\mathrm{fb}0\mathrm{e}4\mathrm{e} \end{pmatrix}$$

2）消息填充

在执行 SM3 逻辑计算之前，需要先对消息进行填充。对于消息填充，其过程与 SHA-256 算法的消息填充相同；因此，本节不再赘述。

2. 算法细节

假设填充后的消息为 $m' = m + \mathrm{padding}$，其长度为 $\mathrm{Len}\left(m'\right) = n \cdot 512$ 比特，其中 n 为大于或等于 1 的正整数。由于 SHA-256 的单次处理长度为 512 比特，因此我们需要将消息 m' 分成 n 个消息块，即 $m' = m'_1 \| m'_2 \| \cdots \| m'_n$。对于每个消息块，

执行以下计算。

步骤 1：按照以下方法将每个消息块扩展为 132 个字 $\{\{w_0,\cdots,w_{67}\}$, $\{w_0',\cdots,w_{63}'\}\}$ 。

- 首先将 512 比特的 m 划分为 16 个 32 比特字的消息块，即 $\{w_0,\cdots,w_{15}\} \leftarrow m$ 。
- 通过逻辑函数 $w_j = P_1\left(w_{j-16} \oplus w_{j-9} \oplus \mathrm{RL}^{15}\left(w_{j-3}\right)\right) \oplus \mathrm{RL}^7\left(w_{j-13}\right) \oplus w_{j-6}$ ，计算 $\{w_{16},\cdots,w_{67}\}$ 。其中，$j \in [16,67]$ ，$\mathrm{RL}^i\left(x\right)$ 表示将 x 循环左移 i 比特，$P_1\left(x\right) = x \oplus \mathrm{RL}^{15}\left(x\right) \oplus \mathrm{RL}^{23}\left(x\right)$ 。
- 通过逻辑函数 $w_j' = w_j \oplus w_{j+4}$ 计算 $\{w_0',\cdots,w_{63}'\}$ 。其中，$j \in [0,63]$ 。

步骤 2：定义初始常量 T_j ，同时定义两个函数 FF_j 与 GG_j 。

$$T_j = \begin{cases} 79cc4519 & 0 \leqslant j \leqslant 15 \\ 7a879d8a & 16 \leqslant j \leqslant 63 \end{cases}$$

$$\mathrm{FF}_j\left(X,Y,Z\right) = \begin{cases} X \oplus Y \oplus Z & 0 \leqslant j \leqslant 15 \\ \left(X \wedge Y\right) \vee \left(X \wedge Y\right) \vee \left(Y \wedge Z\right) & 16 \leqslant j \leqslant 63 \end{cases}$$

$$\mathrm{GG}_j\left(X,Y,Z\right) = \begin{cases} X \oplus Y \oplus Z & 0 \leqslant j \leqslant 15 \\ \left(X \wedge Y\right) \vee \left(\neg X \wedge Z\right) & 16 \leqslant j \leqslant 63 \end{cases}$$

其中，X、Y、Z 是字，$\wedge$、$\vee$、$\neg$、$\oplus$ 分别表示按位与、按位或、按位非和按位异或运算。

步骤 3：迭代 64 轮计算，得到 $\left(A_{63},B_{63},C_{63},D_{63},E_{63},F_{63},G_{63},H_{63}\right)$ 。每轮计算过程如图 2-25 所示，其中 $j \in [0,63]$ 。

```
For j =0; j<64; j++
    SS₁ ← RL⁷(RL¹²(Aⱼ) + E + RLʲ(Tⱼ))
    SS₂ ← SS₁ ⊕ RL¹²(Aⱼ)
    TT₁ ← FFⱼ(Aⱼ,Bⱼ,Cⱼ) + Dⱼ + SS₂ + W′ⱼ
    TT₂ ← GGⱼ(Eⱼ,Fⱼ,Gⱼ) + Hⱼ + SS₁ + Wⱼ
    Dⱼ₊₁ ← Cⱼ
    Cⱼ₊₁ ← RL⁹(Bⱼ)
    Bⱼ₊₁ ← Aⱼ
    Aⱼ₊₁ ← TT₁
    Hⱼ₊₁ ← Gⱼ
    Gⱼ₊₁ ← RL¹⁹(Fⱼ)
    Fⱼ₊₁ ← Eⱼ
    Eⱼ₊₁ ← P₀(TT₂)
End For
```

图 2-25　迭代算法的计算过程

步骤 4：将以上步骤计算得到的摘要值 $(A_{63}, B_{63}, C_{63}, D_{63}, E_{63}, F_{63}, G_{63}, H_{63})$ 赋值给 $(A_0, B_0, C_0, D_0, E_0, F_0, G_0, H_0)$，输入 m'_i，并重复执行步骤 1~4，直至 $i = n$。

步骤 5：最终输出 $(A_{63}, B_{63}, C_{63}, D_{63}, E_{63}, F_{63}, G_{63}, H_{63})$，作为 m 的摘要。

2.5 公钥密码

公钥密码体制是密码学领域的研究分支之一，其研究历史最早可追溯到 1976 年。公钥密码的思想与分组密码有很大的差异：从一个显而易见的点来看，分组密码只有一类密钥，即加密和解密使用同一密钥。而公钥密码具有两类密钥，即公钥和私钥。虽然公钥密码只是比分组密码多了一类密钥，其实用性却得到了质的提升。例如，在公钥密码体制出现之前，若用户 Alice 想要给 Bob 发送秘密消息，则需要使用分组密码对秘密消息进行保护。Alice 在对 Bob 共享秘密消息密文的同时，需要向 Bob 共享分组密码的密钥。那么，分组密码的密钥该怎么安全地发送至 Bob 呢？公钥密码体制的出现解决了以上问题。如图 2-26 所示，Alice 在需要向 Bob 共享秘密消息时，只需使用 Bob 的公钥对秘密消息加密后发送至 Bob 即可，Bob 使用自己的私钥便能对密文进行解密。以上过程不涉及密钥的传输，这解决了分组密码中密钥共享困难的问题。

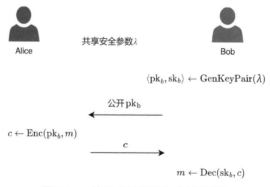

图 2-26　使用公钥密码传递秘密消息

随着公钥密码体制的不断发展，其适用的应用场景也不断增多。例如，身份基加密和属性基加密可应用在秘密数据权限控制场景中，代理重加密可应用在云加密数据高效安全共享场景中，同态加密可应用在外包数据安全计算场景中，秘密共享可应用在多方安全计算和区块链场景中，不同的公钥密码也可组合应用在隐私计算场景中。

2.5.1 数学基础知识

公钥密码体制通常建立在近世代数之上，例如基于整数环的 RSA、ElGamal、Diffie-Hellman 等算法，基于椭圆曲线素数群的 SM2 算法，基于多项式环的全同态加密算法等。因此，为了深入理解公钥密码学，需要系统学习相关的近世代数知识。本节将首先介绍近世代数中的群环域，然后给出模算术基本理论，最后浅析多项式算术理论。

1. 群环域

群（Group）、环（Ring）和域（Field）是数学的一个分支，即近世代数的基本要素[60-63]。近世代数关注的是那些可以对集合元素进行代数运算的集合；也就是说，可以将集合中的两个元素结合起来（也许以多种方式结合），以某些计算方法获得集合的第三个元素。

如图 2-27 所示，根据不同规则，可以将集合划分为不同的类别。例如，满足加法封闭性、加法结合律，且具有加法单位元和加法逆元要求的集合被称为群（Group）；若集合满足群中的性质，同时满足加法或 "*" 法的交换律，该集合被称为加法或 "*" 法阿贝尔群（Abelian Group）。若集合满足加法阿贝尔群中的性质，且同时满足乘法封闭性、乘法结合律、乘法分配律，该集合被称为环（Ring）；若集合满足环的性质，同时满足乘法交换律，该集合被称为交换环（Commutative Ring）；若集合满足交换环的性质，同时无零因子，具有乘法单位元，该集合被称为整环（Integral Domain）；若集合满足整环的性质，同时具有乘法逆元，则该集合被称为域（Field）。

1）群

群 G（有时用 $\{G, \cdot\}$ 表示），是一组具有二进制运算的元素。使用运算符 "·"（运算符 "·" 是通用的，可以指加法、乘法或其他一些数学运算），能够将 G 中的每个有序元素对 (a,b) 与 G 中的元素 $(a \cdot b)$ 关联起来，从而遵循以下条件。

条件 1：G 满足封闭性，即如果 a，$b \in G$，那么 $a \cdot b \in G$。

条件 2：G 满足结合律，即对于 G 中的所有 a、b、c，有 $(a \cdot b) \cdot c = a \cdot (b \cdot c)$。

条件 3：G 具有单位元，即 G 中有一个元素 e，使得对于 G 中的所有 a，有 $a \cdot e = e \cdot a = a$。

条件 4：G 具有逆元，即对于 G 中的每个 a，G 中都有一个元素 a'，使得 $a \cdot a' = a' \cdot a = e$。

若某集合为群，且具有有限数量的元素，则我们称该集合为有限群，该有限群的阶数等于该集合中元素的数量。若某集合为群，且具有无限数量的元素，则我们称该集合为无线群，其阶数为无穷大。

若某集合为有限群，同时对于集合中的所有 a、b，有 $a \cdot b = b \cdot a$，则该集合被称为有限阿贝尔群（Finite Abelian Group）。

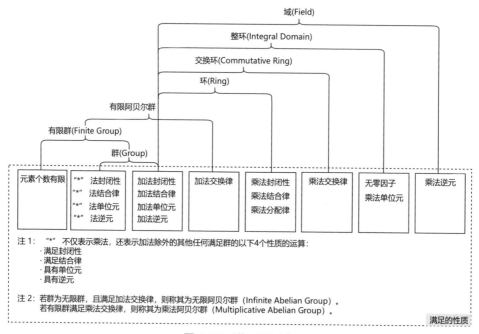

图 2-27 群、环和域

为了更容易理解，下面给出一些群示例。

示例 1：加法下的整数集合 $\mathbf{Z}$ 构成一个无限阿贝尔群，标记为 $(\mathbf{Z},+)$。

示例 2：整数模 n（n 表示一个大于 0 的整数），表示为 $\mathbf{Z}/n\mathbf{Z}$，构成加法下的 n 阶加法阿贝尔群。

示例 3：$(\mathbf{Z}/n\mathbf{Z})^* = \mathbf{Z}/n\mathbf{Z} - \{0\}$ 构成乘法阿贝尔群。这是因为由整数的同余理论可知，若 a 模 P 非零，则存在 $b \in \mathbf{Z}$，有 $ab \equiv 1 \bmod p$。

示例 4：乘法下的集合 $\{-1,1\} \subset \mathbf{Z}$，该集合是一个有限阿贝尔群。

2）环

环 R（有时用 $\{R,+,\cdot\}$ 表示），是一个有两个二元运算（加法和乘法）的元素集合，对于 R 中的所有 a、b、c，环 R 遵守以下条件。

条件 5：R 是一个非线性加法群，使用 0 表示单位元，用 $-a$ 表示 a 的逆元，有 $0 \equiv (-a) + a \bmod p$，其中 P 表示群的阶。

条件 6：R 是一个非线性加法群，满足加法下的封闭性，即对于所有 a，$b \in R$，有 $a + b \in R$。

条件 7：R 是一个非线性加法群，满足加法的结合律，即对于所有 a，b，$c \in R$，有 $a + (b + c) = (a + b) + c$。

条件 8：R 是一个非线性加法群，满足加法的交换律，即对于所有 $a, b \in R$，有 $a + b = b + a$。

条件 9：R 满足乘法下的封闭性，即对于所有 $a, b \in R$，有 $a \cdot b \in R$。

条件 10：R 满足乘法的结合律，即对于所有 a，b，$c \in R$，有 $a \cdot (b \cdot c) = (a \cdot b) \cdot c$。

条件 11：R 满足乘法的分配律，即对于所有 a，b，$c \in R$，有 $a \cdot (b + c) = a \cdot b + a \cdot c$ 和 $(a + b) \cdot c = a \cdot c + b \cdot c$。

如果 R 同时满足条件 5~条件 11，且满足 $a, b \in R$，有 $a \cdot b = b \cdot a$，则我们称 R 是交换环（Commutative Ring）。

如果环 R 同时具备以下两个性质，则 R 被称为整环（Integral Domain）：

性质 1：具有乘法单位元 $e \in R$，即对于所有 $a \in R$，有 $a \cdot e = e \cdot a = a$。

性质 2：R 没有零因子，即如果有 $a, b \in R$ 和 $a \cdot b = 0$，那么 $a = 0$ 或 $b = 0$。

3）域

域 F（有时用 $\{F, +, \cdot\}$ 表示），是一个有两个二元运算（加法和乘法）的元素集合，对于 F 中的所有 a、b、c，域 F 遵守以下条件。

条件 12：F 是一个非线性加法群，使用 0 表示单位元，用 $-a$ 表示 a 的逆元，有 $0 \equiv (-a) + a \bmod p$，$P$ 表示群的阶。

条件 13：F 是一个非线性加法群，满足加法下的封闭性，即对于所有 a，$b \in F$，有 $a + b \in F$。

条件 14：F 是一个非线性加法群，满足加法的结合律，即对于所有 a, b，$c \in F$，有 $a + (b + c) = (a + b) + c$。

条件 15：F 是一个非线性加法群，满足加法的交换律，即对于所有 a, b，$c \in F$，有 $a + b = b + a$。

条件 16：F 是整环（Integral Domain），满足乘法下的封闭性，即对于所有 a，$b \in F$，有 $a \cdot b \in F$。

条件 17：F 是整环（Integral Domain），具有乘法单位元 $e \in F$，即对于所有 $a \in F$，有 $a \cdot e = e \cdot a = a$。

条件 18：F 是整环（Integral Domain），满足乘法的结合律，即对于所有 a，b，$c \in F$，有 $a \cdot (b \cdot c) = (a \cdot b) \cdot c$。

条件 19：F 是整环（Integral Domain），满足乘法的分配律，即对于所有 a，b，$c \in F$，有 $a \cdot (b + c) = a \cdot b + a \cdot c$ 和 $(a + b) \cdot c = a \cdot c + b \cdot c$。

条件 20：F 是整环（Integral Domain），且 F 是交换环，即对于所有 a，$b \in F$，有 $a \cdot b = b \cdot a$。

条件 21：F 是整环（Integral Domain），没有零因子，即如果有 a，$b \in F$ 和 $a \cdot b = 0$，那么 $a = 0$ 或 $b = 0$。

条件 22：F 具有乘法逆元，即对于所有 $a \in F$，除了 0 之外，F 中都有一个元素 a^{-1}，使得 $a \cdot a^{-1} = a^{-1} \cdot a = e$。

实质上，域是一个集合，且对于该域中的加法、减法、乘法和除法都具有封闭性。除法的定义如下：$a / b = a \cdot b^{-1}$。常见的域的例子如下：有理数域、实数域和复数域。请注意，所有整数的集合不是一个域，因为在整数中只有元素 1 和 −1 具有乘法逆元。

2. 模算术

模算术是近世代数中的重要分支，它是研究一般群环域中的加法和乘法运算的一种数学方法。模算术的基本原理是，将群环域中的元素分为 n 个等价类，并用一个整数 m 来表示这 n 个等价类，即模 m。模算术的基本定理是，在模 m 的群环域中，所有元素的加法和乘法运算都可以表示为模 m 的算术运算。

从形式化的角度来看，模算术指的是，给定任何正整数 n 和任何非负整数 x，如果将 x 除以 n，会得到一个整数商 q 和一个服从以下关系的整数余数 r [64-65]：

$$x = qn + r \text{，其中 } 0 \leqslant r < n$$

实际上，每个学生在小学期间都会遇到模算术问题，例如"时钟算术"，当达到 12 时，下一个数字是 1。这导致了一些奇怪的等式，如 $7 + 8 = 3$ 和 $3 - 5 = 10$。这些等式看起来很奇怪，但使用时钟算法时它们是正确的，例如 10 点是 3 点之前的 5 小时。所以我们真正要做的是首先计算 $3 - 5 = -2$，然后在答案上加 12，即

$3-5+12=10$ 。

同余理论是数论中的一种强大方法，该理论基于时钟运算的简单思想。例如，假设 a、b、m 同是整数，且 $m \geq 1$，如果 $a-b$ 可以被 m 整除，则整数 a 和 b 是模 m 同余的，即 $a \equiv b \pmod{m}$。以上时钟示例可以用模 $m=12$ 表示，例如 $7+8=15 \equiv 3 \pmod{12}$，$3-5=2 \equiv 10 \pmod{12}$。同余理论具有以下性质。

性质 1：假设存在整数 a_1、a_2、b_1、b_2、m，且满足 $m \geq 1$，$a_1 \equiv a_2 \pmod{m}$ 和 $b_1 \equiv b_2 \pmod{m}$，则有 $a_1 \pm b_1 \equiv a_2 \pm b_2 \pmod{m}$ 和 $a_1 \cdot b_1 \equiv a_2 \cdot b_2 \pmod{m}$。

性质 2：假设 a、b 为整数，且 $b \neq 0$，若 $\gcd(a,m)=1$，则有 $ab \equiv 1 \pmod{m}$，其中 gcd 为求解最大公约数函数。

性质 3：假设 a、b_1、b_2 为整数，若 $a \cdot b_1 \equiv a \cdot b_2 \equiv 1 \pmod{m}$，则 $b_1 \equiv b_2 \pmod{m}$。b_1、b_2 被称为 a 模 m 的乘法逆元。

3. 多项式算术

多项式算术是近世代数中的重要分支，它是研究多项式环的数学方法。多项式环是一种特殊的环，它的元素是多项式，其加法和乘法运算也是多项式的加法和乘法运算。多项式算术的基本定理是，在多项式环中，所有多项式的加法和乘法运算都可以被表示为多项式的算术运算。多项式算术的应用非常广泛，它可以用来解决线性方程组、多项式拟合、密码学等问题。

与单个变量 x 相关的常见多项式算术[66]有以下两类：

- 普通多项式算术，使用代数的基本规则。
- 模整数 p 的多项式算术，多项式的系数在 GF(p)中，其中 GF(p)表示模素数 p 下的伽罗瓦域（Galois Field）。其中，GF(p)也被称为有限域，即 $\{0,1,\cdots,p-1\}$。

1）普通多项式算术

n 次多项式（$n>0$）是以下形式的表达式：

$$A(x) = a_0 + a_1 x + a_2 x^2 + \cdots + a_n x^n = \sum_{i=0}^{n} a_i x^i$$

其中，a_i 是指定整数集合 S 中的元素，集合 S 被称为系数集合（$a_n \neq 0$）。

多项式运算包括加法、减法和乘法运算。其中，在执行除法运算时，集合 S 必须是域（Field）。多项式加法和减法是多项式运算的两种基本操作。多项式加法指的是将两个或多个多项式相加，得到一个新的多项式。在加法运算中，同类项相加，不同项直接合并。例如，将多项式 $2x^3+4x^2+3x+1$ 和 $3x^3-2x^2+5x-7$ 相加，得到新的多项式 $5x^3+2x^2+8x-6$。多项式减法指的是将两个多项式相减，得到一个新的多项式。在减法运算中，需要先将减数取相反数，然后进行加法运算。例如，将多项式 $2x^3+4x^2+3x+1$ 减去 $3x^3-2x^2+5x-7$，需要将减数取相反数，即 $-(3x^3-2x^2+5x-7)$，然后进行加法运算，得到新的多项式 $-x^3+6x^2-2x+8$。

乘法运算较为复杂，需要两个多项式的系数逐一相乘，即：

$$A(x)\times B(x)=\sum_{i=0}^{n}a_ix^i\times\sum_{i=0}^{n}b_ix^i=\sum_{i=0}^{2n}c_ix^i$$

其中 c_i 的值如图 2-28 所示。

$$
\begin{aligned}
c_{2n} &= a_nb_n \\
c_{2n-1} &= a_nb_{n-1}+a_{n-1}b_n \\
c_{2n-2} &= a_{n-1}b_{n-1}+a_{n-2}b_n+a_nb_{n-2} \\
c_{2n-3} &= a_{n-2}b_{n-1}+a_{n-3}b_n+a_{n-1}b_{n-2}+a_nb_{n-3} \\
&\cdots \\
c_2 &= a_1b_1+a_2b_0+a_0b_2 \\
c_1 &= a_1b_0+a_0b_1 \\
c_0 &= a_0b_0
\end{aligned}
$$

图 2-28　两个多项式相乘后系数 c_i 的值

除法的定义类似，但要求 S 是一个域（Field）。假设 $A(x)=x^3+x^2+2$，$B(x)=x^2-x+1$。$\dfrac{A(x)}{B(x)}$ 的计算过程如图 2-29 所示。

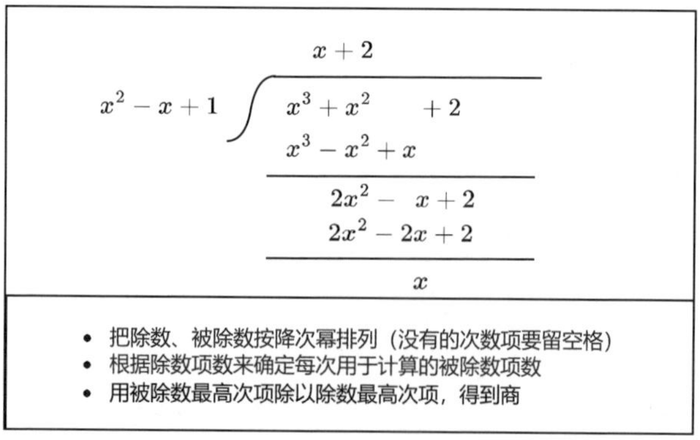

$$
\begin{array}{r}
x+2 \\
x^2-x+1\overline{\smash{\big)}\,x^3+x^2+2} \\
\underline{x^3-x^2+x} \\
2x^2-x+2 \\
\underline{2x^2-2x+2} \\
x
\end{array}
$$

- 把除数、被除数按降次幂排列（没有的次数项要留空格）
- 根据除数项数来确定每次用于计算的被除数项数
- 用被除数最高次项除以除数最高次项，得到商

图 2-29　除法示例

2）模整数 P 的多项式算术

现在考虑某种多项式，其系数是某个域 F 中的元素，我们将其称为域 F 上的多项式。在这种情况下，很容易证明这类多项式的集合是一个环，即多项式环。也就是说，如果认为每个不同的多项式都是集合的一个元素，那么这个集合就是一个环。

域上的多项式能够执行多项式加、减、乘、除运算，其运算与普通多项式的运算方法相似，唯一的不同点在于，若计算后的 $c_i \bmod p = 0$，则令 $c_i = 0$。例如，假设 $A(x) = 2x^4 + x^2 + 2$，$B(x) = x^2 + 1$，$p = 3$，则：

- $A(x) + B(x) = (2 \bmod 3)x^4 + (2 \bmod 3)x^2 + (3 \bmod 3) = 2x^4 + 2x^2$
- $A(x) - B(x) = (2 \bmod 3)x^4 + (1 \bmod 3) = 2x^4 + 1$
- $A(x) \cdot B(x) = (2 \bmod 3)x^6 + (3 \bmod 3)x^4 + (3 \bmod 3)x^2 + (2 \bmod 3) = 2x^6 + 2$
- $A(x) / B(x) = (2 \bmod 3)x^2 + (-1 \bmod 3) \cdots\cdots 3 \bmod 3 = 2x^2 + 2$，这里"$\cdots\cdots$"

表示余数。

2.5.2　RSA 算法

RSA 是 1977 年由 Ron Rivest（罗纳德·李维斯特）、Adi Shamir（阿迪·萨莫尔）和 Leonard Adleman（伦纳德·阿德曼）一起提出的密码算法，RSA 就是他们三人姓氏开头字母的组合。RSA 是最有影响力和最常用的公钥加密算法。它可以抵抗迄今为止已知的绝大多数的安全攻击，并已被国际标准化组织（International Organization for Standardization，简写为 ISO）推荐为公钥数据加密标准。该算法基于大整数因子分解困难问题。公钥由两个大整数组成，其中一个大整数是两个大素数的积，而私钥也是使用以上两个素数派生而来的。因此，如果攻击者在多项式时间内可以高效分解公钥中的大整数，则私钥就会被泄露。因此，加密强度完全取决于密钥大小，如果将密钥大小增加 1 倍或 3 倍，加密强度将呈指数级增长。RSA 密钥的通常长度为 1024 或 2048 比特，但研究者认为，1024 比特密钥可能会在不久的将来被破解。但到目前为止，这似乎是一项不可能完成的任务。

在隐私计算领域，RSA 不仅可以被当作传统的非对称加密、签名算法来使用，例如基于 RSA 盲签名的隐私集合求交协议；还可以被作为乘法同态加密来使用，例如基于 RSA 乘法同态加密的密文检索协议。

1. 背景知识

1）大整数因子分解困难问题

大整数因子分解困难问题指的是，假设存在大素数 $p_1, p_2, \cdots, p_n$ ，令 $P = p_1 \times p_2 \times \cdots \times p_n$ ，在多项式时间内，通过 P 寻找 $p_1, p_2, \cdots, p_n$ 是困难的。

RSA 的安全性假设便是建立在该困难问题之上的。

2）模运算

计算模 n 的余数，此操作被称为取模运算。注意，取模运算的结果是 0 到 $n-1$ 之间的整数。模算术是满足分配律、结合律和交换律的：

$$(a+b) \bmod m = ((a \bmod m) + (b \bmod m)) \bmod m$$
$$(a-b) \bmod m = ((a \bmod m) - (b \bmod m)) \bmod m$$
$$(a \times b) \bmod m = ((a \bmod m) \times (b \bmod m)) \bmod m$$
$$(a \times (b+c)) \bmod m = ((a \times b) \bmod m + (a \times c) \bmod m) \bmod m$$

从古代的恺撒密码到现代常用的 RSA、ElGamal 和椭圆曲线密码（Elliptic Curve Cryptography，简写为 ECC）等，它们的实现过程都采用取模运算。

3）模逆

假设存在任意 3 个整数 a 、b 、N ，如果满足 $a \times b \bmod N = 1$ ，则整数 b 被称为整数 a 关于模 N 的乘法逆元。

4）欧拉函数

在数论中，对于正整数 n ，欧拉函数 $\varphi(n)$ 是小于或等于 n 且与 n 互素的正整数的个数。该函数以其第一位研究人员欧拉命名，也被称为 φ 函数（由高斯命名）。根据以上性质易得 $\varphi(1) = 1$ ，但对于 $n > 1$ ， $\varphi(n)$ 便是 $1, 2, \cdots, n-1$ 与 n 互素的正整数的个数。因此，如果 n 为素数，则 $\varphi(n) = n-1$ 。欧拉函数具有以下性质。

性质 1：若 $m = m_1 \cdot m_2$ （ $m \in \mathbf{N}^*$ ），且 m_1, m_2 有相同的素数因子，其中 $m_1 \leqslant m_2$ ，则有 $\varphi(m) = m_2 \cdot \varphi(m_1)$ 。

性质 2：若 $m = m_1 \cdot m_2$ （ $m \in \mathbf{N}^*$ ），且 m_1, m_2 互素，则有 $\varphi(m) = \varphi(m_1) \cdot \varphi(m_2)$ 。

性质 3：假设 $\forall m \in \mathbf{N}^*$ ，则有 $\sum_{d|m} \varphi(d) = \sum_{d|m} \varphi\left(\dfrac{m}{d}\right) = m$ ， $d|m$ 表示 d 整除 m 。

性质 4：假设 $\forall m \in \mathbf{N}^*$ ，且 P 为素数，则有 $\varphi(m) = m \cdot \prod_{p|m} \left(1 - \dfrac{1}{p}\right)$ 。

由欧拉函数可引出欧拉定理，即假设 a、m 互素，则有 $a^{\varphi(m)} \equiv 1 (\bmod\, m)$。

5）扩展欧几里得算法

欧几里得算法可以说是最古老、最广为人知的算法之一。这是一种计算两个整数 a 和 b 的最大公约数（Greatest Common Divisor，简写为 GCD）的方法。它允许计算机完成各种简单的数论任务，也可以作为更复杂的数论算法的基础。

欧几里得算法基本上是整数除法算法的连续重复。关键是重复将除数除以余数，直到余数为 0。GCD 是该算法中的最后一个非零余数。下面的示例演示了使用欧几里得算法找到 102 和 38 的 GCD 的计算过程：

$$102 = 2 \times 38 + 26$$
$$38 = 1 \times 26 + 12$$
$$26 = 2 \times 12 + 2$$
$$12 = 6 \times 2 + 0$$

GCD 是 2，因为它是算法终止之前出现的最后一个非零余数。

扩展欧几里得算法是一种计算 $ax + by = \gcd(a,b)$ 中整数 x 和 y 的算法，其中 a 和 b 已知，$\gcd(\cdot)$ 表示求最大公约数算法。扩展的欧几里得算法可以被看作模幂的逆。通过反转欧几里得算法中的步骤，可以找到 x 和 y。下面的示例演示了求解 $47x + 30y = 1$ 的整数解的计算过程：

$$\begin{pmatrix} 47 \\ 30 \end{pmatrix} = \begin{pmatrix} 1 & 1 \\ 1 & 0 \end{pmatrix}\begin{pmatrix} 1 & 1 \\ 1 & 0 \end{pmatrix}\begin{pmatrix} 1 & 1 \\ 1 & 0 \end{pmatrix}\begin{pmatrix} 3 & 1 \\ 1 & 0 \end{pmatrix}\begin{pmatrix} 4 & 1 \\ 1 & 0 \end{pmatrix}\begin{pmatrix} 1 \\ 0 \end{pmatrix} = \begin{pmatrix} 47 & 11 \\ 30 & 7 \end{pmatrix}\begin{pmatrix} 1 \\ 0 \end{pmatrix}$$

$$\begin{pmatrix} 1 \\ 0 \end{pmatrix} = \begin{pmatrix} -7 & 11 \\ 30 & -47 \end{pmatrix}\begin{pmatrix} 47 \\ 30 \end{pmatrix}$$

可得，$x = -7$ 和 $y = 11$。

2. 算法细节

RSA 是基于以上背景知识构建的公钥密码算法，具体描述如下。

步骤 1：假设选定两个大素数 p 和 q，计算 $n = p \times q$ 和 $\varphi(n) = (p-1)(q-1)$。

步骤 2：假设选定大整数 e，使得 $\gcd(e, \varphi(n)) = 1$，输出 (n, e) 为公钥。

步骤 3：通过 $(d \cdot e) \bmod \varphi(n) = 1$ 寻找 d，即 $d \cdot e = k\varphi(n) + 1$。其中，$k$ 是大于 1 的任意整数。因此，如果给出 e 和 $\varphi(n)$，则非常容易计算出 d。输出 (n, d) 为私钥。

步骤 4：使用公钥 (n, e) 对明文 m 加密，即 $c = \mathrm{Enc}_{n,e}(m) = m^e \bmod n$。

步骤 5：使用私钥 (n,d) 对密文 c 解密，即 $m = \mathrm{Dec}_{n,d}(c) = c^d \bmod n$ 。

为了方便读者理解和验证算法的正确性，如图 2-30 所示，现将上述算法中的符号替换成整数，并逐一执行以上计算流程。（由于这里不讨论安全性，为了便于理解，在此使用小整数代替大整数来描述计算过程。）

步骤 1：首先选择两个素数 $p=11$ 和 $q=17$ ，然后计算 $n = p \times q = 11 \times 17 = 187$ 和 $\varphi(187) = (11-1) \times (17-1) = 10 \times 16 = 160$ 。

步骤 2：选择整数 $e=7$ ，其中 $\gcd(e, \varphi(n)) = \gcd(7,160) = 1$ ，输出 $(n,e) = (187,7)$ 为公钥。

步骤 3：通过 $(d \cdot e) \bmod \varphi(n) = 1$ 寻找 d ，这里选择 $d=23$ 。输出 $(n,d) = (187,23)$ 为私钥。

步骤 4：使用公钥 $(n,e) = (187,7)$ 对明文 $m=88$ 加密，如下所示。

$$
\begin{aligned}
c &= \mathrm{Enc}_{n,e}(m) \\
&= m^e \bmod n \\
&= 88^7 \bmod 187 \\
&= 11
\end{aligned}
$$

步骤 5：使用私钥 $(n,d) = (187,23)$ 对密文 $c=11$ 解密，如下所示。

$$
\begin{aligned}
m &= \mathrm{Dec}_{n,d}(c) \\
&= c^d \bmod n \\
&= 11^{23} \bmod 187 \\
&= 88
\end{aligned}
$$

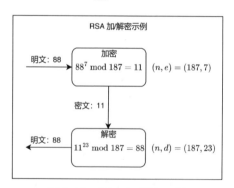

图 2-30　RSA 加/解密示例

3. 算法总结

RSA 的安全性依赖于其密钥的长度，RSA 密钥越长，安全性就越高。使用素因式分解，研究人员设法破解了 768 比特密钥长度的 RSA 算法，但他们花了两年时间，消耗了数千个工时和巨大的计算能力。因此，RSA 中目前使用的密钥长度仍然是安全的。NIST 现在建议最小密钥长度为 2048 比特，但许多组织一直在使用长度为 4096 比特的密钥。尽管 RSA 是应用最广泛的公钥密码算法之一，但 RSA 中仍然存在许多可被攻击者利用的漏洞，如下所示。

1）弱随机数生成器

当算法实现中随机数的生成使用弱随机数生成器时，这样创建的素数更容易被分解，从而使攻击者更容易破解算法。

2）弱密钥生成

RSA 密钥对的生成有某些特殊的要求。如果两个素数 p 和 q 太接近，或者这两个素数中的任意一个数值太小，那么密钥可能更容易被破解。

3）侧信道攻击

侧信道攻击不会攻击算法本身，而是转向攻击运行加密算法的系统，即攻击者可以分析正在使用的硬件功率，使用分支预测或使用定时攻击来确定算法中使用的密钥方法，从而破坏数据。

2.5.3　椭圆曲线密码

在隐私计算领域中，基于椭圆曲线的公钥密码体制应用广泛，其不仅可以被当作传统的非对称加密、签名算法来使用，同样可以被用来构造更高级的密码协议、算法等。例如，基于椭圆曲线迪菲-赫尔曼密钥交换（Elliptic Curve Diffie-Hellman key exchange，简写为 ECDH 密钥交换）的隐私集合求交协议。

1. 背景知识

1）椭圆曲线

在形式上，数域 K 上的椭圆曲线是两个变量 x、y 的非奇异三次曲线（曲线与 x 轴的交点有 1 个或 3 个），该椭圆曲线具有数域 K 上的有理点（可以是无穷远点），使得 $f(x,y)=0$。数域 K 通常被认为是复数域 **C**、实数域 **R**、有理数域 **Q**、**Q** 的代数扩张域、P 进数域 $\mathbf{Q}_p$ 或有限域。某个域（域的特征值不等于 2 或 3）上的椭圆曲线可以被表示为一般三次曲线：

$$Ax^3 + Bx^2y + Cxy^2 + Dy^3 + Ex^2 + Fxy + Gy^2 + Hx + Iy + J = 0$$

其中 $A, B, \cdots, J$ 是数域 K 中的元素，通过适当改变变量，上式可以被表示为

$y^2 = x^3 + ax + b$，其中 $4a^3 + 27b^2 \neq 0$。为了更容易理解，设置不同的 a 和 b 的取值，能够得到图 2-31 中的不同椭圆曲线。

由图 2-31 容易看出，椭圆曲线是关于 x 轴对称的。实际上，每个椭圆曲线的实例还具有一个无穷远点，这个点在图 2-31 中不易被看出。为了便于理解，将用符号 0（零）表示无穷远点。如果需要清晰地明确无穷远点，则可以将椭圆曲线的定义细化如下：

$$\{(x,y) \in \mathbf{R}^2 \mid y^2 = x^3 + ax + b, 4a^3 + 27b^2 \neq 0\} \cup \{0\}$$

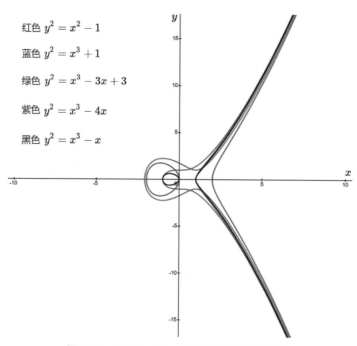

图 2-31　设置 a 和 b 后得到的不同椭圆曲线

2）椭圆曲线上的群论

可以在椭圆曲线上定义一个群，例如：

- 该群的元素是椭圆曲线的点。
- 单位元是无穷远点 0。
- 一个点的逆元是其关于 x 轴的对称点。
- 加法由以下规则给出：如图 2-32 所示，取某一直线与椭圆曲线相交的 3 个非零点 P、Q、R，它们的和是 $P + Q + R = 0$。其中，

$$P + Q + R = P + (Q + R) = Q + (P + R) = 0$$

请注意，在加法规则中有 $P+Q+R=P+(Q+R)=Q+(P+R)=0$ ，因此该椭圆曲线群可以被看作一个阿贝尔群（Abelian Group）。通过该性质，便可计算求得两个任意点的和 $P+Q=-R$ ：如图 2-33 所示，连接点 P 和点 Q 获得直线，并相交于椭圆曲线，得到点 R ，最终找到 R 关于 x 的对称点 $-R$ 。

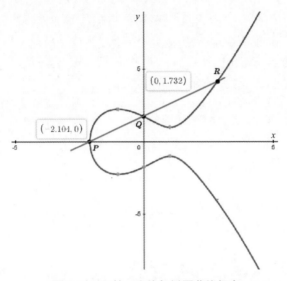

图 2-32　取某一直线与椭圆曲线相交

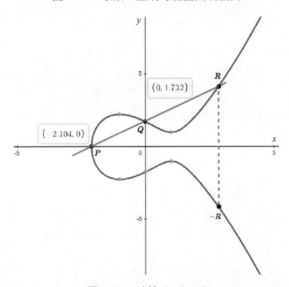

图 2-33　计算 $P+Q=-R$

以上加法是通过几何的方法表示的，会存在以下问题。

问题 1：如果 $P=0$ 或者 $Q=0$ ，则无法连接两点来获得直线，因为 0 不在 x 轴

和 y 轴组合的平面上。但鉴于上文已经将 0 定义为单位元，对于任何 P 和任何 Q，应有 $P+0=P$，$Q+0=Q$。

问题 2：如果 $P=-Q$，则穿过这两点的线是垂直的，不与任何第三点相交。但是如果 P 是 Q 的逆元，那么有 $P+Q=P+(-P)=0$。

问题 3：如果 $P=Q$，则有无限多条线通过该点。这里的事情开始变得更复杂。但考虑点 $Q'\neq P$，如果让 Q' 越来越接近 P，会发生什么情况？当 Q' 趋向于 P 时，穿过 P 和 Q' 的线与曲线相切。显而易见，可以有 $P+P=2P=-R$，如图 2-34 所示，其中 R 是曲线与通过 P 点曲线切线之间的交点。

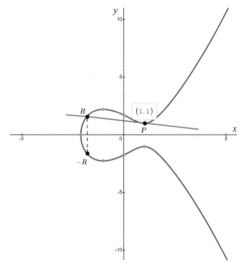

图 2-34 计算 $P+P=2P=-R$

代数加法是椭圆曲线加法的另一种表示方法。如果想让计算机执行点加法操作，需要把几何方法变成代数方法。假设 $P_1=(x_1,y_1)$ 和 $P_2=(x_2,y_2)$ 分别是椭圆曲线 E 的两个点，执行以下计算求得 P_1 和 P_2 的和：

$$
\begin{aligned}
P_3 &= P_1+P_2 \\
&= (x_3,y_3) \\
&= \left(\lambda^2-x_1-x_2,\, y_1+\lambda(x_3-x_1)\right)
\end{aligned}
$$

其中，

$$
\lambda=\begin{cases}
\dfrac{y_1-y_2}{x_1-x_2} & (\text{若 } P_1\neq P_2) \\[2mm]
\dfrac{3x_1^2+a}{2y_1} & (\text{若 } P_1=P_2)
\end{cases}
$$

分别设置 P_1 和 P_2 的值，可以将以上求和运算转换为乘法运算。例如，通过设置 $P_1 = P_2$，则有

$$P_3 = P_1 + P_2$$
$$= P_1 + P_1$$
$$= 2 \cdot P_1$$

3）椭圆曲线上的离散对数困难问题

椭圆曲线上的离散对数困难问题（Elliptic Curve Discrete Logarithm Problem，简写为 ECDLP）指的是，假设 P 为大素数，E 为椭圆曲线，若给定 P 和 Q，在此 $Q = kP$，$k < P$，则求解 k 是困难的。

4）编码方法

由上文可以看出，椭圆曲线的计算是具有特定规则的。若想将普通计算转换为椭圆曲线计算，则需要将输入数据映射到椭圆曲线上。映射方法如下：

- 首先借助密码哈希函数，将输入数据映射到椭圆曲线的 x 坐标；
- 根据椭圆曲线定义，使用 x 坐标值计算 y 坐标值，具体过程如图 2-35 所示。

输入：$t \in F_q, C \in \mathbf{N}$
输出：$P \in E(F_q)$

当 $0 \leqslant i \leqslant C - 1$ 时执行以下循环：

$x = t + i$
$s = f(x) = x^3 + ax + b$

如果 $s \in F_q$

输出 $P = (x, \sqrt{s})$

结束循环
输出 $P = \perp$

图 2-35　将数据映射到椭圆曲线的算法

2. 算法细节

假设素数域 F_P 上的椭圆曲线 $E = (P, a, b, x, y, n)$，其中 P 为椭圆曲线素数域上的点的个数，a、b、x、y 同为大整数，且 x、y 表示椭圆曲线基点 G 的横、纵坐标，n 表示基点 G 的阶。使用以上椭圆曲线，对明文 m 进行加/解密的过程如下。

1）编码明文

将明文 m 映射到 F_P 上，即将 m 编码为椭圆曲线 E 上的点 m'。

2）生成密钥对

随机选择大整数 k，计算 $Q = kP$，定义私钥 sk $= k$，公钥 pk $= Q$。其中，$Q = kP$ 可以通过加法实现，即

$$Q = (k-1)P + P$$
$$= (k-2)P + P + P$$
$$= \underbrace{P + P + \cdots + P}_{k个P相加}$$

3）加密

随机选择整数 r，计算 $c_1 = rP$，使用公钥 pk 计算 $c_2 = m' + r \cdot \text{pk}$，定义密文为 $c = (c_1, c_2)$。

4）解密

使用私钥 sk，计算 $c_2 - \text{sk} \cdot c_1 = m' + r \cdot (kP) - k \cdot (rP)$。由于 $kP = rP$，因此 $c_2 - \text{sk} \cdot c_1 = m'$。

5）解码明文

将椭圆曲线上的点 m'，重新映射回 m。

椭圆曲线密码的发展时间较短，还需要更长时间的验证。椭圆曲线密码的另一个不足点与专利有关。黑莓公司拥有 130 多项与椭圆曲线密码相关的专利（通过 2009 年收购 Certicom 得来），这些专利涵盖椭圆曲线密码的诸多用途。在这些专利中的许多专利已被一些私人组织甚至美国国家安全局所拥有。这让一些开发者对他们的椭圆曲线密码（ECC）实现是否存在侵权产生了疑虑。

2.5.4 SM2 算法

中国国家密码管理局（SCA）于 2010 年 12 月颁布了国家椭圆曲线密码算法标准，即 SM2[67]。SM2 是中国在特殊素数域上定义的椭圆曲线密码算法，该算法已被广泛用来实现公钥密码系统[68]。在隐私计算领域中，SM2 可用作代替国际社会中常用的椭圆曲线密码，实现密码技术的安全和自主可控[69]。

1. 背景知识

SM2 基于椭圆曲线密码构造，因此需要选取椭圆曲线并定义其参数。

1）椭圆曲线选取

对于素数有限域 GF(p)，P 为大于 3 的整素数，有椭圆曲线方程 $E: y^2 = x^3 + ax + b$，其中 a 和 b 小于 P。E 上的点用 #E 表示。

2）参数定义

在选定曲线方程后，定义参数 (p,a,b,n,G_x,G_y)。其中，G_x 和 G_y 分别表示基点 G 的横、纵坐标，n 表示基点 G 的阶。图 2-36 给出了椭圆曲线方程和其参数选择。

3）密钥派生函数

如图 2-37 所示，密钥派生函数（Key Derived Function，简写为 KDF）是一种特殊的密钥生成函数，它的输入是一个密钥源，输出是用于加密和解密的密钥。密钥派生函数的详细构造如下。

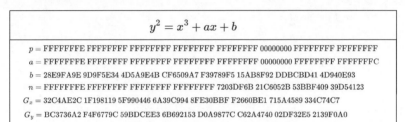

图 2-36　椭圆曲线方程和其参数选择

图 2-37　密钥派生函数

步骤 1：选定密码哈希函数 $H_\ell(\cdot)$。其中，ℓ 表示该密码哈希函数的输出值长度。

步骤 2：输入随机串 m 和密钥长度 keylen。其中，$\text{keylen} < (2^{32}-1)\cdot\ell$。

步骤 3：定义一个计数器 counter。该计算器为整数类型，初始值为 1，其长度为 32 比特。

步骤 4：循环执行 $\lceil \text{keylen}/\ell \rceil$ 次以下计算：

- 计算 $D_i = H_\ell(m\|\text{counter})$。其中，$i$ 指当前循环的次数。
- $\text{counter} = \text{counter} + 1$。

步骤 5：如果 keylen 能够被 ℓ 整除，则令 $D'_{\lceil \text{keylen}/\ell \rceil} = D_{\lceil \text{keylen}/\ell \rceil}$；否则，定义 $D'_{\lceil \text{keylen}/\ell \rceil}$ 等于 $D_{\lceil \text{keylen}/\ell \rceil}$ 的前 $\text{keylen} - \ell\cdot\lfloor \text{keylen}/\ell \rfloor$ 比特。

步骤 6：最后，输出密钥 $K = D_1\|D_2\|\cdots\|D_{\lceil \text{keylen}/\ell \rceil}\|D'_{\lceil \text{keylen}/\ell \rceil}$。

2. 算法细节

下面以一个实际场景，详细叙述 SM2 的设计方案。如图 2-38 所示，假设 Alice 需要向 Bob 传递秘密消息，两方执行以下流程。

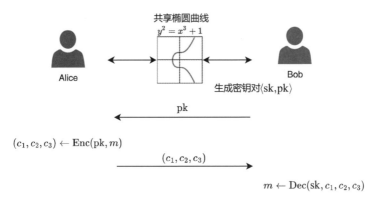

注：Enc 表示 SM2 的加密算法，Dec 表示 SM2 的解密算法

图 2-38 使用 SM2 方案传递秘密消息

步骤 1：Bob 选定椭圆曲线方程 $E: y^2 = x^3 + ax + b$，并选取 G 作为曲线的基点。

步骤 2：Bob 选择整数 $k \in \mathbf{Z}_{n-1}^*$，定义私钥为 $\text{sk} = k$。计算公钥 $\text{pk} = \text{sk} \cdot G = k \cdot G$。Bob 将椭圆曲线参数 (E, G) 和公钥 pk 传递给 Alice。

步骤 3：Alice 接收到 Bob 的消息后，将明文 m 编码到曲线 E 上，即计算 $m' = m \cdot G$。Alice 选择随机数 $r \in \mathbf{Z}_{n-1}^*$，进行下列计算。

$$c_1 = r \cdot G = (x_1, y_1)$$
$$r \cdot \text{pk} = r \cdot k \cdot G = (x_2, y_2)$$
$$t = \text{KDF}(x_2 \parallel y_2, \text{keylen})$$
$$c_2 = m' \oplus t$$
$$c_3 = H(x_2 \parallel m' \parallel y_2)$$

其中，$\parallel$ 表示拼接操作，keylen 表示密钥数据的比特长度，H 表示普通哈希函数，$\text{KDF}(\cdot)$ 表示密钥派生函数。$\text{KDF}(\cdot)$ 的具体计算过程在本节的背景知识中已经给出。

步骤 4：Alice 定义密文 (c_1, c_2, c_3)，并将其发送至 Bob。

步骤 5：Bob 接收 (c_1, c_2, c_3)。

步骤 6：Bob 计算 $\text{sk} \cdot c_1 = k \cdot c_1 = (x_2, y_2)$，$t = \text{KDF}(x_2 \parallel y_2, \text{keylen})$。

步骤 7：Bob 计算 $m' = c_2 \oplus t$，并计算 $u = H(x_2 \| m' \| y_2)$。若 $u \neq c_3$，则输出解密失败；否则，输出明文为 m'。

2.5.5　ElGamal 算法

1985 年，塔希尔·盖莫尔使用迪菲-赫尔曼密钥交换（Diffie–Hellman key exchange，简写为 DH 密钥交换）协议构建了 ElGamal 公钥密码算法，该算法的安全性依赖于有限域上的离散对数困难问题（Discrete Logarithm Problem，简写为 DLP）。该算法对密码协议在现实世界应用的推进具有重要意义。该算法至今仍是一个安全性良好的公钥密码算法，它既可用于加密，又可用于数字签名。

在隐私计算领域中，与 RSA 类似，ElGamal 算法不仅可以被当作传统的非对称加密、签名算法来使用，同样可以被作为乘法同态加密算法来使用。另外，ElGamal 在改进后，能够实现加法同态算法。例如，ElGamal 的变体——指数 ElGamal（Exponential ElGamal）便是国际标准化组织（International Organization for Standardization，简写为 ISO）同态加密国际标准（ISO/IEC 18033-6:2019）中指定的加法半同态加密算法。

1. 背景知识

1）素数的原根

给定素数 P，假设存在整数 x，若满足 $x \bmod p$ 的阶为 $\phi(p)$，则将 x 定义为素数 P 的原根。

2）离散对数困难问题

在了解离散对数困难问题之前，首先了解何为离散对数。

离散对数：假设存在整数 y，同时存在素数 P 的一个整数原根 x，若能够找到唯一指数 a，使得 $y = x^a \pmod p$，这里有 $0 \leqslant a \leqslant p-1$，则将 a 称作整数 y 的以 x 为基数的模素数 P 的离散对数。

离散对数困难问题指的是，假设存在大素数 P 和其原根 x，在给出整数 y 后，计算 a 是困难的。

3）Diffie-Hellman 密钥交换协议

Whitfield Diffie 和 Martin Hellman 在 1976 年开发了 Diffie-Hellman 密钥交换协议，以解决密钥交换的安全问题。它使想要相互通信的双方能够在运行协议后得到同一个对称密钥，该密钥可用于加密和解密。值得注意的是，由于安全性需求，Diffie-Hellman 密钥交换协议只能用于密钥交换过程，不能用于加密和解密过程。下面给出 Diffie-Hellman 密钥交换协议的具体构造步骤。

假设 Alice 和 Bob 尝试计算共享密钥 k 。首先，Alice 和 Bob 共同确定一些公共参数，包含大素数 p ，模 p 下的群 G ，其中 G 的生成元为 g 。

步骤 1：Alice 和 Bob 分别生成随机密钥 k_a 和 k_b 。

步骤 2：Alice 计算 $A=g^{k_a}$ ，Bob 计算 $B=g^{k_b}$ 。

步骤 3：Alice 将 $A=g^{k_a}$ 发送至 Bob，同时 Bob 把 $B=g^{k_b}$ 发送至 Alice;

步骤 4：Alice 计算 $B^{k_a}=g^{k_b \cdot k_a}$ ，Bob 计算 $A^{k_b}=g^{k_a \cdot k_b}$ 。

至此协议结束。由第 4 步可知，Alice 和 Bob 在没有泄露自己密钥的情况下，生成了相同的共享密钥 $B^{k_a}=g^{k_b \cdot k_a}=g^{k_a \cdot k_b}=A^{k_b}$ 。

为了便于理解，下面给出协议的具体计算示例。如图 2-39 所示，首先，Alice 和 Bob 共同指定一些公共参数，包含素数 $p=13$ （为了便于描述，这里选取 P 为小素数），模 P 下的群 G ，其中 G 的生成元为 $g=6$ 。

步骤 1：Alice 和 Bob 分别生成随机密钥 $k_a=5$ 和 $k_b=4$ 。

步骤 2：Alice 计算 $A=g^{k_a} \bmod p=6^5 \bmod 13=2$ ，Bob 计算 $B=g^{k_b} \bmod p=6^4 \bmod 13=9$ 。

步骤 3：Alice 将 $A=2$ 发送至 Bob，同时 Bob 把 $B=9$ 发送至 Alice。

步骤 4：Alice 计算 $B^{k_a} \bmod p=g^{k_a k_b} \bmod p=9^5 \bmod 13=3$ ，Bob 计算 $A^{k_b} \bmod p=g^{k_a k_b} \bmod p=2^4 \bmod 13=3$ 。

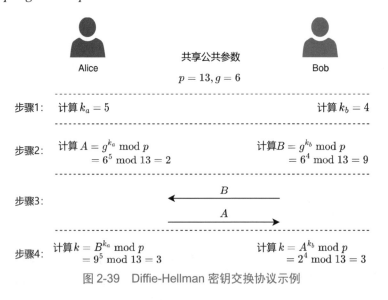

图 2-39　Diffie-Hellman 密钥交换协议示例

至此协议结束。由第 4 步可知，Alice 和 Bob 在没有泄露自己密钥的情况下，生成了相同的共享密钥 $B^{k_a}=g^{k_b\cdot k_a}=g^{k_a\cdot k_b}=A^{k_b}=3$。

2. 算法细节

ElGamal 作为公钥加密算法，由 3 个子算法组成，即密钥对的生成子算法 KeyPairGen、公钥加密子算法 Encrypt 和私钥解密子算法 Decrypt。下面通过一个两方交互协议示例，叙述 ElGamal 算法的执行流程。为了体现公钥加密算法的优势，将密钥对的生成子算法和解密子算法放在 Alice 端，将加密子算法放置于 Bob 端。

1）密钥对生成

Alice 生成密钥对 $\langle pk, sk\rangle$，具体步骤如下。

步骤 1：Alice 选择大素数 p 和生成元 $g\in\mathbf{Z}_p^*$，其中 $\mathbf{Z}_p^*$ 表示乘法循环群。

步骤 2：Alice 选择随机整数 a。

步骤 3：Alice 计算 $A=g^a\bmod p$。

步骤 4：Alice 保存 a，并将其定义为私钥，即 $sk=a$。

步骤 5：Alice 公开公钥 (p,g,A)，即 $pk=(p,g,A)$。

2）加密

由于 Alice 的公钥 $pk=(p,g,A)$ 是公开的，因此，Bob 能够获取 Alice 的公钥，并对数据执行加密计算，这里假设需要加密的数据为整数 m，且 $m\in\mathbf{Z}_p^*$。

步骤 1：Bob 选择随机整数 b。

步骤 2：Bob 计算共享密钥 $s=A^b\bmod p$，同时计算密文的第一部分 $c_1=g^b\bmod p$。

步骤 3：Bob 加密 m，即计算 $c_2=m\cdot s=m\cdot g^{ab}\bmod p$。

步骤 4：Bob 定义密文对为 (c_1,c_2)，并将密文对发送至 Alice。

3）解密

Alice 输入私钥 a、素数 p、生成元 g 和 $A=g^a\bmod p$，并执行解密计算。

步骤 1：Alice 接收的密文对为 (c_1,c_2)。

步骤 2：Alice 计算共享密钥 $s=c_1^a\bmod p$，并计算 s 的逆元 $s^{-1}=\dfrac{1}{c_1^a}\bmod p$。

步骤 3：Bob 计算 $c_2 \cdot s^{-1} \bmod p = m \cdot g^{ab} \dfrac{1}{c_1^a} \bmod p = \dfrac{m \cdot g^{ab}}{g^{ba}} \bmod p$ 。 由于 $g^{ab} \bmod p = g^{ba} \bmod p$ ，因此 $m = c_2 \cdot s^{-1} \bmod p$ 。

为了便于理解，在此给出协议的具体计算示例。如图 2-40 的 ElGamal 加/解密协议示例所示，首先，Alice 和 Bob 共同指定一些公共参数，包含素数 $p = 37$（为了便于描述，这里选取 P 为小素数），模 p 下的群 G，其中 G 的生成元为 $g = 2$。

- 示例：密钥对生成

Alice 生成密钥对：

$$
\begin{aligned}
\langle \mathrm{pk}, \mathrm{sk} \rangle &= \langle A, a \rangle \\
&= \langle g^a, a \rangle \\
&= \langle 32, 5 \rangle
\end{aligned}
$$

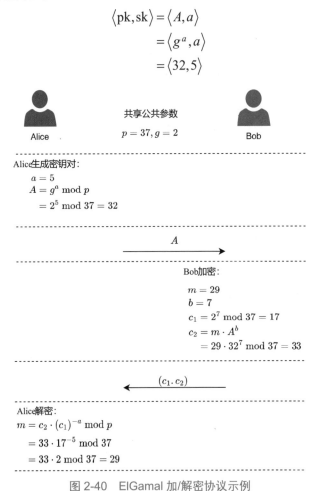

图 2-40 ElGamal 加/解密协议示例

- 示例：加密

假设需要加密的数据为整数 $m = 29$，具体加密步骤如下。

步骤 1：Bob 选择随机整数 $b = 7$。

步骤 2：Bob 计算共享密钥 $s = 32^7 \bmod 37$，同时计算密文的第一部分 $c_1 = g^b \bmod p = 2^7 \bmod 37 = 17$。

步骤 3：Bob 加密 $m = 29$，即计算密文的第二部分 $c_2 = m \cdot s = 29 \cdot 32^7 \bmod 37 = 33$。

步骤 4：Bob 定义密文对为 $(c_1, c_2) = (17, 33)$，并将密文对发送至 Alice。

- **示例：解密**

Alice 输入私钥 $a = 5$、素数 $p = 37$、生成元 $g = 2$ 和 $A = g^a \bmod p = 2^5 \bmod 37 = 32$，并执行解密计算。

步骤 1：Alice 接收的密文对为 $(c_1, c_2) = (17, 33)$。

步骤 2：Alice 计算共享密钥 $s = c_1^a \bmod p = 17^5 \bmod 37$，并计算 s 的逆元 $s^{-1} = \dfrac{1}{c_1^a} \bmod p = 17^{-5} \bmod 37$。

步骤 3：Alice 计算 $m = c_2 \cdot s^{-1} \bmod p = 33 \cdot 17^{-5} \bmod 37 = 33 \cdot 2 \bmod 37 = 29$。

3. 指数 ElGamal

ElGamal 算法依赖于有限域上的离散对数困难问题，其效率较低。在了解了椭圆曲线密码后，我们可以将有限域上的 ElGamal 转化为椭圆曲线上的指数 ElGamal（Exponential ElGamal），在保证安全性且大幅提高效率的前提下，让算法具备加法同态的性质。下面简单描述一下指数 ElGamal 的算法设计。

步骤 1：选定椭圆曲线 $y^2 = x^3 + ax + b \bmod p$。其中，$p$ 为大素数，曲线的基点为 G。

步骤 2：选择随机数 $k \in [0, N)$。其中，N 表示椭圆曲线素数群的阶。

步骤 3：选择随机数 r 为私钥 sk。其中，$r < p$，计算公钥 $pk = r \cdot G$。

步骤 4：执行加密计算 $(c_1, c_2) = \mathrm{Enc}(pk, m) = (k \cdot G, m + k \cdot r \cdot G)$。

步骤 5：执行解密计算 $\mathrm{Dec}(c_1, c_2) = c_2 - r \cdot c_1 = m + k \cdot r \cdot G - r \cdot k \cdot G = m$。

ElGamal 的主要缺点是需要随机性，速度较慢（尤其是签名）。ElGamal 系统的另一个潜在缺点是，在加密过程中会将消息膨胀至两倍。然而，如果密码系统仅用于交换密钥，则这种消息膨胀可以忽略不计。

2.6 小结

从 20 世纪初到第二次世界大战以前，二进制数计算机尚未出现，密码学系统的载体通常是机械或电动装置。由于这些装置的计算能力有限，密码学的计算方式只包含较为复杂的替代和置换。1949 年至 1975 年间，随着计算机和信息论的发展，计算过程更为复杂的对称密码体制开始出现。在此时期，密码学体制发展的主要目的是保证数据的本地存储安全。1975 年以后，随着互联网的蓬勃发展，新的需求（例如，如何实现数据的安全传输）涌现。在此时期，公钥密码成为重要的研究方向，并且在千禧年初（2000 年初）得到进一步发展。近些年，随着数据量呈爆炸式增长，数据逐步成为新的生产要素，数据的价值如何安全释放成为新的问题。在此时期，隐私计算技术被提出，例如混淆电路、同态加密、零知识证明等前沿密码技术成为构造隐私计算技术的重要理论基础。随着技术的发展，密码学体制也在不断发展：从机械装置到计算机，从对称密码到公钥密码，从数据存储安全到数据传输安全，从隐私计算到隐私数据价值释放，密码学体制不断演进，并为人类社会的信息安全提供了更有力的保障。

虽然混淆电路、同态加密、零知识证明等技术被视为前沿密码技术，但它们的构造基础仍然依赖于传统密码学理论知识，这也是本章所介绍的重点内容。因此，在学习前沿密码技术之前，需要全面学习和掌握这些密码学基础知识，以便为后续内容的理解和学习打下坚实的基础。

目前，混淆电路、同态加密、零知识证明等前沿密码技术正处于快速发展阶段，它们在安全性和效率方面都有很大的改进空间。如果读者想要深入研究这些新型密码技术，就需要全面了解它们的理论知识和研究进展。本书的后续章节将详细介绍混淆电路、同态加密、零知识证明等前沿密码技术的理论知识和研究进展，旨在帮助读者深入理解和灵活应用这些技术。

第 3 章
隐私计算与前沿密码学

通常，隐私计算技术的研究方向包含隐私信息检索（匿踪查询）、隐私集合求交、多方联合计算分析和隐私保护机器学习 4 个领域。而在这 4 个领域中，处处都可以看到密码学的身影。例如，使用同态加密或不经意传输，保护隐私信息检索中查询方的查询信息和数据提供方的源数据；使用基于椭圆曲线迪菲-赫尔曼密钥交换协议、不经意伪随机函数或同态加密，保护隐私集合求交中双方非交集的源数据；使用混淆电路、秘密共享、不经意传输或零知识证明等协议，保护多方联合计算分析中的每一方源数据和中间结果数据；使用秘密共享、不经意传输或同态加密，保护机器学习中线性层和非线性层中的原始输入数据、中间结果数据。以上所述隐私计算技术的原理介绍，将会在第 4 章中给出。为了更深入地理解隐私计算技术，读者首先需要深入学习隐私计算中常用的前沿密码学理论。

如图 3-1 所示，通常隐私计算技术中常用的前沿密码学理论如下：混淆电路、同态加密、秘密共享、零知识证明和不经意传输。

图 3-1　隐私计算中的前沿密码学分类

3.1 混淆电路

逻辑电路是表示计算的一种方式。它是一种没有循环或流控制结构的直线计算，仅由位上的操作（如 AND、OR、NOT 等）组成。混淆电路（Garbled Circuit，简写为 GC）是一种在隐私保护领域被广泛应用的计算范式。采用该技术，可以保护计算机程序、数据和通信的隐私性。使用术语"电路"是因为混淆电路的工作原理是，将待计算的函数表示为逻辑电路，然后对逻辑电路中的每个逻辑门进行密态计算，整个计算过程只显示计算的输出值，不显示任何关于输入值或任何中间值的信息。本节首先给出混淆电路的原始设计，然后介绍多种优化方案，最后在 3.1.6 节中给出多种方案的比较和开源库介绍。

3.1.1 基本介绍

混淆电路是一种基于密码技术的计算范式，它可以在不暴露输入值和输出值的情况下进行计算。混淆电路的基本思想是，将计算任务分解成多个子任务，并使用加密技术来保护它们的隐私性。具体来说，混淆电路将计算任务分成输入值的混淆部分和输出值的解码部分两个步骤。

步骤 1：输入值的混淆部分是一个加密的电路，它可以对输入值进行加密和混淆，并计算出输出的加密标签。混淆部分的构造基于重要的技术——混淆（Garbling）。Garbling 是一种用于保护电路隐私性的技术，它可以将电路中的每个门都映射成两个加密标签，其中一个加密标签代表门的真值，另一个加密标签代表门的假值。这样，当输入值被加密和混淆后，利用混淆电路，就可以安全地计算出输出的加密标签，而不会泄露输入值的任何信息。

步骤 2：输出值的解码部分是一个解密的电路，它可以将混淆部分的输出加密标签解密，并计算出输入值的明文。解码部分的构造基于重要的技术——不经意传输（Oblivious Transfer，简写为 OT）。OT 是一种加密技术，它可以在不泄露选择者选择的值的情况下将该值发送给接收者。在混淆电路中，OT 被用于将混淆部分的输出加密标签发送给解码部分，而不泄露输入值的任何信息。

假设 Alice 和 Bob 双方都有一些私人信息，他们想进行一些安全的计算，在计算结束后，他们会了解到一些关于各自输入值的函数计算结果，但不会了解到另一方输入值的任何信息。以上是一个经典的两方安全函数评估（Secure Function Evaluation，简写为 SFE）问题，仅仅使用密码学无法实现，因为计算过程安全与否，取决于参与方、安全性假设和敌手以及实际运行协议等的整体系统是否安全[70]。在计算机世界中，任何离散的、固定大小的函数都可以变成由多个逻辑门组成的逻辑电路。如果能找到一种安全地实现逻辑电路的方法，便可以用这种方法实现整个函数。混淆电路便是解决以上问题的一种有效方法。下面以异或逻辑门为例，将逻辑门视为函数的异或真值表，如表 3-1 所示。为了得到 $A \oplus B$ 的值，需要提前知道 A 和 B 的值。如何在不泄露 A 和 B 的值的前提下计算 $A \oplus B$，并保证 $A \oplus B$ 的机密性便是混淆电路需要解决问题的一个重要环节。如果能够通过保持输入值和输出值在被加密的情况下评估每个逻辑门，便可以评估整个电路，以便可以将最终结果映射到一个有意义的值。为了让读者更容易理解，下面以经典的"百万富翁"问题为例，叙述混淆电路的实现和应用。

表 3-1　异或真值表

A	B	A⊕B
0	0	0
0	1	1
1	0	1
1	1	0

混淆电路的一般计算过程如下。

步骤 1：初始设置。确定混淆电路协议的混淆方（Garbler）和评估方（Evaluator），双方约定比较函数 F。

步骤 2：混淆电路生成。混淆方将目标函数转化为逻辑电路，并对整个电路加密混淆，得到所有门电路的混淆真值表。

步骤 3：数据传输。混淆方向评估方传输每个门的混淆真值表、目标函数输入值所对应的掩盖值（其中，评估方的输入值掩盖值经不经意传输协议获得）。

步骤 4：电路评估。评估方根据电路结构和混淆真值表，使用双方输入值的混淆密钥（掩盖值）计算，解密可得电路输出值的掩盖值。

步骤 5：结果输出。评估方向混淆方发送计算结果的掩盖值，或混淆方向评估方发送电路输出值的所有掩盖值，双方即可知晓电路计算的最终逻辑值，进而得到目标函数的计算结果。

下面对每个步骤展开介绍，并将"百万富翁"问题带入其中。

步骤 1：假设 Alice 为混淆方（Garbler），Bob 为评估方（Evaluator）。将 Alice 和 Bob 的财富值 x_A、x_B 分别使用二进制形式表示，即 $x_A^n x_A^{n-1} \cdots x_A^1$ 与 $x_B^n x_B^{n-1} \cdots x_B^1$，其中 n 表示二进制的比特数，x_A^i、$x_B^i \in \{0,1\}$ 表示二进制串中的某一比特。定义比较函数 F_{cmp}（这里将"百万富翁"问题简化为求证 Alice 的财富值是否高于 Bob

的财富值，即 $x_A > x_B$ 是否成立）。

$$F_{cmp} = \begin{cases} 1 & \text{如果 } x_A \text{大于} x_B \\ 0 & \text{如果 } x_A \text{小于或等于} x_B \end{cases}$$

步骤 2：首先使用归纳法转化 F_{cmp}，得到比较结果的每个比特 y^i。

$$y^i = \begin{cases} 1 & \text{如果 } x_A^{i-1} \cdots x_A^1 \text{大于} x_B^{i-1} \cdots x_B^1 \\ 0 & \text{其他情况} \end{cases}$$

即 " $y^i = 1$ 等价于 $x_A^{i-1} > x_B^{i-1}$ 或（ $x_A^{i-1} = x_B^{i-1}$，且 $y^{i-1} = 1$ ）。然后，将其转化成对应的逻辑电路，如图 3-2 所示。

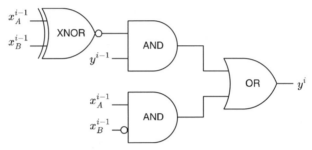

图 3-2　与 y^i=1 等价的逻辑电路图

针对 n 比特的财富值，每一比特都可以构建如图 3-2 所示的逻辑电路图。将 n 个逻辑电路图串联起来，即可得到完整的逻辑电路图，进而得到最终输出结果。

如图 3-3 所示，为了保证输入值/输出值的隐私性，Alice 为电路门的每个输入值/输出值都选取两个非关联的随机数 $w_a^{i,0}$、$w_a^{i,1}$。例如，假设 Alice 第 i 比特的输入值为 x_A^i，如果 $x_A^i = 0$，则使用 $w_a^{i,0}$ 代替 x_A^i 来参与电路门的评估；否则，使用 $w_a^{i,1}$ 代替 x_A^i 来参与电路门的评估。对于 Bob 的输入值和电路门的输出值执行相同操作。

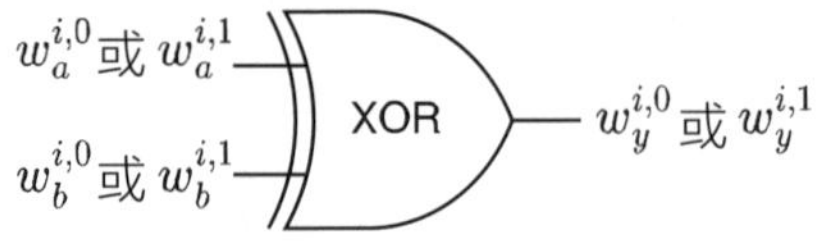

$w_a^{i,0}$或 $w_a^{i,1}$ ⟩ XOR — $w_y^{i,0}$ 或 $w_y^{i,1}$
$w_b^{i,0}$或 $w_b^{i,1}$

图 3-3　以随机数替换 XOR 门的输入值/输出值

接下来，如图 3-4 所示，Alice 输入 6 个随机数，计算对称加密真值表，通过随机置换来打乱加密标签的位置（如果加密标签的排列是按照输入值按规律排列的，则加密标签在列表中的位置可能会泄露输入值的语义真值）。

Alice 将所有电路门都按照以上方式操作，即可得到完整的混淆电路。

$$\begin{aligned}
&\mathrm{Enc}(w_a^{i,0},\mathrm{Enc}(w_b^{i,0},w_y^{i,0}))\\
&\mathrm{Enc}(w_a^{i,0},\mathrm{Enc}(w_b^{i,1},w_y^{i,1}))\\
&\mathrm{Enc}(w_a^{i,1},\mathrm{Enc}(w_b^{i,0},w_y^{i,1}))\\
&\mathrm{Enc}(w_a^{i,1},\mathrm{Enc}(w_b^{i,1},w_y^{i,0}))
\end{aligned}
\longrightarrow
\begin{aligned}
&\mathrm{Enc}(w_a^{i,1},\mathrm{Enc}(w_b^{i,0},w_y^{i,1}))\\
&\mathrm{Enc}(w_a^{i,0},\mathrm{Enc}(w_b^{i,1},w_y^{i,1}))\\
&\mathrm{Enc}(w_a^{i,0},\mathrm{Enc}(w_b^{i,0},w_y^{i,0}))\\
&\mathrm{Enc}(w_a^{i,1},\mathrm{Enc}(w_b^{i,1},w_y^{i,0}))
\end{aligned}$$

图 3-4　加密真值表（左）与混淆真值表（右）

步骤 3：在混淆电路生成后，Alice 需要向 Bob 传输完整混淆电路和计算混淆电路门时需要的计算参数。这里的参数指的是，Alice 为自己的输入值和 Bob 输入值的每个比特选择的随机数。计算参数传输分两个阶段。

- 假设 Alice 输入值的第 i 比特为 $x_A^i=1$，则直接向 Bob 传输 $w_a^{i,0}$。
- 假设 Bob 输入值的第 i 比特为 x_B^i，若 $x_B^i=0$，则 Bob 得到 $w_b^{i,0}$；否则，Bob 得到 $w_b^{i,1}$。在传输时，若 Bob 告知 Alice 输入比特 x_B^i 的真实值，则会导致 Bob 的输入值 x_B 被泄露，这不符合"百万富翁"安全问题的假设。因此，我们需要使用特殊的方法，在 Alice 不知道 Bob 输入比特的前提下，将对应的随机数传输至 Bob。这种特殊方法被称为不经意传输。具体的不经意传输协议构造将会在 3.5 节中给出。如图 3-5 所示，这里只需将不经意传输看作一个黑盒即可。

图 3-5　不经意传输

步骤 4：Bob 在接收到完整混淆电路和相应的计算参数后，顺序计算每个电路门。为了让读者更容易理解，这里详细解析每个电路门的内部是如何计算的。假设此时需要计算的是图 3-6 中的 XOR 门，Bob 接收到的两方输入比特对应的随机数为 $w_a^{i,0}$、$w_b^{i,1}$。在计算时，Bob 使用 $w_a^{i,0}$、$w_b^{i,1}$ 对混淆真值表中的加密标签逐次解密，得到 $w_y^{i,1}$。Bob 将 $w_y^{i,1}$ 作为下一个电路门的输入值，继续评估，循环往复，直至最后一个电路门，并输出最终混淆电路的计算结果。这里假设最终的计算结果为 $w_y^{n,1}$。

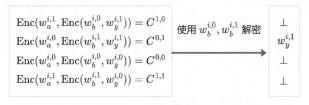

图 3-6　解密真值表

步骤 5：Bob 将 $w_y^{n,1}$ 返回至 Alice，Alice 将 $w_y^{n,1}$ 映射回真实值，即 $w_y^{n,1} \to 1$。此时，可知，Alice 的财富值大于 Bob 的财富值，即 $x_A > x_B$。

对于每个特定计算函数，如果将其转变为逻辑电路，其电路门的数量将是一个巨大的数字，而混淆电路将每 1 比特通过一个随机数（属于某对称密码算法的密钥空间）及两重对称加/解密运算进行混淆，计算负荷巨大。因此，简化混淆电路的规模是提高多方安全计算协议效率的直接、有效的方法。下面详细介绍混淆电路的几次重要改进。

3.1.2　Point-and-permute 方案

混淆电路生成的一个重要阶段是加密标签表的混淆，该过程能够防止输入值的语义真值泄露。在上文中，总是假设 Bob 知道从哪个加密标签中可以成功解密出正确的标签。那么在实际应用中，Bob 如何判断加密标签解密成功，还是解密失败？为了提高效率，Bob 是否能够只进行一次解密？Point-and-permute 方案[71]可以解决以上问题。

- 对于每个电路线标签，需要添加一个比特，该比特被称为置换比特（Permutation Bit）。使用 Δ 和 ∇ 指代不同的标记比特。此处的 Δ 和 ∇ 是随机比特，与真值没有对应关系。例如，对于输入值 a，w_a^0 对应的标记比特是 Δ，w_a^1 对应的标记比特是 ∇；而对于输入值 b，w_b^0 对应的标记比特是 ∇，w_b^1 对应的标记比特是 Δ。设置 w_c^0 对应的标记比特是 Δ，w_c^1 对应的标记比特是 ∇。
- 根据置换比特对加密标签进行排序。

如图 3-7 所示，混淆表是根据输入电路线的标记比特进行排列的，标记比特通常被添加在最低比特。Bob 根据输入电路线标签对应的标记比特，定位待解密的加密标签位置。例如，Bob 观察到两个输入值的标记比特分别为 Δ 和 ∇，则 Bob 直接定位并解密第一条加密标签。如此，Bob 的计算开销将降低至 $\frac{1}{4}$。如果存在一个随机神谕 H，则我们可以使用简单的一次加密来执行混淆电路的加密，即 $H(w_a, w_b) \oplus w_c$。在实际应用中，H 可以使用固定密钥 AES 来实例化。通过 Point-and-permute 方案，可以将评估方的解密计算量降低至原计算量的 $\frac{1}{4}$。

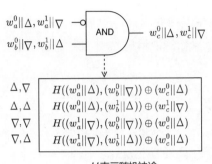

H 表示随机神谕

图 3-7　Point-and-permute 方案

3.1.3　Free-XOR 方案

在 Yao86 的 GC 实现中，XOR 门的成本与 AND 或 OR 门（即在创建、传输和评估混淆表所需的计算和通信方面）一样高。Kolesnikov 方案的 XOR 门不需要这些成本[72]。然而，Kolesnikov 方案的结构对电路线秘密施加了一个限制性的全局关系，这使得它无法在以前的 GC 方案中使用。Free-XOR 展示了如何克服这一限制[73]。Free-XOR 是对于原始混淆电路的异或门（XOR Gate）优化，可使得 XOR 门实现免费评估（不使用相关的混淆表和相应的哈希或对称密钥操作）。在处理其他门时，Free-XOR 构造与很多混淆电路的其他优化同样能够有效兼容。如图 3-8 所示，首先，假设 XOR 门有两个输入电路线 W_a、W_b 和输出电路线 W_c。混淆电路线的值如下：随机选择 w_a^0 和 w_b^0，$\Delta \in \{0,1\}^N$，设 $w_c^0 = w_a^0 \oplus w_b^0$，对于 $\forall i \in \{a,b,c\}$，有 $w_i^1 = w_i^0 \oplus \Delta$。很容易看出，混淆门的输出值只是通过 XOR 混淆门的输入值来获得的：

$$w_c^0 = w_a^0 \oplus w_b^0 = (w_a^0 \oplus \Delta) \oplus (w_b^0 \oplus \Delta) = w_a^1 \oplus w_b^1$$

$$w_c^1 = w_c^0 \oplus \Delta = w_a^0 \oplus (w_b^0 \oplus \Delta) = w_a^0 \oplus w_b^1 = (w_a^0 \oplus \Delta) \oplus w_b^0 = w_a^1 \oplus w_b^0$$

此外，混淆 w_i^j 并不显示它们所对应的真实值。

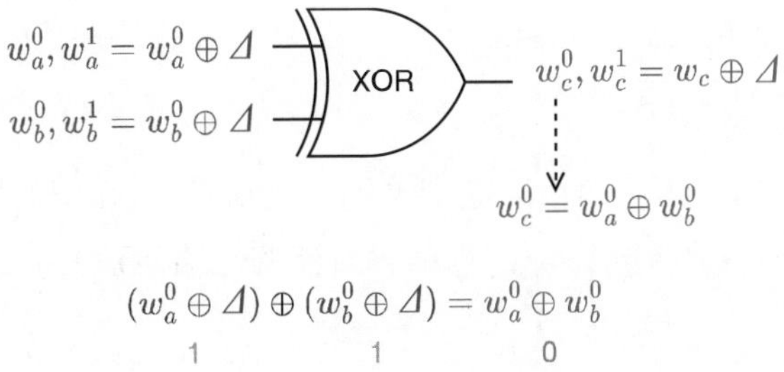

$$w_a^0, w_a^1 = w_a^0 \oplus \Delta$$
$$w_b^0, w_b^1 = w_b^0 \oplus \Delta$$

XOR

$$w_c^0, w_c^1 = w_c \oplus \Delta$$

$$w_c^0 = w_a^0 \oplus w_b^0$$

$$(w_a^0 \oplus \Delta) \oplus (w_b^0 \oplus \Delta) = w_a^0 \oplus w_b^0$$
$$\quad\quad 1 \quad\quad\quad\quad 1 \quad\quad\quad\quad 0$$

图 3-8　Free-XOR 方案

现在，可以精确地指出上述 XOR 结构对混淆值的限制——电路中每条电路线的两个值的混淆值必须相差相同的值，即，$\forall i: w_i^1 = w_i^0 \oplus \Delta$。其中，$\Delta$ 是全局密钥偏移量。相比之下，在原始的混淆电路中，所有的混淆 w_i^j 都是独立随机选择的。下面介绍 Free-XOR 的详细构造。

1. 混淆过程

定义混淆电路线标签 $w = \langle k, p \rangle$，其中 $k \in \{0,1\}^N$ 表示随机密钥，$p \in \{0,1\}$ 表示置换比特（用作定位需要解密的加密标签）。

步骤 1：随机选择全局密钥偏移量 Δ，即 $\Delta \in \{0,1\}^N$。

步骤 2：对于电路 c 中的每个输入电路线 W_i，执行以下操作。

① 随机选择其混淆值 $w_i^0 = \langle k_i^0, p_i^0 \rangle \in \{0,1\}^{N+1}$。

② 设置另一个混淆输出值 $w_i^1 = \langle k_i^1, p_i^1 \rangle = \langle k_i^0 \oplus \Delta, \ p_i^0 \oplus 1 \rangle$。

步骤 3：对于电路 c 的每个门 g_i 按拓扑顺序排列，执行以下操作。

① 使用 g_i 的索引进行标记：$\text{label}(g_i) = i$。

② 如果 g_i 是一个 XOR 门，即 $W_c = \text{XOR}(W_a, W_b)$，该混淆门有混淆输入值 $w_a^0 = \langle k_a^0, p_a^0 \rangle$，$w_b^0 = \langle k_b^0, p_b^0 \rangle$，$w_a^1 = \langle k_a^1, p_a^1 \rangle$，$w_b^1 = \langle k_b^1, p_b^1 \rangle$：

- 设置混淆输出值 $w_c^0 = \langle k_a^0 \oplus k_b^0, p_a \oplus p_b \rangle$。
- 设置混淆输出值 $w_c^1 = \langle k_a^0 \oplus k_b^0 \oplus \Delta, p_a \oplus p_b \oplus 1 \rangle$。

③ 如果 g_i 是一个其他的二输入门 $W_c = g_i(W_a, W_b)$，有混淆输入值 $w_a^0 = \langle k_a^0, p_a^0 \rangle$，$w_b^0 = \langle k_b^0, p_b^0 \rangle$，$w_a^1 = \langle k_a^1, p_a^1 \rangle$，$w_b^1 = \langle k_b^1, p_b^1 \rangle$：

- 随机选择混淆输出值 $w_c^0 = \langle k_c^0, p_c^0 \rangle \in \{0,1\}^{N+1}$。
- 设置混淆输出值 $w_c^1 = \langle k_c^1, p_c^1 \rangle = \langle k_c^0 \oplus \Delta, p_c^0 \oplus 1 \rangle$。
- 创建 g_i 的混淆表。对于输入值 v_a、$v_b \in \{0,1\}$ 的 2^2 种可能组合中的每一个，设 $e_{v_a,v_b} = H(k_a^{v_a} \| k_b^{v_b} \| i) \oplus w_c^{g_i(v_a,v_b)}$。对 e_{v_a,v_b} 进行排序，即把 e_{v_a,v_b} 放在位置为 $\langle p_a^{v_a}, p_b^{v_b} \rangle$ 的地方。

步骤 4：对于每个电路的输出电路线 W_i（门 g_j 的输出值），其混淆电路线标签为 $w_i^0 = \langle k_i^0, p_i^0 \rangle$，$w_i^1 = \langle k_i^1, p_i^1 \rangle$。为两种可能的电路线值 v（$v \in \{0,1\}$）创建混淆输出表。设

$$e_v = H(k_i^y \| \text{"out"} \| j) \oplus v$$

其中，out 为输出电路线标志，对 e 进行排序，即把条目 e_v 放在 p_i^y 位置

$(p_i^1 = p_i^0 \oplus 1)$。

2. 评估过程

具体过程如下。

步骤 1：对于每个电路 c 中的输入电路线 W_i，通过 $w_i = \langle k_i, p_i \rangle$ 接收相应的混淆值。

步骤 2：对于每个电路门 g_i，按照标记的拓扑顺序执行。

① 如果 g_i 是 XOR 门，其混淆输入值为 $w_a = \langle k_a, p_a \rangle, w_b = \langle k_b, p_b \rangle$，则计算混淆值 $w_c = \langle k_c, p_c \rangle = \langle k_a \oplus k_b, p_a \oplus p_b \rangle$。

② 如果 g_i 是一个混淆输入值为 $w_a = \langle k_a, p_a \rangle$、$w_b = \langle k_b, p_b \rangle$ 的二输入门 $W_c = g_i(W_a, W_b)$，则解密来自位置 $\langle p_a, p_b \rangle$ 中的混乱表项 e 的混乱输出值 $w_c = \langle k_c, p_c \rangle = H(k_a \| k_b \| i) \oplus e$。

步骤 3：对于每个电路 c 的输出电路线 W_i（门 g_j 的输出值），其混淆电路线标签为 $w_i = \langle k_i, p_i \rangle$。从行 p_i 中的混淆输出表条目 e 中解密输出值 $f_i = H(k_i \| "out" \| j) \oplus e$，其中 out 为输出电路线标志。

3.1.4　Garbled Row Reduction 方案

如上文所述，在混淆电路的最初设计中，在电路中每条电路线上的加密标签都会被提前选定，产生的混淆表共有 4 行。若能够在保持与原始混淆电路同一安全性的前提下，减少混淆表的行数，则可以降低通信开销。1999 年，Moni Naor 等人第一次提出解决方案 4-3 GRR（Garbled Row Reduction）[74]：在输出电路线中，用固定加密标签来代替随机加密标签。这使得混淆表的第 1 行加密标签总为特殊值 0^n，另一行加密标签仍然随机选取。如图 3-9 所示，混淆表的第 1 行为 $H(w_a^{i,1}, w_a^{i,0}) \oplus w_y^{i,1}$，则直接取 $w_y^{i,1} = H(w_a^{i,1}, w_a^{i,0})$，即可使得混淆表的第 1 行加密标签恒为特殊值 0^n。如此，逻辑电路中每个门所对应的混淆表加密标签发送数量从 4 行减少为 3 行，这在一定程度上减少了通信开销。电路评估方 Bob 可以"重构"出第 1 行加密标签，然后正常解密，即可得到正确的标签。

虽然减少了加密标签的传输量，但混淆电路的安全性依然没变。其根源在于，Bob 无法有效地区分其他 3 行加密标签对应的是 0 还是 1。

采用 4-3 GRR 方案，通过选取一个特定的输出电路线标签，使得混淆表的第 1 行加密标签总为特殊值 0^n，并使得针对每个电路门，混淆方 Alice 只需向 Bob 发送 3 行加密标签。当电路门的数量巨大时，该技术可以显著减少 Bob 的通信开销。

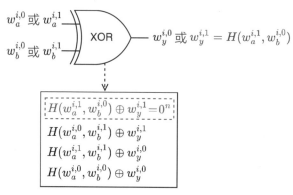

图 3-9　4-3 GRR 方案

　　既然采用 4-3 GRR 方案能够将每个电路门所对应混淆表中的加密标签从 4 行减少到 3 行，那么是否存在其他方案，可以在安全性不变的情况下，将混淆表中的加密标签数量进一步缩减呢？Gueron 等人在 2015 年给出了答案——4-2 GRR 方案。在 4-3 GRR 方案的基础之上，采用 4-2 GRR 方案，通过选择特殊的另一行加密标签，使得其余 3 行加密标签的异或结果为 0^n（与 4-3 GRR 方案不同，4-2 GRR 方案只用作处理 AND 门，因为需要保证在真值表中有 3 行加密标签相同。如果真值表中的两行加密标签为 1，另外两行加密标签为 0，则这种方法就失效了，因为此时 3 行加密标签的 XOR 结果不能相互抵消），进而使 AND 门的混淆表只剩下了两行。如图 3-10 所示，首先使用 4-3 GRR 方案，即选择 $w_y^{i,1} = H(w_a^{i,1}, w_b^{i,0})$，使得混淆表的第 1 行为 0^n，然后定义 $w_y^{i,0} = H(w_a^{i,0}, w_b^{i,0}) \oplus H(w_a^{i,1}, w_b^{i,1}) \oplus H(w_a^{i,0}, w_b^{i,1})$，使得混淆表其他 3 行的异或值为 0^n。此时，Alice 只需发送最后两行加密标签即可，因为第 1 行加密标签，Bob 可以直接重构出，第 2 行加密标签可以通过后面两行加密标签异或得到。下面介绍 4-3 GRR 方案和 4-2 GRR 方案的详细构造。

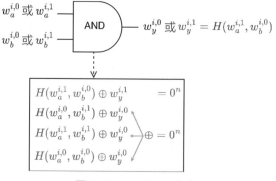

图 3-10　4-2 GRR 方案

1. 4-3 GRR

定义伪随机函数 $F_k : \{0,1\}^n \times \{0,1\}^{n+1} \to \{0,1\}^{n+1}$，使用 $F_k(x)[1,\cdots,n]$ 表示 $F_k(x)$ 输出值的前 n 比特，$x \| y$ 表示 x 与 y 的连接。完整的方案包含混淆 Garble$(1^n, c)$、编码 Encode(e, x)、评估 Eval(C, X) 和解码 Decode(Y, d) 过程。下面首先介绍混淆过程，即 Garble$(1^n, c)$：

步骤 1：对于电路 C 中的每个输入电路线 j，定义混淆电路线标签 $w_j^0 := \langle k_j^0, \pi_j \rangle = e[j,0] = k_j^0 \| \pi_j$，$w_j^1 := \langle k_j^1, \overline{\pi}_j \rangle = e[j,1] = k_j^1 \| \overline{\pi}_j$。

① 选择两个随机密钥：$k_j^0, k_j^1 \leftarrow \{0,1\}^n$。

② 为最低比特选择一个置换比特：$\pi_j \leftarrow \{0,1\}$。

③ 准备编码信息：$e[j,0] := k_j^0 \| \pi_j$ 和 $e[j,1] := k_j^1 \| \overline{\pi}_j$。

步骤 2：对于电路 c 中的每个 g，按拓扑顺序执行以下操作。

① 如果 g 是一个异或门，其输入电路线为 i、j，输出电路线为 ℓ：

- 计算混淆异或门 $(k_\ell^0, k_\ell^1, \pi_\ell, T) \leftarrow \text{GbXOR}(k_i^0, k_i^1, k_j^0, k_j^1, \pi_i, \pi_j)$。
- 对于输出电路线 ℓ，设置密钥对 $\langle k_\ell^0, k_\ell^1 \rangle$ 和随机置换比特 π_ℓ。
- 对该 XOR 门设置混淆表：$C[g] := T$。

② 如果 g 是一个与（AND）门，其输入电路线为 i、j，输出电路线为 ℓ：

- 计算混淆与门 $(k_\ell^0, k_\ell^1, \pi_\ell, T_1, T_2, T_3) \leftarrow \text{GbAND}(k_i^0, k_i^1, k_j^0, k_j^1, \pi_i, \pi_j)$。
- 设置电路线 ℓ 的密钥对为 k_ℓ^0, k_ℓ^1，置换比特为 π_ℓ。
- 对该 AND 门定义混淆表：$C[g] := (T_1, T_2, T_3)$。

③ 如果 g 是一个非门，其输入电路线为 i，输出电路线为 ℓ：

- 定义 $k_\ell^0 = k_\ell^1, k_\ell^1 = k_\ell^0$，同时设置 $\pi_\ell = \pi_i$。
- 这里没有混淆门。

步骤 3：对于电路 c 中的每个输出电路线 j，解码信息：$d[j,0] := F_{k_j^{\pi_j}}$ $(\text{out} \| \pi_j), d[j,1] := F_{k_j^{\overline{\pi}_j}} (\text{out} \| \overline{\pi}_j)$，输出结果 (C, e, d)。

在以上算法中，使用的混淆异或门 GbXOR$(k_i^0, k_i^1, k_j^0, k_j^1, \pi_i, \pi_j)$ 与混淆与门 GbAND$(k_i^0, k_i^1, k_j^0, k_j^1, \pi_i, \pi_j)$ 在表 3-2 中给出。

表 3-2　混淆异或门 GbXOR 与混淆与门 GbAND

GbXOR$(k_i^0, k_i^1, k_j^0, k_j^1, \pi_i, \pi_j)$	GbAND$(k_i^0, k_i^1, k_j^0, k_j^1, \pi_i, \pi_j)$
步骤 1：为最低比特设置输出电路线的置换比特 $$\pi_\ell := \pi_i \oplus \pi_j$$ 步骤 2：计算电路线 i 的密钥 $$\tilde{k}_i^0 := F_{k_i^0}(g \| \pi_i)[1, \cdots, n]$$ $$\tilde{k}_i^1 := F_{k_i^1}(g \| \bar{\pi}_i)[1, \cdots, n]$$ 步骤 3：计算输出电路线的新偏移量 $$\Delta_\ell := \tilde{k}_i^0 \oplus \tilde{k}_i^1$$ 步骤 4：计算电路线 j 的密钥和该门的加密标签 ① 如果 $\pi_j = 0$： $$\tilde{k}_j^0 := F_{k_j^0}(g \| 0)[1, \cdots, n]$$ $$\tilde{k}_j^1 := \tilde{k}_j^0 \oplus \Delta_l$$ $$T := F_{k_j^1}(g \| 1)[1, \cdots, n] \oplus \tilde{k}_j^1$$ ② 如果 $\pi_j = 1$： $$\tilde{k}_j^1 := F_{k_j^1}(g \| 0)[1, \cdots, n]$$ $$\tilde{k}_j^0 := \tilde{k}_j^1 \oplus \Delta_l$$ $$T := F_{k_j^0}(g \| 1)[1, \cdots, n] \oplus \tilde{k}_j^0$$ 步骤 5：计算输出电路线 ℓ 的密钥 $$k_\ell^0 := \tilde{k}_i^0 \oplus \tilde{k}_j^0, \quad k_\ell^1 := k_\ell^0 \oplus \Delta_\ell$$ 步骤 6：输出结果 $(k_\ell^0, k_\ell^1, \pi_\ell, T)$	步骤 1：计算 $$K_0 = F_{k_i^{\pi_i}}(g \| 00) \oplus F_{k_j^{\pi_j}}(g \| 00)$$ 步骤 2：设置输出电路线密钥和置换比特 ① 如果 $\pi_i = \pi_j = 1$，则选择一个随机数 $k_\ell^0 \| \pi_\ell \leftarrow \{0,1\}^{n+1}$，并设置 $k_\ell^1 := K_0[1, \cdots, n]$ ② 否则，设置 $k_\ell^0 \| \pi_\ell := K_0$，并选择 $k_\ell^1 \leftarrow \{0,1\}^n$ 标记 $K_\ell^0 = k_\ell^0 \| \pi_\ell$ 和 $K_\ell^1 = k_\ell^1 \| \bar{\pi}_\ell$ 步骤 3：计算门加密标签，假设 $g(\cdot, \cdot)$ 表示门函数，则 $$T_1 = F_{k_i^{\pi_i}}(g \| 01) \oplus F_{k_j^{\bar{\pi}_j}}(g \| 01) \oplus K_\ell^{g(\pi_i, \bar{\pi}_j)}$$ $$T_2 = F_{k_i^{\bar{\pi}_i}}(g \| 10) \oplus F_{k_j^{\pi_j}}(g \| 10) \oplus K_\ell^{g(\bar{\pi}_i, \pi_j)}$$ $$T_3 = F_{k_i^{\bar{\pi}_i}}(g \| 11) \oplus F_{k_j^{\bar{\pi}_j}}(g \| 11) \oplus K_\ell^{g(\bar{\pi}_i, \bar{\pi}_j)}$$ 步骤 4：输出结果 $(k_\ell^0, k_\ell^1, \pi_\ell, T_1, T_2, T_3)$

如表 3-3 所示，编码过程 Encode(e, x) 和解码过程 Decode(Y, d) 是简洁易懂的。编码过程只包括将明文比特映射为混淆的值；解码过程反之。

表 3-3　编码过程 Encode(e,x) 和解码过程 Decode(Y,d)

Encode(e,x)	Decode(Y,d)
步骤 1：For(int $i = 1, i <= |x|, i++$) $$X[i] := e[i, x_i]$$ 步骤 2：输出结果 X	步骤 1：For(int $i = 1, i <= |Y|, i++$) ① 如果 $Y[i] = d[i, 0]$，则 $y[i] := 0$ ② 如果 $Y[i] = d[i, 1]$，则 $y[i] := 1$ ③ 如果不满足以上条件，则返回 $\perp$ 步骤 2：输出结果 y

如表 3-4 所示，在评估算法中，参考了在电路线 i 上的信号比特 λ_i。其中，λ_i 与 Garble$(1^n, c)$ 中 π_i 之间的区别在于，λ_i 是评估方 Bob 看到的 "public" 信号比特，且 λ_i 总是等于 π_i 和电路线上的实际值的异或值。由 Garble$(1^n, c)$ 和 Encode(e, x) 可知，$X[j] = e[j, x_j]$：

- 如果 $x_j = \pi_j = 0$，则 $X[j] = k_j \parallel \pi_j = k_j \parallel 0 = k_j \parallel (0 \oplus 0) = k_j \parallel \lambda_j$。

- 如果 $x_j = 1$，$\pi_j = 0$，则 $X[j] = k_j \parallel \bar{\pi}_j = k_j \parallel 1 = k_j \parallel (0 \oplus 1) = k_j \parallel \lambda_j$。

- 如果 $x_j = 0$，$\pi_j = 1$，则 $X[j] = k_j \parallel \pi_j = k_j \parallel 1 = k_j \parallel (1 \oplus 0) = k_j \parallel \lambda_j$。

- 如果 $x_j = 1$，$\pi_j = 1$，则 $X[j] = k_j \parallel \bar{\pi}_j = k_j \parallel 0 = k_j \parallel (1 \oplus 1) = k_j \parallel \lambda_j$。

因此，$X[j] = k_j \parallel \lambda_j$。

表 3-4　评估阶段 Eval(C,X)

Eval(C,X)的步骤
步骤 1：对于电路 c 中的每个输入电路线 j，定义 $k_j \parallel \lambda_j := X[j]$
步骤 2：对于电路 c 中的每个门 g，按照拓扑排序
① 如果 g 是一个 XOR 门，其输入电路线为 i、j，输出电路线为 ℓ：
• 计算输出电路线密钥：
$$k_\ell := F_{k_i}(g \parallel \lambda_i)[1,\cdots,n] \oplus F_{k_j}(g \parallel \lambda_j)[1,\cdots,n] \oplus \lambda_j \cdot C[g]$$
• 计算输出电路线标记比特：$\lambda_\ell := \lambda_i \oplus \lambda_j$
② 如果 g 是一个 AND 门，其输入电路线为 i、j，输出电路线为 ℓ：
计算输出电路线密钥、标记比特：$k_\ell \parallel \lambda_\ell := T \oplus F_{k_i}(g \parallel \lambda_i \lambda_j) \oplus F_{k_i}(g \parallel \lambda_i \lambda_j)$
其中，T 是 $C[g]$ 中的实例 $T_{\lambda_i \lambda_j}$。如果 $\lambda_i = \lambda_j = 0$，则直接定义 $T = 0$
③ 如果 g 是一个 NOT 门，其输入电路线为 i，输出电路线为 ℓ：
定义 $k_\ell := k_i, \lambda_\ell = \lambda_i$
步骤 3：对于电路 c 中的输出电路线 j，定义 $Y[j] := F_{k_j}(\text{out} \parallel \lambda_j)$
步骤 4：返回结果 Y

2. 4-2 GRR

优化 4-3 GRR，将 $\text{GbAND}(k_i^0, k_i^1, k_j^0, k_j^1, \pi_i, \pi_j)$ 中的 3 行加密标签降低至 2 行 [75-76]。具体方案 $\text{GbAND}'(k_i^0, k_i^1, k_j^0, k_j^1, \pi_i, \pi_j)$ 在表 3-5 中给出。

表 3-5　4-2 GRR 混淆与门算法

$\text{GbAND}'(k_i^0, k_i^1, k_j^0, k_j^1, \pi_i, \pi_j)$
步骤 1：计算
$$K_0 \parallel m_0 := F_{k_i^{\pi_i}}(g \parallel 00) \oplus F_{k_j^{\pi_j}}(g \parallel 00), \quad K_1 \parallel m_1 := F_{k_i^{\pi_i}}(g \parallel 01) \oplus F_{k_j^{\bar{\pi}_j}}(g \parallel 01)$$
$$K_2 \parallel m_2 := F_{k_i^{\pi_i}}(g \parallel 10) \oplus F_{k_j^{\pi_j}}(g \parallel 01), \quad K_3 \parallel m_3 := F_{k_i^{\bar{\pi}_i}}(g \parallel 11) \oplus F_{k_j^{\bar{\pi}_j}}(g \parallel 11)$$
步骤 2：计算真实表中 "1" 的位置，即 $s := 2\bar{\pi}_i + \bar{\pi}_j$
步骤 3：设置输出电路线密钥和置换比特
① 选择电路线的置换比特：$\pi_\ell \leftarrow \{0,1\}$
② 如果 $s \neq 0$，设置 $k_\ell^0 := K_0, k_\ell^1 := K_1 \oplus K_2 \oplus K_3$
③ 如果 $s = 0$，设置 $k_\ell^0 := K_1 \oplus K_2 \oplus K_3, k_\ell^1 := K_1$

$\text{GbAND}'(k_i^0, k_i^1, k_j^0, k_j^1, \pi_i, \pi_j)$
步骤 4：计算 T_1 和 T_2
① 如果 $s = 3$，设置 $T_1 := K_0 \oplus K_1$，$T_2 := K_0 \oplus K_2$
② 如果 $s = 2$，设置 $T_1 := K_0 \oplus K_1$，$T_2 := K_1 \oplus K_3$
③ 如果 $s = 1$，设置 $T_1 := K_2 \oplus K_3$，$T_2 := K_0 \oplus K_2$
④ 如果 $s = 0$，设置 $T_1 := K_2 \oplus K_3$，$T_2 := K_1 \oplus K_3$
步骤 5：计算额外的 4 个比特。设置 $t_s := m_s \oplus \bar{\pi}_\ell$，$t_\alpha := m_\alpha \oplus \pi_\ell$，其中 $\alpha \in \{0,1,2,3\} \setminus \{s\}$
步骤 6：返回 $(k_\ell^0, k_\ell^1, \pi_\ell, T_1, T_2, t_0, t_1, t_2, t_3)$
注意，GbAND' 返回两行加密标签和 4 个单比特值（而不是 GbAND 中的 3 行加密标签）。

如表 3-6 所示，对于评估算法 $\text{Eval}'(C, X)$，步骤 2 的②与表 3-4 中的 $\text{Eval}(C, X)$ 稍有不同。

表 3-6　4-2 GRR 混淆门评估算法

$\text{Eval}'(C, X)$
步骤 1：对于电路 c 中的每个输入电路线 j，定义 $k_j \| \lambda_j := X[j]$
步骤 2：对于电路 c 中的每个门 g，按照拓扑排序
① 如果 g 是一个 XOR 门，其输入电路线为 i、j，输出电路线为 ℓ：
计算输出电路线密钥：
$$k_\ell := F_{k_i}(g \| \lambda_i)[1, \cdots, n] \oplus F_{k_j}(g \| \lambda_j)[1, \cdots, n] \oplus \lambda_j ? C[g]$$
计算输出电路线标记比特：$\lambda_\ell := \lambda_i \oplus \lambda_j$
② 如果 g 是一个 AND 门，其输入电路线为 i、j，输出电路线为 ℓ，混淆后返回值 $\langle T_1, T_2, t_0, t_1, t_2, t_3 \rangle$：
（a）计算 $K \| m := F_{k_i}(g \| \lambda_i \lambda_j) \oplus F_{k_j}(g \| \lambda_i \lambda_j)$；
（b）计算输出电路线密钥：
如果 $2\lambda_i + \lambda_j = 0$，定义 $k_\ell := K$
如果 $2\lambda_i + \lambda_j = 1$，定义 $k_\ell := K \oplus T_1$
如果 $2\lambda_i + \lambda_j = 2$，定义 $k_\ell := K \oplus T_2$
如果 $2\lambda_i + \lambda_j = 3$，定义 $k_\ell := K \oplus T_1 \oplus T_2$
（c）计算输出电路线的信号比特：$\lambda_\ell := m \oplus t_{2\lambda_i + \lambda_j}$
③ 如果 g 是一个 NOT 门，其输入电路线为 i，输出电路线为 ℓ：
定义 $k_\ell := k_i, \lambda_\ell := \lambda_i$
步骤 3：对于电路 c 中的输出电路线 j，定义 $Y[j] := F_{k_j}(\text{out} \| \lambda_j)$
步骤 4：返回结果 Y

3.1.5　Half-Gate 方案

在 2015 年的欧密会上，Samee Zahur、Mike Rosulek 和 David Evans 等人提出了半门（Half-Gate）技术[77]。Half-Gate 不仅能够兼容 Free-XOR（XOR 门无须传

输密文），还能够将 AND 门的加密标签数量减少一半。假设待计算门为 $c = a \wedge b$（a 和 b 是电路的输入值），用 $(w_a, w_a \oplus \Delta)$ 和 $(w_b, w_b \oplus \Delta)$ 表示此门的输入电路线标签，并且 $(w_c, w_c \oplus \Delta)$ 表示输出电路线标签，其中 w_a、w_b 和 w_c 分别用作编码 0。Δ 是所有线共有的 Free-XOR 秘密偏移量。另外，H 表示一个哈希函数。

下面描述如何为 3 种情况构建半门。

- 生成方半门（Generator Half-Gate，或称为混淆方半门）：在这种情况下，假设混淆电路的生成方（或称为混淆方）知道输入秘密值 a。
- 评估方半门（Evaluator Half-Gate）：在这种情况下，假设混淆电路的评估方知道输入秘密值 b。
- 双方完整半门（two halves make a whole）：在这种情况下，假设秘密值 a 和 b 分别属于混淆方 Alice 和评估方 Bob。

1.　生成方半门（混淆方半门）

如图 3-11 所示，待计算门为 $c = a \wedge b$。其中，a 和 b 是电路的输入值，Alice 为混淆方，Bob 为评估方，并且 Alice 事先知道 a 的真值以及对应的混淆电路线标签 w_a。当 $a = 0$ 时，Alice 会混淆一个始终输出 $c = a = 0$ 的一元门（只有一个输入值的电路门）；当 $a = 1$ 时，Alice 混淆 $c = b$ 的门。因此，Alice 产生两个加密标签：

$$H(w_b) \oplus w_c$$
$$H(w_b \oplus \Delta) \oplus w_c \oplus a\Delta$$

然后，根据 w_b 的标记比特适当地排序两个加密标签。Bob 获取 w_b 和 $w_b \oplus \Delta$，计算 $H(w_b)$ 和 $H(w_b \oplus \Delta)$，并解密相应的加密标签。如果 $a = 0$，则在 b 的两个值中都获得输出电路线标签 w_c。如果 $a = 1$，Bob 根据 b 获得 w_c 或 $w_c \oplus \Delta$。

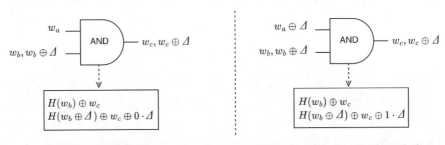

图 3-11　当 $a=0$（左）和 $a=1$（右）时的混淆与门

接下来，通过应用 4-3 GRR 的标准思想来消除其中一个加密标签。选择 w_c，使得两个加密标签中的第一个是全零加密标签［选择 w_c 为 $H(w_b)$、$H(w_b \oplus \varDelta)$ 或 $H(w_b \oplus \varDelta) \oplus \varDelta$］。因此，第一个加密标签实际上无须发送；在 Bob 解密第一个加密标签时，Bob 推断它是全零字符串。总的来说，Half-Gate（半门）由一个加密标签组成。Alice 调用两次 H，Bob 调用一次 H。

2. 评估方半门

假设待计算门为 $c = a \wedge b$，其中 a 和 b 是电路的输入值，Alice 为混淆方，Bob 为评估方，并且 Bob 在评估电路前会以某种方式获取 b 的值以及对应的混淆电路线标签 w_b。根据这一假设，Bob 就可以根据 b 的真值执行不同的计算。直观地说，当 $b = 0$ 时，Bob 应该总是获得输出电路线标签 w_c；当 $b = 1$ 时，Bob 获得 $w_c \oplus w_a$。然后，它可以将 $w_c \oplus w_a$ 与另一个电路线标签（w_a 或 $w_a \oplus \varDelta$）做异或计算，以适当地获得 w_c 或 $w_c \oplus \varDelta$。因此，Alice 提供了两个加密标签：

$$H(w_b) \oplus w_c$$
$$H(w_b \oplus \varDelta) \oplus w_c \oplus w_a$$

这里不必打乱加密标签顺序，根据 b 的真值排列即可。由于 Bob 已经知道 b，如果 $b = 0$，Bob 使用电路线标签 w_b 来解密第一个加密标签。如果 $b = 1$，Bob 使用电路线标签 $w_b \oplus \varDelta$ 来解密第二个加密标签。评估方半门同样能够使用 4-3 GRR 的标准思想来消除第一个加密标签。选择 $w_c = H(w_b)$，以便第一个加密标签变为全零并且不发送。总的来说，这个半门的开销和生成方半门（混淆方半门）一样：它由一个加密标签组成。Alice 调用 H 两次；Bob 调用 H 一次。

3. 双方完整半门

现在考虑另外一种情况，即 AND 门 $c = a \wedge b$ 的两个输入值都是秘密的。考虑：

$$c = a \wedge b$$
$$= a \wedge (\delta \oplus \delta \oplus b)$$
$$= (a \wedge \delta) \oplus (a \wedge (\delta \oplus b))$$

假设 Alice 选择一个均匀随机数 δ。在这种情况下，第一个 AND 门（$a \wedge \delta$）可能会被生成方半门（混淆方半门）混淆。如果进一步假设 Bob 学习值 $\delta \oplus b$，那么第二个 AND 门（$a \wedge (\delta \oplus b)$）可能会被评估方半门混淆。将这个额外的比特 $\delta \oplus b$ 泄露给 Bob 是安全的，因为它不携带有关秘密值 b 的信息（相当于一次一密）。剩下的 XOR 是无须评估的，计算 $c = a \wedge b$ 的全部评估开销仅为对两个加密标签评估的开销。实际上可以在没有任何开销的情况下将 $\delta \oplus b$ 传递给 Bob。Alice 将选择 δ 作为电路线 b 上编码 "0" 的标签的标记比特。然后，当特定值 b 在那条电路线上时，Bob 将持有一个电路线标签，其标记比特为 $\delta \oplus b$。

根据以上可知，用两个加密标签对一个（全）与门进行混淆，取两个半门的异或。Alice 调用 H 四次，Bob 调用 H 两次。

4. 完整方案

下面介绍 Half-Gate（半门）的详细构造。

对于布尔电路 f，电路中的每条电路线与数字索引相关联。假设 Inputs(f)、Outputs(f) 和 XorGates(f)分别表示 f 中输入电路线、输出电路线、异或门输出电路线的索引集合。将这些函数扩展为 Inputs($\hat{F}$)、Outputs($\hat{F}$)和 XorGates($\hat{F}$)，其中 $\hat{F}$ 表示 f 的一个混淆版本。使用 v_i 表示电路中第 i 条电路线的明文值。对于非输入电路线，我们将第 i 个门称为输出电路线索引为 i 的逻辑门。

Half-Gate 方案遵循 Free-XOR 优化的标准范例。使用 $w_i^0, w_i^1 \in \{0,1\}^k$ 分别表示第 i 条电路线上对应 0 和 1 的标签。k 表示方案的安全参数。对于每个电路线标签 w，其最低有效比特——lsb(w)被保留为标记比特（signal bit，简写为 sb），该标记比特用于 Point-and-permute 方案。对于第 i 条电路线，定义 $p_i = \text{lsb } w_i^0$（这个值通常被称为电路线的置换比特，是一个只有 Alice 知道的秘密）。显然，当 Bob 持有电路线 i 的标签，其标记比特是 s_i 时，该电路线标签是 $w_i^{s_i \oplus p_i}$，对应于真值 $v_i = s_i \oplus p_i$。在评估混淆电路的情况下，通常会在电路线标签符号中省略上标，只写 w_i，以表明 Bob 确实不知道 v_i。

值 $\Delta \in \{0,1\}^{k-1} \| 1$，其中 Δ 是电路全局的、随机选择的 Free-XOR 偏移量，对于电路中的每个 i，$w_i^0 \oplus w_i^1 = \Delta$ 成立。由于 lsb $\Delta = 1$，因此 lsb $w_i^0 \neq$ lsb w_i^1，且两个电路线具有相反的标记比特。在表示逻辑与时，可以省略 $\wedge$，例如 $ab = a \wedge b$。当 a 只有 1 比特，且 Δ 是一个长字符串时：若 $a=1$，则 $a\Delta = \Delta$；否则，$a\Delta = 0^{|\Delta|}$。使用带 "hat" 的字符表示序列或多元组，例如，$\hat{F} = (F_1, F_2, \cdots)$ 或 $\hat{X} = (X_1, X_2, \cdots)$。使用 $H : \{0,1\}^k \times \mathbf{Z} \mapsto \{0,1\}^k$ 表示适合于混淆电路中使用的哈希函数。

上面描述的方法可用于获取任何一个真值表包含奇数个"1"的门，例如 AND、NAND、OR、NOR 等。上述这些门都可以表示为以下形式：

$$(v_a, v_b) \mapsto (\alpha_a \oplus v_a) \wedge (\alpha_b \oplus v_a) \oplus \alpha_c$$

其中，α_a、α_b、α_c 是常量。例如，将 α_a、α_b、α_c 全部设置为 "0"，便可生成一个 "与" 门；将 α_a、α_b、α_c 全部设置为 "1"，便可生成一个或（OR）门。这些 α 值不需要（但可以）是秘密的。在表 3-7 中描述了一些门的一般构造。

表 3-7　生成方半门/混淆方半门（左）与评估方半门（右）

生成方半门/混淆方半门	评估方半门
步骤 1：计算 $$f_G(v_a, p_b) := (v_a \oplus \alpha_a)(p_b \oplus \alpha_b) \oplus \alpha_c$$ 步骤 2：在使用 GRR 和 permutation 之前 $$H(w_a^0) \oplus f_G(0, p_b)\Delta \oplus w_{Gc}^0$$ $$H(w_a^1) \oplus f_G(1, p_b)\Delta \oplus w_{Gc}^0$$ 步骤 3：在使用 GRR 和 permutation 之后 $$T_{Gc} \leftarrow H(w_a^0) \oplus H(w_a^1) \oplus (p_b \oplus \alpha_b)\Delta$$ $$w_{Gc}^0 \leftarrow H(w_a^{p_a}) \oplus f_G(p_a, p_b)\Delta$$ 步骤 4：Alice 发送 T_{Gc}	步骤 1：计算 $$f_E(v_a, v_b \oplus p_b) := (v_a \oplus \alpha_a)(v_b \oplus p_b)$$ 步骤 2：在使用 GRR 之前 $$H(w_b^{p_b}) \oplus w_{Ec}^0$$ $$H(w_b^{p_b \oplus 1}) \oplus w_{Ec}^0 \oplus w_a^{\alpha_a}$$ 步骤 3：在使用 GRR 和 permutation 之后 $$T_{Ec} \leftarrow H(w_b^0) \oplus H(w_b^1) \oplus w_a^{\alpha_a}$$ $$w_{Ec}^0 \leftarrow H(w_b^{p_b})$$ 步骤 4：Alice 发送 T_{Ec}

表 3-7 构造了一个二进制逻辑门，该门计算 $(v_a, v_b) \mapsto (v_a \oplus \alpha_a)(v_b \oplus \alpha_b) \oplus \alpha_c$。其中，$\alpha_a$、$\alpha_b$、$\alpha_c$ 确定了门的类型。在对两个半门进行评估后，通过计算 $w_c = w_{Gc} \oplus w_{Ec}$ 来得到输出电路线标签。

按照前面的描述，使用两个半门组合对每个门进行混淆。使用 w_{Gi}^b、w_{Ei}^b 表示构成第 i 个门的这两个半门（分别为 Alice 侧和 Bob 侧）的输出电路线标签。然后，将第 i 个门的最终逻辑输出电路线标签设置为 $w_i^0 \equiv w_{Gi}^0 \oplus w_{Ei}^0$。类似地，将 T_{Gi}^b、T_{Ei}^b 表示为第 i 个门中使用的每个半门传输的单个混淆行。表 3-7 的步骤 1 显示了每个半门计算的函数。在表 3-7 的左列中，Alice 知道 v_a；而在表 3-7 的右列中，Bob 知道 $v_b \oplus p_b = \text{lsb } w_b$。步骤 2 显示了每个半门中两行加密标签的混淆过程和结果，混淆过程不使用 GRR 和 permutation。在这里，将 $w_{Gc}^{f(x, p_b)}$ 扩展为 $w_{Gc}^0 \oplus f(x, p_b)\Delta$，以使在下一步中 GRR 更清晰。步骤 3 显示了最终的结果。完整的方案包含混淆、编码、评估和解码 4 个阶段。

阶段 1：混淆阶段 $\text{Gb}(1^k, f)$

以下混淆方案适用于任何二进制逻辑门，但为了方便讨论和证明，假设所有的门只包含 AND 门和 XOR 门：

（1）选取全局偏移量 $\Delta \leftarrow \{0,1\}^{k-1} \| 1$，其中"$\| 1$"表示最低有效比特恒为 1。

（2）对于 $i \in \text{Inputs}(f)$，循环执行以下 3 步操作。

步骤 1：定义 $w_i^0 \leftarrow \{0,1\}^k$。

步骤 2：计算 $w_i^1 \leftarrow w_i^0 \oplus \Delta$。

步骤 3：定义 $e_i \leftarrow w_i^0$。

（3）对于 $i \notin \text{Inputs}(f)$，按照拓扑顺序循环执行以下 3 步操作。

步骤 1：计算 $\{a,b\} \leftarrow \text{GateInputs}(f,i)$。

步骤 2：如果 $i \in \text{XorGates}(f)$，需要计算 $w_i^0 \leftarrow w_a^0 \oplus w_b^0$；否则，需要计算 $(w_i^0, T_{\text{Gi}}, T_{\text{Ei}}) \leftarrow \text{GbAND}(w_a^0, w_b^0)$，同时定义 $F_i \leftarrow (T_{\text{Gi}}, T_{\text{Ei}})$，其中 GbAND 如下。

- 取最低有效比特 $p_a \leftarrow \text{lsb } w_a^0$，$p_b \leftarrow \text{lsb } w_b^0$。
- 定义 $j \leftarrow \text{NextIndex}()$ 和 $j' \leftarrow \text{NextIndex}()$。NextIndex() 是一个有状态的过程，它只是增加了一个内部计数器。
- 第一个半门：
$$T_G \leftarrow H(w_a^0, j) \oplus H(w_a^1, j) \oplus p_b \Delta$$
$$w_G^0 \leftarrow H(w_a^0, j) \oplus p_a T_G$$
- 第二个半门：
$$T_E \leftarrow H(w_b^0, j') \oplus H(w_b^1, j') \oplus w_a^0$$
$$w_E^0 \leftarrow H(w_b^0, j') \oplus p_b(T_E \oplus w_a^0)$$
- 合并：$w^0 \leftarrow w_G^0 \oplus w_E^0$。
- 输出结果 (w^0, T_G, T_E)。

步骤 3：计算 $w_i^1 \leftarrow w_i^0 \oplus \Delta$。

（4）对于 $i \in \text{Outputs}(f)$，定义 $d_i \leftarrow \text{lsb}(w_i^0)$。

（5）输出 $(\hat{F}, \hat{e}, \hat{d})$。

阶段 2：编码阶段 Encode($\hat{e}, \hat{x}$)：

（1）对于 $e_i \in \hat{e}$，执行以下 i 次循环操作：
$$X_i \leftarrow e_i \oplus x_i \Delta$$

（2）将计算得到的 X_i 集合定义为 $\hat{X}$，并输出 $\hat{X}$。

阶段 3：评估阶段 Eval($\hat{F}, \hat{X}$)：

（1）对于 $i \in \text{Inputs}(\hat{F})$，循环计算 $w_i \leftarrow X_i$。

（2）对于 $i \notin \text{Inputs}(\hat{F})$，按照拓扑顺序循环执行以下两步计算。

步骤 1：定义 $\{a,b\} \leftarrow \text{GateInputs}(\hat{F}, i)$。

步骤 2：如果 $i \in \text{XorGates}(\hat{F})$，计算 $w_i \leftarrow w_a \oplus w_b$；否则，计算

$$s_a \leftarrow \text{lsb } w_a$$
$$s_b \leftarrow \text{lsb } w_b$$
$$j \leftarrow \text{NextIndex}()$$
$$j' \leftarrow \text{NextIndex}()$$
$$(T_{Gi}, T_{Ei}) \leftarrow F_i$$
$$w_{Gi} \leftarrow H(w_a, j) \oplus s_a T_{Gi}$$
$$w_{Ei} \leftarrow H(w_b, j') \oplus s_b (T_{Ei} \oplus w_a)$$
$$w_i \leftarrow w_{Gi} \oplus w_{Ei}$$

（3）对于 $i \in \text{Outputs}(\hat{F})$，循环计算 $Y_i \leftarrow W_i$；

（4）将计算得到的 Y_i 集合定义为 $\hat{Y}$，并输出 $\hat{Y}$。

阶段 4：解码阶段 Decode($\hat{d}, \hat{Y}$)：

（1）对于 $d_i \in \hat{d}$，循环计算 $y_i = d_i \oplus \text{lsb } Y_i$，其中 lsb 表示最低有效比特。

（2）将计算得到的 y_i 集合定义为 $\hat{y}$，并输出 $\hat{y}$。

3.1.6　小结

与传统加密协议相比，混淆电路具有许多优点。首先，它们通过隐藏双方之间交换的数据来保证隐私安全。其次，它们比传统的加密协议更有效，因为它们需要更少的计算和更少的通信开销。再次，混淆电路可以用于安全的多方计算，允许多方安全地计算私有数据，而不用向对方透露私有信息。最后，混淆电路是可证明安全的，这意味着它们的安全性可以通过数学证明。

本节将从两个方面对混淆电路进行总结阐述。首先，我们将比较不同的方案，探讨它们各自的优缺点。其次，我们将介绍一些开源库，这些库可以帮助我们更加方便地实现混淆电路。通过这两个方面的探讨，我们将更加深入地了解混淆电路的原理和应用。

1. 方案比较

表 3-8 比较了一些混淆电路方案的加密标签大小与混淆方、评估方的平均计算开销，其中 λ 表示安全参数。我们注意到原始混淆电路（Yao86）中每个门理论上只需 4 个加密标签，但由于需要进行加密标签膨胀，这实际上相当于需要 8 个加密标签。显而易见，Half-Gate 技术是当前混淆电路中的最佳优化方案。

表 3-8　优化方案与原始的混淆电路方案比较结果　　　加密标签的数量：个

方　　案	加密标签大小($\times\lambda$)		混淆方的平均计算开销		评估方的平均计算开销	
	XOR	AND	XOR	AND	XOR	AND
Yao86	8	8	4	4	2.5	2.5
Free-XOR	0	3	0	4	0	1
4-3 GRR	3	3	4	4	1	1
4-2 GRR	2	2	2	2	1	1
Half-Gate	0	2	0	4	0	2

2. 开源库介绍

世界各地的研究人员开发了许多开源软件库，以实现混淆电路的功能。其中，最常用的开源库包括 ABY、BatchDualEx、Obliv-C、EMP-ag2pc、MP-SPDZ、swanky 等。以上开源库的具体信息在表 3-9 中给出。

表 3-9　混淆电路的开源库列表

项目（库）	简　　介	编程语言	支持方案	访问地址
ABY	具有秘密共享混淆电路的两方安全计算框架	C++	ABY 版的 Yao86（姚氏）混淆电路	在 GitHub 网站下访问 /encryptogroup/ABY
BatchDualEx	带有算术混淆电路的两方安全计算框架	C++	Yao86 混淆电路、Half-Gate 电路、Free-XOR、GRR	在 GitHub 网站下访问/osu-crypto/batchDualEx
Obliv-C	Obliv-C 是一个简单的 GCC 包装器，它可以方便地将安全计算协议嵌入常规 C 程序中	C	Yao86 混淆电路、Half-Gate 电路、Free-XOR、GRR	在 GitHub 网站下访问/samee/obliv-c
EMP-ag2pc	经过认证的混淆电路和高效的恶意两方安全计算框架	C++	Yao86 混淆电路、Half-Gate 电路、Free-XOR、GRR	在 GitHub 网站下访问/emp-toolkit/emp-ag2pc
MP-SPDZ	用于在各种安全模型（如诚实和不诚实多数、半诚实/被动和恶意/主动安全模型）中对各种多方安全计算（MPC）协议进行基准测试。底层技术包括秘密共享、同态加密和混淆电路	C++	Yao86 混淆电路、Half-Gate 电路、Free-XOR、GRR	在 GitHub 网站下访问/data61/MP-SPDZ
swanky	实现了算术和布尔的混淆电路，用于进行多方安全计算（MPC）的 rust 库	rust	Yao86 混淆电路、Half-Gate 电路、Free-XOR、GRR	在 GitHub 网站下访问/GaloisInc/swanky

3.2 秘密共享

秘密共享[78]是现代密码学领域中的一个非常重要的分支，也是信息安全和数据保密中的一项重要技术。秘密共享通过将秘密值分割为多份随机共享数值，并将这些共享数值分发给不同参与方来隐藏秘密值。它在重要信息和秘密数据的安全保存、传输、合法利用中起着非常关键的作用。

早在远古时代，该技术就已经开始应用，如一块完整的藏宝图经常被分成多个碎片，并由不同的人保管，只有所有的碎片同时出现并拼齐，才能找到藏宝地。如图 3-12 所示，藏宝图拥有者将自己的藏宝图拆分为 5 份，并分发给 5 人（$P_1,\cdots,P_5$）保管，只有集齐这 5 人手中的藏宝图碎片，才能拼接出完整的藏宝图，从而寻得藏宝地。

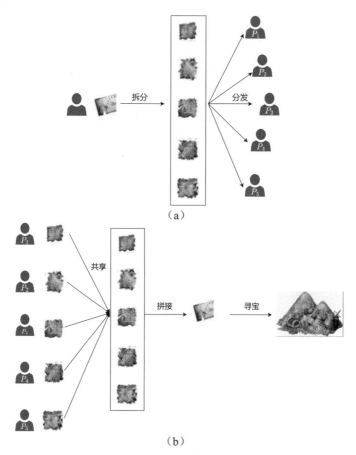

图 3-12　远古时代寻宝的流程图（其中，图 3-12（a）为藏宝图分发阶段，图 3-12（b）为藏宝图共享阶段）

虽然秘密共享的应用由来已久，但其概念直到 1979 年才被 Adi Shamir[78-79]和 G. Robert Blakley[80]独立提出。秘密共享最初是为密钥保护而设计的，但后来的应用远远超出了其初衷。如今，秘密共享已成为多方安全计算[81-85]、电子投票[86]、计量方案[87]和分布式密钥分配[88-89]的基础技术。

通常，一个完整的秘密共享算法由子秘密生成算法、秘密分发算法和秘密恢复算法三部分组成。本节主要介绍几种典型的秘密共享方案。

3.2.1　加性秘密共享方案

在现有的大量秘密共享方案中，需要所有参与方合作，才能重构原始秘密的方案被称为加性秘密共享方案，也被称为基础秘密共享方案。加性秘密共享方案是多方安全计算中使用得较多的一种秘密共享方案，所谓的加性指的是，数据的分裂和复原采用的是加法。加性秘密共享方案如下。

假设 Alice 有一个秘密值 x，参与方用 P_i（$1 \leqslant i \leqslant n$）来表示。现在，Alice 若想在不暴露秘密值 x 的前提下完成针对 x 的加性秘密共享，则需要完成以下步骤。

步骤 1：生成 $n-1$ 个随机数 $r_1, r_2, r_3, \cdots, r_{n-1}$。

步骤 2：计算第 n 个数 r_n，即 $r_n = x - \sum_{i=1}^{n-1} r_i$。

步骤 3：令各子秘密 $x_i = r_i$，并发送 x_i 至各个参与方 P_i。

以上加性秘密共享方案要求所有参与方贡献其子秘密，以重构原始秘密。如果一个或多个参与方丢失其子秘密，就无法恢复有关的原始秘密，且不会泄露任何与原始秘密相关的信息，这种方案被称为完美秘密共享方案。

此外，加性秘密共享方案同样具备加法的同态性，即假设有另一方 Bob 有秘密 y，他也使用同样的方法将 y 拆成 $y_i(i \in [1,n])$，并分发至各个参与方 P_i。若要计算 $x+y$，则无须彼此交换数据，仅需要在本地计算 $x_i + y_i$（$i \in [1,n]$），就可得到 $x+y$ 的秘密共享结果。

加性秘密共享加法方案的秘密分发阶段如图 3-13 所示。

除了加法运算，加性秘密共享方案也可以通过预计算生成乘法三元组的方式来完成加性秘密共享乘法方案。具体方案如下。

现在假设 Alice 想计算 x 与 y 的乘积 z，参与方用 $P_i(i \in [1,n])$ 来表示。若 Alice 想在不暴露 x 和 y 的前提下完成针对 x 和 y 的加性秘密共享乘法方案，则需要完成以下步骤。

步骤 1：生成随机三元组 $<a, b, ab>$。

步骤 2：令各三元组子秘密为 $<a_i, b_i, a_i b_i>$，并分发给各参与方 P_i（$i \in [1, n]$）。

加性秘密共享乘法方案的秘密分发阶段如图 3-14 所示。

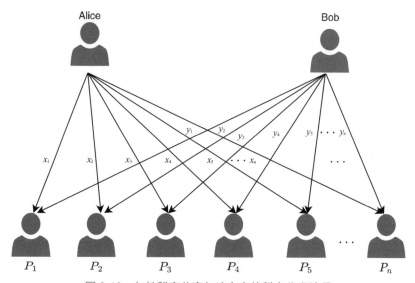

图 3-13　加性秘密共享加法方案的秘密分发阶段

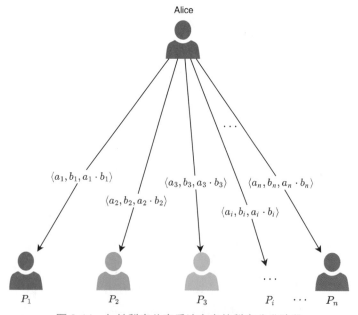

图 3-14　加性秘密共享乘法方案的秘密分发阶段

以上加性秘密共享乘法方案要求所有参与方贡献其子秘密，以重构原始秘密。依据上述步骤，令 $s = x - a$，$t = y - b$，则 $x \times y = (x - a + a) \times (y - b + b) = s \times t + s \times b + t \times a + ab$。参与方可以联合将 s 与 t 的值解开，由于 a 与 b 是随机生成的数字，s 与 t 并不会暴露 x 及 y 的信息。在上式中，$s \times t$ 可用解开后的明文 s 与 t 计算得到，$s \times b$ 和 $t \times a$ 可通过公开的数值与秘密值相乘解开，将这几项加起来，即可得到 x 与 y 的乘积。

3.2.2　门限秘密共享方案

门限秘密共享方案是一种简单而强大的秘密共享方案，最初的门限秘密共享方案于 20 世纪 70 年代被 Adi Shamir 和 G. Robert Blakley 分别提出。他们以两种不同的方式实现了 (t,n) 门限访问结构（threshold access structure）的秘密共享方案，即 n 个成员中至少任意 t 个成员联合他们的子秘密，就可以恢复原始秘密。该方案解决了组合数学教科书中经常出现的难题。这个难题如下：11 个科学家在一起研究某种新型的东西，所有资料都存放在一个保险箱里，这个保险箱有许多锁，每个科学家身上都带着若干把锁的钥匙，任意 6 人在一起时都可以打开保险箱，而采用任何少于 6 人的方案都无法打开保险箱，保险箱上至少有多少把锁？

注意：11 人中的任意 5 人组合都至少有一把打不开的锁。当然，其打不开的锁也可以是两把以上。因为是求保险箱上锁的最小数量，所以让每 5 人组合打不开某一把锁；也就是每把锁都至少对应着一个 5 人组合，此组合中的 5 人在一起时打不开这把锁。我们断言不同的 5 人组合所打不开的锁是不同的；否则，两个 5 人组合加在一起不少于 6 人，其却仍打不开同一把锁，这与题意不相符。以上的分析说明每把锁都恰好只对应着一个 5 人组合时，保险箱上锁的数目将是最小的，最小数目应等于从 11 人中任取 6 人的组合数目，即 $C_{11}^6 = 462$。

数学提供了一个更纯粹、更实用的解决方案。从几何学中可知，给定圆周上的任意两个不同点，我们没有足够的信息来重建整个圆。但给定 3 个不同的点，我们就可以重建整个圆。如果将这个圆视为秘密，可以看到我们刚刚构建了一个简单的门限为 3 的秘密共享方案。Adi Shamir 在文献[79]中就构建了一个这样的方案。他在门限为 t 时通过插值重建了秘密，下文将详细介绍该方案。此外，G. Robert Blakley 在文献[80]中创新地提出了另一种方案，该方案设计了一种通过超平面的相交来重建秘密的方法。在接下来的篇幅中将详细介绍该方案。

在 (t,n) 门限秘密共享方案中，将秘密 s 分成 $\{s_1, s_2, s_3, \cdots, s_n\}$，其中 $t \leqslant n$，一般存在以下性质：

- 给定任意 t 个或多于 t 个份额的 s_i，就能重构秘密 s；
- 任意少于 t 个份额的 s_i 组合在一起，无法得到与秘密 s 相关的任何信息。

1. Shamir 门限秘密共享方案

Shamir 门限秘密共享方案也被称为 Shamir 秘密共享方案，主要是基于拉格朗日插值（具体方法详见 4.1.3 节）提出的。其基本思想是分发者通过秘密多项式，将秘密 s 分解为 n 个子秘密，分发给持有者，其中任意不少于 t 个子秘密组合起来均能恢复原始秘密，而任意少于 t 个子秘密组合起来均无法得到原始秘密的任何信息。

总体而言，Shamir 秘密共享方案分为加密、解密及重构 3 个阶段。对于秘密 s，加密阶段的主要流程如下。

步骤 1：任意选取 $t-1$ 个随机数，构造多项式 $f(x) = a_0 + a_1x + a_2x^2 + \cdots + a_{t-1}x^{t-1}$，其中 $a_0 = s$，所有运算均在有限域中进行。

步骤 2：任意选取 n 个数 $x_1, x_2, \cdots, x_n$，分别代入多项式，得到 $f(x_1), f(x_2), \cdots, f(x_n)$。

步骤 3：将 $(x_1, f(x_1)), \cdots, (x_n, f(x_n))$ 分发至 n 个持有者。

解密阶段的主要步骤如下。

步骤 1：从任意 t 个持有者上取得数据，假设取到 $(x_1, f(x_1)), \cdots, (x_t, f(x_t))$，代入多项式并求解系数 $\{a_0, a_1, a_2, \cdots, a_{t-1}\}^{\mathrm{T}}$，其中 $t < n$。

步骤 2：将 $x = 0$ 代入多项式中，即可求解原始秘密 $s = a_0$。

重构阶段主要针对多方秘密共享的情况，任意不少于 t 个子秘密组合起来均能恢复原始秘密，而任意少于 t 个子秘密组合起来均无法得到原始秘密的任何信息。秘密重构分为加法重构与乘法重构两种方案。

1）加法重构

参与方 P_i 拥有秘密 m 和 n 的子秘密 m_i 和 n_i，计算 $c_i = m_i + n_i$，其中 $1 \leqslant i \leqslant n$，要求得 $m+n$，只需计算 $\sum_{i=1}^{n} c_i$ 即可。随后恢复的秘密 s 即 $m+n$。

具体过程如下：假设 m_i 满足 $f_m(x) = a_0 + a_1x + \cdots + a_{t-1}x^{t-1}$，$n_i$ 满足 $f_n(x) = b_0 + b_1x + \cdots + b_{t-1}x^{t-1}$，则 $c_i = m_i + n_i = (a_0 + b_0) + (a_1 + b_1)x + \cdots + (a_{t-1} + b_{t-1})x^{t-1}$。此时，多项式的次数没有变化，仅需要 t 个参与方提供 c_i，

$$\begin{cases} c_{x_0} = (a_0+b_0)+(a_1+b_1)x_0+\cdots+(a_{t-1}+b_{t-1}){x_0}^{t-1}=f_m(x_0)+f_n(x_0) \\ c_{x_1} = (a_0+b_0)+(a_1+b_1)x_1+\cdots+(a_{t-1}+b_{t-1}){x_1}^{t-1}=f_m(x_1)+f_n(x_1) \\ \quad\quad\quad\quad\quad\quad\quad\quad\vdots \\ c_{x_{t-1}} = (a_0+b_0)+(a_1+b_1)x_{t-1}+\cdots+(a_{t-1}+b_{t-1}){x_{t-1}}^{t-1}=f_m(x_{t-1})+f_n(x_{t-1}) \end{cases}$$

根据上述 t 个方程即可解 t 个未知数，解出秘密 $m+n$ 的值。

2）乘法重构

参与方 P_i 拥有秘密 m 和 n 的子秘密 m_i、n_i，计算 $d_i=m_i\times n_i$，其中 $1\leqslant i\leqslant n$。假设 m_i 满足 $f_m(x)=a_0+a_1x+\cdots+a_{t-1}x^{t-1}$，$n_i$ 满足 $f_n(x)=b_0+b_1x+\cdots+b_{t-1}x^{t-1}$，则 $d_i=m_i\times n_i=(a_0b_0)+c_1x_i+\cdots+c_{2t-2}x_i^{2t-2}$。

用矩阵对 d_i 进行表示，具体如下：

$$\begin{pmatrix} 1 & x_1 & \cdots & x_1^{2t-2} \\ 1 & x_2 & \cdots & x_2^{2t-2} \\ \vdots & \vdots & \ddots & \vdots \\ 1 & x_{2t-1} & \cdots & x_{2t-1}^{2t-2} \end{pmatrix}\begin{pmatrix} a_0b_0 \\ c_1 \\ \vdots \\ c_{2t-1} \end{pmatrix}=\begin{pmatrix} f_{mn}(x_1) \\ f_{mn}(x_2) \\ \vdots \\ f_{mn}(x_{2t-1}) \end{pmatrix}$$

转置矩阵如下：

$$\begin{pmatrix} a_0b_0 \\ c_1 \\ \vdots \\ c_{2t-1} \end{pmatrix}^{\mathrm{T}}\begin{pmatrix} 1 & x_1 & \cdots & x_1^{2t-2} \\ 1 & x_2 & \cdots & x_2^{2t-2} \\ \vdots & \vdots & \ddots & \vdots \\ 1 & x_{2t-1} & \cdots & x_{2t-1}^{2t-2} \end{pmatrix}^{\mathrm{T}}=\begin{pmatrix} f_{mn}(x_1) \\ f_{mn}(x_2) \\ \vdots \\ f_{mn}(x_{2t-1}) \end{pmatrix}$$

令转置矩阵第一行为 $(\lambda_1,\lambda_2,\cdots,\lambda_{2t-1})$，则：

$$a_0b_0=\lambda_1 f_{mn}(x_1)+\lambda_2 f_{mn}(x_2)+\cdots+\lambda_{2t-1}f_{mn}(x_{2t-1})$$

随后，参与方 P_i 选取次数为 t 的多项式 $h_i(x)$，且满足 $h_i(0)=d_i$，$1\leqslant i\leqslant n$，$t<\dfrac{n}{2}$。P_i 将 $h_i(i)$ 留给自己，将 $h_i(j)$ 发送给 P_j，其中 $i\neq j$。此时，P_i 拥有 $h_1(i),h_2(i),\cdots,h_{2t-1}(i)$，计算 $\lambda_1h_1(i)+\lambda_2h_2(i)+\cdots+\lambda_{2t-1}h_{2t-1}(i)$，就可构建方程 $H(x)=\sum\limits_{i=1}^{2t-1}\lambda_i h_i(x)$。

最后，利用 $2t-1$ 个参与方提供的数据，使用拉格朗日插值，就可求解方程 $H(x)=\sum\limits_{i=1}^{2t-1}\lambda_i h_i(x)$，其中 $m\times n=H(0)$。

2. Blakley 门限秘密共享方案

如图 3-15 所示，G. Robert Blakley 通过多维欧几里得空间来构造门限秘密共享方案。在 t 维空间中，存在 n 个非平行平面（n 个非平行平面代表 n 个分发的子秘密），其中 $t < n$，这些非平行平面将在特定点相交。秘密通过编码在坐标中完成秘密共享，将第 i 个平面分发给第 i 个参与方，集齐任意 t 个平面就可得到相交点的坐标信息。这就是 Blakley 门限秘密共享方案（也被称为 Blakley 秘密共享方案）背后的思想。Blakley 门限秘密共享方案也可以被看作一个线性系统，其中 $Cx = y$ 是用来切分秘密的线性方程。在这里，满秩矩阵 C 是 Blakley 门限秘密共享方案的关键。具体流程如下。

步骤 1：选择一个素数 P。

步骤 2：将秘密 s 作为 X 维度上的一个点，在其他维度 $Y_0, Z_0, \cdots$ 上分别选取 $y_0, z_0, \cdots$，从而构成交点 $Q(s, y_0, z_0, \cdots)$。

步骤 3：选取适当的 $(a, b, c, \cdots)$，通过多项式 $\omega \equiv as + by_0 + cz_0 + \cdots$ 来定义出超平面 $t \equiv -\omega + as + by + cz + \cdots$。

步骤 4：通过 n 次运算可以构造出 n 个超平面，且这些超平面都经过点 $Q(s, y_0, z_0, \cdots)$，超平面的维度为 t，共制造出 n 个 t 维的超平面。只有 t 个 t 维的超平面，才能解出那个唯一的交点 $Q(s, y_0, z_0, \cdots)$。

步骤 5：通过 t 个方程能解出 $Q(s, y_0, z_0, \cdots)$，这样即可得到秘密 s。

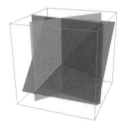

图 3-15　Blakley 门限秘密共享方案的三维图解[80]

3. 基于中国剩余定理的门限秘密共享方案

由中国剩余定理（具体方法的原理详见 3.3.3 节）可知：

- 任意一个方程无法确定 x；
- 任意两个方程可以确定唯一 x；
- 任意三个方程存在冗余信息，即有一个冗余方程，就可以构造一个（2,3）门限秘密共享方案。

基于以上定理，现简要介绍基于中国剩余定理的门限秘密共享方案：

选取 n 个严格递增的 $m_1, m_2, \cdots, m_n$，并满足：

- $\gcd(m_i, m_j) = 1$，$i \neq j$；
- $m_1 \times m_2 \times \cdots \times m_k > m_n \times m_{n-1} \times \cdots \times m_{n-k+2}$；
- 对于秘密 s，满足 $m_1 \times m_2 \times \cdots \times m_k > s > m_n \times m_{n-1} \times \cdots \times m_{n-k+2}$。

满足以上三个条件，即可构造 (k, n) 门限秘密共享方案。

1）秘密分发

假设秘密为 s，参与方为 P_i（$i \in [1, N]$），令 $s_i \equiv s(\bmod\ m_i)$，$i \in [1, N]$。其中，(m_i, s_i) 为子秘密。

2）秘密重构

当 k 个参与方提供子秘密时，可建立联合方程组：

$$
\begin{cases}
s \equiv s_1 (\bmod\ m_1) \\
s \equiv s_2 (\bmod\ m_2) \\
\quad\quad\vdots \\
s \equiv s_k (\bmod\ m_k)
\end{cases}
$$

由中国剩余定理可以求得 $s \equiv s' \bmod N'$，其中 $N' = m_1 \times m_2 \times \cdots \times m_k$。如果只有 $k-1$ 个参与方提供子秘密，则无法确定 s。示例如下：

现假设秘密 $s = 74$，$n = 3$，$k = 2$，$m_1 = 9$，$m_2 = 11$，$m_3 = 13$，由公式 $s_i = s(\bmod\ m_i)$，$i \in [1, N]$ 可得，$s_1 = 2$，$s_2 = 8$，$s_3 = 9$。于是有子秘密 $(9,2)$、$(11,8)$、$(13,9)$，这样就可构成 $(2,3)$ 门限秘密共享方案。

验证：假设已知子秘密 $(9,2)$、$(11,8)$，可以建立联合方程组：

$$
\begin{cases}
s \equiv 2 (\bmod\ 9) \\
s \equiv 8 (\bmod\ 11)
\end{cases}
$$

解得 $s \equiv (11 \times 5 \times 2 + 9 \times 5 \times 8) \bmod 99 \equiv 74$，故而重构出秘密 $s = 74$。（注：公式中 "5" 及 "99" 的求解均由中国剩余定理解出。）

3.2.3　线性秘密共享方案

不难发现，上述 Shamir 秘密共享方案和 Blakley 秘密共享方案的一个有趣的点是，它们均使用线性代数的思想来解决秘密共享问题。例如，如果我们将基于中国剩余定理的门限秘密共享方案应用在多项式上，就能将基于中国剩余定理的门限秘密共享方案推广到 Shamir 秘密共享方案中。更深层次地，Blakley 等门限秘密共享方案也能在基于中国剩余定理的门限秘密共享方案上进行修改、推广。这是因为上述几种算法几乎是一样的，许多特性（如密钥更新算法）很容易在不同的方案中应用，隐私保护的效果也都一样好。

本节将重点关注线性秘密共享方案（Linear Secret Sharing Scheme，简写为 LSSS）。在此之前，我们需要明确一个概念，即 LSSS 本质上是 Shamir 秘密共享方案的一般化推广。因此，在本节的描述中会出现门限秘密共享方案等词语，请勿混淆门限秘密共享方案和 LSSS。众所周知，在密码学领域中，已经有众多研究者提出了许多高效且安全的秘密共享方案。然而，无论具体秘密共享方案是什么，只要是线性的，我们就可以用线性秘密共享方案（LSSS）进行描述。下面将定义 LSSS 的密钥更新和秘密验证，同时给出其安全性分析。

1. 密钥更新

在一些场景中（如公司不断有员工入职/离职、公司每年更换董事会成员等），可能存在需要秘密地更新剩余活动参与方持有的密钥的情况。基于上述场景，门限秘密共享方案能提供一个较好的解决方案。首先生成 $t-1$ 个随机值 ∂，随后创建一个新的多项式：

$$P(x) = 0 + \sum_{i=1}^{t-1} \partial_i \cdot x^i \bmod F$$

其中，0 作为其第一个系数，并基于此多项式计算出子秘密 $s_1', s_2', \cdots, s_n'$。完成之后，将这些子秘密 s_i' 发送给对应子秘密 s_i 的持有者，并让其计算出新的秘密 $s_i^{\text{new}} = s_i' + s_i$。一旦创建了新的子秘密 s_i^{new}，那么 s_i 与 s_i' 则相应地被销毁。

举例如下。

假设秘密 $s=9$，秘密共享多项式为 $f(x) = 9 + 5x + 3x^2 \bmod 7$，对于 4 个参与方 $P = \{P_1, P_2, P_3, P_4\}$，将创建以下子秘密：

$$s_1 = f(1) = 3$$
$$s_2 = f(2) = 3$$
$$s_3 = f(3) = 2$$
$$s_4 = f(4) = 0$$

现在，假设决策者（管理节点）不希望参与方 P_3 再持有任何有效的子秘密。为了排除参与方 P_3，决策者（管理节点）又创建了新的多项式 $P(x) = 3 + 6x +$

$2x^2 \bmod 7$，随后生成对应的子秘密：

$$s'_1 = P(1) = 4$$

$$s'_2 = P(2) = 2$$

$$s'_4 = P(4) = 3$$

将对应的子秘密发送至对应的参与方。每一个收到这种子秘密的参与方都会在本地更新自己的子秘密：

$$s_1^{\text{new}} = s_1 + s'_1 = 3 + 4 = 7$$

$$s_2^{\text{new}} = s_2 + s'_2 = 3 + 2 = 5$$

$$s_4^{\text{new}} = s_4 + s'_4 = 0 + 3 = 3$$

使用新的子秘密，参与方可以重建正确的原始秘密。由于原始 $(3,4)$ 门限秘密共享方案已经变成了 $(3,3)$ 门限秘密共享方案，因此，P_1、P_2、P_4 中的任意两个参与方与参与方 P_3 都无法重构出正确的原始秘密。

2. 秘密验证

有研究者在门限秘密共享方案的基础上引入了一种可验证的秘密共享方案（Verifiable Secret Sharing，简写为 VSS），该方案允许参与方验证自己收到的子秘密是否与决策者（管理节点）分发的子秘密一致。然而值得注意的是，该方案只是将子秘密发送到对应的参与方，因此原始秘密只是在计算上是安全的，即在没有正确数量子秘密的情况下恢复原始秘密极为困难。例如，如果决策者（管理节点）D 想要分发秘密值 s，允许参与方验证子秘密的有效性，那么，首先需要创建多项式 $f(x) = s + \sum_{i=1}^{t-1} a_i \cdot x^i \bmod F$，随后选择合适的整数 q，这样 $r = Fq + 1$，r 即质数，g 为 $\mathbf{Z}_r^*$ 的生成元，其中 $\mathbf{Z}_r^*$ 表示乘法循环群。然后计算 $c_0 = g^s$，$c_1 = g^{a_0}$，$c_{t-1} = g^{a_{t-1}}$，并将这些值分享至对应的参与方。最后，这些参与方能通过计算 $g^{s_i} = c_0 \prod_{j=1}^{t-1} c_j^{i^j}$ 来验证其子秘密的有效性。

此外，研究者提出了一种新的可验证秘密共享方案——Pedersen 可验证秘密共享方案，与之前的方案在计算层面安全不同的是，该方法在信息论层面安全。但是，决策者（管理节点）与参与方在子秘密一致性的验证问题上仅在计算层面是安全的。该可验证秘密共享方案允许参与方以非交互的方式检查其收到的子秘密是否一致，具体工作原理如下。

假设 q 为苏菲热尔曼素数（如果 q 是一个素数，并且 $2q+1$ 也是一个素数，那么我们称 q 为苏菲热尔曼素数），则 $p=2q+1$ 同样也是素数，令 G 是 q 阶 $\mathbf{Z}_p^*$ 的子群，g 是 G 的生成元，假定 G 中的元素 g 和 h 是可信参与方在使用该方案或其他密码学原语之前选择的，这使得其他参与方不知道 $\log_g h$ 的值。

现定义一个承诺操作如下：

$$\text{Commit}(s,t) = g^s h^t \bmod p$$

在此，$s \in \mathbf{Z}_q$，$t \in \mathbf{Z}_q$。其中，s 是决策者（管理节点）拟分发的值，t 是决策者（管理节点）选择的一个随机数。从计算层面而言，承诺操作被绑定了，即参与方在传输秘密值 s 时，无法验证 s' 是否等于 s，除非该参与方能计算出 $\log_g h$ 的值。

为使用承诺操作来创建 Pedersen 可验证秘密共享方案，需要通过 Shamir 秘密共享方案定义两个多项式 $f(x) = \partial_0 + \partial_1 x + \cdots + \partial_{t-1} x^{t-1}$ 及 $f'(x) = \beta_0 + \beta_1 x + \cdots + \beta_{t-1} x^{t-1}$。令 $\partial_0 = s$，$\beta_0 = t$，对于每个参与方 P_i 生成子秘密 $s_i = f(i)$ 与 $s'_i = f'(i)$，同时创建承诺 $c_i = \text{Commit}(\partial_i, \beta_i)$，其中，$0 \leqslant i \leqslant t-1$。假设承诺 $c_0, \cdots, c_{t-1}$ 可公开获得，每个参与方 P_i 可通过以下等式检查其子秘密 (s_i, s'_i) 的有效性：

$$c_i = s_i^g s_i'^h = \prod_{j=0}^{t-1} c_j^{i^j}$$

3. 安全性

与加性秘密共享方案（基础秘密共享方案）一样，线性秘密共享方案也是完全安全的。众所周知，在门限秘密共享方案中，任意小于 n，且大于或等于 t 个参与方组成的集合都可以重建秘密。现假设敌手已有 $t-1$ 个子秘密，对于区间 $[0,F)$ 中的每一个可能的值，该敌手都可以构建一个具有 $t-1$ 次的唯一多项式 f'，使得 $f'(0) = s'$。即使存在一个 $t-1$ 次多项式包含正确的秘密，区间中每个值构建的多项式也都有相同的可能性。因此，知道 $t-1$ 个子秘密，该敌手仍然无法获知原始的秘密值[90]。

3.2.4 小结

秘密共享是密码学中的一个重要分支。从加性秘密共享、门限秘密共享到现在主流的可验证秘密共享及量子自适应门限秘密共享等，秘密共享无不在特定的历史时期展现其独有的密码学魅力。究其本质，秘密共享指的是，将隐私信息以某种适当的方式进行拆分，拆分的每一个子秘密由不同的持有方管理，单个持有方无法恢复秘密信息，只有若干个参与方一同协作才能恢复秘密信息。基于此原理，学术界及工业界的不少研究者都开源了能支持秘密共享方案的开源项目。其中，主流的秘密共享开源库简介如表 3-10 所示。

表 3-10　主流的秘密共享开源库

项目（库）	简　　介	编程语言	支持方案	访问地址
FSS	FSS 提供了一种从给定函数族中额外地秘密共享函数的方法	Go C++	Boyle 秘密共享	在 GitHub 网站下访问/frankw2/libfss
ABY	ABY 仅能实现具有半诚实的两方计算，且提供了在秘密共享和混淆电路之间转换的方法	C++ C	算术秘密共享、布尔秘密共享	在 GitHub 网站下访问/encryptogroup/ABY
ABY3	ABY3 仅能实现具有半诚实的三方计算，并提供了一种新的三方秘密分享下的定点十进制小数乘法	TeX C++	复制秘密共享	在 GitHub 网站下访问/ladnir/aby3
SCALE-MAMBA	SCALE-MAMBA 只实现了素数模数（不是 2 的幂数）的算术计算，且对理论上可能的任何访问结构都实现了诚实多数计算	Verilog C++	FKOS15、WRK17	在 GitHub 网站下访问/KULeuven-COSIC/SCALE- MAMBA
Sharemind	Sharemind 实现了三方诚实且多数半诚实的计算	SecreC	Blakley 秘密共享、Shamir 秘密共享	在 GitHub 网站下访问/sharemind-sdk/build-sdk
PICCO	PICCO 将 C 语言的扩展编译成本地二进制文件，只实现了基于 Shamir 的秘密共享的诚实多数的半诚实计算	C	Shamir 秘密共享	在 GitHub 网站下访问/BoomingTech/Piccolo
JIFF	JIFF 实现了半诚实安全的诚实多数计算，是允许在离线阶段和在线阶段之间改变安全模型的方法	JavaScript	算术秘密共享、布尔秘密共享	在 GitHub 网站下访问/cujojs/jiff
MP-SPDZ	MP-SPDZ 将 SPDZ-2 扩展到了二十多种 MPC 协议，所有这些协议都可以用同一个基于 Python 的高级编程接口来使用。这大大简化了不同协议和安全模型的比较成本。这些协议涵盖了所有常用的安全模型（诚实/半诚实/恶意模型），以及二进制和算术电路的计算	Python	复制秘密共享、Shamir 秘密共享	在 GitHub 网站下访问/carbynestack/mp-spdz-integration

表 3-10 表明，主流的秘密共享开源库以 C、C++编程语言为主，支持算术秘密共享、布尔秘密共享的开源项目在实际中都存在；但由于不同的开源项目在设计、算法等层面存在诸多差异，因此，我们只有具备一定的密码学基础知识及秘密共享原理知识，才能在以上开源项目中游刃有余。

除上述秘密共享开源库之外，PySyft、FATE、TF-Federated 等经典大型开源框架同样支持秘密共享方案，如 PySyft 的加法同态就是基于秘密共享实现的；在 FATE 基于秘密共享的逻辑回归模型中，利用了秘密共享的加法同态性，实现了隐私保护功能。

秘密共享具有分裂态可运算，以及运算结果在多方参与的情况下可以还原的优势。同时，在秘密共享方案中，攻击者必须同时获得一定数量的秘密碎片才能获得密钥，这样能提高系统的安全性。但是，当某些秘密碎片丢失或被毁时，利用其他的秘密份额仍能够获得秘密，这样可提高系统的可靠性。基于上述优势与特征，秘密共享在实际场景中得到了广泛应用，实际应用场景包括通信密钥的管理、数据安全管理、银行网络管理、导弹控制发射、图像加密、生物特征等。

现阶段，随着秘密共享技术的不断迭代和优化，主流的秘密共享方案已经能做到多秘密共享、可验证秘密共享、无分发者秘密共享、可安全重构秘密共享和主动式秘密共享。未来，随着算力的提升，在量子领域验证发送的子秘密与接收的子秘密内容是否一致也将成为可能。

3.3 同态加密

同态加密被誉为密码学界的圣杯，是相对独特的一种隐私保护技术。其核心思想是密文可计算，基于密文计算的结果解密后，与明文计算的结果一致，因此，采用同态加密技术，能够实现数据安全共享。

图 3-16（密文计算流程）演示了其工作原理，数据的所有者（Client）希望计算方（Server）对数据执行数学运算（如调用某些函数或训练机器学习模型），而不透露其具体内容。Client 使用公钥加密数据，并将其发送给 Server。Server 接收加密数据，对其执行密文计算操作，并将计算结果发送给 Client。Client 使用私钥对计算结果进行解密，得到预期的运算结果，这与使用明文数据计算的结果相同。此类隐私保护方式特别适用于云计算中的外包计算。

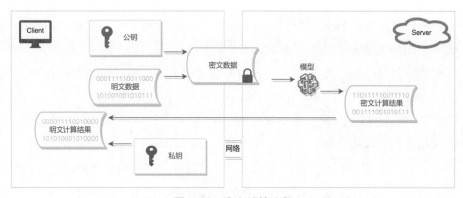

图 3-16　密文计算流程

3.3.1　基本介绍

设 $Enc_{pk}(m)$ 为基于公钥 pk 的加密算法，m 为明文信息，对于加法或乘法运算分别有：

$$Enc(m_1) + Enc(m_2) = Enc(m_1 + m_2) \tag{3-1}$$

或

$$Enc(m_1) \times Enc(m_2) = Enc(m_1 \times m_2) \tag{3-2}$$

则称加密算法 Enc 满足加法同态［满足式（3-1）］或满足乘法同态［满足式（3-2）］。

若加密算法只满足加法同态或乘法同态中的一种，则这种加密算法被称为部分同态加密算法或半同态加密算法（Partially Homomorphic Encryption，简写为 PHE）。常见的方案有 RSA、ElGamal[91]与 Paillier[92]等。

若加密算法对同态加密后的密文数据，只能执行有限次数的加法和乘法运算，则这种加密算法被称为有限同态加密算法（Somewhat Homomorphic Encryption，简写为 SHE）[93]。造成有限次计算的主要原因如下：同态计算后的噪音（在加密算法中添加的随机数）增大，当噪音超过一定阈值后，同态解密结果不正确，因此同态计算次数有限。

若加密算法对同态加密后的密文数据，能够执行无限次的加法和乘法运算操作，则这种加密算法被称为完全同态加密（Fully Homomorphic Encryption，简写为 FHE），简称为全同态[94]。能够进行无限次同态计算的原因，主要是利用了"密文刷新"（Bootstrapping）技术[95-99]：将接近噪音极限的密文，刷新为低噪音的密文，从而能够持续进行同态计算。目前全同态加密的计算效率较低，无法满足大规模商用需求。

同态加密算法通常包含如下 4 部分。

- 密钥生成算法 Gen：能够根据同态加密方案，生成符合安全要求的密钥（如某一公/私钥对）。
- 加密算法 Enc：输入明文和加密密钥（如公钥），可得出相应的密文。使用密钥 k 加密明文 m，记为 $\text{Enc}_k(m)$。
- 解密算法 Dec：输入密文和解密密钥（如私钥），可得出相应的明文。使用密钥 k 解密密文 c，记为 $\text{Dec}_k(c)$，则有 $\text{Dec}_k(\text{Enc}_k(m)) = m$。
- 同态评估算法 Eva：不同类别的同态加密方案所需要满足的同态评估算法不同，半同态加密需要满足同态加法或同态乘法中的一种算法要求；全同态加密需要同时满足同态加法和同态乘法两种算法要求。

3.3.2 背景知识

定义 $\mathbf{Z}_n = \{\ [0], [1], [2], \cdots, [n-1]\ \}$ 为模 n 运算的最小剩余类的集合。如 $5 \equiv 0 \bmod 5$，则 $5 \in [0]$。$\mathbf{Z}_n^* = \{a \in \mathbf{Z}_n \mid \gcd(a,n)=1\}$，表示 $\mathbf{Z}_n$ 中与 n 互素的元素组成的集合。

1. 模 n 整数乘法群

在 $\mathbf{Z}_n$ 上定义乘法运算：

$$\forall a,b \in \mathbf{Z}_n, a \otimes b = \begin{cases} ab & ab < n \\ (ab)\bmod n & ab \geqslant n \end{cases}$$

比如，$\mathbf{Z}_5$ 的乘法表为：

$\otimes$	0	1	2	3	4
0	0	0	0	0	0
1	0	1	2	3	4
2	0	2	4	1	3
3	0	3	1	4	2
4	0	4	3	2	1

考虑 $\mathbf{Z}_5^*$ 的乘法表（$\mathbf{Z}_5^* = \{1,2,3,4\}$，该乘法表相当于 $\mathbf{Z}_5$ 的乘法表去掉 0 元，但 $\mathbf{Z}_n^*$ 并不总是 $\mathbf{Z}_n$ 去掉 0 元后的集合）：

$$
\begin{array}{c|cccc}
\otimes & 1 & 2 & 3 & 4 \\
\hline
1 & 1 & 2 & 3 & 4 \\
2 & 2 & 4 & 1 & 3 \\
3 & 3 & 1 & 4 & 2 \\
4 & 4 & 3 & 2 & 1 \\
\end{array}
$$

$\mathbf{Z}_5$ 对上述乘法运算不构成群，但 $\mathbf{Z}_5^*$ 构成群（满足群的基本性质，即封闭性、结合律以及具有单位元和逆元）。

$\mathbf{Z}_n^*$ 构成对模 n 的乘法群，其含有的元素个数可用欧拉函数计算得出[100-101]。

2. 欧拉函数

欧拉函数 φ 表示与 n 互素且小于 n 的正整数的个数[102-103]：

- 如果 n 是素数，则 $\varphi(n) = n-1$。
- 任意一个大于 1 的正整数，都可以写成一系列质数的积，$n = p_1^{e_1} p_2^{e_2} \cdots p_k^{e_k}$，则

$$
\varphi(n) = n\left(1 - \frac{1}{p_1}\right)\left(1 - \frac{1}{p_2}\right)\cdots\left(1 - \frac{1}{p_k}\right)
$$

3. 卡迈克尔函数

当 n 为 1、2、4、奇质数的次幂和奇质数的次幂的两倍时，卡迈克尔（Carmichael）函数为欧拉函数；当 n 为 2 和 4 以外的 2 的次幂时，卡迈克尔函数为欧拉函数的 1/2[104-105]。

$$
\lambda(n) = \begin{cases} \varphi(n) & n = 1,2,3,4,5,6,7,9,10,11,13,\cdots \\ (1/2)\varphi(n) & n = 8,16,32,64,128,256,\cdots \end{cases}
$$

对于任意整数 n，根据整数唯一分解定理（任何一个大于 1 的整数 n 都可以被分解成若干个素因数的连乘积，p_k 是从小到大排列的素数），可得：$n = p_1^{e_1} p_2^{e_2} \dots p_k^{e_k}$，则卡迈克尔函数满足：

$$
\lambda(n) = \mathrm{lcm}[\lambda(p_1^{e_1}), \lambda(p_2^{e_2}), \cdots, \lambda(p_k^{e_k})]
$$

存在使得表达式 $a^m \equiv 1 \bmod n$ 成立的最小正整数 m，其中，a、n 互素，记作 $(a,n)=1$，m 记作 $\lambda(n)$。在抽象代数术语中，m 也表示模 n 的乘法群的指数。

例如，对于 $n=8$ 的卡迈克尔函数 $\lambda(8) = \frac{1}{2}\varphi(8) = \frac{1}{2} \times [8 \times (1 - \frac{1}{2})] = 2$，则对于任意满足 $(a,8)=1$ 的 a，有 $a^2 \equiv 1 \bmod 8$。比如，若 $(3,8)=1$，则有 $3^2 = 9 \equiv 1 \bmod 8$；

若 $(5,8)=1$，则有 $5^2=25\equiv 1\bmod 8$；若 $(9,8)=1$，则有 $9^2=81\equiv 1\bmod 8$。

4. 群的直积

利用群的直积，我们可以从已知的群构造出新的群，可用小群构造大群[106]。

1）群的外直积

给定群 G 和 H，在集合 $G\times H$ 上定义乘法运算：

$$(g_1,h_1)(g_2,h_2)=(g_1g_2,h_1h_2),\ (g_i,h_i)\in G\times H$$

则 $G\times H$ 关于上述定义的乘法构成群，$G\times H$ 被称为群 G 与 H 的直积（direct product）或外直积（external direct product）。G 和 H 为 $G\times H$ 的直积因子。

以上定义可以被拓展为任意多个群的直积。假设 $G_1,G_2,\cdots,G_n$ 是群，若：

$$G=G_1\times G_2\times\cdots\times G_n=\{(a_1,a_2,\cdots,a_n)\,|\,a_i\in G_i,1\leqslant i\leqslant n\}$$

定义二元运算为乘法 $(a_1,a_2,\cdots,a_n)(b_1,b_2,\cdots,b_n)=(a_1b_1,a_2b_2,\cdots,a_nb_n)$，则 G 关于乘法构成群，$G=G_1\times G_2\times\cdots\times G_n$ 为群 $G_1,G_2,\cdots,G_n$ 的外直积。

2）正规子群

设 H 为群 G 的子群，若对所有元素 $a\in G$，有 $aH=Ha$，则 H 被称为正规子群，记为 $H\lhd G$。$aH=Ha$ 的充分必要条件是：对任意的 $h_i\in H$，$a\in G$，一定存在某个 $h_j\in H$，使得 $ah_i=h_ja$。（而非对任意 $h_i\in H$，$a\in G$，有 $ah_i=h_ia$。）

3）群的内直积

设 H 和 K 是 G 的正规子群，如果群 G 满足条件 $G=HK$，且 $H\bigcap K=\{e\}$，则 G 被称为 H 和 K 的内直积（internal direct product）。

5. n 次剩余

对于 $y\in \mathbf{Z}_{n^2}^*$，若 $z=y^n\bmod p$，则称 z 为 y 模 p 的 n 次剩余，y 是 z 模 p 的 n 次方根。由 n 次剩余构成了 $\mathbf{Z}_p^*$ 的一个 $\varphi(n)$ 阶的乘法子群。每个 y 的 n 次剩余 z 都有 $\varphi(n)$ 个 n 次方根，其中只有一个是严格小于 n 的，即 $\sqrt[n]{z}\bmod n$。

推理过程如下：

取 $p=n^2$，对于 $y\in \mathbf{Z}_{n^2}^*$，若 $z=y^n\bmod n^2$，则 z 被称为 y 模 n^2 的 n 次剩余，y 是 z 模 n^2 的 n 次方根。由 n 次剩余构成了 $\mathbf{Z}_{n^2}^*$ 的一个 $\varphi(n)$ 阶的乘法子群。每个 y 的 n 次剩余 z 都有 $\varphi(n)$ 个 n 次方根，其中只有一个是严格小于 n 的，即 $\sqrt[n]{z}\bmod n$。

由二项式定理 $(a+b)^n=C_n^0a^n+C_n^1a^{n-1}b+\cdots+C_n^nb^n$（$n\in \mathbf{N}^*$）可知，对于

$y \in \mathbf{Z}_{n^2}^*$，可表示为 $y = x + kn$（ $x \in [1, n-1]$， $\gcd(x, n) = 1$， $k \in [0, n-1]$），如 $\mathbf{Z}_{n^2}^*$ 中数值最大的元素为 $n^2 - 1 = (n-1) + (n-1)n$，结合二项式定理，可得：

$$
\begin{aligned}
y^n &= (x + kn)^n \\
&= \left(C_n^0 \times x^n + C_n^1 \times x^{n-1} \times k \times n + \cdots + C_n^n \times (k \times n)^n \right) \bmod n^2 \\
&= \left(x^n + n \times x^{n-1} \times k \times n + \cdots + (k \times n)^n \right) \bmod n^2 \\
&= x^n \bmod n^2
\end{aligned}
$$

对于上述 $x < n$ 且 $x_1 \neq x_2$，有 $x_1^n \neq x_2^n \bmod n^2$。反证法，若存在 $x_1^n = x_2^n \bmod n^2$，则 $x_1^n = (x_1 + kn)^n = x_2^n \bmod n^2$（ $k \neq 1$）。因 $x_1 \neq x_2$，则必有 $x_2 = x_1 + kn$。该结论与 $x < n$ 矛盾。

由上可得，模 n^2 的 n 次剩余有 $\varphi(n)$ 种结果（因 $x < n$， $\gcd(x, n) = 1$，即 x 的数目可由欧拉函数计算得出），即有 $\varphi(n)$ 个不同的 z 值；每个 z 值对应的模 n^2 的 n 次方根有 n 个，即 $y = x' + kn$，其中最小的是 x'，也即 $\sqrt[n]{z'} \bmod n$。

上述 n 次剩余组成的集合，在模 n^2 的乘法运算上：

$$
\forall a, b \in \mathbf{Z}_{n^2}^*, a \otimes b = \begin{cases} ab & ab < n^2 \\ (ab) \bmod n^2 & ab \geq n^2 \end{cases}
$$

由该乘法运算可知，上述 n 次剩余组成的集合中的元素具有封闭性、满足结合律、单位元是 1，且有逆元（ a 存在模 P 的乘法逆元的充分必要条件是 $\gcd(a, p) = 1$）。因此，该 n 次剩余组成的集合构成了 $\mathbf{Z}_{n^2}^*$ 乘法子群，阶为 $\varphi(n)$。

Paillier 算法的安全性基于模 n^2 的 n 次剩余困难性假设。当前，判断一个数是否为模 n^2 的 n 次剩余是困难的，也即目前不存在多项式时间复杂度的判定算法。该困难性假设被称为 Decisional Composite Residuosity Assumption（DCRA），记作 CR[n]。对于不同的 z 值，其计算难度是相同的。DCRA 的有效性取决于 n 的数值选择。

6. 加密函数

定义函数 ε_g，其中 $g \in \mathbf{Z}_{n^2}^*$：

$$
\begin{aligned}
\mathbf{Z}_n \times \mathbf{Z}_n^* &\mapsto \mathbf{Z}_{n^2}^* \\
(x, y) &\mapsto g^x \cdot y^n \bmod n^2
\end{aligned}
$$

该函数有如下性质：

- 如果 $g \bmod n^2$ 的阶数（满足 $g^x \equiv 1 \bmod n^2$ 的最小正整数 x，可通过卡迈克尔函数求得）是 n 的正整数倍，则 ε_g 是双射的（双射表示明文和密文是一一对应的）。此类 g 的集合被记作 B 。

- 假设有 $g \in B$ ，对于 $w \in \mathbf{Z}_{n^2}^*$ ，存在 $y \in \mathbf{Z}_n^*$ ，且存在唯一的 $x \in \mathbf{Z}_n$ ，满足 $\varepsilon_g(x, y) = w$ ，我们就称 x 为 w 关于 g 的 n 次剩余类，记作 $[[w]]_g$ 。

3.3.3 半同态加密

既然存在全同态加密技术，为何还需要半同态加密技术？首先，全同态加密方案的计算复杂度高，计算效率低，难以满足大规模实用需求；而半同态加密方案的计算效率高。其次，在当前的隐私计算场景实践中，不存在"一招鲜，吃遍天"的技术方案，常常需要根据具体应用来定制化各项技术组合。同态加密往往是各项技术组合中的某一环节。半同态加密技术已能满足应用需求，也即通过半同态加密方案实现了同态加密和计算效率的平衡。目前，业界常用的半同态加密算法是 Paillier，现将相关方案简述如下。

1. Paillier 定义

1）参数选择

选择随机大素数 P 和 q ，计算 $n = p \cdot q$ 。选择 $g \in \mathbf{Z}_{n^2}^*$ ，且 $g \bmod n^2$ 的阶数是 n 的正整数倍。标记 $\lambda(n) = \operatorname{lcm}[\lambda(p), \lambda(q)] = \operatorname{lcm}[\varphi(p), \varphi(q)] = \operatorname{lcm}[(p-1), (q-1)]$ ，并将其记作 λ 。定义函数 $L(x) = \dfrac{x-1}{n}$ ，并通过计算 $\gcd(L(g^\lambda \bmod n^2), n) = 1$ 来验证 g 的有效性。由上取得，(n, g) 为公钥；λ 或 (p, q) 为私钥。

2）加密

- 假设明文为小于 n 的整数 m 。
- 选定随机数 $r < n$ （ $r \in \mathbf{Z}_n^*$ ）。
- 执行加密算法 $c = g^m \cdot r^n \bmod n^2$ 。

3）解密

$$m = \frac{L(c^\lambda \bmod n^2)}{L(g^\lambda \bmod n^2)} \bmod n \qquad (c < n^2)$$

4）加法同态

Paillier 方案是满足加法同态的半同态加密算法，但形式略微特殊，即两个密文相乘的结果解密后，与两个明文相加的结果一致[107-109]。例如：

$$c_1 = g^{m_1} \cdot r_1^n \bmod n^2$$
$$c_2 = g^{m_2} \cdot r_2^n \bmod n^2$$

计算 $c_1 \cdot c_2 = g^{m_1} \cdot r_1^n \cdot g^{m_2} \cdot r_2^n \equiv g^{m_1+m_2} \cdot (r_1 r_2)^n \bmod n^2$，其中 $r \in \mathbf{Z}_n^*$，$r_1 \cdot r_2 \in \mathbf{Z}_{n^2}^*$。

综上证得，$\mathrm{Dec}(c_1 \cdot c_2) = m_1 + m_2$

5）标量乘法同态

标量乘法与幂指数运算的特性有关，假设 c 为密文，m 为明文，a 为某常数：

$$\mathrm{Dec}(c^a) = \mathrm{Dec}(g^{am} \cdot r^{an} \bmod n^2) = am$$

其中，$r^a \in \mathbf{Z}_{n^2}^*$。

结合加法同态和标量乘法同态，可进行诸如 $ax+b$ 的一次多项式同态加密计算。

2. 性能优化

Paillier 算法涉及大量的模指数运算，这是影响其算法性能的主要原因。在不影响算法安全性的前提下，可利用某些计算技巧来加速模指数的运算。此外，也可通过安全参数优化，降低相关参数的生成和选择耗时，提高算法效率。

1）参数选择——公钥优化

对于加密算法 $c = g^m \cdot r^n \bmod n^2$，优化参数选择，取 $g = 1+n$，即令公钥 $g = 1+n$。根据二项式定理 $g^m = (1+n)^m = (1+mn) \bmod n^2$，将模指数运算简化为模乘运算。为何是 $n+1$，取 $n+2$ 可否？

$\mathrm{ord}(g)$ 表示 $g \bmod n^2$ 的阶，且根据参数选择要求，$\mathrm{ord}(g)$ 应是 n 的正整数倍。当 $g = 1+n$ 时：

$$g^{\mathrm{ord}(g)} \equiv (1+n)^{\mathrm{ord}(g)} \equiv (1+\mathrm{ord}(g)n) \bmod n^2 \equiv 1$$

符合群元素 $\bmod n^2$ 阶的定义 $g^{\mathrm{ord}(g)} \bmod n^2 \equiv 1$，所以常数项是 1。

2）参数选择——随机数优化

随机数优化的主要思想如下，在满足安全性要求的前提下，缩小随机数选择空间，从而减少生成随机数时的计算量。MHL21-Paillier[110]便是基于此类思想实现的一种 Paillier 优化算法。下面介绍该算法的关键内容。

- **参数选择**

N 的长度为 n 比特（如 2048 比特），P、Q 是长度为 $n/2$ 比特（如 1024 比特）的大素数，$N = P \cdot Q$，且 $P \equiv Q \equiv 3 \bmod 4$，$\gcd(P-1, Q-1) = 2$。

由 N 可得 $\mathbf{Z}_N^*$，该集合的元素个数如下：

$$\varphi(N) = N(1-\frac{1}{P})(1-\frac{1}{Q}) = (P-1)(Q-1)。$$

$\mathbf{Z}_N^*$ 存在子群：二次剩余群 QR_N 和群 $\langle -1 \rangle$。

$\mathrm{QR}_N = \{y^2 \bmod N \mid y \in \mathbf{Z}_N^*\}$，且该二次剩余群的阶（元素个数）为 $(P-1)(Q-1)/4$。设中间参数 p、q 为素数，且 $p \mid P-1$，$q \mid Q-1$，并设 $\alpha = p \cdot q$，$\beta = (P-1)(Q-1)/4pq$，且 $\gcd(\alpha, \beta) = 1$，则 $\alpha \cdot \beta = (P-1)(Q-1)/4 = |\mathrm{QR}_N|$。

QR_N 存在子群 QR_N^α（由 QR_N 中所有元素的 α 次方构成的集合，$\mathrm{QR}_N^\alpha = \{y^{2\alpha} \bmod N \mid y \in \mathbf{Z}_N^*\}$）、$\mathrm{QR}_N^\beta$（由 QR_N 中所有元素的 β 次方构成的集合，$\mathrm{QR}_N^\beta = \{y^{2\beta} \bmod N \mid y \in \mathbf{Z}_N^*\}$），且 QR_N 为 QR_N^α 与 QR_N^β 的内直积，则 $|\mathrm{QR}_N^\alpha \| \mathrm{QR}_N^\beta| = |\mathrm{QR}_N|$，$|\mathrm{QR}_N^\beta| = \alpha$，则 $|\mathrm{QR}_N^\alpha| = \beta$。

群 $\langle -1 \rangle$ 为由元素 $(-1 \bmod N)$ 生成的二阶循环群，该群所含的元素为 $\{-1 \bmod N, 1 \bmod N\}$，即群的阶为 2。

因此，可由群 QR_N^β 与群 $\langle -1 \rangle$ 的内直积组成预设的循环群，如 $\mathrm{QR}_N^\beta \cdot \langle -1 \rangle$，该循环群的阶为 $k = 2\alpha$。

选取循环群 $\mathrm{QR}_N^\beta \cdot \langle -1 \rangle$（该群主要用于生成加密算法的随机数 h^r），则该循环群的生成元 $h = -y^{2\beta} \bmod N$，$y \in \mathbf{Z}_N^*$，k 为生成元的阶，则 $\mathrm{QR}_N^\beta \cdot \langle -1 \rangle = \{h^0, h^1, h^2, \cdots, h^{k-1}\}$。在后续加密过程中需要选取随机数 r，使得 $h^r \in \mathrm{QR}_N^\beta \cdot \langle -1 \rangle$，因此 $r \in [0, k-1] = [0, 2\alpha-1]$。随机数 r 作为模幂计算的指数，控制 r 的长度可降低模幂运算的复杂度，如 N 的长度为 2048 比特，可设定随机数 r 的长度为 320 比特，则 α 的长度同样约为 320 比特。由于 $\alpha = pq$，因此中间参数 p、q 的长度分别为 160 比特。

- **密钥对生成算法**

首先计算私钥 $\alpha = p \times q$，然后计算公钥 $N = P \times Q$，最后定义密钥对为 $\langle \mathrm{pk}, \mathrm{sk} \rangle = \langle N, \alpha \rangle$。

- **加密算法**

假设待加密明文 $m < N$，选择随机数 $r \in [0, k-1] = [0, 2\alpha-1]$，输入公钥 N，执行以下计算，得到密文 c：

$$c = (1+N)^m \cdot (h^r \bmod N)^N \pmod{N^2}$$
$$= (1+N)^m \cdot (h^N \bmod N^2)^r \pmod{N^2}$$

- **解密算法**

输入密文 c 和私钥 α，执行以下计算，得到明文 m：

$$m = L(c^{2\alpha} \bmod N^2, N) \cdot (2\alpha)^{-1} (\bmod N)$$

$$= \frac{c^{2\alpha} \bmod N^2 - 1}{N} \cdot (2\alpha)^{-1} (\bmod N)$$

正确性证明：

$$\frac{c^{2\alpha} \bmod N^2 - 1}{N} \cdot (2\alpha)^{-1} (\bmod N)$$

$$= \frac{(1+N)^{2\alpha m} \cdot (h^r \bmod N)^{2\alpha N} \bmod N^2 - 1}{N} \cdot (2\alpha)^{-1} (\bmod N)$$

$$= \frac{(1+N)^{2\alpha m} \cdot (h^{2\alpha r} \bmod N)^N \bmod N^2 - 1}{N} \cdot (2\alpha)^{-1} (\bmod N)$$

$$= \frac{1 + 2\alpha m N - 1}{N} \cdot (2\alpha)^{-1} (\bmod N)$$

$$= \frac{2\alpha m N}{2\alpha N} (\bmod N) = m$$

同态性验证所使用的算法与 Paillier 算法一致。

3）加速模指数运算——中国剩余定理

可利用中国剩余定理来加速模指数运算。

中国剩余定理指的是，设 $m_1, m_2, \cdots, m_k$ 是 k 个两两互素的正整数，则对于任意整数 $b_1, b_2, \cdots, b_k$，同余式组：

$$\begin{cases} x \equiv b_1 (\bmod m_1), \\ x \equiv b_2 (\bmod m_2), \\ \cdots \\ x \equiv b_k (\bmod m_k). \end{cases}$$

一定有唯一解。令 $m = m_1 m_2 \cdots m_k$，$M_i = \dfrac{m}{m_i}$，$M_i' \equiv (M_i)^{-1} (\bmod m_i)$，$i = 1, 2, \cdots, k$，则上述同余式组的解表示如下：$x \equiv b_1 \cdot M_1' \cdot M_1 + b_2 \cdot M_2' \cdot M_2 + \cdots + b_k \cdot M_k' \cdot M_k (\bmod m)$。

以 $r^n \bmod n^2$ 计算优化为例，$r^n \bmod n^2 = r^{p \cdot q} \bmod p^2 q^2$（$n = p \cdot q$，$p$、$q$ 是互素的随机大素数），令 $x = r^n$，计算 $x \bmod n^2$ 等价于求解同余式组：

$$\begin{cases} x \equiv b_1 (\bmod p^2) \\ x \equiv b_2 (\bmod q^2) \end{cases}$$

$b_1 \equiv r^n \bmod p^2$，$b_2 \equiv r^n \bmod q^2$（计算过程可根据具体数值结合欧拉定理进一步简化）。

$q^2 M_1' \equiv 1 \bmod p^2$，$p^2 M_2' \equiv 1 \bmod q^2$，因而可得 M_1'、M_2'。由中国剩余定理得出：

$$x \equiv b_1 \cdot M_1' \cdot q^2 + b_2 \cdot M_2' \cdot p^2 (\bmod n^2)$$

图 3-17 表明，通过中国剩余定理，将 $\mathbf{Z}_{n^2}$ 下的模指数运算分解为 $\mathbf{Z}_{p^2}$ 和 $\mathbf{Z}_{q^2}$ 上的模指数运算，缩小计算空间，提升计算效率。

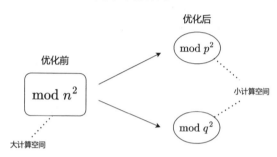

图 3-17　通过中国剩余定理加速模指数运算的原理

4）加速模指数运算——预先计算

假设 r 值固定不变，计算 r^n，通常指数 n 是较大的数，相应的长度可达 2048 比特。为了简化计算模型，便于读者理解，这里假设 $r=2$，指数 n 的长度为 6 比特，指数的最大值为 $n = 2^6 - 1 = 63$，即 $r^{63} = r^{111111}$，2^n 的取值空间为 $[2^0, 2^{63}]$。因底数固定、指数范围可知，所以取值空间是确定的，可进行预先计算来加快整体计算效率。

- **预先计算粒度——单比特**

若需要计算 r^{001111}，则根据运算法则，r^{001000}、r^{000100}、r^{000010}、r^{000001} 相乘即可得到相应的结果，$r^{001111} = r^{001000} \times r^{000100} \times r^{000010} \times r^{000001} = 256 \times 16 \times 4 \times 2 = 32\,768$。将 r^{001111} 指数运算转换为 3 次乘法运算。以上使用的 r^{001000}、r^{000100}、r^{000010}、r^{000001} 已在表 3-11 中给出。

表 3-11　单比特预先计算的结果

序　　号	模　　式	值
1	r^{000001}	2
2	r^{000010}	4
3	r^{000100}	16
4	r^{001000}	256
5	r^{010000}	65\,536
6	r^{100000}	4\,294\,967\,296

- 预先计算粒度——双比特

若需要计算 r^{001111}，则根据运算法则，$r^{001111} = r^{001100} \times r^{000011} = 4096 \times 8 = 32\ 768$。将 r^{001111} 指数运算转换为 1 次乘法运算。以上使用的 r^{001100} 和 r^{000011} 已在表 3-12 中给出。

表 3-12　双比特预先计算的结果

序　号	模　式	值
1	r^{000001}	2
2	r^{000010}	4
3	r^{000011}	8
4	r^{000100}	16
5	r^{001000}	256
6	r^{001100}	4096
7	r^{010000}	65 536
8	r^{100000}	4 294 967 296
9	r^{110000}	281 474 976 710 656

以此类推，计算粒度可有 3 比特、4 比特等，需要根据实际情况进行具体调优。由上可得，对于固定底数的模指数运算，可根据预先计算的粒度进行拆分，提前计算各粒度单位的模指数运算结果并保存，并根据预先计算的结果，通过乘法得到最终的模指数运算结果，使模指数运算转换为模乘运算。通常来说，拆分粒度越大，计算效率越高。

3.3.4　基于整数的有限同态加密

下面以 DGHV[111] 方案为例，介绍基于整数的有限同态加密思想。其中，同态评估对加密算法的算法结构依赖性较强。DGHV 方案属于对称加密，设 m 为对应的明文空间，其中 $m \in \{0,1\}$，即加密算法只处理二进制数据，明文空间只有 0 和 1 两个元素。

1. 密钥生成算法（Gen）

选取长度为 n 比特的奇数 p 作为加密密钥。为了提高算法安全性，p 应为大整数，$p \in [2^{n-1}, 2^n)$。

2. 加密算法（Enc）

加密方案可表示为 $c = p \times q + 2r + m$。其中，明文 $m \in \{0,1\}$，且 m 以比特为单位，p 为加密密钥，q 为随机大整数，r 为随机整数（通常为小整数），c 为最终

的加密结果。注意，要求 $|2r| < |p/2|$ ，以便能够正确解密。

3. 解密算法（Dec）

输入密文 c 和加密密钥 p ，执行以下计算，得到明文 m ：

$$m = (c \bmod p) \bmod 2$$

由于 $p \times q$ 远大于 $2r + m$ ，可得 $(c \bmod p) = 2r + m$ ，进而可得 $(2r + m) \bmod 2 = m$ ，获得正确解密的结果。

4. 同态评估（Eva）

在随机数，也即噪音 r 远小于加密密钥 p 时，该方案能被正确解密；若 r 非常接近或超过 p ，则会给解密的正确性带来影响。因此该方案是有限同态方案，可进行有限次的加法和乘法同态计算。其同态性验证如下：

若存在明文 m_1 、m_2 ，对应密文 $c_1 = p \times q_1 + 2r_1 + m_1$ ，$c_2 = p \times q_2 + 2r_2 + m_2$ ，则：

• 加法同态性如下。

$$c_1 + c_2 = (q_1 + q_2) \times p + 2(r_1 + r_2) + m_1 + m_2$$

对 $c_1 + c_2$ 解密，当 $2(r_1 + r_2)$ 远小于 P 时，$(c_1 + c_2) \bmod p = 2(r_1 + r_2) + m_1 + m_2$ ，$((c_1 + c_2) \bmod p) \bmod 2 = m_1 + m_2$ ；即该加密算法满足 $F(m_1 + m_2) = F(m_1) + F(m_2)$ 的条件。

• 乘法同态性如下。

$$c_1 \times c_2 = p \times [p \times q_1 q_2 + (2r_2 + m_2) q_1 + (2r_1 + m_1) q_2] + 2(r_1 r_2 + r_1 m_2 + r_2 m_1) + m_1 m_2$$

对 $c_1 \times c_2$ 解密，有：

当 $2(2r_1 r_2 + r_1 m_2 + r_2 m_1)$ 远小于 P 时，$(c_1 \times c_2) \bmod p = 2(2r_1 r_2 + r_1 m_2 + r_2 m_1) + m_1 m_2$ 成立。因此，

$$((c_1 \times c_2) \bmod p) \bmod 2 = m_1 m_2$$

即该加密算法满足 $F(m_1 \times m_2) = F(m_1) \times F(m_2)$ 的条件。

整数环上的全同态加密算法只需保证加法同态与乘法同态即可。综上所述，该方案同时满足全同态特性条件。

该方案中的私钥 P 是难以计算的，因其安全性基于近似最大公约数问题（approximate GCD problem）。该问题相当于根据一系列近似 P 的倍数来求 P 的过程，该问题尚未有高效的解决办法。

3.3.5　基于 LWE 的全同态加密

1. 基础理论

格密码（lattice based cryptography）具有对抗量子计算攻击的特性，是近年来密码学领域的研究热点。LWE（Learning With Errors）是格密码理论中的著名问题。为简化思维模型，以整数格为例，引出 LWE 问题，进而建立相应的全同态加密方案[112-116]。

在线性代数中，明确某二维线性空间的基向量（Basis Vector）v_0、v_1，则该空间的任意向量都可以由这两个基向量的线性组合表示。即：

$$v = a_0 \cdot v_0 + a_1 \cdot v_1$$

其中，变量 a_0、a_1 为任意数，生成的所有向量 v 最终组成线性空间 V。如在直角坐标系中，两个基向量为 $i = (1,0)$ 和 $j = (0,1)$，单位长度为 1，直角坐标系中的任意向量均可由上述两个向量表示。如图 3-18 所示，若系数 a_0、a_1 只能取整数，则向量 v 组成的线性空间 V 是离散集合，而非连续的线性空间。此离散集合为整数格。

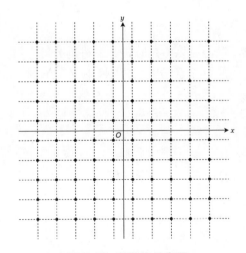

图 3-18　整数格示意图

邻近（或最近）向量问题（Closest Vector Problem，简写为 CVP）：对于目标向量 v，在整数格中可否找到系数 a_0、a_1，使得 $v' = a_0 \cdot i + a_1 \cdot j$ 距离 v 最近？在二维空间中，该问题较为容易求解；但在复杂的多维空间中，该问题是 NP（Non-deterministic Polynomial）问题，很难找到有效的线性组合 a_i，使其组成的向量 v' 距离目标向量最近。

LWE 问题：若 A 为矩阵，s 为秘密向量，e 为固定数值范围内（一般服从高斯分布）的随机向量（噪音），已知 $As+e$ 的结果是 v'，需要还原（learn）未知向量 s 和 e [117-118]。

在一定条件下，LWE 问题可以被归约为邻近（或最近）向量问题（CVP），即需要求解向量 x，使得基向量的线性组合无限逼近目标向量。增加基向量的维度，即可构造出任意维度的格空间。维度越高，问题的困难度越大，密码就越安全。由于 CVP 为 NP 问题，因此 LWE 问题至少为 NP 问题。

2. LWE 全同态方案

二进制分解：以正整数 $x \in \mathbf{Z}_p$ 为例，将该数字用二进制 bit（比特）表示，则 x 的二进制分解态

$$x' = (x_0, x_1, \cdots, x_{\lfloor \log(p) \rfloor + 1}) \in \{0, 1\}$$

每个 bit（比特）的取值为 $\{0, 1\}$，即用 $\{0, 1\}$ 表达了某一数字。推广开来，可以对某一向量 v 进行二进制分解，即对向量中的每个数字元素进行二进制分解：

$$v = (v_1, v_2, \cdots, v_n) \to \{(v_{1,0}, v_{1,1}, \cdots, v_{1,\lfloor \log(p) \rfloor + 1}),$$
$$(v_{2,0}, v_{2,1}, \cdots, v_{2,\lfloor \log(p) \rfloor + 1}), \cdots, (v_{n,0}, v_{n,1}, \cdots, v_{n,\lfloor \log(p) \rfloor + 1})\}$$

矩阵由向量组成，进而可以将矩阵进行二进制分解，得到二进制矩阵。二进制分解是可逆的，例如，矩阵 C 与其二进制矩阵 C' 的转换关系如下：

$$C = C'G = \begin{bmatrix} C_{1,1,0} & \cdots & C_{1,1,\lfloor \log(p) \rfloor + 1} & \cdots & C_{1,n,0} & \cdots & C_{1,n,\lfloor \log(p) \rfloor + 1} \\ \vdots & \ddots & \vdots & \ddots & \vdots & \ddots & \vdots \\ C_{m,1,0} & \cdots & C_{m,1,\lfloor \log(p) \rfloor + 1} & \cdots & C_{m,n,0} & \cdots & C_{m,n,\lfloor \log(p) \rfloor + 1} \end{bmatrix}$$

$$\begin{bmatrix} 2^0 & 0 & 0 & \cdots & 0 \\ \vdots & \vdots & \vdots & \ddots & \vdots \\ 2^{\lfloor \log(p) \rfloor + 1} & 0 & \vdots & \cdots & 0 \\ 0 & 2^0 & 0 & \cdots & 0 \\ \vdots & \vdots & \vdots & & \vdots \\ 0 & 2^{\lfloor \log(p) \rfloor + 1} & 0 & \cdots & \\ \vdots & 0 & 2^0 & \cdots & 0 \\ \vdots & \vdots & \vdots & & \vdots \\ 0 & 0 & 0 & \cdots & 2^0 \\ \vdots & \vdots & \vdots & & \vdots \\ 0 & 0 & 0 & \cdots & 2^{\lfloor \log(p) \rfloor + 1} \end{bmatrix}$$

其中，C 为 m 行 n 列矩阵，C' 为 m 行 $n \cdot (\lfloor \log(p) \rfloor + 1)$ 列矩阵，G 为 $n \cdot (\lfloor \log(p) \rfloor + 1)$ 行 n 列矩阵。矩阵 G 的作用是将二进制矩阵 C' 变换为原矩阵 C，我们可将 G 理解为二进制还原矩阵。

- 密钥生成算法（Gen）

选取随机向量 $s' \in \mathbf{Z}_p^{n-1}$（$\mathbf{Z}$ 是整数集，p 是模，$n-1$ 是维度），令密钥向量 $s \leftarrow \begin{pmatrix} s' \\ -1 \end{pmatrix}$，也即密钥。

- 加密算法（Enc）

将待加密信息转换为二进制表示，每次只加密 1 比特，$\mu \in (0,1)$，即加密单元是二进制比特。随机生成矩阵及噪音向量 $e \leftarrow X_E^m(E \ll p)$，这里的 E 指的是向量 e 的每个元素的绝对值的上限，且 m、n 相差得不应过大，以保障维度匹配，如 $m = n \cdot \log p$。将 s 的前 $n-1$ 项取出，还原随机向量 s'，计算得到：

$$C = (A, As' + e) + \mu G \in \mathbf{Z}_p^{m \times n} \quad (G \text{ 为二进制还原矩阵})$$

最终将 C 进行二进制分解，得到的二进制矩阵 C' 为密文。

- 解密算法（Dec）

首先将密文 C' 做二进制分解的逆运算，得到 C，利用密钥解密：

$$
\begin{aligned}
C'Gs &= Cs \\
&= (A, As' + e)s + \mu Gs \\
&= (A, As' + e)\begin{pmatrix} s' \\ -1 \end{pmatrix} + \mu Gs \\
&= (As' - As' - e) + \mu Gs \\
&= \mu Gs - e
\end{aligned}
$$

计算结果为包含原文 μ 信息的 m 维向量，$\mu Gs \in \mathbf{Z}_p^m$，根据前述举例的二进制还原矩阵 G，其第一行为 $(1, 0, 0, \cdots, 0)$，由此可得向量 μGs 的第一个值如下：

$$(\mu Gs)_1 = \mu(1, 0, 0, \cdots, 0)\begin{pmatrix} s_1 \\ s_2 \\ s_3 \\ \vdots \\ s_{n-1} \\ -1 \end{pmatrix} = \mu s_1$$

由密钥生成算法可知，s_1 随机分布于 $\mathbf{Z}_p$。s_1 较大概率远大于噪音（上限），

因此判断 $\mu s_1 - e_1$ 的值，便可得到明文 μ 的值：

$$\mu = \begin{cases} 0 & (\mu s_1 - e_1) \text{ 在噪音范围内} \\ 1 & (\mu s_1 - e_1) \text{ 超过噪音上限} E \end{cases}$$

- 同态评估（Eva）

输入两个密文 C_1'、C_2' 和密钥 s，执行以下加法同态评估算法，并在同态评估结果之上执行解密算法，得到明文的结果：

$$\begin{aligned} (C_1' + C_2')Gs &= C_1'Gs + C_2'Gs \\ &= (\mu_1 Gs - e_1) + (\mu_2 Gs - e_2) \\ &= (\mu_1 + \mu_2)Gs - (e_1 + e_2) \end{aligned}$$

其中，$(\mu_1 + \mu_2)Gs$ 包含明文相加的结果，$(e_1 + e_2)$ 为新生成的噪音。由上得出，密文相加的结果在解密后，与明文的结果一致。

输入两个密文 C_1'、C_2' 和密钥 s，运行以下乘法同态评估算法，并在同态评估结果之上运行解密算法，得到明文的结果：

$$\begin{aligned} (C_1'C_2')Gs &= C_1'(C_2'G)s \\ &= C_1'C_2 s \\ &= C_1'(\mu_2 Gs - e_2) \\ &= \mu_2 C_1'Gs - C_1'e_2 \\ &= \mu_2(\mu_1 Gs - e_1) - C_1'e_2 \\ &= \mu_2\mu_1 Gs - \mu_2 e_1 - C_1'e_2 \end{aligned}$$

其中，$\mu_2\mu_1 Gs$ 包含明文相乘的结果；$\mu_2 e_1$ 为噪音项，$\mu \in (0,1)$，μ 值较小；$C_1'e_2$ 也为噪音项，C_1' 为二进制矩阵，该项的最大噪音为 $n(\lfloor \log(p) \rfloor + 1)E$。

上述加法同态评估算法与乘法同态评估算法，在一定计算深度内所得结果中的噪音不超过上限（如 $p/4$），可正确解密，即同态评估算法对应有限次的同态计算。当噪音过大时，可利用 Bootstrapping、模交换等降噪技术刷新噪音，将基于 LWE 的有限同态加密转换为全同态加密。其中的 Bootstrapping 技术原理将在下一节中介绍。

3.3.6　基于 RLWE 的全同态加密

基于 LWE 问题的全同态加密方案相较于前人的研究成果已有较大进步，但随着安全参数的增大，该方案的资源消耗迅速且效率降低。为此，Vadim Lyubashevsky、Chris Peikert 和 Oded Regev 等人提出了基于特定环上的 RLWE 方案。RLWE 与 LWE 的不同之处主要在于，RLWE 的参数取自特定环[119-122]。

1. 基础理论

1）多项式环

若 R 是环，则可构成系数取自 R 的多项式环：

$$R[x] = \{a_0 + a_1 x + a_2 x^2 + \cdots + a_n x^n : n \geq 0, a_0, a_1, \cdots, a_n \in R\}$$

多项式的次数为非零多项式最高次项的次数，即 $\deg f(x)$。若：

$$f(x) = a_0 + a_1 x + a_2 x^2 + \cdots + a_n x^n, a_n \neq 0$$

则 $\deg f(x) = n$，且 a_n 被称为首项系数。$a_i x^i$ 被称为多项式 $f(x)$ 的 i 次项，a_i 被称为 i 次项的系数。在非零多项式的首项系数为 1 时，我们就称 $f(x)$ 为首一多项式。若多项式 $f(x)$ 与 $g(x)$ 同次项的系数都相等，则称 $f(x)$ 与 $g(x)$ 相等，记作 $f(x) = g(x)$。在环 R 上所有关于 x 的多项式构成的集合被记作 $R[x]$。

设 R 是单位元为 1 的交换环，多项式 $f(x) = a_0 + a_1 x + a_2 x^2 + \cdots + a_n x^n$，$g(x) = b_0 + b_1 x + b_2 x^2 + \cdots + b_m x^m$，其中 $n \leq m$，$a_0, a_1, \cdots, a_n \in R$，$b_0, b_1, \cdots, b_m \in R$，则有：

- 多项式加法如下。

$$f(x) + g(x) = (a_0 + b_0) + (a_1 + b_1) x + \cdots + (a_n + b_n) x^n + b_{n+1} x^{n+1} + \cdots + b_m x^m$$

- 多项式乘法如下。

$$f(x) \times g(x) = a_0 b_0 + (a_1 b_0 + a_0 b_1) x + (a_2 b_0 + a_1 b_1 + a_0 b_2) x^2 + \cdots$$
$$+ (a_k b_0 + a_{k-1} b_1 + \cdots + a_0 b_k) x^k + \cdots + a_n b_m x^{m+n}$$

2）扩张因子

设剩余类环 $R = Z[x]/(f(x)), f(x) \in Z[x]$，$f(x)$ 为 Z 上的首一多项式，$\forall u(x), v(x) \in R$，

$$\gamma = \sup\left\{\frac{\|u(x) \times v(x)\|_\infty}{\|u(x)\|_\infty \cdot \|v(x)\|_\infty} : u(x), v(x) \in R\right\}$$

γ 被称为环 R 无穷范数的扩张因子。

3）RLWE

RLWE 问题是 LWE 问题基于环的改进，其构造如下。

定义（Decision-RLWE）：设安全参数为 λ，且 $f(x)$ 是一个分圆多项式 $\Phi_m(x)$（分圆多项式指的是某个 m 次本原单位根所满足的最小次数的整系数首一多项式），$f(x)$ 的最高次项的次数 $\deg f(x)$ 取决于安全参数 λ，同时设剩余类环

$R = Z[x]/(f(x))$。令 q 为大整数。对于随机元素 $s \in R_q$ 和在 R 上的分布 $\chi = \chi(\lambda)$，用 $A_{s,\chi}^{(q)}$ 表示通过选择均匀随机元素 $a \leftarrow R_q$ 和噪音项 $e \leftarrow \chi$ 得到的分布，输出 $(a, [as + e]_q)$。

$\text{RLWE}_{s,q,\chi}$ 问题的困难程度主要在于区别分布 $A_{s,\chi}^{(q)}$ 和均匀分布 $U(R_q^2)$ 的不同。

2. 加密方案

基于 Decision-RLWE，可形成以下加密方案（通常该方案被称作 BFV 方案）。

若某个整数 $t > 1$，明文空间为 R_t。设 $\Delta = \lfloor q/t \rfloor$，$r_t(q) = q \bmod t$，可得 $q = \Delta \cdot t + r_t q$。$q$ 或 t 不必是素数，也不必互补。加密方案 LPR.ES 如下。

- LPR.ES.SecretKeyGen(1^λ)：选取 $s \leftarrow \chi$，输出 $\text{sk} = s$。
- LPR.ES.PublicKeyGen(sk)：设 $\text{sk} = s$，选取 $a \leftarrow R_q, e \leftarrow \chi$，输出 $\text{pk} = ([-(a \cdot s + e)]_q, a)$。
- LPR.ES.Encrypt(pk, m)：加密消息 $m \in R_t$，设 $p_0 = \text{pk}[0], p_1 = \text{pk}[1]$，选取 $u, e_1, e_2 \leftarrow \chi$，得到密文 $\text{ct} = ([p_0 \cdot u + e_1 + \Delta \cdot m]_q, [p_1 \cdot u + e_2]_q)$。
- LPR.ES.Decrypt(sk, ct)：设 $s = \text{sk}, c_0 = \text{ct}[0], c_1 = \text{ct}[1]$，计算

$$\left[\left\lfloor \frac{t \cdot [c_0 + c_1 \cdot s]_q}{q} \right\rceil \right]_t$$

上述方案是语义安全的[123-124]。

同态加法 LPR.ES.Add(ct_1, ct_2)，计算：

$$\text{ct}_1 + \text{ct}_2 = \left([\text{ct}_1[0] + \text{ct}_2[0]]_q, [\text{ct}_1[1] + \text{ct}_2[1]]_q \right)$$

同态乘法 LPR.ES.Mul($\text{ct}_1, \text{ct}_2, \text{rlk}$)，计算：

$$c_0 = \left[\left\lfloor \frac{t \cdot (\text{ct}_1[0] \cdot \text{ct}_2[0])}{q} \right\rceil \right]_q$$

$$c_1 = \left[\left\lfloor \frac{t \cdot (\text{ct}_1[0] \cdot \text{ct}_2[1] + \text{ct}_1[1] \cdot \text{ct}_2[0])}{q} \right\rceil \right]_q$$

$$c_2 = \left[\left\lfloor \frac{t \cdot (\text{ct}_1[1] \cdot \text{ct}_2[1])}{q} \right\rceil \right]_q$$

同态乘法涉及两种生成重线性化密钥 rlk 的方法，对应不同的计算方式：

第一种方法如下。对于 $i = 0, \cdots, \ell = \lfloor \log_T(q) \rfloor$，选择 $a_i \leftarrow R_q, e_i \leftarrow \chi$，有重线

性化密钥：

$$\text{rlk} = \left[\left([-(a_i s + e_i) + T^i s^2]_q, a_i \right) : i \in [0, \cdots, \ell] \right]$$

使用 T 来描述 c_2，即 $c_2 = \sum_{i=0}^{\ell} c_2^{(i)} T^i$，$c_2^{(i)} \in R_T$，计算：

$$c_0' = \left[c_0 + \sum_{i=0}^{\ell} \text{rlk}[i][0] \cdot c_2^{(i)} \right]_q$$

$$c_1' = \left[c_1 + \sum_{i=0}^{\ell} \text{rlk}[i][1] \cdot c_2^{(i)} \right]_q$$

返回 (c_0', c_1')。

第二种方法如下。选取 $a \leftarrow R_{p \cdot q}, e \leftarrow \chi'$，有：

$$\text{rlk} = \left([-(as + e) + ps^2]_{pq}, a \right)$$

计算：

$$(c_{2,0}, c_{2,1}) = \left(\left[\left[\frac{c_2 \cdot \text{rlk}[0]}{p} \right] \right]_q, \left[\frac{c_2 \cdot \text{rlk}[1]}{p} \right]_q \right)$$

返回 $\left([c_0 + c_{2,0}]_q, [c_1 + c_{2,1}]_q \right)$。

3. 自举（Bootstrapping）技术的核心思想

本章所介绍的同态加密方案，均只能进行有限次数的同态计算操作。随着同态计算的次数增多，密文不断变化。其中的噪音不断增大。当噪音超过一定阈值后，同态解密结果不正确，并造成原本数据的丢失。有限次的同态计算，可能难以满足实际计算需求，为此需要通过"刷新"技术使密文能够持续进行同态计算。直观的方法是，解密即将达到噪音阈值的密文后再重新加密，得到噪音较低的新密文，以便能够继续进行同态计算。如此循环操作，能够不断地进行同态计算。但此方法需要定期解密密文，这增加了泄密的风险。

Craig Gentry 提出的 Bootstrapping 技术，开创性地解决了上述问题。利用 Bootstrapping 技术，能够将有限同态加密方案转换为全同态加密方案，并使同态评估不受次数的限制。

Craig Gentry 在论文 *Fully Homomorphic Encryption Using Ideal Lattices*[125]中的类比解释通俗易懂，令人容易理解 Bootstrapping 的精髓，内容简介如下。

假设，Alice 是一家珠宝店的老板，她有一些黄金、钻石等原材料，并需要麾下的员工将这些原材料加工成项链、戒指等饰品。但是，多疑的她不希望员工能够实际接触到这些材料或饰品，以免这些材料或饰品丢失或者被盗。最终，她想到了一个办法：让员工通过手套箱加工饰品。Alice 把原材料放入手套箱内并上锁，钥匙由她自己保管。员工戴上箱体中的手套可以加工原材料，而不能取出原材料。员工完成加工工作后，Alice 打开箱子，可取出加工好的饰品。此外，箱体还有一个单向入口，可将其他外部材料投入进来，而无法将内部物品取出。

与同态加密方案相比，原材料代表原始数据 $(m_1, m_2, \cdots, m_t)$，手套箱代表同态加密方案，将原材料放入手套箱并上锁代表将数据进行了加密，Alice 的钥匙代表密钥，员工戴着手套操作代表同态评估 $f(m_1, m_2, \cdots, m_t)$，加工好的饰品表示加密结果或同态计算的结果。

然而，在实际操作中，Alice 发现上述方案存在一些问题：

- 员工戴着手套操作会影响工作效率，原本两小时能加工完的材料，现在需要 10 小时。（这与同态计算类似，即工作效率较低。）
- 手套箱的使用寿命较短，员工使用数分钟后，手套箱便不可用，而大多数的加工任务需要数小时完成。（这与同态计算类似，即计算的次数有限。）

如何在不改变手套箱的情况下（不改变同态加密方案），延长利用手套箱进行操作的时长（增加同态计算的次数），以完成原材料的加工（保障数据同态计算的正确性），成为解决问题的关键。于是，Alice 又想到了一个办法。

Alice 为员工准备了已放入原材料的 1 号手套箱，放入 1 号箱钥匙的 2 号手套箱，以及放入 2 号箱钥匙的 3 号手套箱……以此类推，直到完成材料加工所需的 n 号手套箱。Alice 保留 n 号箱的钥匙即可。在具体操作过程中，员工在 1 号手套箱加工即将达到使用阈值时，将 1 号箱塞进 2 号箱中（前面提到每个箱体有单向入口），在 2 号箱中利用 1 号箱的钥匙打开 1 号箱并取出半成品继续加工，在 2 号箱即将达到使用阈值时，再将 2 号箱放入 3 号箱中解锁并继续加工，重复上述操作至 n 号箱，从而完成工件（饰品）的加工。由此，引出了 Bootstrapping 的核心思想：

将噪音即将达到上限的同态密文再次加密，且利用同态计算的解密算法，能够将内层的密文还原为明文，从而在保护数据安全的前提下，获得全新的低噪音密文。相关流程如图 3-19 所示。

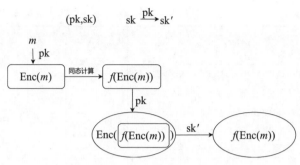

图 3-19　Bootstrapping 流程示意图

对于给定的同态加密方案，其公/私钥对为 (pk, sk)，将 sk 用 pk 加密得到 sk′。明文数据 m 经公钥 pk 加密得到密文 Enc(m)，可用于同态计算，得到 f(Enc(m))。假设同态计算后的密文即将达到噪音上限，则再次用 pk 加密 f(Enc(m))，得到 Enc(f(Enc(m)))。随后用 sk′ 解密内层密文，还原出 f(Enc(m))，从而得到全新的低噪音密文。该密文能够继续用于同态计算。循环往复，可进行多次同态计算。上述方式即 Bootstrapping 技术原理。利用该技术，可实现密文刷新。

3.3.7　小结

同态加密开源项目发展迅速，从研究人员到商业公司，均有贡献。不同开源项目支持的同态加密方案略有不同。主流的同态加密开源库简介如表 3-13 所示。

表 3-13　主流同态加密开源库

项目（库）	简　　介	编程语言	支持方案	访问地址
cuFHE	cuFHE 可在支持 CUDA 架构的 GPU 上进行全同态加密运算，实现 Chillotti 等人提出的 TFHE 方案[CGGI16][CGGI17]	Cuda C++ Python	CGGI TFHE	在 GitHub 网站下访问/vernamlab/cuFHE
FHEW	本项目基于 L. Ducas 和 D. Micciancio 的全同态加密论文 *FHEW: Bootstrapping Homomorphic Encryption in Less Than a Second*，并结合快速计算离散傅里叶变换的标准 C 语言程序集 FFTW（Faster Fourier Transform in the West）编程实现	C++ C	FHEW	在 GitHub 网站下访问/lducas/FHEW
HEAAN	HEAAN 支持定点数同态加密算法，支持有理数之间的近似运算，且近似误差与浮点运算的误差基本一致	C++	CKKS	在 GitHub 网站下访问/snucrypto/HEAAN

项目（库）	简　　　介	编程语言	支持方案	访问地址
HElib	HElib 是 IBM 基于 BGV 方案和基于近似数的 CKKS 方案实现的全同态加密库，支持 Bootstrapping 技术，并提供了类似于汇编语言的编程方式。该项目于 2018 年进行了重写，以提高算法的性能	C++ Shell	BGV CKKS	在 GitHub 网站下访问/HomEnc/HElib
PALISADE	PALISADE 由 DARPA（美国国防部高级研究计划局）支持，由 Duality Technologies 公司创建并开源，提供了同态加密、代理重加密等格密码功能组件	C++	BFV BGV CKKS FHEW TFHE	在 GitHub 网站下访问/palisade/palisade-development/-/tree/master
SEAL	SEAL 由 Microsoft 密码学和隐私研究小组开发，采用标准 C++编写，且易于在多种环境中编译运行	C++ C# C	BFV BGV CKKS	在 GitHub 网站下访问/microsoft/SEAL
TenSEAL	TenSEAL 构建在 Microsoft SEAL 之上，能够对张量进行同态加密操作。在利用 C++实现多数操作的同时，提供了 Python API 来增加 TenSEAL 的易用性	C++ Python	BFV CKKS	在 GitHub 网站下访问/OpenMined/TenSEAL
TFHE	TFHE 是环上全同态加密的高效实现，实现了自举（Bootstrapped）等基本模块	C++ C	BFV CKKS CGGI FHEW TFHE	在 GitHub 网站下访问/tfhe/tfhe
OpenFHE	OpenFHE 实现了多种常见的同态加密方案，同时还包括 BFV、BGV、CKKS 和代理重加密	C++ C	BFV BGV CGGI CKKS DM	在 GitHub 网站下访问/openfheorg/openfhe-development

　　表 3-13 表明，主流同态加密开源库对 BFV、BGV、CKKS 等方案青睐有加。各开源库基本都采用 C++编程语言开发。不同的开源项目各具特点，但使用时均需要具备一定的同态加密与密码学专业知识。

　　此外，Fully Homomorphic Encryption（FHE）C++ Transpiler 是谷歌 2021 年开源的业界首个全同态加密转译器，可将普通 C++程序转译为基于 TFHE 库的同态程序。即便开发人员不具备密码学专业知识，也可编写基于同态加密的程序代码。其转译功能依赖 XLS 和 TFHE 库，安全性也归结于 TFHE。Transpiler 项目尚不成熟，但其大大降低了同态加密技术的应用门槛。

由于同态加密从原理上具有数据可用而不可见的特点，适用于既需要加密存储，又需要进行数据分析的领域，如密文检索、电子投票、多方安全计算、云计算及外包计算等。对于银行金融、医疗保健、工业生产等行业数据，利用同态加密特性，既能保障数据存储及使用的安全性，又能保障数据分析、计算的有效性。

目前同态加密技术的时间复杂度、空间复杂度较大，因性能瓶颈而导致同态加密技术不适合大规模应用；另外，同态加密算法的标准化不足，工程化尚处于早期。国内从事隐私计算的主流公司，尚无大规模全同态技术的商用案例，而多采用半同态技术作为辅助，并应用于金融、医疗等领域中。

未来，能够对抗量子计算攻击的格密码技术可能成为主流研究方向。随着算力的不断提升，我们相信未来能够有更好的方法提升格密码的计算效率。

3.4　零知识证明

零知识证明（Zero-Knowledge Proof，简写为 ZKP），顾名思义，即 Alice 向 Bob 既证明了她想证明的事情，又不对 Bob 透露其他任何信息。其中，Alice 为证明方（prover），Bob 为验证方（verifier）。在大多情况下，零知识证明被作为一种辅助技术而应用。比如在多方安全计算中，零知识证明作为辅助手段，将半诚实安全模型转化为恶意安全模型，进而防御敌手的恶意攻击。

本节首先对零知识证明进行基本介绍，然后介绍专用零知识证明协议 Schnorr[126-127]、通用协议 zk-SNARK[128-130]以及 zk-SNARK 的主流算法，最后对本章内容进行小结。

3.4.1　基本介绍

零知识证明是一种密码学协议，用于证明某个陈述是真实的，而无须透露任何有关该陈述的其他信息。简单来说，就是证明你知道某个秘密，但是无须透露这个秘密是什么。与许多加密场景一样，乍一看，这似乎是不可能实现的。比如，在北京的 Alice 如何说服在广州的 Bob，让 Bob 相信她的房子是红色的，却不给 Bob 发送她房子的照片？如果 Alice 发送了自己房子的照片，那么 Bob 可能把该照片给其他人看，以此证明 Alice 的房子是红色的。（当然，这个房子颜色的场景仅仅是一个非正式的类比。因为 Alice 和 Bob 都可以修图，所以一张照片并不能证明任何事情。）实际上，一个（交互式的）零知识证明通常涉及 Alice 和 Bob 之间的若干次挑战和响应回合。在一个典型的回合中，Bob 向 Alice 发送一个挑战，Alice 发回一个响应。然后，Bob 评估这个响应，并决定是否接受。经过一定的轮数，一个好的零知识证明说明一个 y 具有某个属性 P，应该具备以下三个特性：

- 完备性（completeness）：如果 y 确实具有属性 P，那么 Bob 应该始终接受 Alice 的回答是有效的。即给出一个陈述（statement）和一个见证（witness），证明方就可以说服验证方。
- 可靠性（soundness）：如果 y 不具有属性 P，那么 Bob 接受 Alice 所有的回答都是有效的可能性极低；即一个恶意证明方不能以一个错误的陈述说服验证方。
- 零知识性（zero-knowledge）：Bob 无法获得任何额外的信息；即只能证明陈述的正确性而不泄露其他信息，尤其不能泄露见证。

零知识证明包括交互式零知识证明（Interactive Zero-Knowledge Proof，简写为 IZKP）和非交互式零知识证明（Non-Interactive Zero-Kowledge Proof，简写为 NIZKP）。交互式零知识证明指的是，Alice 和 Bob 之间需要经过多次交互来验证数据的真实性，直到 Bob 被说服；非交互式零知识证明指的是，Alice 向 Bob 发送一次证明，就可以让 Bob 验证是否可以相信 Alice。为了更好地理解零知识证明的含义，下面通过两个例子来进一步解释零知识证明的含义。

1. 交互式零知识证明

零知识证明起源于交互式证明。下面介绍一个交互式零知识证明的例子：色盲游戏。游戏过程如图 3-20 所示。

假设 Alice 不是色盲，Bob 是色盲。在 Alice 的手中有两个苹果：一个是红色的，另一个是绿色的，苹果的其他方面完全一样。由于 Bob 是色盲，因此 Bob 无法分辨两个苹果的颜色是否一样。Alice 需要向 Bob 证明这两个苹果的颜色是不一样的，但 Alice 又不想让 Bob 知道哪个苹果是红色的，哪个苹果是绿色的。此时，作为证明方，Alice 需要证明两个苹果是不同颜色这一论断；作为验证方，Bob 需要验证 Alice 的陈述是否与该论断一致。除此之外，Bob 无法获得其他任何信息。

接下来，Alice 和 Bob 按照以下步骤进行交互验证。

（1）Bob 拿起 Alice 手中的两个苹果，然后把双手放到背后，Alice 就看不到苹果了。

（2）Bob 在背后要么用手交换苹果，要么不动，则每种情况的概率是 $\frac{1}{2}$。

（3）Bob 拿出手上的苹果，询问 Alice，两个苹果是否交换了位置。

（4）Alice 通过观察苹果的颜色，就可以正确回答这个问题。这样，Bob 就有 $\frac{1}{2}$ 的概率相信 Alice 的答案。

以上过程被称为一次"证明"。如果 Alice 按照以上步骤进行第二轮交互验证，并回答正确，则 Bob 就有 $1-\left(\frac{1}{2}\right)^2$ 的概率相信 Alice 的回答。连续重复 N 轮这个"证明"，如果 Alice 都回答正确，通过了验证，则 Bob 就应该会确信这两个苹果颜色不同的论断。因为如果 Alice 不具备区分苹果颜色的知识，那么能够连续 N 次都回答正确的概率最多为 $\left(\frac{1}{2}\right)^N$。当 N 较大时，$\left(\frac{1}{2}\right)^N$ 的值很小；即当 Alice 不具备区分苹果颜色的知识时，其能够连续 N 次都回答正确的概率极低。

图 3-20　色盲游戏的过程

在色盲游戏的这个例子中，Alice 拥有区分苹果颜色的知识，所以 Alice 每次都能回答正确，这满足了零知识证明的完备性。如果 Alice 不具备区分苹果颜色的知识，则 Alice 无法连续多次正确分辨 Bob 是否交换了苹果的位置，这满足了零知识证明的可靠性。在此交互过程中，Bob 无法获得每个苹果颜色的信息，只能判断 Alice 的回答是否正确，这满足了零知识性。

从上面的色盲游戏的例子中可以看出交互式零知识证明的局限性：

- 每次的交互式零知识证明，都需要证明方和验证方进行多轮交互才能完成，这是一个冗长的过程。
- 交互式零知识证明过程需要证明方与验证方同时在场，并且只有当前验证方会相信证明的正确性。若要取信于其他验证方，则需要对每个验证方进行一次交互式证明过程。

2. 非交互式零知识证明

非交互式零知识证明将交互验证次数减少至一次，可实现离线证明和公开验证。下面通过数独游戏的例子来介绍非交互式零知识证明过程。

如图 3-21 所示，数独游戏是在一个 9×9 的盘面上进行的，游戏玩家根据盘面上的已知数字，推理出其他所有空格处的数字，游戏的答案需要满足每一行、每一列、每一个粗线宫（3×3）均包含数字 1~9，且不重复。

	1	2	3	4	5	6	7	8	9
1			2	5				4	6
2	4							5	
3					8		3		
4	2			3			1		
5		5			4			7	
6			7			5			9
7			4		3				
8		3							2
9	7	6				8	9		

图 3-21　数独游戏

具体步骤如下。

（1）Alice 为了向 Bob 证明自己知道图 3-21 中数独游戏的答案，采取了以下步骤。

（a）Alice 在数独游戏的盘面中每个已知数字位置放 3 张一样的卡片，卡片上都写着该位置的数字，且数字正面朝上。

（b）Alice 将自己的答案写在卡片上，正面朝下放到相应的位置，同样每个位置放 3 张一样的卡片，如图 3-22 所示。

	1	2	3	4	5	6	7	8	9
1			2	5				4	6
2	4							5	
3					8		3		
4	2			3			1		
5		5			4			7	
6			7			5			9
7			4		3				
8		3							2
9	7	6				8	9		

图 3-22　数独游戏答案放置情况

（2）如图 3-23 所示，Bob 按照以下方法生成 27 个不透明的盒子：

- Bob 不能翻转卡片查看数据，但可以将数独游戏盘面中某一行的 9 张卡片取出，放入同一个盒子，通过摇晃盒子等方式将卡片顺序打乱。盘面一共有 9 行，分别取出各行的卡片，可生成 9 个盒子。
- 将数独游戏盘面中某一列的 9 张卡片取出，放入同一个盒子，通过摇晃盒子等方式将卡片顺序打乱。盘面一共有 9 列，分别取出各列的卡片，可生成 9 个盒子。
- 将数独游戏盘面中某个粗线宫（3×3）内的卡片取出，放入同一个盒子，通过摇晃盒子等方式将卡片顺序打乱。盘面一共有 9 个粗线宫，分别取出各粗线宫的卡片，可生成 9 个盒子。

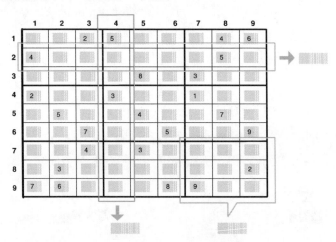

图 3-23　生成 27 个不透明的盒子

（3）如图 3-24 所示，Bob 对这 27 个盒子分别进行检查。如果每个盒子中的卡片均包含数字 1~9 且不重复，则 Bob 可以认为 Alice 知道数独题目的答案，但 Bob 无法获得数独题目的正确答案。

图 3-24　数独游戏中每个盒子的数字

在上述数独游戏的例子中，Alice 知道数独题目的答案，所以 Alice 能给出正确答案，这满足了零知识证明的完备性。如果 Alice 不知道数独题目的答案，则 Alice 无法给出满足 27 个盒子里的卡片都包含数字 1~9 且不重复的结果，这满足了零知识证明的可靠性。在此交互过程中，由于盒子里的卡片被打乱了顺序，因此 Bob 无法获得每个数字的位置信息，只能判断 Alice 的答案是否正确，这满足了零知识性。

对比交互式零知识证明过程，非交互式零知识证明减少了重复轮次的验证，证明方只需提供一次数据供验证方验证即可。

3.4.2 Schnorr 协议

Schnorr 协议是一个基于椭圆曲线的离散对数困难问题（具体方法详见第 2 章）的专用零知识证明协议。该协议可用于解决当证明方声称自己拥有某个公钥 pk 对应的私钥 sk 时，在不泄露 sk 值的情况下，向验证方证明其拥有私钥 sk 的问题。

1. 交互式 Schnorr 协议

如图 3-25 所示，设 Alice 为证明方，Bob 为验证方，其中 $pk = sk \cdot P$（·表示椭圆曲线上的点乘），交互式 Schnorr 协议流程如下。

步骤 1：设 Alice 生成一个随机值 r，然后将 r 映射到椭圆曲线上，即 $R = r \cdot P$，并把 R 发送给 Bob。

步骤 2：Bob 生成一个随机值 c 并发送给 Alice。

步骤 3：Alice 计算 $z = r + c \cdot sk$，并将 z 发送给 Bob。

步骤 4：Bob 接收到 z 后，可验证 $z \cdot P = R + c \cdot pk$ 是否成立。

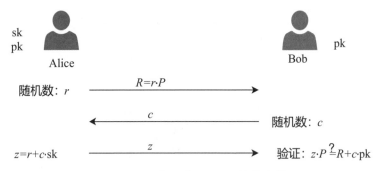

图 3-25　交互式 Schnorr 协议流程

由于 $z = r + c \cdot sk$，等号两边均映射到椭圆曲线，则

$$z \cdot P = (r + c \cdot sk) \cdot P$$
$$= r \cdot P + c \cdot (sk \cdot P)$$
$$= R + c \cdot pk$$

即若验证成立，则 Alice 可以在不泄露 sk 值的情况下，向验证方证明其拥有私钥 sk 的问题。

2. 非交互式 Schnorr 协议

在交互式 Schnorr 协议流程中，Bob 需要生成一个随机数 c，并发送给 Alice 来进行交互。如图 3-26 所示，非交互式 Schnorr 协议将这一步省去，具体流程如下。

步骤 1：设 Alice 生成一个随机值 r，然后将 r 映射到椭圆曲线上，即 $R = r \cdot P$。

步骤 2：Alice 计算 $c = \text{Hash}(\text{pk}, R)$，其中 R 为椭圆曲线上的点，pk 为公钥。采用 Hash 函数的好处如下所示。一方面，c 是 Alice 自己生成的，省去了跟 Bob 的交互；另一方面，Hash 函数是单向的，可以生成一个随机数，Alice 无法自己挑选 c 的值进行作弊。

步骤 3：Alice 计算 $z = r + c \cdot \text{sk}$。

步骤 4：Alice 将 R 和 z 发送给 Bob。

步骤 5：Bob 接收到 R 和 z 后，计算 $c = \text{Hash}(\text{pk}, R)$，然后验证 $z \cdot P = R + c \cdot \text{pk}$ 是否成立。

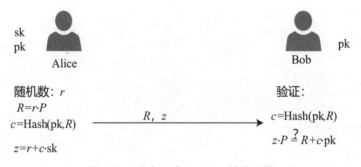

图 3-26　非交互式 Schnorr 协议流程

3.4.3　zk-SNARK 协议

zk-SNARK（zero-knowledge Succinct Non-interactive Argument of Knowledge）是一种零知识证明协议，其全称为"简洁非交互式零知识证明"。从命名中可以看出，zk-SNARK 具有以下特点。

- 零知识性（zero-knowledge）：满足零知识证明的零知识特性，在整个证明过程中，不透露任何信息。
- 简洁性（succinct）：整个验证过程不涉及大量数据传输，验证算法比较简单，能很快地完成验证。

- 非交互式（non-interactive）：Alice 和 Bob 之间无须进行反复交互验证。
- 证明（argument）：证明过程是计算可靠的（computationally soundness）。拥有足够计算能力的证明方可以伪造证明。与计算可靠对应的是理论可靠（perfect soundness），密码学中一般要求计算可靠。

zk-SNARK 协议是一种非常强大的工具，它可以让两个参与者之间进行安全的计算，而不泄露计算的任何信息。利用这个协议，通过将一个计算问题转换为其他形式的等价问题，这个问题就可以被证明，同时又无须揭示任何计算的细节，从而实现"零知识证明"。

1. zk-SNARK 的协议思想

对形如"给定一个公开谓词 F 和一个公开输入 x，证明方知道某个秘密输入 w，其中 w 使得 $F(x,w)$ 的结果为真"的语句（如 $F(x,w)$ 为 $5w^2+7x-41=0$，证明方知道某个数字 w 使得等式 $5w^2+7x-41=0$ 成立），zk-SNARK 可以进行证明和验证。如图 3-27 所示，zk-SNARK 协议由初始化（Setup）、证明（Prove）和验证（Vfy）三个算法组成。

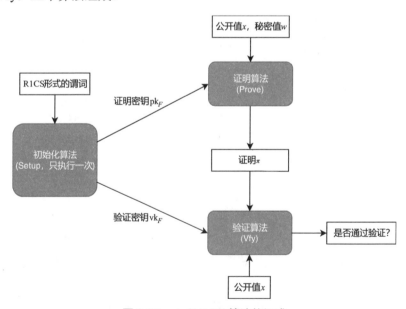

图 3-27 zk-SNARK 算法的组成

（1）初始化算法：初始化算法接受一个以一阶约束系统（Rank-1 Constraint System，简写为 R1CS，具体参见下文）形式描述的谓词 F，并输出两个公开的

密钥 pk_F （证明密钥）和 vk_F （验证密钥）。 pk_F 用于生成证明 π （证明 π 可以证明上述语句为真，且不泄露 w 的任何信息），任何人都可以使用 vk_F 验证该证明 π 的有效性。针对每一个谓词 F ，初始化算法都只运行一次，生成的密钥是公开且可以反复使用的，但生成密钥过程中产生的中间结果必须保密，且在生成密钥后，中间结果需要被销毁，否则攻击者会利用这些中间结果伪造证明。因此，初始化算法必须由可信机构执行。

（2）证明算法：证明算法将证明密钥 pk_F 、公开值 x 和秘密值 w 作为输入，输出证明 π 。

（3）验证算法：验证算法将验证密钥 vk_F 、公开值 x 和证明 π 作为输入，并根据 π 的有效性确定是接受还是拒绝 π 。

下面介绍 zk-SNARK 的典型算法 Groth16。

2. Groth16 算法

Gorth16 算法是由 Jens Groth 在 2016 年提出的基于配对[131]的非交互式零知识证明[132]算法，它被广泛应用于加密货币、区块链和其他领域中[133-134]。

1）基础知识

● **双线性映射**

双线性映射指的是一个映射同时对两个向量进行线性变换，并且满足线性性质和双线性性质。具体来说，对于两个向量 x 和 y ，双线性映射 $f(x,y)$ 满足以下条件。

线性性质：
$$f(ax+by,z)=af(x,z)+bf(y,z)，\quad f(x,az+bz)=af(x,z)+bf(x,z)$$

其中， a 和 b 是标量， x 、 y 和 z 是向量。

双线性性质： $f(ax,by)=abf(x,y)$

其中， a 和 b 是标量， x 和 y 是向量。

双线性映射在数学、物理、工程等领域中都有广泛的应用，例如在矩阵乘法、向量积、内积、外积等计算中都会用到双线性映射。

● **双线性群**

Groth16 使用具有以下性质的双线性群 (p,G_1,G_2,G_T,e,g,h) ：

● G_1 、 G_2 、 G_T 是阶为 P 的群，其中 P 为质数。

● 配对（pairing） $e:G_1\times G_2\to G_T$ 是一个双线性映射。

- g 是 G_1 的生成元，h 是 G_2 的生成元，$e(g,h)$ 是 G_T 的生成元。
- 存在有效的算法进行计算群运算，以及评估双线性映射、确定群的成员、确定群元素的相等性、随机选取群的生成元等。这些操作被称为通用群操作。

将双线性群建立为对称双线性群（其中，$G_1 = G_2$）和非对称双线性群（其中，$G_1 \neq G_2$）有很多种方法。Steven D. Galbraitha、Kenneth G. Patersona 和 Nigel P. Smart[131]将双线性群 $G_1 = G_2$ 作为类 I，将存在一个有效可计算的非平凡同态 $\Psi: G_1 \to G_2$ 作为类 II，将 G_1 和 G_2 两者之间的任何方向上都不存在这种有效可计算同态的群称为类 III。类 III 双线性群是双线性群中最有效的类型，因此其与实际应用最相关。

- **知识的非交互式零知识证明（non-interactive zero-knowledge arguments of knowledge）**

设 $\Re$ 是一个关系生成器（relation generator），给定一个一元的安全参数 λ，$\Re$ 返回一个多项式时间可判定的二元关系 R。对于 $(\varphi, w) \in R$，φ 被称为陈述（statement），w 被称为见证（witness）。为了简便起见，假设 λ 可以从 R 的描述中推导出。对于 R，一个有效的、公开可验证的非交互式证明是由四部分概率多项式算法 (Setup,Prove,Vfy,Sim) 组成的，步骤如下。

步骤 1：$(\sigma, \tau) \leftarrow \text{Setup}(R)$。初始化算法为关系 R 生成了一个公共参考字符串（Common Reference String，简写为 CRS）σ 和一个模拟陷阱门（Simulation Trapdoor）τ。

步骤 2：$\pi \leftarrow \text{Prove}(R, \sigma, \varphi, w)$。证明算法将 σ、φ、w 作为输入，其中 $(\varphi, w) \in R$，输出证明 π。

步骤 3：$0/1 \leftarrow \text{Vfy}(R, \sigma, \varphi, \pi)$。验证算法将 σ、陈述 φ 和证明 π 作为输入，返回 0（验证未通过，拒绝）或 1（验证通过，接受）。

步骤 4：$\pi \leftarrow \text{Sim}(R, \tau, \varphi)$。该模拟器将模拟陷阱门 τ 和陈述 φ 作为输入，并返回证明 π。

定义 1：如果 $\Re$ 具有完美的完备性和计算可靠性，则 (Setup,Prove,Vfy) 是一个非交互式证明。

定义 2：如果 $\Re$ 具有完美的完备性，以及完美的零知识性和计算知识的可靠性，则 (Setup,Prove,Vfy,Sim) 是一个完美的知识的非交互式零知识证明。

此外，σ 可分为 σ_P 和 σ_V 两部分，σ_P 供证明方使用，σ_V 供验证方使用。

- **R1CS**

R1CS 是一个由三个向量 $(\boldsymbol{a}_L, \boldsymbol{a}_R, \boldsymbol{a}_O)$ 组成的序列，R1CS 的解是一个向量 $\boldsymbol{s}$，且满足 $\langle \boldsymbol{a}_L, \boldsymbol{s} \rangle \cdot \langle \boldsymbol{a}_R, \boldsymbol{s} \rangle - \langle \boldsymbol{a}_O, \boldsymbol{s} \rangle = 0$。其中，$\boldsymbol{a}_L = (a_{L,1}, a_{L,2}, \cdots, a_{L,n})$，$\boldsymbol{s} = (s_1, s_2, \cdots, s_n)$，$\langle \boldsymbol{a}_L \cdot \boldsymbol{s} \rangle$ 表示两个向量的内积，即 $\langle \boldsymbol{a}_L \cdot \boldsymbol{s} \rangle = \sum_{i=1}^{n} a_{L,i} \cdot s_i$。

如果等式 $x_1^2 x_2 + x_1 + 1 = 22$ 的解为 $x_1 = 3$，$x_2 = 2$，那么，解向量 $\boldsymbol{s} = (\text{const}, x_1, x_2, z, u, v, y)$，即 $\boldsymbol{s} = (1, 3, 2, 22, 9, 18, 4)$。我们可以通过表 3-14 进行验证（满足 $\langle \boldsymbol{a}_L, \boldsymbol{s} \rangle \cdot \langle \boldsymbol{a}_R, \boldsymbol{s} \rangle - \langle \boldsymbol{a}_O, \boldsymbol{s} \rangle = 0$ 即可）。通过这个过程可以看出，我们将一个等式计算问题转化成了 R1CS 实例的等价的问题。

表 3-14　等式和 R1CS 向量

等　式	R1CS（其中，$\boldsymbol{s} = (\text{const}, x_1, x_2, z, u, v, y)$）
$u = x_1 \cdot x_1$	$\boldsymbol{a}_L = (0,1,0,0,0,0,0)$，$\boldsymbol{a}_R = (0,1,0,0,0,0,0)$，$\boldsymbol{a}_O = (0,0,0,0,1,0,0)$
$v = u \cdot x_2$	$\boldsymbol{a}_L = (0,0,0,0,1,0,0)$，$\boldsymbol{a}_R = (0,0,1,0,0,0,0)$，$\boldsymbol{a}_O = (0,0,0,0,0,1,0)$
$y = 1 \cdot (x_1 + 1)$	$\boldsymbol{a}_L = (1,0,0,0,0,0,0)$，$\boldsymbol{a}_R = (1,1,0,0,0,0,0)$，$\boldsymbol{a}_O = (0,0,0,0,0,0,1)$
$z = 1 \cdot (v + y)$	$\boldsymbol{a}_L = (1,0,0,0,0,0,0)$，$\boldsymbol{a}_R = (0,0,0,0,0,1,1)$，$\boldsymbol{a}_O = (0,0,0,1,0,0,0)$

在更正式的定义中，一个 R1CS 是由 3 个矩阵 (A_L, A_R, A_O) 组成的集合，其中每个矩阵都由对应的行向量 $(\boldsymbol{a}_L, \boldsymbol{a}_R, \boldsymbol{a}_O)$ 组成（见表 3-14）。

$$A_L = \begin{pmatrix} 0 & 1 & 0 & 0 & 0 & 0 & 0 \\ 0 & 0 & 0 & 0 & 1 & 0 & 0 \\ 1 & 0 & 0 & 0 & 0 & 0 & 0 \\ 1 & 0 & 0 & 0 & 0 & 0 & 0 \end{pmatrix}$$

$$A_R = \begin{pmatrix} 0 & 1 & 0 & 0 & 0 & 0 & 0 \\ 0 & 0 & 1 & 0 & 0 & 0 & 0 \\ 1 & 1 & 0 & 0 & 0 & 0 & 0 \\ 0 & 0 & 0 & 0 & 0 & 1 & 1 \end{pmatrix}$$

$$A_O = \begin{pmatrix} 0 & 0 & 0 & 0 & 1 & 0 & 0 \\ 0 & 0 & 0 & 0 & 0 & 1 & 0 \\ 0 & 0 & 0 & 0 & 0 & 0 & 1 \\ 0 & 0 & 0 & 1 & 0 & 0 & 0 \end{pmatrix}$$

在此可以看出，$(A_L \times s^T) \cdot (A_R \times s^T) - (A_O \times s^T) = 0$。其中，$\times$ 表示矩阵乘法，$\cdot$ 表示哈达玛积，s^T 为解向量 s 的转置。

- **QAP（Quadratic Arithmetic Program）**

在 Groth16 中，需要将 R1CS 问题转化为 QAP 问题。下面介绍 QAP 的概念。

考虑由有限域 F 上的加法门和乘法门组成的一个算术电路，可以将一些输入/输出电路线（wire）作为指定的陈述（statement），将电路的其他电路线作为见证（witness）。这样就得到了由陈述电路线和见证电路线构成的二元关系 R，且满足算术电路的要求。

对于算术电路，关系 R 可以通过变量集合组成的等式描述。一些变量对应陈述，另一些变量对应见证。关系 R 由所有满足等式的陈述和见证组成。等式建立在 $a_0 = 1$、变量 $a_1, \cdots, a_m \in F$ 的基础上，表示如下：

$$\sum_{i=0}^{m} a_i u_{i,q} \cdot \sum_{i=0}^{m} a_i v_{i,q} = \sum_{i=0}^{m} a_i w_{i,q}$$

其中，$u_{i,q}$、$v_{i,q}$、$w_{i,q}$ 是在有限域 F 上指定的第 q 个等式的常量。

假设 F 足够大，将上述算术约束作为 QAP 重新表示。给定 n 个等式，选择任意不同的值 $r_1, \cdots, r_n \in F$，并定义 $t(x) = \prod_{q=1}^{n}(x - x_q)$。令 $u_i(x), v_i(x), w_i(x)$ 是 $n-1$ 阶多项式，且满足：

$u_i(r_q) = u_{i,q}$，$v_i(r_q) = v_{i,q}$，$w_i(r_q) = w_{i,q}$，其中 $i = 0, \cdots, m$，$q = 1, \cdots, n$。

当且仅当在每个点 $r_1, \cdots, r_q$：

$$\sum_{i=0}^{m} a_i u_i(r_q) \cdot \sum_{i=0}^{m} a_i v_i(r_q) = \sum_{i=0}^{m} a_i w_i(r_q) \tag{3-3}$$

时，有 $a_0 = 1$，变量 $a_1, \cdots, a_m \in F$ 满足 n 个等式。

因为 $t(X)$ 是在每个点上的最低阶单项式，且有 $t(r_q) = 0$，式（3-3）表示为如下形式：

$$\sum_{i=0}^{m} a_i u_i(X) \cdot \sum_{i=0}^{m} a_i v_i(X) \equiv \sum_{i=0}^{m} a_i w_i(X) \bmod t(X)$$

因此，最终 QAP 形式的 R 可描述为：

$$R = (F, \text{aux}, \ell, \{u_i(X), v_i(X), w_i(X)\}_{i=0}^{m}, t(X))$$

其中，F 是有限域，aux 是一些辅助信息，$1 \leqslant \ell \leqslant m$，$u_i(X)$、$v_i(X)$、$w_i(X)$、$t(X) \in F[X]$，$u_i(X)$、$v_i(X)$、$w_i(X)$ 的阶数低于 n，n 为 $t(X)$ 的阶数。定义 $a_0 = 1$，

QAP 可以定义为如下二元关系：

$$R = \left\{ (\boldsymbol{\varphi}, w) \middle| \begin{array}{c} \boldsymbol{\varphi} = (a_1, \cdots, a_\ell) \in F^\ell \\ w = (a_{\ell+1}, \cdots, a_m) \in F^{m-\ell} \\ \sum_{i=0}^m a_i u_i(X) \cdot \sum_{i=0}^m a_i v_i(X) \equiv \sum_{i=0}^m a_i w_i(X) \bmod t(X) \end{array} \right\}$$

- 非交互式线性证明（**Non-Interactive Linear Proof**，简写为 **NILP**）

NILP 是相对于关系生成器 $\Re$ 定义的。假设关系 R 指定了一个有限域 F，NILP 的执行步骤如下：

步骤 1：$(\boldsymbol{\sigma}, \boldsymbol{\tau}) \leftarrow \text{Setup}(R)$。初始化算法是一个概率多项式时间的算法，并返回向量 $\boldsymbol{\sigma} \in F^m$，$\boldsymbol{\tau} \in F^n$。

步骤 2：$\boldsymbol{\pi} \leftarrow \text{Prove}(R, \boldsymbol{\sigma}, \boldsymbol{\varphi}, w)$。证明算法过程分为以下两步。

- 运行 $\boldsymbol{\Pi} \leftarrow \text{ProofMatrix}(R, \boldsymbol{\varphi}, w)$。其中，ProofMatrix 是一个概率多项式时间的算法，ProofMatrix 算法生成矩阵 $\boldsymbol{\Pi}$，其中 $\boldsymbol{\Pi} \in F^{k \times m}$。

- 计算 $\boldsymbol{\pi} = \boldsymbol{\Pi} \boldsymbol{\sigma}$。

步骤 3：$0/1 \leftarrow \text{Vfy}(R, \boldsymbol{\sigma}, \boldsymbol{\varphi}, \boldsymbol{\pi})$。验证算法的过程分为以下两步。

- 运行确定性多项式时间算法 $\boldsymbol{t} \leftarrow \text{Test}(R, \boldsymbol{\varphi})$，得到算术电路 $\boldsymbol{t}: F^{m+k} \rightarrow F^\eta$。

- 当且仅当 $\boldsymbol{t}(\boldsymbol{\sigma}, \boldsymbol{\pi}) = \boldsymbol{0}$ 时，接受证明 $\boldsymbol{\pi}$。

阶数 d 和维数 μ、m、n、k、η 等可以是常量或安全参数为 λ 的多项式。

- 线性非交互式证明的非交互式证明（**non-interactive arguments from linear non-interactive proof**）

当使用类Ⅲ双线性对时，在离散对数中执行 NILP，要求我们为每个元素指定应该在哪个群上进行操作。此时，定义一个分裂（split）的 NILP。一个分裂的 NILP 是一个 NILP，其中公共参考字符串（CRS）被分为两部分，即 $\boldsymbol{\sigma} = (\boldsymbol{\sigma}_1, \boldsymbol{\sigma}_2)$，证明方的证明也被分为两部分，即 $\boldsymbol{\pi} = (\boldsymbol{\pi}_1, \boldsymbol{\pi}_2)$。证明的每一部分都是从对应的 CRS 部分计算出来的。最后，在验证证明时，需要验证方的 Test 是一个二次方程，其中每个变量的阶为 1。因此，一个分裂的 NILP 的形式如下。

步骤 1：$(\boldsymbol{\sigma}, \boldsymbol{\tau}) \leftarrow \text{Setup}(R)$。初始化算法生成向量 $\boldsymbol{\sigma} = (\boldsymbol{\sigma}_1, \boldsymbol{\sigma}_2) \in F^{m_1} \times F^{m_2}$，$\boldsymbol{\tau} \in F^n$。

步骤 2：$\boldsymbol{\pi} \leftarrow \text{Prove}(R, \boldsymbol{\sigma}, \boldsymbol{\varphi}, w)$。证明算法分为以下两步。

- 首 先 运 行 $\Pi \leftarrow \text{ProofMatrix}(R,\varphi,w)$ ， 其 中 ProofMatrix 生 成 矩 阵 $\Pi = \begin{pmatrix} \Pi_1 & 0 \\ 0 & \Pi_2 \end{pmatrix}$ ， $\Pi_1 \in F^{k_1 \times m_1}$ ， $\Pi_2 \in F^{k_2 \times m_2}$ 。

- 计算 $\boldsymbol{\pi}_1 = \Pi_1 \boldsymbol{\sigma}_1$ 和 $\boldsymbol{\pi}_2 = \Pi_2 \boldsymbol{\sigma}_2$ ，并返回 $\boldsymbol{\pi} = (\boldsymbol{\pi}_1, \boldsymbol{\pi}_2)$ 。

步骤 3： $0/1 \leftarrow \text{Vfy}(R,\boldsymbol{\sigma},\varphi,\boldsymbol{\pi})$ 。验证算法分为以下两步。

- 首先运行 $\boldsymbol{t} \leftarrow \text{Test}(R,\varphi)$ ，得到一个算术电路 $\boldsymbol{t}: F^{m_1+k_1+m_2+k_2} \to F^{\eta}$ ，对应的 矩阵 $\boldsymbol{T}_1,\cdots,\boldsymbol{T}_\eta \in F^{(m_1+k_1) \times (m_2+k_2)}$ 。

- 当且仅当对所有矩阵 $\boldsymbol{T}_1,\cdots,\boldsymbol{T}_\eta$ 都满足 $\begin{pmatrix} \boldsymbol{\sigma}_1 \\ \boldsymbol{\pi}_2 \end{pmatrix} \cdot \boldsymbol{T}_i \begin{pmatrix} \boldsymbol{\sigma}_2 \\ \boldsymbol{\pi}_2 \end{pmatrix} = 0$ 时，接受证明 $\boldsymbol{\pi}$ 。

在编译分裂的 NILP 之后，我们希望论证可靠性，那么使用通用群操作的作弊的证明方不能偏离 NILP。然后，当证明方看到 CRS 时，它可以从中学习有用的信息，并以依赖矩阵的方式选择矩阵 Π 。为了解决这个类型的敌手，此处将定义一个不公开（disclosure-free）的 CRS，证明方不会从中获得有用的信息来帮助敌手选择一个特殊的矩阵 Π 。

定义（不公开的 NILP）：若对敌手 A 满足条件：

$$\Pr \begin{bmatrix} (R,z) \leftarrow \Re(1^\lambda); \boldsymbol{T} \leftarrow A(R,z); (\boldsymbol{\sigma}_1,\boldsymbol{\sigma}_2,\boldsymbol{\tau}),(\boldsymbol{\sigma}_1',\boldsymbol{\sigma}_2',\boldsymbol{\tau}') \leftarrow \text{Setup}(R) : \\ \text{当且仅当 } \boldsymbol{\sigma}_1' \cdot \boldsymbol{T} \boldsymbol{\sigma}_2' = 0 \text{时}, \quad \boldsymbol{\sigma}_1 \cdot \boldsymbol{T} \boldsymbol{\sigma}_2 = 0 \end{bmatrix} \approx 1$$

我们则称一个分裂的 NILP 为不公开的。不公开的 CRS 的解释为，敌手运行在 $\boldsymbol{\sigma}_1$、$\boldsymbol{\sigma}_2$ 上的任意测试结果，都可以通过运行在独立生成的 $\boldsymbol{\sigma}_1'$、$\boldsymbol{\sigma}_2'$ 上预测出来。

接下来介绍一个编译器，它使用一个带有不公开 CRS 的分裂的 NILP (Setup,Prove,Vfy,Sim) 给出一个基于配对（pairing-based）的非交互式证明 (Setup′,Prove′,Vfy′,Sim′)：

步骤 1： $(\boldsymbol{\sigma},\boldsymbol{\tau}) \leftarrow \text{Setup}'(R)$ 。 运 行 $(\boldsymbol{\sigma}_1,\boldsymbol{\sigma}_2,\boldsymbol{\tau}) \leftarrow \text{Setup}(R)$ 。 返 回 $\boldsymbol{\sigma} = ([\boldsymbol{\sigma}_1]_1, [\boldsymbol{\sigma}_2]_2)$ ，且 $\boldsymbol{\tau} = \boldsymbol{\tau}$ 。

步骤 2： $\boldsymbol{\pi} \leftarrow \text{Prove}'(R,\boldsymbol{\sigma},\varphi,w)$ 。生成 $(\Pi_1,\Pi_2) \leftarrow \text{ProofMatrix}(R,\varphi,w)$ ，返回 $\boldsymbol{\pi} = ([\boldsymbol{\pi}_1]_1, [\boldsymbol{\pi}_2]_2)$ 。其中， $[\boldsymbol{\pi}_1]_1 = \Pi_1[\boldsymbol{\sigma}_1]_1$ ， $[\boldsymbol{\pi}_2]_2 = \Pi_2[\boldsymbol{\sigma}_2]_2$ 。

步骤 3： $0/1 \leftarrow \text{Vfy}'(R,\boldsymbol{\sigma},\varphi,\boldsymbol{\pi})$ 。 生 成 $(\boldsymbol{T}_1,\cdots,\boldsymbol{T}_\eta) \leftarrow \text{Test}(R,\varphi)$ 。 解 析 $\boldsymbol{\pi} = ([\boldsymbol{\pi}_1]_1, [\boldsymbol{\pi}_2]_2) \in G_1^{k_1} \times G_2^{k_2}$ 。当且仅当所有的 $\boldsymbol{T}_1,\cdots,\boldsymbol{T}_\eta$ 均满足 $\begin{bmatrix} \boldsymbol{\sigma}_1 \\ \boldsymbol{\pi}_1 \end{bmatrix}_1 \cdot \boldsymbol{T}_i \begin{bmatrix} \boldsymbol{\sigma}_2 \\ \boldsymbol{\pi}_2 \end{bmatrix}_2 = [0]_T$ 时，接受证明 $\boldsymbol{\pi}$ 。

步骤 4：$\boldsymbol{\pi} \leftarrow \text{Sim}'(R, \boldsymbol{\tau}, \boldsymbol{\varphi})$。模拟 $(\boldsymbol{\pi}_1, \boldsymbol{\pi}_2) \leftarrow \text{Sim}(R, \boldsymbol{\tau}, \boldsymbol{\varphi})$，并返回 $\boldsymbol{\pi} = ([\boldsymbol{\pi}_1]_1, [\boldsymbol{\pi}_2]_2)$。

2）Groth16 具体算法

Groth16 将为 QAP 构造一个基于配对的非交互式零知识（Non-Interactive Zero-Knowledge，简写为 NIZK）的证明（argument）。该证明只包含 3 个群元素。该方法的构造分为以下两步。首先为 QAP 构造一个 NILP。这其实也是一个分裂的 NILP。然后使用上文提到的编译技术，将它转化为一个基于配对的 NIZK 证明。

- **为 QAP 构造 NILP**

现在为 QAP 生成器构造一个 NILP，输出的关系如下：

$$R = (F, \text{aux}, \ell, \{u_i(X), v_i(X), w_i(X)\}_{i=0}^m, t(X))$$

这个关系定义了一种陈述 $(a_1, \cdots, a_\ell) \in F^\ell$、见证 $(a_{\ell+1}, \cdots, a_m) \in F^{m-\ell}$ 的语言，且 $a_0 = 1$，满足：

$$\sum_{i=0}^m a_i u_i(X) \cdot \sum_{i=0}^m a_i v_i(X) = \sum_{i=0}^m a_i w_i(X) + h(X)t(X)$$

$h(X)$ 是阶为 $n-2$ 的系数多项式，n 是 $t(X)$ 的阶。

为 QAP 构造的 NILP 如下。

步骤 1：$(\boldsymbol{\sigma}, \boldsymbol{\tau}) \leftarrow \text{Setup}(R)$。选取 $\alpha, \beta, \gamma, \delta, x \leftarrow F^*$。设 $\boldsymbol{\tau} = (\alpha, \beta, \gamma, \delta, x)$，

$$\boldsymbol{\sigma} = \left(\alpha, \beta, \gamma, \delta, \{x^i\}_{i=0}^{n-1}, \left\{\frac{\beta u_i(x) + \alpha v_i(x) + w_i(x)}{\gamma}\right\}_{i=0}^\ell,\right.$$

$$\left.\left\{\frac{\beta u_i(x) + \alpha v_i(x) + w_i(x)}{\delta}\right\}_{i=\ell+1}^m, \left\{\frac{x^i t(x)}{\delta}\right\}_{i=0}^{n-2}\right)$$

步骤 2：$\boldsymbol{\pi} \leftarrow \text{Prove}(R, \boldsymbol{\sigma}, a_1, \cdots, a_m)$。选取 $r, s \leftarrow F$，计算一个 $3 \times (m + 2n + 4)$ 的矩阵 $\boldsymbol{\Pi}$，$\boldsymbol{\pi} = \boldsymbol{\Pi}\boldsymbol{\sigma} = (A, B, C)$，可得

$$A = \alpha + \sum_{i=0}^m a_i u_i(x) + r\delta, \quad B = \beta + \sum_{i=0}^m a_i v_i(x) + s\delta,$$

$$C = \frac{\sum_{i=\ell+1}^m a_i(\beta u_i(x) + \alpha v_i(x) + w_i(x)) + h(x)t(x)}{\delta} + As + rB - rs\delta$$

步骤 3：$0/1 \leftarrow \text{Vfy}(R, \boldsymbol{\sigma}, a_1, \cdots, a_\ell)$。计算二次多元多项式 $\boldsymbol{t}$，$\boldsymbol{t}(\boldsymbol{\sigma}, \boldsymbol{\pi}) = 0$，对应的验证如下。

$$A \cdot B = \alpha \cdot \beta + \frac{\sum_{i=0}^{\ell} a_i (\beta u_i(x) + \alpha v_i(x) + w_i(x))}{\gamma} \cdot \gamma + C \cdot \delta$$

如果全部验证通过，则接受证明 $\boldsymbol{\pi}$。

步骤 4：$\boldsymbol{\pi} \leftarrow \mathrm{Sim}(R, \boldsymbol{\tau}, a_1, \cdots, a_\ell)$。选取 $A, B \leftarrow F$，计算

$$C = \frac{AB - \alpha\beta - \sum_{i=0}^{\ell} a_i (\beta u_i(x) + \alpha v_i(x) + w_i(x))}{\delta}$$

返回 $\boldsymbol{\pi} = (A, B, C)$。

- **QAP 的基于配对的 NIZK 证明**

下面给出 QAP 的基于配对的 NIZK 证明。考虑关系生成器 $\mathfrak{R}$，给出关系的表示：

$$R = (p, G_1, G_2, G_T, e, g, h, \ell, \{u_i(X), v_i(X), w_i(X)\}_{i=0}^{m}, t(X))$$

其中，$|p| = \lambda$。在域 $\mathbf{Z}_p$ 中，陈述为 $(a_1, \cdots, a_\ell) \in \mathbf{Z}_p^{\ell}$，见证为 $(a_{\ell+1}, \cdots, a_m) \in \mathbf{Z}_p^{m-\ell}$，且 $a_0 = 1$，并满足如下等式：

$$\sum_{i=0}^{m} a_i u_i(X) \cdot \sum_{i=0}^{m} a_i v_i(X) = \sum_{i=0}^{m} a_i w_i(X) + h(X) t(X)$$

$h(X)$ 为阶为 $n-2$ 的多项式。

下面给出 NIZK 证明的过程。

步骤 1：$(\boldsymbol{\sigma}, \boldsymbol{\tau}) \leftarrow \mathrm{Setup}(R)$。初始化过程选取 $\alpha, \beta, \gamma, \delta, x \leftarrow \mathbf{Z}_p^*$。定义 $\boldsymbol{\tau} = (\alpha, \beta, \gamma, \delta, x)$，计算 $\boldsymbol{\sigma} = ([\boldsymbol{\sigma}_1]_1, [\boldsymbol{\sigma}_2]_2)$。其中，

$$\boldsymbol{\sigma}_1 = \begin{pmatrix} \alpha, \beta, \delta, \{x^i\}_{i=0}^{n-1}, \left\{ \dfrac{\beta u_i(x) + \alpha v_i(x) + w_i(x)}{\gamma} \right\}_{i=0}^{\ell} \\ \left\{ \dfrac{\beta u_i(x) + \alpha v_i(x) + w_i(x)}{\delta} \right\}_{i=\ell+1}^{m}, \left\{ \dfrac{x^i t(x)}{\delta} \right\}_{i=0}^{n-2} \end{pmatrix}$$

$$\boldsymbol{\sigma}_2 = (\beta, \gamma, \delta, \{x^i\}_{i=0}^{n-1})$$

步骤 2：$\boldsymbol{\pi} \leftarrow \mathrm{Prove}(R, \boldsymbol{\sigma}, a_1, \cdots, a_m)$。证明过程选取 $r, s \leftarrow \mathbf{Z}_p$，计算 $\boldsymbol{\pi} = ([A]_1, [C]_1, [B]_2)$，可得

$$A = \alpha + \sum_{i=0}^{m} a_i u_i(x) + r\delta, \quad B = \beta + \sum_{i=0}^{m} a_i v_i(x) + s\delta$$

$$C = \frac{\sum_{i=\ell+1}^{m} a_i(\beta u_i(x) + \alpha v_i(x) + w_i(x)) + h(x)t(x)}{\delta} + As + Br - rs\delta$$

步骤 3：$0/1 \leftarrow \mathrm{Vfy}(R, \boldsymbol{\sigma}, a_1, \cdots, a_\ell, \boldsymbol{\pi})$。验证过程，解析 $\boldsymbol{\pi} = ([A]_1, [C]_1, [B]_2)$ $\in G_1^2 \times G_2$。验证以下等式是否成立。当且仅当验证通过，才接受证明 $\boldsymbol{\pi}$。

$$[A]_1 \cdot [B]_2 = [\alpha]_1 \cdot [\beta]_2$$
$$+ \sum_{i=0}^{\ell} a_i \left[\frac{\beta u_i(x) + \alpha v_i(x) + w_i(x)}{\gamma} \right]_1 \cdot [\gamma]_2 + [C]_1 \cdot [\delta]_2$$

步骤 4：$\boldsymbol{\pi} \leftarrow \mathrm{Sim}(R, \boldsymbol{\tau}, a_1, \cdots, a_\ell)$。选取 $A, B \leftarrow \mathbf{Z}_p$，计算模拟证明 $\boldsymbol{\pi} = ([A]_1, [C]_1, [B]_2)$，其中

$$C = \frac{AB - \alpha\beta - \sum_{i=0}^{\ell} a_i(\beta u_i(x) + \alpha v_i(x) + w_i(x))}{\delta}$$

Groth16 构造的是一个非交互的零知识证明，它的优点是提供的证明元素少，只需要 3 个；验证简单，具有完美的完备性和零知识性，并实现了计算安全。目前，ZCash、Filecoin、Coda 等项目已经使用了 Groth16 算法。

3.4.4　小结

零知识证明可用于不同的验证场景，以满足人们对数据隐私保护的需求，如：

- 身份认证。假如 Alice 拥有能够表示自己身份的某个秘密信息，其就可以通过证明拥有该秘密信息来向 Bob 证明自己的身份。但在整个证明过程中，Bob 无法获得 Alice 的秘密信息，从而冒充 Alice，也无法向第三方泄露 Alice 的身份。目前比较著名的身份认证方案有 Fiat-Shamir、Schnorr 等。
- 区块链的公开透明特征给人们的数据隐私保护带来了巨大挑战。将零知识证明用于区块链，可为隐私数据带来有效保护。零知识证明可以使得区块链在不泄露个人信息的情况下完成身份验证、达成金融协议等。

如表 3-15 所示，在对零知识证明的研究中，涌现出了许多零知识证明的开源算法库，如 libsnark、bellman、EthSnarks 等。

表 3-15　开源算法库

项目（库）	简　　介	编程语言	支持方案	访问地址
libsnark	libsnark 实现了 zk-SNARK 方案。该库主要实现了三部分内容：（1）通用证明系统。（2）小工具库（gadgetlib1 和 gadgetlib2），用于从模块化小工具类构建 R1CS 实例。（3）应用示例。目前该库应用在 zcash 等项目中	C++	Groth16、BCTV14a、DFGK14 等	在 GitHub 网站下访问/scipr-lab/libsnark
bellman	bellman 用于构建 zk-SNARK 电路的库。它提供电路接口、基础结构以及基本电路实现，如布尔和数值抽象	Rust	Groth16	在 GitHub 网站下访问/zkcrypto/bellman/
EthSnarks	EthSnarks 是 zk-SNARK 电路和支持库的集合，应用于以太坊的智能合约中，旨在帮助我们解决 zk-SNARK 在以太坊上面临的问题：实现 zk-SNARK 在桌面、移动端和浏览器之间的轻量级、跨平台运行，并显著减少证明耗时	C++	Groth16	在 GitHub 网站下访问/HarryR/ethsnarks
gnark	gnark 是一个快速的 zk-SNARK 库，提供了一个友好的 API 来生成电路	Go	Groth16 等	在 GitHub 网站下访问/ConsenSys/gnark

此外，ZoKrates 是以太坊上的 zk-SNARK 工具箱。该工具箱是一个概念性的证明实现，尚未进行生产测试，但将 ZoKrates 提供的插件加载到 Remix（Remix 既是编辑器，也是编译器）中，可以开发 zk-SNARK 应用。

3.5　不经意传输

不经意传输（Oblivious Transfer，简写为 OT）协议也被称为茫然传输协议。它是多方安全计算中的一个特别重要的密码学原语，也是构建很多其他原语和协议的基础工具。通过不经意传输协议（以下简称"不经意传输"），我们可以构造混淆电路、零知识证明、乘法三元组等，也可以构造隐私求交、隐私信息检索等隐私计算协议。本节首先以基础的 OT_2^1（2 取 1 的不经意传输）为例介绍不经意传输的算法基本原理，再以此为基础讨论不经意传输算法的改进，包括随机不经意传输和不经意传输扩展的基本原理。最后，3.5.4 节的小结部分会简要介绍与不经意传输相关的开源库和不经意传输本身的发展、应用。

3.5.1　基本介绍

不经意传输的实现通常基于非对称加密算法[135]。不经意传输最早是由 Michael Rabin 在 1981 年提出，并使用 RSA 公钥算法构造的。发送方持有一条私密消息 s，在与接收方执行协议后，实现的效果为接收方以 1/2 的概率获得私密消息 s。在此过程中，接收方能够确认是否成功获取了私密消息 s，而发送方无法确定接收方是否成功获得了私密消息 s。

此后，不经意传输出现了多种形式：1985 年 Shimon Even 等人提出了 OT_2^1（2 取 1 的不经意传输）协议[136]；1989 年 Mihir Bellare 提出了非交互式的 OT_2^1 协议[137]，简称 Bellare 协议；2001 年，Moni Naor 等人提出了与 Bellare 协议相比，在计算代价、通信代价方面均有所改善的 OT_2^1 协议[138]。以上三种 OT_2^1 协议是最为典型的 OT_2^1 协议，后来很多的不经意传输协议都是在这三种协议的基础上发展起来的。

2 取 1 的不经意传输通常可以表述如下：发送方 Alice 拥有两条消息：(x_0, x_1)。在每次传输时，接收方 Bob 拥有选择比特 i（$i \in \{0,1\}$）。2 取 1 的不经意传输使得接收方 Bob 只能根据选择比特 i，学习到 x_0 或者 x_1，而发送方 Alice 无法了解关于接收方选择的选择比特 i 的任何信息。相关流程如图 3-28 所示。

图 3-28　2 取 1 的不经意传输（1-out-of-2 OT）流程

2 取 1 的不经意传输理论上是普适的，即给定一个 2 取 1 的不经意传输，我们可以执行任何的安全两方计算操作。一个标准不经意传输（为和不经意传输扩展做区分，我们通常也称该协议为基础不经意传输协议）应该达到以下三个目标：

- 接收方得到 x_i 的值；
- 接收方不知道 x_{1-i} 的值；
- 发送方不知道接收方接收到的是 x_i 值。

现在，以 1989 年 Mihir Bellare 在文章 *Non-interactive oblivious transfer and applications* 中提出的基础 OT_2^1 协议为例[139]。简单来说，其算法思想如下。接收方向发送方发送两个公钥，接收方只拥有与两个公钥之一对应的一个私钥，并且发送方不知道接收方有哪一个公钥的私钥。之后，发送方分别对它们对应的两个消息加密，并将密文发送给接收方。最后，接收方使用私钥解密目标密文。协议的基本原理和流程如下。

1. 协议概述

协议输入：接收方所选的数据下标 i，以及发送方的数据 x_0、x_1；协议输出：接收方接收的数据 x_i。

2. 预备知识

所有的数据操作都在一个以 g 为生成元的循环群 $\mathbf{Z}_q$ 上进行，因此符合 Diffie-Hellman 假设：给定一个群中的两个元素 g^x 和 g^y，且不知道 x 和 y 的值，计算 g^{xy} 是困难的。为简化表述，本算法中的数学计算均可被理解为 $\mathrm{mod}\ p$ 上的运算，即 $g^x\ \mathrm{mod}\ p$ 均简写为 g^x。

3. 参数初始化

发送方随机选择一个域中的元素 $C \in \mathbf{Z}_p{}^*$，并将其发送给接收方。

4. 协议流程

具体流程如下。

（1）接收方选择 $i \in \{0,1\}$，生成一个随机整数 $x_i \in \{0, \cdots, p-2\}$，令 $\mathrm{PK}_i = g^{x_i}$，$\mathrm{PK}_{1-i} = C \cdot (g^{x_i})^{-1}$。此时，接收方就拥有公钥 $(\mathrm{PK}_0, \mathrm{PK}_1)$ 和私钥 (i, x_i)。

（2）发送方收到接收方发送的公钥 $(\mathrm{PK}_0, \mathrm{PK}_1)$，并生成两个随机数 r_0、$r_1 \in \mathbf{Z}_q$。随后通过如下步骤对消息 s_0 和 s_1 进行加密，生成密文 $E_0 = \langle g^{r_0}, H(\mathrm{PK}_0^{r_0}) \oplus s_0 \rangle$，$E_1 = \langle g^{r_1}, H(\mathrm{PK}_1^{r_1}) \oplus s_1 \rangle$，最终将 E_0、E_1 发送给接收方。

（3）接收方计算 $H((g^{r_i})^{x_i})$，并利用计算得到的值对 E_i 进行解密，得到 s_i。

就上述协议，根据不经意传输要达成的三个目标，分析如下。

- 发送方不知道接收方选择的值 i：由于发送方得到的唯一信息是一个域上的随机元素 PK_i、PK_{1-i}，他无法从中获取任何关于接收者所选数据 i 的任何信息。

- 接收方不知道 x_{1-i} 的值：由于 C 是由发送方随机生成的，接收方只能对 $\mathrm{PK}_i = g^{x_i}$、$\mathrm{PK}_{1-i} = C \cdot (g^{x_i})^{-1}$ 这两个方程中的一个高效求解，因此接收方无法同时计算 $\mathrm{PK}_0^{r_0}$ 和 $\mathrm{PK}_1^{r_1}$ 的数值。此外，由于随机神谕 H 的随机性，接收方无法在不知道 $\mathrm{PK}_0^{r_0}$、$\mathrm{PK}_1^{r_1}$ 的情况下同时对 E_0 和 E_1 进行解密。

- 接收方得到 x_i 的值：倘若接收方选择的数据为 x_0（即 $i = 0$），那么

$PK_0 = g^{x_0}$，此时 $H(PK_0^{r_0}) = H((g^{r_0})^{x_0}) = H((g^{x_0})^{r_0})$，接收方能够得到利用他收到的 g^{r_0} 和随机选择的 x_0 对 E_0 进行解密，得到 s_0。同样地，倘若 $i = 1$，则 $PK_0 = C \cdot (g^{x_1})^{-1}$，$PK_1 = g^{x_1}$，接收方可以按同样的逻辑对 E_1 进行解密，以得到 s_1。

OT_2^1 协议只涉及两条消息，许多研究人员又提出了比 OT_2^1 用途更广泛的 OT_n^1 协议。OT_n^1 协议除了可以调用 OT_2^1 协议来实现之外，也可以根据密码学假设直接设计。Gilles Brassard 等人在 1986 年给出了 n 取 1 的不经意传输协议的概念。目前 Moni Naor[33]提出的 OT_n^1 协议是这类协议中最为高效的。

由于不经意传输一般基于非对称加密算法实现，Russell Impagliazzo[135]等人也通过理论证明了，不经意传输无法使用快速和廉价的加密（例如 Random Oracle）来实现。非对称加密算法的计算成本高，因此在实际情况中，大量使用不经意传输的场景会消耗很多的计算资源。针对这样的问题，有两条主流的改进思路：一是预计算，即在未知输入的情况下，离线生成备用的数据，这部分主要使用随机不经意传输（Random Oblivious Transfer，简写为 ROT）的协议变体；二是不经意传输扩展（Oblivious Transfer-Extension，简写为 OT-Extension），也就是使用少量的基础不经意传输，经过变换扩展而成为大量的不经意传输。下面将具体介绍这两种改进思路。

3.5.2　随机不经意传输

假设发送方 Alice 要与接收方 Bob 进行随机不经意传输的交互，如图 3-29 所示。在一个标准不经意传输（标准 OT，也即基础不经意传输/基础 OT）中，发送方通常有确定的两条输入信息 m_0 和 m_1，接收方有确定的选择比特 c（0 或 1），并在执行完不经意传输后获得对应的消息 m_c。

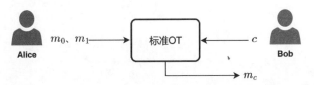

图 3-29　标准不经意传输的流程

如图 3-30 所示，随机不经意传输（Random OT）有别于标准不经意传输，其发送方和接收方通过随机不经意传输来交互，发送方生成两条信息 m_0 和 m_1，接收方生成选择比特 c（0 或 1）以及对应的消息 m_c[139-141]。

图 3-30　随机不经意传输的流程

关于将随机不经意传输转化为标准不经意传输，Beaver 最先给出了去随机化的技巧[142]。这简要概括为发送方使用随机不经意传输生成的两条信息作为密钥，加密实际要传输的信息，接收方使用生成的对应选择比特的消息解密，从而得到发送方实际要传输的两条信息中的某一条信息。下面我们分步骤来介绍随机不经意传输的具体流程。

如图 3-31 所示，在离线阶段，发送方和接收方通过随机不经意传输（Random OT）生成信息对，发送方生成 $m_0^\$$、$m_1^\$$，接收方生成选择比特 $c^\$$ 和对应的消息 $m_{c^\$}^\$$。

图 3-31　离线阶段的数据准备

如图 3-32 所示，在线阶段发送方和接收方的具体流程如下。

（1）当发送方和接收方有明确的输入时，假设发送方要发送 m_0 和 m_1，接收方有确定的选择比特 c，接收方向发送方传输随机不经意传输生成的选择比特以及确定选择比特的异或值 $d = c \oplus c^\$$。即当 $c = c^\$$ 时，$d = 0$；当 $c \neq c^\$$ 时，$d = 1$。

（2）发送方在收到接收方发送来的 d 后，使用 $m_d^\$$ 加密 m_0，使用 $m_{1\oplus d}^\$$ 加密 m_1。代入具体的数值，即当 $c = c^\$$ 时，使用 $m_0^\$$ 加密 m_0（$x_0 = m_0^\$ \oplus m_0$），使用 $m_1^\$$ 加密 m_1（$x_1 = m_1^\$ \oplus m_1$）；当 $c \neq c^\$$ 时，使用 $m_1^\$$ 加密 m_0（$x_0 = m_1^\$ \oplus m_0$），使用 $m_0^\$$ 加密 m_1（$x_1 = m_0^\$ \oplus m_1$）。

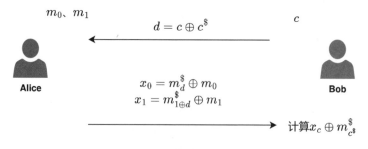

图 3-32　在线阶段的交互流程

（3）接收方在收到密文后，使用 $m_c^{\$}$ 解密对应的密文，计算 $x_c \oplus m_{c^{\$}}^{\$}$ 。因为 $d = c \oplus c^{\$}$ ，代入上述公式，即计算 $x_c \oplus m_{c \oplus d}^{\$}$ ，使用 x_c 对应的密钥解密，从而求得对应的 m_c 。

以上过程使用 Mihir Bellare 的去随机化的技巧，在离线阶段进行高计算开销的随机不经意传输的计算，在线阶段通过使用离线阶段生成的数据对实际要发送的消息进行加密，即进行效率较高的异或运算，从而提升不经意传输的整体计算速度。这里需要注意的是，对于使用这种方式构造的随机不经意传输预计算生成的数据，出于安全方面的考虑，我们仅能采用一次一密的方式，在完成一次加密后就需要丢弃，下一次取用新的随机不经意传输的数据。

3.5.3 不经意传输扩展

在现实应用中，需要生成大量的不经意传输实例。例如，采用前面的随机不经意传输的方式，就需要在离线阶段生成大量的随机不经意传输实例以备使用。前面讨论的不经意传输都是针对单比特的不经意传输，即需要每一个比特均进行选择和处理，且非对称加密的操作效率低。这些因素都影响了协议的实用性。针对此类问题，研究者们一直在进行相关的探索。

Mihir Bellare 最早在 1996 年提出了不经意传输扩展协议[140]。其基本思想是，使用代价低廉的对称加密的操作加上少量的不经意传输实例，实现大量不经意传输实例的效果。Mihir Bellare 使用姚氏混淆电路构造了不经意传输扩展，但是效率不高。

在 2003 年的美密会上，Yuval Ishai、Joe Kilian、Kobbi Nissim 和 Erez Petrank 共同发表了 *Extending Oblivious Transfers Efficiently*[13]，给出了一种不经意传输扩展的思路——IKNP 协议。该协议使用少量的基础不经意传输作为种子，通过矩阵的变换和对称加密的技巧，生成可供使用的大量不经意传输实例。它是第一个高效的不经意传输扩展协议。这一协议也成为后续诸多不经意传输扩展协议的基础。下面介绍 IKNP 协议的基本原理和步骤。

（1）如图 3-33 所示，接收方 Bob 生成初始化的选择矩阵。假设接收方 Bob 有选择向量 r，将选择向量作为列，并复制扩展为初始化矩阵 T_0。

（2）接收方 Bob 生成两个秘密分享矩阵，Bob 随机生成矩阵 T，并通过步骤（1）中生成的初始化选择矩阵生成秘密分享的矩阵 T'，使得 $T \oplus T' = T_0$，如图 3-34 所示。为了便于读者观察和理解，根据异或计算的性质，图 3-34 中将秘密分享矩阵 T' 与另一个秘密分享矩阵 T 相反的位置进行了标红。

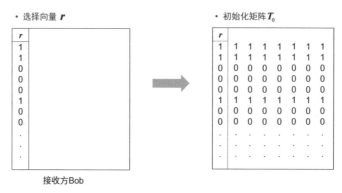

图 3-33　接收方 Bob 生成初始化的选择矩阵

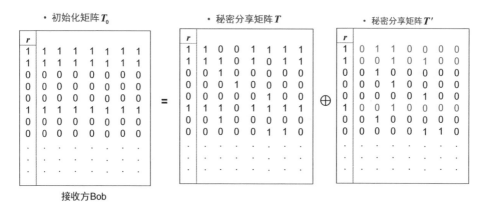

图 3-34　接收方生成两个秘密分享矩阵

（3）发送方与接收方进行列的基础不经意传输操作。发送方 Alice 生成随机的字符串 $s(s_1,s_2,\cdots,s_n)$，并与接收方 Bob 进行每一列的基础不经意传输操作。如果字符串 s 的当前比特 s_i 为 0，则选择矩阵 T 的列 t^i；当 s_i 为 1 时，则选择矩阵 T' 的列 t'^i。

（4）如图 3-35 所示，发送方按照步骤（3）逐列生成矩阵 Q。从列的维度看，当 $s_i=0$ 时，$q^i=t^i$；当 $s_i=1$ 时，$q^i=t'^i$。

（5）如图 3-36 所示，从行的维度看，当 $r_i=0$ 时，根据 $\oplus$ 的性质，$t_i=t'_i$，所以无论 s_i 为 0 还是 1，均有 $q_i=t_i$；当 $r_i=1$ 时，$t_i=\sim t'_i$。对于这一行的每一比特来说，当 $s_i=0$ 时，该比特从 t_i 行获取；当 $s_i=1$ 时，该比特从 t'_i 行获取。因此，可归纳出：

$$q_i=\begin{cases}t_i & r_i=0\\ t_i\oplus s & r_i=1\end{cases}$$

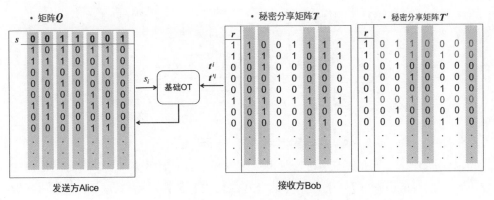

图 3-35　发送方生成矩阵 $\boldsymbol{Q}$

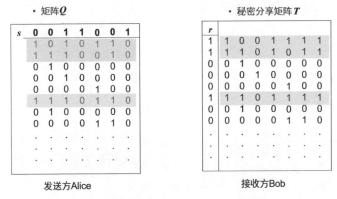

图 3-36　矩阵 $\boldsymbol{Q}$ 和矩阵 $\boldsymbol{T}$ 的对比图

（6）将我们在步骤（5）中观察到的规律，简化抽象为如图 3-37 所示的流程。即通过 IKNP 协议，根据接收方 Bob 的选择向量 $\boldsymbol{r}$，Bob 端收到了 $\boldsymbol{t}_i$，Alice 端收到了 $\boldsymbol{q}_i$。

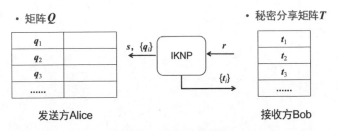

图 3-37　协议抽象流程

（7）如图 3-38 所示，Alice 在逐行收到了 $\boldsymbol{q}_i$ 组成矩阵 $\boldsymbol{Q}$ 后，利用 $\boldsymbol{s}$，计算 $\boldsymbol{q}_i \oplus \boldsymbol{s}$，可得到变换矩阵 $\boldsymbol{Q}'$。

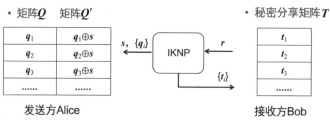

图 3-38 计算变换矩阵

（8）如图 3-39 所示，发送方对矩阵 Q 的每一行 q_i 计算 $q_i \oplus s$，得到变换后的矩阵 Q'。根据步骤（7）中归纳出的公式，使用 t_i 替换 q_i 后，我们可以很清晰地观察到，经过上述的操作，从行的视角来看，每一行均可以被看作发送方 Alice、接收方 Bob 完成了一次不经意传输实例。

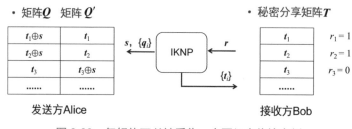

图 3-39 每行均可以被看作一个不经意传输实例

（9）如图 3-40 所示，从安全性的角度出发，发送方 Alice 和接收方 Bob 需要进一步随机化相关数据，以此来破坏每一行重复使用 s 可能导致的关联性。使用相同的随机神谕（Random Oracle）H 来随机化相关的参数，Alice 计算 $H(t_i)$ 和 $H(t_i \oplus s)$，Bob 计算 $H(t_i)$。

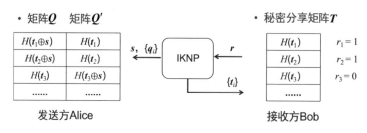

图 3-40 随机化相关数据

（10）如图 3-41 所示，为了便于读者清晰理解过程，将步骤（9）中得到的随机化后的参数进行赋值，令 $m_{1,0} = H(t_1)$，$m_{1,1} = H(t_1 \oplus s)$，以此类推，得到如下所示的行上的清晰视角：即发送方 Alice 每行有两条信息 $m_{i,0}$ 和 $m_{i,1}$。对于接收方 Bob 来说，当 $r_i = 0$ 时，接收的信息为 $m_{i,0}$；当 $r_i = 1$ 时，接收的信息为 $m_{i,1}$。

以上便是不经意传输扩展的具体步骤。从高维度的视角来看，发送方和接收方就瘦高矩阵（λ 列，n 行，n 远大于 λ）进行列上的 λ 个基础不经意传输，在行的视角上就是 n 个扩展的不经意传输实例。整个流程的高维度抽象如图 3-42 所示。

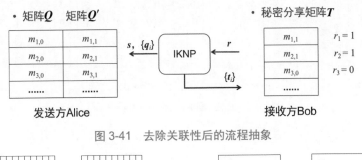

图 3-41　去除关联性后的流程抽象

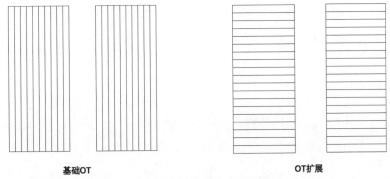

图 3-42　不经意传输扩展流程的高维度抽象

IKNP 是半诚实模型下的不经意传输扩展协议，需要所有的参与方遵守协议的规则，不能对抗有恶意参与者的情况。这里最常见的恶意方是接收方 Bob，如图 3-43 所示。在 $r_i = 0$ 时，根据 $\oplus$ 的性质，$t_i = t_i'$，所以无论 s_i 为 0 还是 1，均有 $q_i = t_i$。此时 Bob 篡改 t_i' 行中的比特，这样就可以通过 Alice 在基础不经意传输中每次选择的行与矩阵 T 当前的行 t_i 中不同的比特数来判定 s_i 的值，Bob 通过每次修改一个比特，逐比特猜测 Alice 的密钥值 s。

针对这样的问题，Keller、Orsini 和 Scholl 于 2015 年的美密会上发表的一致性检查（consistency check）技术对半诚实模型下的 IKNP 协议进行了改进，基本思想如下。

由 q_i、t_i、s 间的关系可以推断出 $q_i = t_i \oplus (R_i \wedge s)$（这里 R 为选择列生成的原始矩阵，R_i 为 R 的行）。由于所有矩阵的每一行均满足上述关系，因此：

$$\left(\underset{i \in C}{\oplus} q_i\right) = \left(\underset{i \in C}{\oplus} t_i\right) \oplus \left(\underset{i \in C}{\oplus} R_i\right) \wedge s$$

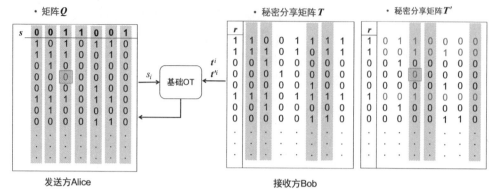

图 3-43　Bob 篡改 t'_i 行中的比特（bit）

校验的过程如下：发送方 Alice 向接收方 Bob 发送随机的矩阵行数全集的子集 C，接收方根据子集 C，计算 $t^* = \bigoplus_{i \in C} t_i$，$R^* = \bigoplus_{i \in C} R_i$，发送方 Alice 进行 $(\bigoplus_{i \in C} q_i) = (\bigoplus_{i \in C} t_i) \oplus (\bigoplus_{i \in C} R_i) \wedge s$ 的公式校验。

以上介绍的不经意传输协议都是 2 取 1 的不经意传输扩展协议。在实际使用 2 取 1 的不经意传输扩展协议时，只能单比特逐一进行不经意的传输，因此业界又将 2 取 1 的不经意传输扩展协议推广到 n 取 1 的不经意传输扩展协议。例如，Vladimir Kolesnikov 和 Ranjit Kumaresan 在 2013 年的美密会上发表的 KK13 方案[14]。其主要思想如下：接收方原本构造原始矩阵 R 时，直接将选择向量 r 进行了重复编码。KK13 方案使用了不同的错误纠正码（error-correcting code）来生成矩阵 R，从而将协议扩展为 n 取 1 的不经意传输扩展协议。

3.5.4　小结

不经意传输是多方安全计算中最基础、最核心的密码学原语，它的安全性和效率的提升对隐私计算的落地应用有着重要意义。目前的一些热点问题及其研究方向如下：

（1）在不经意传输算法的安全性方面，最初的基础不经意传输都是在半诚实模型下构建的，无法对抗恶意模型的攻击。目前很多学者都提出了对抗恶意模型攻击且效率较高的算法，但是这些算法只对参与方的输入隐私进行了保护，无法保证最终执行结果的正确性。目前不经意传输算法大多依赖于随机神谕假设，存在一定的安全隐患。

（2）目前大多数的不经意传输都是基于传统的密码体制提出的，但随着量子计算机高效破解离散对数困难问题和大整数因子分解困难问题的方案出现，量子不经意传输也逐渐成为一大重要研究方向。

（3）通信复杂度问题：一方面，在不经意传输中，接收方最终只持有 n 条消息中的某一条，但需要发送方必须发送所有的信息，这势必会造成计算量的增加、带宽的高消耗；另一方面，已知的不经意传输都要求公钥操作、模指数运算，随之而来的就是计算复杂度高、效率低、带宽消耗大，并且很可能造成许多应用的运行瓶颈。

（4）目前普遍存在的分布式不经意传输，存在以下两个方面的不足：一方面，一般情况下，在一次协议中，我们无法得知每个代理服务器到底与其他多少个代理服务器交互过，如果不能控制代理服务器得到了多少个子秘密，即使协议本身安全，发送方的安全也无法保障；另一方面，为了便于进行安全性分析，我们通常假定所有的代理服务器都是半诚实的；但如果存在某些恶意的代理服务器，可能会对协议的安全造成威胁。

不经意传输作为基础的隐私计算的算子，一般相关的开源库都会有不经意传输的实现。本节给出了目前 GitHub 上星数较多的不经意传输的单独开源库，如表 3-16 所示，以供读者参考。

表 3-16　不经意传输的开源库列表

项目（库）	简　　介	编程语言	支持方案	访问地址
libOTe	基于 C++14 实现的快速、可迁移的不经意传输的库，设计和实现的目标在于高性能和易用。其包含了半诚实、恶意模型下 2 取 1、n 取 1 等 OT 算子的实现	C++	IKNP、KKRT、KOS 等	在 GitHub 网站下访问/osu-crypto/libOTe
emp-ot	包含目前最先进的 OT 实现。该库中包含两个基础 OT，以及 IKNP 和 Ferret 两个 OT 扩展协议。该库支持安全参数的可配置	C++	IKNP、Ferret	在 GitHub 网站下访问/emp-toolkit/emp-ot
simplest-oblivious-transfer	该库选取了目前最简单、最高效的 n 取 1 的不经意传输进行了实现	Python	n 取 1 OT、DH	在 GitHub 网站下访问 archit-p/simplest-oblivious-transfer
yacl	它是基于 C++ 实现的密码工具库，是隐语这个开源框架依赖的底层库，实现了基础 OT、IKNP、KKRT 等 OT 扩展协议	C++	基础OT、IKNP、KKRT 等	在 GitHub 网站下访问/secretflow/yacl
SpOT-PSI	基于论文 *SpOT-Light: Lightweight Private Set Intersection from Sparse OT Extension* 实现的 PSI 和 OT 协议，引用了 libOTe 作为基础库	C、C++	IKNP、KKRT、KOS 等	在 GitHub 网站下访问/osu-crypto/SpOT-PSI

第 4 章
隐私计算协议及其应用

数字化时代，我们的生活充斥着各种各样的电子数据。上下班时，我们刷电子交通卡乘坐公交或地铁；午餐时，选了一份卤肉饭套餐并扫码付款；网上订购的啤酒总是某某品牌；喜欢周末骑共享单车穿行在大街小巷……这些数据包含了我们的个人信息、交易记录、偏好和习惯等，涉及方方面面的个人隐私，对我们的生活产生了重要的影响。随着数字化、信息化的不断扩展和延伸，数据种类持续增多，数据规模叠加增长，数据隐私保护问题也变得复杂且紧迫。

在传统的数据分析和处理过程中，数据通常是以明文形式流转的，这意味着任何人都可以直接访问和使用这些资源。然而，随着隐私保护意识逐渐增强、数据安全法规日趋完善，我们需要一种更加安全可靠的方式来处理这些明文数据，以保护我们的隐私和敏感信息。

隐私计算就是为了解决上述问题而诞生的一种非常重要的技术，它不仅能够对数据进行加密处理，使得数据在不泄露隐私信息的前提下进行各种计算和分析，还能在不暴露原始数据的条件下，实现数据的共享、分析、挖掘和应用。

隐私计算的应用领域非常广泛，涉及隐私信息检索、隐私集合求交、联合计算分析和隐私保护机器学习等方向。在这些具体的实践中，隐私信息检索是一种基础应用。例如，在医疗领域中，研究人员需要访问大量的医疗数据进行研究分析，但是这些数据包含患者的敏感信息，不能直接公开。通过隐私信息检索技术，研究人员可以在不暴露患者隐私的前提下，获取所需数据。

另外，隐私集合求交和联合计算分析也是隐私计算技术的重要应用。在这些应用中，多个数据持有者可以通过隐私计算技术，将数据加密处理后，共同参与非明文状态下的数据计算分析，在获得正确的计算结果的同时，也能够保护各自的隐私信息。

最后，隐私保护机器学习是近年来隐私计算技术的热门应用之一。在传统的机器学习中，数据需要以明文形式输入到算法模型中进行训练和学习，这可能导致隐私侵犯和数据泄露。通过隐私保护机器学习技术，我们可以在不暴露原始信息的条件下，进行模型训练和机器学习，从而保护数据隐私和信息安全。

在数字化时代，隐私计算技术会愈发受到重视，成为数据安全和隐私保护的关键技术之一。

本章主要介绍隐私信息检索、隐私集合求交、联合计算分析，以及隐私保护机器学习等隐私计算协议及相关实践案例。

4.1　隐私信息检索

隐私信息检索又称私有信息检索[143]（Private Information Retrieval，简写为 PIR），业界也称为隐匿查询、匿踪查询等。隐私信息检索是指为保护查询方隐私，隐藏被查询对象的关键词等敏感信息，而数据所有方能够提供与查询条件匹配的结果，但却无从知晓具体的被查询对象。简而言之，服务方不知道查询方的检索内容，但并不影响检索的有效性。隐私信息检索是多方安全计算的重要研究领域，基于隐私信息检索技术的数据安全查询，可衍生出金融、政务、商业及军事等诸多领域的数据保护应用。

1. 医疗领域

医疗疾病通常被视作患者的隐私信息，而患者为了求医寻药，通常会利用互联网资源搜索相关内容，存在隐私泄露的风险。隐私信息检索技术能够为患者提供医疗查询服务的同时，保护患者的查询请求内容。

2. 电子商务

随着互联网技术的发展和普及，网络交易活动日益频繁，服务商利用用户的检索信息进行商品推销或推广、人物画像分析等操作，虽然带来了方便，但也存在用户隐私泄露的风险。利用隐私信息检索技术，可以保护用户的检索内容，从而避免或减少服务商利用用户搜索内容进行的数据挖掘行为。

3. 知识产权

在正式申请知识产权（如发明专利等）前，发明人通常会在相关专利信息系统中检索其发明内容的关键字，以判断其发明是否已被申请，而正是这样的检索行为，存在知识产权相关内容泄露的风险，有可能被他人利用并抢先申请专利，造成难以挽回的损失。利用隐私信息检索技术，能够保护发明人的检索内容，降低知识产权的外泄风险，有助于保护发明人的合法权益。

综上所述，隐私信息检索的常见应用场景模型如图 4-1 所示。

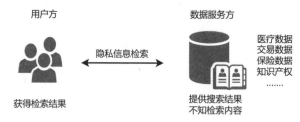

图 4-1　隐私信息检索基本模型

用户方通常指想要获得查询结果的数据服务使用者，数据服务方提供数据查询和结果返回服务。对于传统的数据查询服务，数据服务方能够获知用户方的查询条件和结果，造成用户隐私泄露。而隐私信息检索既能正确提供查询结果（但又不知提供的结果内容），又能对用户的查询条件保密，也即数据服务方在不知晓查询条件和查询结果的情况下，提供正确的查询服务。

常见的隐私信息检索技术实现有：基于不经意传输、基于同态加密、基于拉格朗日插值多项式等，下面将逐一讲解。

4.1.1　使用不经意传输构建隐私信息检索

利用不经意传输构建隐私信息检索是常见的 PIR 技术手段。本书第 3 章已介绍了不经意传输的基本原理，在此不再赘述。

基于不经意传输实现的隐私信息检索，主要是利用该原语的发送方无法获知己方发送内容，而接收方能够正确获取所需内容的特点，实现隐私信息检索[144-147]。信息检索意味着要从众多数据中选取所需内容，因此通常采用的是 n 选 1 不经意传输协议（1-out-of-n OT）[148-150]。

本节将重点介绍隐私信息的检索过程，所以简化不经意传输算法细节，选取基于非对称加密算法的不经意传输原语，便于对整个协议的描述和理解，对于其他类型的不经意传输原语，隐私信息检索的原理是类似的，只不过不同的不经意传输算法的实现方式不同，需根据其交互细节设计隐私信息检索方案。

基于不经意传输的隐私信息检索流程如下（整个过程如图 4-2 所示）。

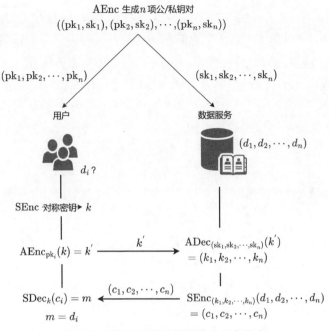

图 4-2　基于不经意传输的隐私信息检索

（1）数据服务方有 n 项可供检索的数据 $(d_1, d_2, \cdots, d_n)$，利用非对称加密算法 AEnc（如 RSA 或 SM2 加密算法，具体详见第 2 章），生成 n 对不同的公/私钥：

$$((pk_1, sk_1), (pk_2, sk_2), \cdots, (pk_n, sk_n))$$

（2）将 n 个私钥 $(sk_1, sk_2, \cdots, sk_n)$ 发送给数据服务方；n 个公钥 $(pk_1, pk_2, \cdots, pk_n)$ 发送给用户方。

（3）用户方利用某对称加密算法 SEnc（如 AES 或 SM4 加密算法，具体详见第 2 章）生成密钥 k，假设用户方需查询第 i 项数据的内容，则利用 AEnc，并结合其保留的第 i 个公钥 pk_i 加密 k，得到密文 k'，将 k' 发送给数据服务方。

（4）数据服务方利用其保留的 n 个私钥 $(sk_1, sk_2, \cdots, sk_n)$，依次解密 k'，得到 n 个值：$(k_1, k_2, \cdots, k_n)$。

（5）数据服务方利用同样的对称加密算法 SEnc，以 $(k_1, k_2, \cdots, k_n)$ 为密钥，分别对 $(d_1, d_2, \cdots, d_n)$ 逐一进行加密，即利用 SEnc 加密算法，以 k_1 为密钥，对 d_1 进行加密，以此类推，直到用 k_n 对 d_n 完成加密，对应生成的密文为：$(c_1, c_2, \cdots, c_n)$，将 $(c_1, c_2, \cdots, c_n)$ 发送给用户方。

（6）用户方利用 SEnc 对应的解密算法 SDec 和密钥 k，对 $(c_1, c_2, \cdots, c_n)$ 中的第 i 项数据 c_i 解密，得到所需查询的第 i 项数据内容 m。

上述第（1）步中，首先需要明确数据服务方可提供查询的数据范围 $(d_1, d_2, \cdots, d_n)$，非对称加密算法生成的密钥对数 n 需与可查询的数据项个数一致，且 n 对公/私钥均不同。一般情况下，公/私钥对应由第三方生成，并按照第（2）步的要求分发，双方不应同时拥有公钥和私钥，特别是用户方，若同时拥有私钥，则可解密获知 $(d_1, d_2, \cdots, d_n)$ 的所有内容，造成查询结果以外的数据泄露。在第（3）步中，用户方加密所用公钥的索引或序号，必须与其查询内容的索引或序号一致。在第（4）步中，数据服务方解密后的 n 个结果也需与 n 个私钥一一对应，有序保留。在第（5）步中，需对所有的数据 $(d_1, d_2, \cdots, d_n)$ 逐一进行加密，不能仅部分加密，生成的密文也需对应有序。第（6）步仅需解密查询索引或序号对应的密文，无须全部解密。

基于上述 OT 原语的隐私信息检索存在一个前提假设，即用户方已知查询内容的索引或序号（可经双方协商，事先约定索引或序号含义），数据服务方的数据排列顺序不能随意改变，否则可能影响处于隐私信息检索过程的查询内容的准确性。此外，数据服务方可供查询的数据内容若有变动，可能需要与用户方重新对齐公/私钥对和索引序号。用户方选择欲查询数据项 d_i 的方式是在第（3）步中用第 i 个公钥 pk_i 加密 k。整个过程需要使用一种非对称加密算法和一种对称加密算法，能够实现隐私信息检索的关键是第（4）步数据服务方解锁的 n 个对称密钥中，只有一个是用户方生成且拥有的，用该密钥加密的信息能够被用户方正确解密，而事先约定的索引或序号能够保证该密钥加密的信息是用户方所需内容。

上述流程只是为了说明基于不经意传输的隐私信息检索原理，其计算效率和通信效率并不高。如需利用非对称加密算法，对用户方传来的密钥密文进行 n 次解密计算，数据服务方需将 n 项数据全部加密后传输给用户方，当 n 值较大或数据项内容较多时，会给计算成本和通信量带来较大负担。

4.1.2　使用同态加密构建隐私信息检索

利用同态加密构建隐私信息检索也是常见的 PIR 技术手段之一[151-152]。同态加密能够基于密文计算，解密后与对应的明文计算结果一致。本书第 3 章已介绍了同态加密及其基本原理，在此不再赘述。

基于同态加密的隐私信息检索，主要是利用其同态评估，在密文状态下进行计算，计算结果解密后为用户所需内容[153-154]。因此，同态加密算法具体支持的同态评估（如同态加法、同态乘法等）是设计隐私信息检索方案的关键，必须利用算法所支持的同态评估，有针对性地设计计算规则，才能实现在数据保密的前提下，计算得出检索结果[155-156]。

以第 3 章介绍的半同态加密算法 Paillier 为例，该算法支持加法同态和标量乘法同态计算，因此可利用这两种计算模式设计多项式，若读者未阅读第 3 章同态加密的相关内容，在此仅需了解 Paillier 算法支持密文的加法计算、支持密文和明文的乘法计算，即可进行基于密文的一次多项式同态计算，如 $ax+b$。

基于 Paillier 同态加密的隐私信息检索流程如下（整个过程如图 4-3 所示）。

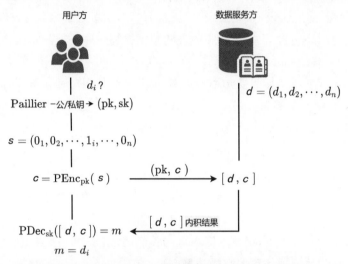

图 4-3　基于 Paillier 同态加密的隐私信息检索流程

（1）数据服务方有 n 项可供检索的数据 $d=(d_1,d_2,\cdots,d_n)$。

（2）用户方根据 Paillier 算法的要求，生成符合安全要求的公/私钥对 (pk,sk)。

（3）假设用户方要检索第 i 项数据 d_i，则用户方需生成一个 n 维向量 $(0_1,0_2,\cdots,1_i,\cdots,0_n)$，其中除第 i 项为 1 外，其余均为 0。

（4）用户方利用 Paillier 算法，采用公钥 pk 对 n 维向量 $(0_1,0_2,\cdots,1_i,\cdots,0_n)$ 的每项分量逐一进行加密，得到 $c=(\mathrm{PEnc}_{\mathrm{pk}}(0_1),\mathrm{PEnc}_{\mathrm{pk}}(0_2),\cdots,\mathrm{PEnc}_{\mathrm{pk}}(1_i),\cdots,\mathrm{PEnc}_{\mathrm{pk}}(0_n))$。

（5）用户方将 Paillier 算法公钥 pk 及第（4）步经加密生成的 n 维密文向量 c 发送给数据服务方。

（6）数据服务方对 n 项可供检索的数据 d 与 n 维密文向量 c 做基于 Paillier 同态评估的向量内积运算。即：

$$[d,c]=d_1\cdot\mathrm{PEnc}_{\mathrm{pk}}(0_1)+d_2\cdot\mathrm{PEnc}_{\mathrm{pk}}(0_2)+\cdots+d_n\cdot\mathrm{PEnc}_{\mathrm{pk}}(0_n)$$

其中，$d_n\cdot\mathrm{PEnc}_{\mathrm{pk}}(0_n)$ 对应 Paillier 标量乘法的同态评估计算算法。

$d_{n-1} \cdot \text{PEnc}_{pk}(0_{n-1}) + d_n \cdot \text{PEnc}_{pk}(0_n)$ 对应 Paillier 加法的同态评估计算算法。将计算结果 $[d, c]$ 发送给用户方。

（7）用户方利用 Paillier 算法，采用私钥 sk 对 $[d, c]$ 的计算结果进行解密，即可获得欲检索的数据 d_i。

上述基于同态加密原语的隐私信息检索与上一节介绍的基于不经意传输的 PIR 存在同样的前提假设，即用户方已知查询内容的索引或序号（可经双方协商，事先约定索引或序号含义），数据服务方的数据排列顺序不能随意改变，否则可能影响处于隐私信息检索过程的查询内容的准确性。此外，数据服务方可供查询的数据内容若有变动，可能需要与用户方重新对齐公/私钥对和索引序号。

用户方选择查询数据项 d_i 的方式是在第（3）步中生成一个 n 维选择向量 $(0_1, \cdots, 1_i, \cdots, 0_n)$，其中除第 i 项为 1 外，其余均为 0。而保护用户方选择内容的处理方式是第（4）步，用 Paillier 算法加密选择向量的每项分量，加密算法因含有随机数，使得生成的密文具有随机性，即便选择向量中的分量仅有一项是 1，其余均为 0，经 Paillier 加密处理后，各分量的密文结果也各不相同，难以从 $(\text{PEnc}_{pk}(0_1), \cdots, \text{PEnc}_{pk}(1_i), \cdots, \text{PEnc}_{pk}(0_n))$ 中判断出哪个密文由 1 加密而得。第（6）步的向量内积运算 $[d, c]$ 是获取查询内容的关键，Paillier 算法支持加法同态和标量乘法同态计算，数据项 d 和加密的选择向量 c 经过向量内积运算后，结合 Paillier 同态评估，所得结果恰好为密文状态的检索结果。

- 根据 Paillier 加法同态：

$$c_1 = g^{m_1} \cdot r_1^n \bmod n^2$$
$$c_2 = g^{m_2} \cdot r_2^n \bmod n^2$$
$$\text{PDec}(c_1 \cdot c_2) = m_1 + m_2$$

- 根据 Paillier 标量乘法同态：

$$\text{PDec}(c^a) = \text{PDec}(g^{am} \cdot r^{an} \bmod n^2) = am$$

则向量内积 $[d, c]$ 转化为对应的 Paillier 同态评估：

$$[d, c] = \text{PEnc}_{pk}(0_1)^{d_1} \cdots \text{PEnc}_{pk}(1_i)^{d_i} \cdots \text{PEnc}_{pk}(0_n)^{d_n}$$

$[d, c]$ 的计算结果为密文状态。又由于：

$$\text{PDec}(\text{PEnc}_{pk}(0_n)^{d_n}) = d_n \cdot 0 = 0$$
$$\text{PDec}(\text{PEnc}_{pk}(1_i)^{d_i}) = d_i \cdot 1 = d_i$$
$$\text{PDec}(\text{PEnc}_{pk}(0_n)^{d_n} \cdot \text{PEnc}_{pk}(1)^{d_i}) = 0 + d_i = d_i$$

因此，$\mathrm{PDec}([d,c]) = 0 + 0 + \cdots + d_i + \cdots + 0 = d_i$。也即数据项 d 和加密的选择向量 c 经向量内积运算后，仅保留了密文状态的查询结果，返回用户方通过私钥解密可得相应的明文。

同态加密的计算开销通常较大且性能不高，但上述基于 Paillier 同态加密的 PIR 方案的通信开销要小于基于不经意传输的 PIR 方案的通信开销，数据服务方无须返回所有数据项的加密结果，仅需返回数据项和加密选择向量的向量内积计算结果即可。

上述同态加密隐私信息检索过程是基于 Paillier 算法特点设计的 PIR 协议，对于其他的同态加密算法，需根据其支持的同态评估设计相应的同态计算多项式，使计算结果符合查询预期。

4.1.3 使用拉格朗日插值构建隐私信息检索

使用不经意传输和使用同态加密构建的隐私信息检索协议需事先获知查询内容的索引或序号（可通过本书介绍的隐私集合求交协议获得，详见 4.2 节），而在实际应用场景中，用户方常常对所要查询内容的索引信息一无所知，若每个用户都与数据服务方交互索引信息，当数据服务方面临海量用户时，索引信息的同步也是一笔不小的开销。那有没有什么好的办法既能避免此类开销，又能保障信息检索的私密性呢？基于拉格朗日插值（Lagrange Interpolation）的关键字（Keyword）隐私信息检索提供了另外一种解决思路，能够利用同态加密和拉格朗日插值多项式实现基于关键字的隐私信息检索[157]。接下来将详述拉格朗日插值多项式及其隐私信息检索协议的构建过程。

1. 插值的概念及其与隐私信息检索的联系

对于常见的自变量与因变量的关系，一般可以通过某函数 $f(x)$ 表示二者之间的变化关系，如速度与路程、价格与需求等，相应的函数表达式比较简单或者能够明确地写出其内在关系的表达式。但也有在很多情况下无法准确地写明变量关系的表达式，只能结合有限的变量观测点及其相应的取值，通过某函数 $f(x)$ 近似地表达二者间的内在规律。

假设函数 $y = f(x)$ 的定义域为 $x \in [a,b]$，且已知互不相同的点 $(x_0, y_0), (x_1, y_1), (x_2, y_2), \cdots, (x_n, y_n)$，若存在函数 $P(x)$，有 $y_i = P(x_i)$，其中 $i = 0, 1, 2, \cdots, n$，则称 $P(x)$ 为插值函数，x_i 为插值节点[158]。求解函数 $P(x)$ 的方法被称为插值法。通过插值法，可以得出恰好穿过二维平面上若干已知插值节点的函数，而平面上经过插值节点的曲线有无穷多条，插值法求出的应是适宜计算使用的其中某一条。$P(x)$ 通常有以下三种分类。

- 若 $P(x)$ 为次数不超过 n 的代数多项式，则称为多项式插值。
- 若 $P(x)$ 为分段多项式，则称为分段插值。
- 若 $P(x)$ 为三角函数多项式，则称为三角插值。

本节重点关注多项式插值。

多项式是数学函数中简单、清晰且最常用的形式，可采用多项式函数近似地拟合所求曲线。已知 $n+1$ 个点 $(x_0, y_0), (x_1, y_1), (x_2, y_2), \cdots, (x_n, y_n)$，可以构造不超过 n 次的多项式方程组：

$$\begin{cases} a_0 + a_1 x_0 + a_2 x_0^2 + \cdots + a_n x_0^n = y_0 \\ a_0 + a_1 x_1 + a_2 x_1^2 + \cdots + a_n x_1^n = y_1 \\ a_0 + a_1 x_2 + a_2 x_2^2 + \cdots + a_n x_2^n = y_2 \\ \qquad\qquad\qquad \vdots \\ a_0 + a_1 x_n + a_2 x_n^2 + \cdots + a_n x_n^n = y_n \end{cases}$$

由于 $x_0, x_1, x_2, \cdots, x_n$ 和 $y_0, y_1, y_2, \cdots, y_n$ 为已知数值，上述方程组是关于未知数 $a_0, a_1, a_2, \cdots, a_n$ 的线性方程组，则有 $\boldsymbol{Ax = b}$：

$$\text{系数矩阵 } \boldsymbol{A} = \begin{pmatrix} 1 & x_0 & x_0^2 & \cdots & x_0^n \\ 1 & x_1 & x_1^2 & \cdots & x_1^n \\ 1 & x_2 & x_2^2 & \cdots & x_2^n \\ \vdots & \vdots & \vdots & & \vdots \\ 1 & x_n & x_n^2 & \cdots & x_n^n \end{pmatrix}$$

$$\text{常数矩阵 } \boldsymbol{b} = \begin{pmatrix} y_0 \\ y_1 \\ y_2 \\ \vdots \\ y_n \end{pmatrix} \qquad \text{未知量矩阵 } \boldsymbol{x} = \begin{pmatrix} a_0 \\ a_1 \\ a_2 \\ \vdots \\ a_n \end{pmatrix}$$

其中 $\boldsymbol{A}$ 为范德蒙矩阵（Vandermonde matrix），x_i 互不相同，$\boldsymbol{A}$ 的行列式 $\det \boldsymbol{A} \neq 0$，则 $a_0, a_1, a_2, \cdots, a_n$ 唯一存在。求解得出 $a_0, a_1, a_2, \cdots, a_n$ 后，可得 $y = P(x) = a_0 + a_1 x + a_2 x^2 + \cdots + a_n x^n$，该函数能够经过所有的已知点 $(x_0, y_0), (x_1, y_1), (x_2, y_2), \cdots, (x_n, y_n)$。

由上可知，经过 $n+1$ 个插值节点的次数不超过 n 的多项式插值函数 $P(x)$ 存在且唯一。

至此，细心的读者可能已经发现插值与信息检索之间的联系。如图 4-4 所示，基于关键字的信息检索通常为 Key-Value 键值对的形式，即一个关键字对应一个检索结果。结合上述插值的概念，x_i 对应关键字，y_i 对应检索结果，$n+1$ 个键值对恰好对应上述 $n+1$ 个点 $(x_0, y_0), (x_1, y_1), (x_2, y_2), \cdots, (x_n, y_n)$。通过插值函数 $P(x)$，可求得关键字 x_i 对应的检索结果 y_i，即利用 $P(x)$ 可实现基于关键字的信息检索。若能用隐私保护技术将 x_i 对数据服务方保密（本节借助 Paillier 同态加密实现关键字的隐私保护），则能实现基于关键字的隐私信息检索。

当 n 较小时，上述方程组可解，但当 n 值较大时，求解上述方程组将是十分困难的。所以需要用其他方法构建插值多项式函数。

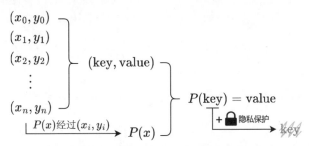

图 4-4　基于插值的隐私信息检索

2. 拉格朗日插值法

18 世纪法国数学家约瑟夫·拉格朗日提出的一种多项式插值法能够较为简便地找出函数 $P(x)$，其核心思想是：对于已知的 $n+1$ 个点 $(x_0, y_0), (x_1, y_1), (x_2, y_2), \cdots, (x_n, y_n)$，分别对每个 x_i 找出一个对应的多项式 $l_i(x), i \in [0, n]$，满足当 $x = x_i$ 时取值为 1，即 $l_i(x)|_{x = x_i} = 1$，而其他非 x_i 取值为 0，即 $l_i(x)|_{x \neq x_i} = 0$，从而有 $y_i l_i(x_i) = y_i$，$y_i l_i(x)|_{x \neq x_i} = 0$。将每个点对应的 $y_i l_i(x)$ 相加，就可得出上述 $n+1$ 个点所对应的拉格朗日插值多项式 $L(x)$，也就是我们所求的插值函数 $P(x)$：

$$L(x) = \sum_{i=0}^{n} y_i l_i(x) = y_0 l_0(x) + y_1 l_1(x) + y_2 l_2(x) + \cdots + y_i l_i(x) + \cdots + y_n l_n(x)$$

显然，当 $x = x_i$ 时，有 $L(x_i) = 0 + 0 + 0 + \cdots + y_i + \cdots + 0 = y_i$。

$l_i(x)$ 的表达式也容易通过其满足的计算特点求得，对于多项式 $f(x) = (x - x_0)(x - x_1)(x - x_2) \cdots (x - x_{i-1})(x - x_{i+1}) \cdots (x - x_n)$，当 $x \neq x_i$ 时，$f(x)$ 取值为 0；当 $x = x_i$ 时，$f(x)$ 取值为 $y_i = f(x_i) = (x_i - x_0)(x_i - x_1)(x_i - x_2) \cdots (x_i - x_{i-1})(x_i - x_{i+1}) \cdots (x_i - x_n)$，因 x_i 与其他插值节点各不相同，$y_i \neq 0$。因此，令：

$$l_i(x) = \frac{f(x)}{y_i}$$

$$= \frac{(x-x_0)(x-x_1)(x-x_2)\cdots(x-x_{i-1})(x-x_{i+1})\cdots(x-x_n)}{(x_i-x_0)(x_i-x_1)(x_i-x_2)\cdots(x_i-x_{i-1})(x_i-x_{i+1})\cdots(x_i-x_n)}$$

$$= \prod_{j=0,\,j\neq i}^{n} \frac{x-x_j}{x_i-x_j}$$

$l_i(x)$ 满足当 $x = x_i$ 时，取值为 1；当 $x \neq x_i$ 时，取值为 0。$l_i(x)$ 为拉格朗日插值基函数，y_i 为拉格朗日插值坐标。$L(x) = \sum_{i=0}^{n} y_i l_i(x)$ 即为拉格朗日插值多项式，且 $L(x)$ 容易整理为如下形式：

$$P(x) = L(x) = a_0 + a_1 x + a_2 x^2 + \cdots + a_n x^n$$

对于 $n+1$ 个已知点 $(x_0, y_0), (x_1, y_1), (x_2, y_2), \cdots, (x_n, y_n)$，结合上述过程，比较容易得出相应的拉格朗日插值多项式。

3. 基于拉格朗日插值多项式的隐私信息检索

在信息检索的环境中，我们将数据服务方的关键字及其相应的检索结果分别看作 x_i 和 y_i，则 $n+1$ 项 Key-Value 键值对 $(x_0, y_0), (x_1, y_1), (x_2, y_2), \cdots, (x_n, y_n)$ 可视为已知点，基于前述内容，可求出其相应的拉格朗日插值多项式 $L(x) = a_0 + a_1 x + a_2 x^2 + \cdots + a_n x^n$。

此外，需借助本书第 3 章介绍的同态加密技术，实现关键字的隐私保护。若读者未阅读第 3 章同态加密的相关内容，在此仅需了解 Paillier 算法支持密文的加法计算、支持密文和明文的乘法计算，可进行基于密文的一次多项式同态计算，如 $ax+b$。因此，适用于拉格朗日插值多项式的密文计算。

基于拉格朗日插值多项式与 Paillier 同态加密的隐私信息检索流程如下（整个过程如图 4-5 所示）。

（1）数据服务方能够提供基于关键字的检索信息：$(x_0, y_0), (x_1, y_1), (x_2, y_2), \cdots, (x_n, y_n)$，其中 (x_i, y_i) 为关键字、检索内容的 Key-Value 键值对。

（2）数据服务方基于 $(x_0, y_0), (x_1, y_1), (x_2, y_2), \cdots, (x_n, y_n)$ 生成相应的拉格朗日插值多项式：$L(x) = a_0 + a_1 x + a_2 x^2 + \cdots + a_n x^n$，以及多项式：

$$K(x) = (x-x_0)(x-x_1)(x-x_2)\cdots(x-x_n)$$
$$= b_0 + b_1 x + b_2 x^2 + \cdots + b_{n+1} x^{n+1}$$

其中，$L(x)$ 的系数向量为 $\boldsymbol{a} = (a_0, a_1, a_2, \cdots, a_n)$，$K(x)$ 的系数向量为

$b = (b_0, b_1, b_2, \cdots, b_{n+1})$。

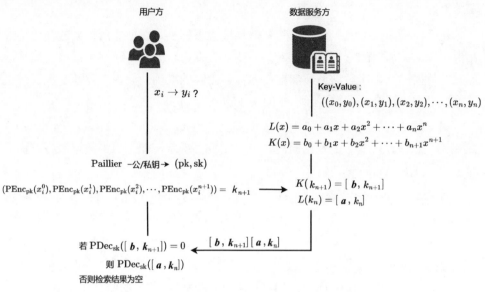

图 4-5　基于拉格朗日插值多项式的隐私信息检索

（3）用户方根据 Paillier 算法要求，生成符合安全要求的公/私钥对 (pk,sk)。

（4）假设用户方需检索关键字 x_i 对应的结果，则利用 Paillier 加密算法及公钥 pk，分别加密 x_i 的 0 次方（即加密数值 1）到 $n+1$ 次方，将所得密文结果按序组成向量，即 $k_{n+1} = (\mathrm{PEnc}_{\mathrm{pk}}(x_i^0), \mathrm{PEnc}_{\mathrm{pk}}(x_i^1), \mathrm{PEnc}_{\mathrm{pk}}(x_i^2), \cdots, \mathrm{PEnc}_{\mathrm{pk}}(x_i^{n+1}))$。用户方将 k_{n+1} 发送至数据服务方。

（5）数据服务方将系数向量 b 与 k_{n+1} 进行基于 Paillier 同态评估的向量内积运算，即

$$[b, k_{n+1}] = b_0 \cdot \mathrm{PEnc}_{\mathrm{pk}}(x_i^0) + \cdots + b_{n+1} \cdot \mathrm{PEnc}_{\mathrm{pk}}(x_i^{n+1})$$

其中，计算项 $b_n \cdot \mathrm{PEnc}_{\mathrm{pk}}(x_i^n)$ 对应 Paillier 的标量乘法同态评估计算。计算项 $b_{n-1} \cdot \mathrm{PEnc}_{\mathrm{pk}}(x_i^{n-1}) + b_n \cdot \mathrm{PEnc}_{\mathrm{pk}}(x_i^n)$ 对应 Paillier 的加法同态评估计算，取 k_{n+1} 的前 n 项，即 $k_n = (\mathrm{PEnc}_{\mathrm{pk}}(x_i^0), \mathrm{PEnc}_{\mathrm{pk}}(x_i^1), \mathrm{PEnc}_{\mathrm{pk}}(x_i^2), \cdots, \mathrm{PEnc}_{\mathrm{pk}}(x_i^n))$，将系数向量 a 与 k_n 进行基于 Paillier 同态评估的向量内积运算，得到：

$$[a, k_n] = a_0 \cdot \mathrm{PEnc}_{\mathrm{pk}}(x_i^0) + \cdots + a_n \cdot \mathrm{PEnc}_{\mathrm{pk}}(x_i^n)$$

数据服务方将 $[b, k_{n+1}]$ 与 $[a, k_n]$ 的计算结果返回给用户方。

（6）用户方利用 Paillier 解密算法和私钥 sk 分别解密 $[b, k_{n+1}]$ 与 $[a, k_n]$ 的计算结果，若 $[b, k_{n+1}]$ 的解密结果 $\mathrm{PDec}_{\mathrm{sk}}([b, k_{n+1}]) = 0$，则 $[a, k_n]$ 的解密结果

$\text{PDec}_{sk}([a, k_n])$ 为检索内容；若 $\text{PDec}_{sk}([b, k_{n+1}]) \neq 0$，则关键字 x_i 不存在对应的检索结果。

基于拉格朗日插值多项式的隐私信息检索不同于本章前面所提到的使用不经意传输和同态加密的方案，用户方无须获知查询内容的索引或序号；改变数据服务方的数据排列顺序后，不影响用户方检索内容的准确性。用户方基于关键字进行检索查询，符合大多数实际场景的使用习惯。

在上述流程的第（2）步中，数据服务方生成多项式 $K(x) = (x - x_0)(x - x_1)$ $(x - x_2) \cdots (x - x_n)$，其目的是判断用户方检索的关键字 x_i 能否命中数据服务方提供的 $n+1$ 项 Key-Value 键值对。

第（5）步相当于数据服务方将用户通过 Paillier 同态加密处理 $(x_i^0, x_i^1, x_i^2, \cdots, x_i^{n+1})$ 得到的密文，代入多项式 $K(x) = b_0 + b_1 x + b_2 x^2 + \cdots + b_{n+1} x^{n+1}$，以及拉格朗日插值多项式 $L(x) = a_0 + a_1 x + a_2 x^2 + \cdots + a_n x^n$ 中，并基于密文计算得到相应结果 $[b, k_{n+1}]$ 与 $[a, k_n]$，因 Paillier 具有加法同态和标量乘法同态评估，适用于上述多项式计算，且基于密文计算的结果解密后，与相应的明文计算结果一致。

在第（6）步中，若 $\text{PDec}_{sk}([b, k_{n+1}]) = 0$，则对应的明文计算为 $K(x_i) = 0$，说明 $x_i \in (x_0, x_1, x_2, \cdots, x_n)$，也即用户检索的关键字 x_i 命中数据服务方提供的 Key-Value 键值对。根据前面介绍的拉格朗日插值多项式的特点，有 $L(x_i) = y_i$，结合同态计算性质，将密文计算结果 $[a, k_n]$ 解密，$\text{PDec}_{sk}([a, k_n])$ 即为关键字 x_i 对应的检索内容。

拉格朗日插值多项式与同态加密计算模式相结合，能够实现基于关键字的隐私信息检索技术。但拉格朗日插值多项式存在一个缺点，即增加插值节点时，需要重新计算相应的多项式。对于关键字频繁变化的场景，可用重心拉格朗日插值（Barycentric Lagrange Interpolation）或牛顿插值（Newton Interpolation）[158]替换拉格朗日插值，以避免重新计算多项式的问题出现。限于篇幅，本书不再详述相关内容，有兴趣的读者可自行拓展学习。

4.1.4 具体案例

本节以医疗数据、电子商务数据、知识产权数据的隐私保护为背景，结合前述基于不经意传输、同态加密，以及拉格朗日插值多项式的隐私信息检索方案，具体说明隐私信息检索的实践应用过程。为便于行文叙述和读者理解，相关场景在不影响正确性的前提下，简化了参数设置，实际应用中的安全参数设置应当非常严格。

1. 医疗数据的隐私信息检索

医疗数据通常包括临床数据、健康数据、生物医学实验数据、运营数据等，医疗数据常被视为隐私数据，特别是与患者健康有关的资料信息。随着医疗数据的不断增加，相应的隐私数据保护问题也不断凸显。因此，医疗数据的隐私保护是医疗行业亟须解决的问题。

对患者而言，通过医疗机构平台或互联网搜索引擎检索与疾病、药品相关的信息是较为常见的场景，而这一举动就会暴露患者隐私。对于未进行隐私保护的搜索场景，数据服务提供方仅需通过关键字的简单组合，便能掌握患者病情和患病程度。而利用基于不经意传输的隐私信息检索技术，可以极大程度地保护用户隐私，避免患者的病情暴露。

如图 4-6 所示，医疗信息平台有疾病和药品信息，患者欲检索与"发热"相关的信息，其相应的索引号为"3"（假设患者已知对应的索引号，或者通过某可信平台能够进行关键字和索引号的转换）。

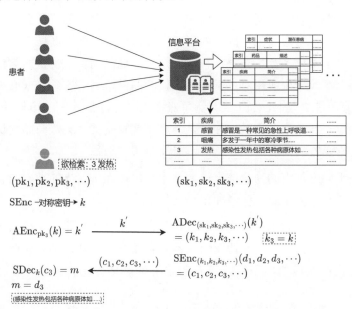

图 4-6 基于 OT 的医疗数据隐私信息检索

利用某公钥加密算法（如 Paillier、RSA、ElGamal、SM2 等，与公钥密码相关的知识详见本书第 2 章）生成与索引数量一致的公/私钥对，患者拥有其中的公钥，信息平台拥有对应的私钥（顺序对应，不能打乱）。患者方用某对称加密算法（如 AES、SM4 等，相关知识详见本书第 2 章）生成密钥 k，同时利用前述公钥加密算法与索引号对应的公钥（见图 4-6 中索引号 3 对应的公钥为 pk_3），加密 k 得到 k'（$AEnc_{pk_3}(k)=k'$），将 k' 发送至信息平台，信息平台利用前述公钥密码算法与全部私钥，逐一解密 k'，得到 $(k_1, k_2, k_3, \cdots)$，因为 k' 为公钥 pk_3 加密所得，相应的私钥 sk_3 解密所得 k_3 其实就是 k，但对于信息平台而言，因为加密结果 k' 具有随机性，只要患者不泄露其索引号或公钥序号，信息平台就无法从 k' 推测出患者检索内容的序号。因此，信息平台不能确定患者的检索内容，这是该方案检索信息隐私保护的关键。随后信息平台利用对称密码算法及密钥 $(k_1, k_2, k_3, \cdots)$，将全部索引号对应的检索结果逐一进行加密，得到 $(c_1, c_2, c_3, \cdots)$，并发送给患者，患者自知索引号（如 3），取出相应序号对应的密文 c_3，用 k 解密，即可得到所需明文。因为其他密文所用加密密钥均不同于 k，且患者除 k 外没有其他对称密钥，所以患者也不能解密其他密文信息，患者获取所需而又不获得额外的信息，信息平台提供服务但不知用户检索信息，实现了信息检索的隐私保护。

2. 电子商务数据的隐私信息检索

随着互联网的普及，网上购物已成为人们日常生活中的一部分，对于一些公司的普通采购，也常通过电子商务的形式开展，或通过网上商城进行价格比对及市场调研。对于市场上竞争充分、替代品众多的商品而言，价格通常较为稳定，而对于市场上竞品较少或相对处于垄断地位的商品，若买家急需或必需的情况被泄露，卖家有可能会临时涨价（或其竞争对手临时降价），不利于市场的公平交易。而买方通过电子商务平台不断地搜索某类产品或特别关注某些商品的价格，会向电商平台暴露买方的需求情况，从而可能泄露买方隐私。

利用基于同态加密的隐私信息检索技术，可以保护买方的搜索内容不被电商平台获取，有利于稳定商品价格和公平交易。

如图 4-7 所示，电商平台有各类商品信息，买方用户正在调研市场上正在销售的服务器的价格，该用户欲搜索服务器 C 的报价，其相应的索引号为"3"（假设买方已知商品对应的索引号，或者通过某可信平台能够进行商品名称和索引号的转换）。

买方利用非对称同态加密算法 Paillier 生成一对公/私钥 (pk,sk)，同时根据己方需求生成选择向量 $s=(0_1, 0_2, 1_3, \cdots)$，若需要查询索引号为 3 的商品报价，则需将选择向量的第 3 项置为 1，其余项为 0。这是选择查询内容的关键，也即需要查第几项，就将选择向量的相应位置取值为 1，其余均为 0。随后利用 Paillier 算法加密选择向量，将加密结果 c 发送至电商平台。电商平台按照索引编号顺序，将相应的检索结果编制为数据向量 $d=(d_1, d_2, d_3, \cdots)=(180000, 200000, 165000, \cdots)$。

若在明文状态下计算向量内积$[d,s]$，则$[d,s]=(0\cdot d_1+0\cdot d_2+1\cdot d_3+0+\cdots)=d_3=$
165000，也即索引号为"3"的服务器 C 的报价。由于 Paillier 同态评估允许在密文状态下进行同态加法和标量乘法运算，因此上述基于明文状态的向量内积运算$[d,s]$等价于密文状态的向量内积运算$[d,c]$，也正是由于同态计算基于密文计算的结果，解密后与相应的明文计算结果一致的特点，$[d,c]$解密后的结果与$[d,s]$的值一致，但由于同态计算是基于密文进行的，因此保护了买方的选择向量明文不被电商平台获取，电商平台只能得到加密后的选择向量，而只要 Paillier 算法的安全参数设置合理，电商平台是很难破解（或破解成本过高）选择向量内容的，由此实现了买方信息检索隐私保护的目的。

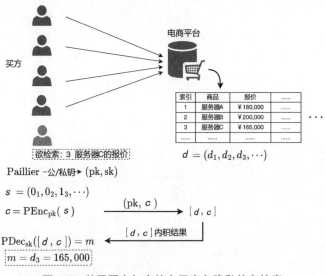

图 4-7 基于同态加密的电子商务隐私信息检索

由上述方案还可看出，此种类型的隐私信息检索方案、同态加密算法与基于密文的计算模式是息息相关的，正是由于 Paillier 算法具有加法同态运算和标量乘法同态运算，所以电商平台端的密文计算模式可以巧妙地利用向量内积求得检索结果。若换成其他同态加密算法，基于密文的向量内积计算方式不一定能达到同样的效果，关键是要利用同态加密算法所支持的同态评估设计相应的密文计算方式。

3. 知识产权数据的隐私信息检索

近年来，随着知识产权保护意识的提高，我国专利申请数量逐年攀升。发明人在申请专利前，通常会在专利网站上检索其发明的关键字，以查询当前相关专利的授权情况，若不存在相关授权专利或已授权专利与其发明内容关联性不大，则有利于发明人的专利授权。但此举有可能暴露发明人的发明内容，由于发明人可能多次向专利网站发送关键字搜索请求，网站能够搜集并分析关键字信息，有可能推测出发明人的研究方向或相关内容。因此，传统的专利查询方式可能存在发明内容泄密的风险，不利于知识产权保护。

利用基于拉格朗日插值多项式的隐私信息检索技术，能够保护发明人检索的关键字不被专利网站获取，有利于发明人的知识产权保护。

如图 4-8 所示，专利网站有各种关键字对应的专利信息，为方便进行关键字检索，将专利信息存储为 Key-Value 形式，如{不经意传输，一种不经意传输……}，{联邦学习，一种联邦学习……}，{同态加密，一种同态加密……}，等等，并可经过某种约定或计算模式，将上述基于文字的键值对转换为基于数字形式的键值对，如 (4,18)、(5,22)、(6,20)，等等，专利网站利用数值型的键值对，计算出相应的拉格朗日插值多项式和关键字判断多项式。假设专利网站有三项检索键值对：(4,18)、(5,22)、(6,20)，分别对应{不经意传输，一种不经意传输……}、{联邦学习，一种联邦学习……}、{同态加密，一种同态加密……}，网站利用数值型键值对计算出拉格朗日插值多项式 $L(x) = -58 + 31x - 3x^2$ 及关键字判断多项式 $K(x) = -120 + 74x - 15x^2 + x^3$（具体计算方法详见 4.1.3 节的内容）。

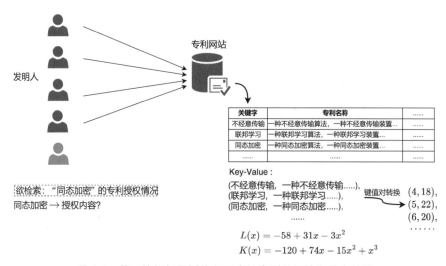

图 4-8　基于拉格朗日插值多项式的专利数据隐私信息检索

如图 4-9 所示，假设发明人欲检索关键字"同态加密"对应的内容"一种同态加密……"，也即在 $(x,y) = (6,20)$ 中的 y 值，发明人需将 6 的 0～3 次幂分别利用 Paillier 同态加密的公钥加密，并将 4 项加密结果发送至专利网站。

专利网站利用 Paillier 加法同态和标量乘法同态评估，基于密文状态计算出当 $x = 6$ 时拉格朗日插值多项式 $L(x)$ 及关键字判断多项式 $K(x)$ 的取值，并将计算结果返回发明人。基于密文状态的计算过程能够保护发明人检索的关键字不被泄露。

发明人利用 Paillier 算法和私钥对 $K(6)$ 的计算结果解密，若为 0，说明命中关键字，则解密 $L(6)$，得到 20，经过数值逆转换，可得相应的明文检索结果"一种同态加密……"。若 $K(6) \neq 0$，则说明网站不存在发明人所搜索的关键字，也无须再解密 $L(6)$。

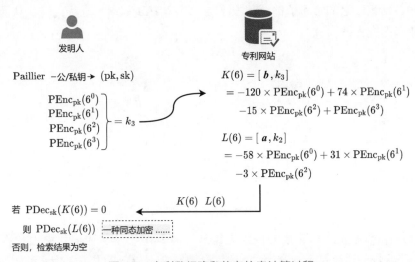

图 4-9　专利数据隐私信息检索计算过程

由上述方案可看出，拉格朗日插值多项式与 Paillier 同态评估也是相辅相成的，若想基于密文状态计算拉格朗日插值多项式，则需用到 Paillier 的加法同态和标量乘法同态。因此，基于关键字的隐私信息检索方案，其多项式的算式结构与同态算法的计算模式是息息相关的。需要根据同态算法设计算式结构，或者根据算式结构，找到合适的同态加密算法。

需要说明的是，上述方案是实际使用过程的极简抽象版，实际的隐私信息检索方案涉及的细节较多，安全参数也需符合相关要求。隐私信息检索也常作为整套隐私计算解决方案中的一个重要组成部分，与其他功能模块也常有交互，方案的安全性取决于整套流程中最薄弱的环节。

4.2　隐私集合求交

隐私集合求交（Private Set Intersection，简写为 PSI）协议允许持有各自集合的两方来共同计算两个集合的交集。在协议交互的最后，一方或是两方应该得到正确的交集，而且不会得到交集以外另一方集合中的任何信息[159-161]。

PSI 协议在隐私计算领域拥有很多实际的应用场景，近年来发展迅速。根据 PSI 的场景需求，很容易想到的一种技术方案是基于朴素哈希（Hash）的方法，如图 4-10 所示，假设 Alice 和 Bob 分别拥有数据集 X 和数据集 Y。Alice 和 Bob 对自己拥有的数据集里的元素分别进行哈希处理，计算出对应的哈希值，Bob 将自己的数据集元素的哈希值的全集发送给 Alice，Alice 逐一进行比对，从而求出两个集合的交集[162]。

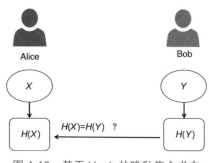

图 4-10　基于 Hash 的隐私集合求交

使用哈希函数计算交集的协议无论从计算效率还是从通信效率上看都比较高，但是这样的协议是不安全的，本方案会泄露 Bob 端的隐私，因为这类协议通常使用公开的哈希函数来计算元素的哈希值，假设集合 X 和集合 Y 的域比较小，例如，均为 10 个数字的电话号码，那么 Alice 只需采用"字典攻击法"，即直接计算上亿个不同组合的电话号码的哈希值，再与 Bob 端发送过来的哈希值进行比较，就可以推断出 Bob 的明文信息。所以使用哈希函数的 PSI 是一类不安全的协议。

为了解决上述问题，学者们进行了很多研究，提出了基于不同算法的 PSI 协议，根据底层的不同算法，常分为基于密钥交换、同态加密和不经意传输三类[163]。接下来详细介绍这三类常见的 PSI 协议的原理。

4.2.1　基于密钥交换协议的隐私集合求交

基于密钥交换协议构建的交集协议，比较著名的包括 Catherine Meadows 等人构建的使用 Diffie-Hellman 密钥交换的 PSI 协议[164]，是 Diffie-Hellman 密钥交换协议在 PSI 协议中的应用，使用该密钥交换协议作为基础来构建 PSI。另一种基于盲签名（例如基于 RSA 公钥体系），这类协议公钥加/解密操作的次数通常与集合大小呈线性关系。

使用密钥交换协议的 PSI 有另一个优点，就是在双方集合大小相差很大的情况下，花销很大的公钥加密操作可以集中在一方进行。为便于理解，这里以基于 Diffie-Hellman 密钥交换的 PSI 算法为例，介绍基本原理。

Diffie-Hellman 密钥交换（以下简称 DH）是密码学中常见的密钥交换的协议，可以让两方在没有任何关于密钥的预先信息的条件下安全地创建一个密钥[164-167]。以下是算法的计算流程。

假设有 Alice 和 Bob 两个数据方，需要在保证安全的前提下协商出一个共同的密钥 K。

（1）Alice 和 Bob 协商出两个参数——素数 q 和整数 a，其中整数 a 是素数 q 的一个原根（原根的定义可参见第 2 章）。

（2）Alice 首先选择一个随机数 $X_A (X_A < q)$ 作为私钥，并计算公钥 $Y_A = a^{X_A} \bmod q$。然后将自己的公钥发送给 Bob。

（3）Bob 同样首先选择一个随机数 $X_B (X_B < q)$ 作为私钥，然后计算公钥 $Y_B = a^{X_B} \bmod q$，并将公钥发送给 Alice。

（4）Alice 和 Bob 根据对方的公钥和本地相关信息，生成共同的密钥 K，Alice 计算 $K = (Y_B)^{X_A} \bmod q$，Bob 计算 $K = (Y_A)^{X_B} \bmod q$，此时相当于 Alice 和 Bob 安全地协商出了一个共同的密钥 K：

$$K = (Y_B)^{X_A} \bmod q = (Y_A)^{X_B} \bmod q = a^{X_A X_B} \bmod q$$

从安全性的角度分析 Diffie-Hellman 密钥交换协议，因为 Alice 和 Bob 各自的私钥 X_A 和 X_B 是保密的，所以敌手能利用的数据只有公开参数素数 q 和整数 a，以及两边的公钥 Y_A 和 Y_B，想要从这些信息计算得到密钥 K，则必须计算出私钥 X_A 或者 X_B，例如，计算 $X_A = \mathrm{ind}_{a,q}(Y_A)$，即由公钥 Y_A 计算出私钥 X_A，这里会涉及离散对数困难问题，由此来保障安全性（离散对数困难问题可参见第 2 章的具体解释）。

基于密钥交换协议来构造 PSI 的流程如下。

如图 4-11 所示，假设有 Alice 和 Bob 两个数据方，Alice 拥有数据 $\{x_1, x_2, x_3, \cdots, x_n\}$ 和密钥 α，Bob 拥有数据 $\{y_1, y_2, y_3, \cdots, y_n\}$ 和密钥 β，希望在保护两端数据集的情况下求得交集。

（1）Alice 首先对数据集进行哈希（H）处理，并使用自己的密钥 α 进行加密 $U_A = (H(x_1))^{\alpha}, (H(x_2))^{\alpha}, (H(x_3))^{\alpha}, \cdots, (H(x_n))^{\alpha}$，然后将加密后的数据集合发送给 Bob。

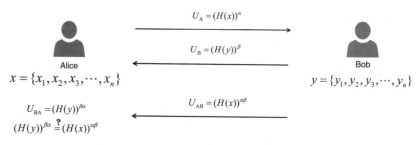

图 4-11 基于密钥交换协议的隐私集合求交

（2）Bob 首先对数据集进行哈希（H）处理，并使用自己的密钥 β 进行加密 $U_B = (H(y_1))^\beta, (H(y_2))^\beta, (H(y_3))^\beta, \cdots, (H(y_n))^\beta$，然后二次加密 Alice 发送来的数据集 U_A，得到 $U_{AB} = (H(x_1))^{\alpha\beta}, (H(x_2))^{\alpha\beta}, (H(x_3))^{\alpha\beta}, \cdots, (H(x_n))^{\alpha\beta}$，最后 Bob 将 U_B 和 U_{AB} 发送给 Alice。

（3）Alice 首先使用自己的私钥对 U_B 进行二次加密，得到 $U_{BA} = (H(y_1))^{\beta\alpha}, (H(y_2))^{\beta\alpha}, (H(y_3))^{\beta\alpha}, \cdots, (H(y_n))^{\beta\alpha}$，然后求出 U_{AB} 和 U_{BA} 的交集，得到最终结果。

从基于密钥交换的 PSI 的算法计算流程里不难看出，算法的核心思想是找到满足明文进行两次加密得到的密文结果一致，且可以交换两次加密顺序的算法。套用 DH 密钥交换的计算流程，在上述流程的实际使用中，Alice 和 Bob 会约定一个素数 q 和整数 a，其中整数 a 是素数的一个原根 q，各自持有私钥 α 和 β，在加密时，使用私钥求明文的幂值并用 q 取模。

基于密钥交换的 PSI 协议通常基于非对称密码算法，对计算资源消耗比较大，因此特别适用于两方数据集数据量较小时（百级）的求交，而通过一些工程实现上的优化，该算法也可以应用到两方数据集数据量非对称（例如百级对百万级）的场景中，这里就充分利用了密钥交换协议的 PSI 优点，就是在双方集合大小相差很大的情况下，花销很大的公钥加密操作可以集中在一方进行，具体做法如下。

如图 4-12 所示，假设有 Alice 和 Bob 两个数据方，Alice 拥有小的数据 $\{x_1, x_2, x_3, \cdots, x_n\}$（百级）和密钥 α，Bob 拥有大的数据 $\{y_1, y_2, y_3, \cdots, y_m\}$（百万级）和密钥 β，希望在保护两端数据集的情况下求交集。

算法流程上没有变化，由于 Bob 拥有大数据集，优化部分为将 Bob 进行本地数据的加密流程在离线阶段提前计算完成，在线阶段再进行 Alice 小数据集的加密计算，该优化方案适用于数据集大小不对称的场景，例如，新注册用户与服务器本地数据求交，寻找共同联系人的场景。

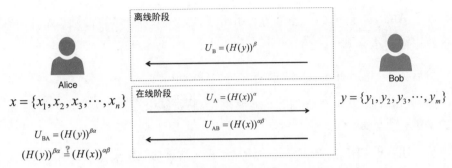

图 4-12　优化后的基于密钥交换协议的隐私集合求交

4.2.2　基于同态加密的隐私集合求交

PSI 协议在实际工程落地的时候，因为涉及密文的传输，其通信量一直是性能瓶颈之一，这也导致很多 PSI 协议的方案在带宽受限的实际场景中无法应用。针对这样的问题，业界有基于全同态加密实现的 PSI 协议。全同态加密（Fully Homomorphic Encryption，简写为 FHE）是一种功能强大的加密原语（具体可参见第 3 章同态加密的相关介绍），它允许运算电路直接在密文上计算，而不必解密数据。因为对于所有已知的全同态加密方案，计算成本不仅随着输入大小（两个集合大小的总和）的增长而增长，也随着电路深度的增长而迅速增长。因此，使用此种技术方案来构建协议的主要挑战是提出各种优化措施，使解决方案切实可行，甚至在许多情况下，能比最先进的协议还要快。

假设 PSI 协议的两方 Alice 和 Bob 分别拥有数据集 X 和数据集 Y，数据量为 N_x 和 N_y，并假设为非对称场景，即 N_x 远大于 N_y，一般的 PSI 协议需要将数据集进行加密传输，因此通信量与数据集的大小相同或是数据集的若干倍，通信复杂度为 $O(N_x)$ [168-171]。本节介绍通过 FHE 构造的 PSI 协议，能够将通信复杂度降低到 $O(N_y \log N_x)$。

基于 FHE 的 PSI 协议计算流程如下。

（1）初始化阶段：Alice 和 Bob 协商使用某种 FHE 方法，选取的 FHE 方法必须满足 IND-CPA 安全，并且由 Bob 生成相关的公/私密钥对 (pk, sk)，将公钥 pk 发送给 Alice。

（2）加密阶段：Bob 使用公钥将自己的数据集 Y 进行加密，得到密文 $C_y = \text{Enc}_{pk}(Y)$，并发送给 Alice。

（3）计算阶段如下：

Alice 首先使用公钥对自己集合的所有明文进行加密，得到密文 $C_x = \text{Enc}_{pk}(X)$。

然后 Alice 对于密文 C_y 中的每一条密文 c_i，生成一个非零的随机数 r_i，再同态计算出密文 d_i，其中，$d_i = r_i \prod_{x \in X} (c_i - c_x)$。

最后 Alice 将所有计算出来的密文 d_i 发送给 Bob。

（4）解密阶段：Bob 将收到的 d_i 进行解密，解密结果为 0 的数据即为数据集 X 和数据集 Y 的交集。

从上述基于 FHE 的 PSI 协议的计算流程来解读协议的安全性：Bob 将密文发送给 Alice，由于 FHE 是 IND-CPA 安全的，这些密文对 Alice 来说像是随机生成的，没有透露任何关于明文的信息；Alice 将同态计算后的密文发送给 Bob，Bob 也仅能得到解密后的计算结果而已，并且引入了随机数来加强安全性。

所谓 IND-CPA（INDistinguishability under Chosen Plaintext Attack），即为选择明文下的不可区分性。简单地说，就是明文和密文是一对多的映射关系，攻击者无法分辨一个密文是 0 加密的结果还是 1 加密的结果。

该性质可以通过一个仿真游戏来进行验证。

（1）假设算法拥有者为挑战方，存在另一方为攻击方，挑战方首先根据算法生成公/私钥对 (pk,sk)，并将公钥 pk 发送给攻击方。

（2）攻击方将选取长度相等的两个明文 M_0 和 M_1，发送给挑战方。

（3）挑战方随机选取明文 M_0 和 M_1 中的一条进行加密，得到密文 $C = \text{Enc}(M_i, \text{pk})(i \in \{0,1\})$，并发送给攻击方。

（4）攻击方根据密文和公钥 pk 来确定挑战者是对 M_0 还是 M_1 进行的加密，令攻击方能准确猜中结果的优势为 $\text{advanced} = 1/2 + \varepsilon$，如果 ε 的值可以忽略，则说明算法是安全的，反之则不安全。

根据上文对 IND-CPA 的性质描述不难看出，基于 FHE 的 PSI 协议不能简单地通过比较 C_x 和 C_y 来求交集，而是需要通过同态计算密文 d_i，并且需要私钥对 d_i 进行解密，得出明文结果才能判断出数据集中的两个元素是否相等。

分析上述的基础算法流程，其在计算效率和通信成本上表现都不佳，首先在计算效率上，Alice 需要计算两个数据集元素间的密文两两匹配的同态乘法和同态加法，共计 $O(N_x N_y)$ 次，且电路层次很深，在通信成本上需要相互通信大小为 $O(N_y)$ 的 FHE 密文，而 FHE 密文是远大于明文的。因此，基于传统的 FHE 实现 PSI 的算法步骤，业界也给出了一些优化方案，这里以 2017 年发表的 *Fast Private Set Intersection from Homomorphic Encryption* 为例，介绍一些优化方法[172]。

1. 哈希和分桶（Hashing）

在原有的步骤中，Alice 需要将自己的数据加密后，再逐一与 Bob 发送的密文集合的每一个元素进行哈希计算，这部分可以使用哈希算法和分桶方法来进行优化，双方事先商定好相同的哈希算法，并且分别将自己的元素根据商定好的哈希逻辑进行分桶处理，在同一个桶里的元素才逐一进行计算，这个技巧显著降低了同态加密算法计算的次数。

在实际的算法改进中也会使用到一些更优的哈希技巧，例如，布谷鸟哈希（Cuckoo Hash）。布谷鸟哈希是一种解决哈希表冲突的有效方法，它在提高哈希表利用率的同时还能保证查询的时间，降低空间复杂度。其基本思想是使用多个哈希函数来处理碰撞问题，从而使每个待插入的值都有对应的多个位置。这里以最基础的两个哈希函数为例来解释布谷鸟哈希的具体操作流程。

（1）使用两个哈希函数 $h_1(x)$ 和 $h_2(x)$，对应两个哈希表 T_1 和 T_2。

（2）插入元素 x。

- 计算 $h_1(x)$ 和 $h_2(x)$，如果 $T_1[h_1(x)]$ 和 $T_2[h_2(x)]$ 中有一个为空，则插入到对应的位置上，如果皆为空，则随机选取一个位置插入。
- 如果 $T_1[h_1(x)]$ 和 $T_2[h_2(x)]$ 都已经有其他数值了，则随机选取其中一个，将其踢出哈希表，空出的位置插入元素 x，假设被踢出的元素为 y，则 y 重复上述步骤，插入到哈希表中。
- 如果插入、踢出的次数超过一定的阈值，则说明哈希表满了，需要进行扩容，再次进行哈希处理后插入。

（3）查询元素 x：读取 $T_1[h_1(x)]$ 和 $T_2[h_2(x)]$，并与 x 进行对比。

除了布谷鸟哈希技巧，在实际的算法改进中还用到了基于置换的哈希（Permutation-based hashing）技巧来减少内存的消耗。主体思想是只取要插入哈希表中元素的部分值来进行哈希映射。例如，假设 m 为底数 2 的幂，我们希望将一个 a 比特长的字符串 x 通过布谷鸟哈希的方式插入到哈希表中。首先把 x 拆分成 $x_L \| x_R$，其中 x_R 的长度为 $\log_2 m$，然后使用 $H_1, H_2, \cdots, H_h$ 这一系列哈希函数，将 x 插入到哈希表位置的计算公式为：

$$\mathrm{Loc}_i(x) = H_i(x_L) \oplus x_R, \quad 1 \leqslant i \leqslant h$$

在哈希表中插入数据的时候，优化前在 $H_i(x)$ 的位置插入 (x,i)，优化后只插入 (x_L, i)，插入位置的计算公式使用 $\mathrm{Loc}_i(x) = H_i(x_L) \oplus x_R$。该优化技巧不会对 PSI 协议的正确性造成影响，因为对于 x 和 y，当插入的两个元素相等时，即

$(x_L, i) = (y_L, j)$，则必然满足 $i = j$，$x_L = y_L$，如果两个元素的位置也刚好相同，即 $H_i(x_L) \oplus x_R = H_j(y_L) \oplus y_R$，根据 $(x_L, i) = (y_L, j)$，推算出 $H_i(x_L) \oplus x_R = H_j(y_L)$ $\oplus x_R$，则 $x_R = y_R$，从而有 $x = y$。使用这样的优化技巧可以将哈希表存储的数据量压缩到 $\log_2 m - \lceil \log_2 h \rceil$ 比特。

2. 批处理（Batching）

批处理是一种为大众所熟知的同态加密计算中经常使用的技巧，即以向量的形式引入数据并行处理，可以对密文实现单指令多数据（Single Instruction Multiple Data，简写为 SIMD）操作，从而在计算成本和通信成本上有所改善。

接收方 Bob 将自己的数据集 Y 和元素个数 N_y 经过布谷鸟哈希处理后，每 n 个分成一组，分别组成 ε 个长度为 n 的向量（ε 为布谷鸟哈希算法的扩展因子，用以降低插入哈希表的失败率），每个向量分别加密并传给发送方 Alice；发送方 Alice 对接收到的每个向量生成长度为 n 的随机向量 r_i，并进行协议的后续操作步骤。通过批处理的优化方式，能够有效地提升协议的效率，即可以将多项式计算的电路深度从 $O(\log N_x)$ 降低到 $O(h \log N_x / n)$，通信成本从 $O(N_y)$ 降低到 $O(N_y \times (1 + \varepsilon) / n)$。

3. 电路深度优化（Reducing the Circuit Depth）

除了上述基于 PSI 协议的一些优化，论文 *Fast Private Set Intersection from Homomorphic Encryption* 还给出了一些优化 FHE 电路深度（Reducing the Circuit Depth）的方法，即窗口化（Windowing）和切分（Partitioning），将 FHE 的电路深度进行了优化。

窗口化优化方法：接收方 Bob 计算好自己的数据集合中每个元素 y 的幂值（次数为 $2^1, 2^2, 2^3, \cdots$），并发送给 Alice，发送方 Alice 根据这些偶数次幂组合计算出所有次幂的结果，从而进行多项式的求值，以达到通信量和电路深度比较平衡的状态。

切分优化方法：发送方将自己经过哈希处理的数据再次进行切块处理，再对切分后的数块进行多项式求值，使每个多项式的次数有所降低，以此来降低电路的深度。

4.2.3　基于不经意传输的隐私集合求交

不经意传输（Oblivious Transfer，简写为 OT）这个密码学原语在前沿密码学中已经有比较详细的介绍，本节主要介绍如何使用不经意传输来构造 PSI 协议。

首先来看如何使用不经意传输构造一个基础的 PSI 协议。我们将两个集合求交的问题简化为两方各自拥有某个值（如用户的身份 ID、企业编码等），如何在不暴露原始值的前提下判定两个值是否相等的问题[172-174]。

假设 Alice 拥有ID_A，Bob 拥有ID_B，要在保护ID_A和ID_B具体值的前提下完成两者的比较，判断ID_A和ID_B是否相等，具体步骤如下。

（1）如图 4-13 所示，Alice 和 Bob 将各自拥有的ID_A和ID_B映射成为 128 维的向量$\boldsymbol{H}_A$和$\boldsymbol{H}_B$。

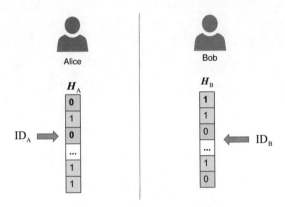

图 4-13　ID 进行哈希映射

（2）如图 4-14 所示，Alice 随机生成 128×256 矩阵$\boldsymbol{R}_A$和矩阵$\boldsymbol{R}_B$。

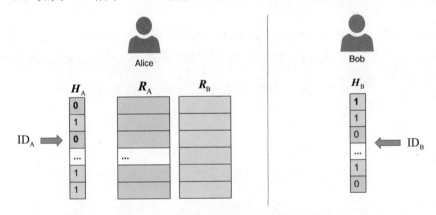

图 4-14　Alice 随机生成矩阵

（3）如图 4-15 所示，从第 1 行到第 128 行，Alice 遍历选取两个随机矩阵$\boldsymbol{R}_A$和矩阵$\boldsymbol{R}_B$的同一行，即每次两个 256 维的向量，Bob 遍历自己的向量$\boldsymbol{H}_B$的每个分量，与 Alice 执行不经意传输后进行选取，如果$\boldsymbol{H}_B$当前位为 0，则选择$\boldsymbol{R}_A$的当前行，如果$\boldsymbol{H}_B$当前位为 1，则选择$\boldsymbol{R}_B$的当前行，由此产生一个 128×256 矩阵$\boldsymbol{R}_C$。

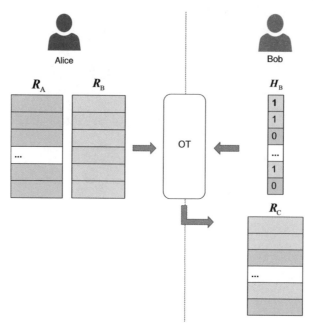

图 4-15　随机生成矩阵 R_C

（4）在步骤（3）中，由于 Alice 和 Bob 是通过不经意传输进行数据交换的，所以 Alice 不知道 Bob 每次选择的是哪一个矩阵里的行，Bob 也不知道自己选择矩阵之外的其他信息。

（5）如图 4-16 所示，Alice 在本地使用相同的规则，如果 H_A 当前位为 0，则选择 R_A 的当前行；如果 H_A 当前位为 1，则选择 R_B 的当前行，由此产生一个 128×256 矩阵 R_D。

（6）如图 4-17 所示，为了减小传输的压力，此时 Alice 和 Bob 分别将各自生成的矩阵 R_C 和矩阵 R_D 进行列维度的异或运算，达到压缩的目的，两端分别压缩得到 256 维的向量 H_C 和 H_D，也通过异或运算的操作，使压缩后的向量无法还原出原始矩阵，若压缩后的向量相同，则原始矩阵必定相同，否则不相同。

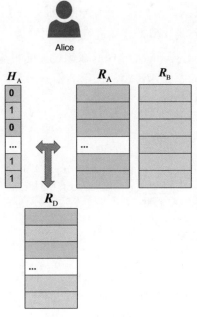

图 4-16 生成矩阵 R_D

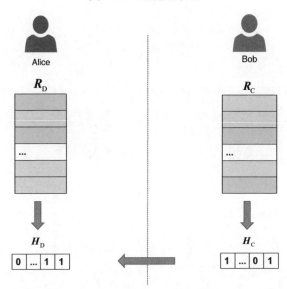

图 4-17 矩阵压缩方法

（7）Bob 将计算得到的向量 H_D 发送给 Alice，Alice 比较向量 H_C 和 H_D，若相同，则 ID_A 和 ID_B 相同，否则不同。

从上文的 ID 比较步骤可知，利用基础不经意传输构造 PSI 的核心思想在于将两条数据进行逐比特的比较，每比特采用基础不经意传输生成相应的字符串后再进行对比，如图 4-18 所示。例如，当前 Alice 拥有数据 $x=001$，Bob 拥有数据 $y=101$，Bob 在每比特上就 0 和 1 分别进行随机采样 k 比特长的字符串，Alice 根据自己拥有的数据的每一位，依次与 Bob 在该位置随机采样的两个 k 比特长的字符串进行基础的 2 选 1 的不经意传输，选出其中一个字符串，即选取 "0、0、1" 对应的字符串。

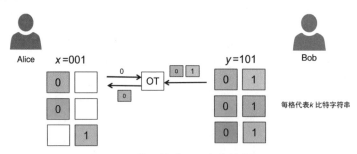

图 4-18　基于基础不经意传输的 PSI

如图 4-19 所示，Bob 也在本地首先根据自己拥有的数据的每一位选取字符串，即选取 "1、0、1" 对应的字符串，然后将选出来的 3 个字符串进行异或计算，压缩成 1 个长度为 k 比特的字符串并发送给 Alice。

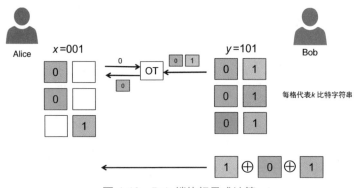

图 4-19　Bob 端执行异或计算

如图 4-20 所示，Alice 在本地压缩自己选择出来的 3 个字符串，并与 Bob 发送来的进行比较，若相同，则 $x=y$，否则 $x\neq y$。

从整个过程不难看出，使用基础不经意传输来进行具体的 PSI 应用时，需要对每比特进行 2 选 1 的不经意传输，而如第 3 章中介绍的，基础不经意传输通常基于非对称的公钥体系，在实际应用时效率低下。针对效率低下的问题，学术界在基础不经意传输协议上进行了一系列的优化和改进，衍生出了很多其他的 PSI 协议，这里以发表在 2016 年 CSS 顶会上的 *Efficient Batched Oblivious PRF with*

Applications to Private Set Intersection 论文为例，介绍一种基于基础不经意传输改进后的协议（下文简称该协议为 KKRT）。

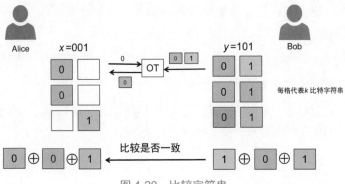

图 4-20　比较字符串

KKRT 改进思路的基本思想是将多个 2 选 1 的不经意传输替换为 1 个 N 选 1 的不经意传输，并将 N 扩展为无限大，同时使用了不经意传输扩展来减少基础不经意传输的操作次数。KKRT 同时也给出了一个重要结论，即将两方中间数据交换的过程抽象看成是一次不经意伪随机函数（Oblivious Pseudo Random Function，简写为 OPRF）的计算过程（伪随机函数部分的详细介绍可参见第 2 章的内容），如图 4-21 所示。

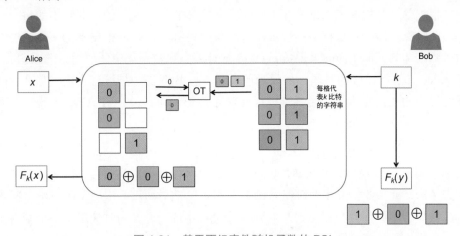

图 4-21　基于不经意伪随机函数的 PSI

在整个过程中，Alice 的输入为 x，输出为选取 "0、0、1" 对应的字符串后再进行异或压缩的结果，可视为 $F_k(x)$，对于 Bob 端来说，输入为 k，可视为随机生成的 6 个字符串，Bob 又在本地生成 $F_k(y)$，即在本地选取 "1、0、1" 对应的字符串后再进行异或压缩的结果。在整个过程中，看似 Bob 参与并配合 Alice

进行了 x 的加密，同时因为使用了不经意传输，没有暴露 x 的值，整个流程满足以下三点：

- Alice 在这个过程里仅能根据当前的输入 x 计算出 $F_k(x)$。
- Bob 则在本地可以计算任意 y 所对应的 $F_k(y)$。
- 如果 $x \neq y$，那么 $F_k(y)$ 对于 Alice 看来是类似随机的，Alice 无法通过 $F_k(y)$ 反推出 Bob 的明文 y。

满足上述三点后，整个过程就符合 OPRF 的定义，所以 Alice 能通过简单比较 $F_k(x)$ 和 $F_k(y)$ 是否相等来判断 x 和 y 是否相同。

在上述流程中，通过不经意传输实现了 OPRF 后，将 OPRF 批量运用到两方集合的求交过程里，又会使用到分桶、哈希等一系列的技巧，这里将整个流程做一个简要介绍，以便读者领会算法的核心思想。

假设 Alice 端的数据集合为 $X = \{x_1, x_2, x_3, \cdots, x_n\}$，Bob 端拥有的数据集合为 $Y = \{y_1, y_2, y_3, \cdots, y_m\}$，对 Alice 数据集中的每一个具体的数据 x_i 与 Bob 执行一次 OPRF，在这个过程中，Bob 随机生成一次 F_i，Alice 使用 F_i 加密 x_i，Bob 将自己集合中的所有数据均进行加密，并发送给 Alice 进行比较，从而计算出交集，整个过程如图 4-22 所示。

根据前文分析的 OPRF 的具体流程可知，对应于 Alice 的数据集中的每一个 x_i，在每次的 OPRF 过程中不会泄露 x_i 本身的数值，且 Bob 根据本地生成的一些随机数构造的 F_i，对 Bob 来说，可以在本地计算自己数据集中任何元素的 $F_i(\cdot)$ 值，在 Alice 端进行比较的时候，如果当前元素 x_i 与 Bob 的数据没有交集，那么 Bob 发送过来的在自己所有的元素中进行计算的 F_i 值，即 $F_i(\cdot)$，对 Alice 来说都是随机的，无法反推出 Bob 的明文。

为了提高比较的效率，KKRT 算法又使用了一些哈希、分桶的技巧来提升其表现，如图 4-23 所示，假设 Alice 拥有数据 $\{a, b, c, d\}$，Bob 拥有数据 $\{c, d, e, f\}$，首先 Alice 和 Bob 协商出两个哈希函数 h_1 和 h_2，然后通过其中一个哈希函数将拥有数据集合中的任意数据元素映射到 m 个分桶中的一个，同时使用这两个哈希函数将集合中的元素分别放入两个分桶里。

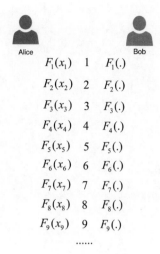

图 4-22　Alice 和 Bob 分别计算 $F_i(x_i)$ 和 $F_i(\cdot)$

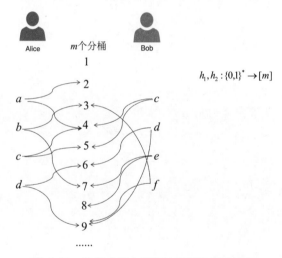

图 4-23　使用哈希、分桶技巧提高比较效率

如图 4-24 所示，Alice 通过布谷鸟哈希技巧，将自己的每一个数据元素放到 m 个分桶中的一个桶里，而 Bob 则将自己的每一个数据元素放在 m 个分桶中的两个桶里。

如图 4-25 所示，经过哈希和分桶处理之后，两方仅需要就同一个桶里的元素进行 OPRF 计算，以此来提高运算和比较的效率。

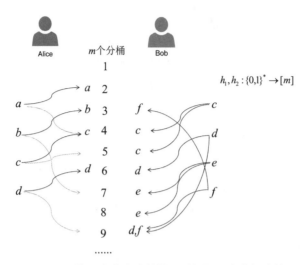

图 4-24　使用布谷鸟哈希技巧对数据元素进行映射

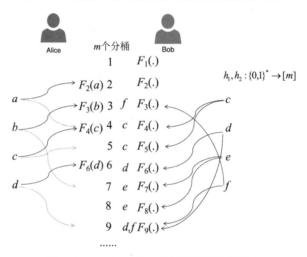

图 4-25　缩小 OPRF 范围来提高比较效率

4.2.4　具体案例

下面介绍一些实际的应用场景，并针对不同场景的业务特点给出适配的技术路线[175]，以供读者参考。

1. 寻找联系人

如图 4-26 所示，当一个用户注册使用一种新的服务（如微信等）时，从用户的现有联系人中寻找有哪些已经注册了同类的服务，以此来找到好友互相建立在新服务中的联系。因此，在这种场景下，将用户的联系人信息作为一方的输入，将服务商提供的所有用户信息作为另一方的输入，两方通过 PSI 协议不仅可以完成发现联系人的功能，还可以防止交集以外的信息泄露给任何一方。

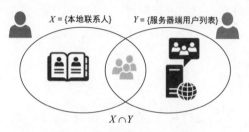

图 4-26 寻找联系人业务场景

该业务场景是客户端的小数据集与服务器端的大数据集进行 PSI 操作，可以使用基于密钥交换协议的 PSI 来制定技术方案。

假设客户端拥有数据集 $X = \{x_1, x_2, x_3, \cdots, x_m\}$，即本地的通信录包括联系人的姓名和手机号，客户端拥有自己的密钥 α，服务器端拥有数据集 $Y = \{y_1, y_2, y_3, \cdots, y_n\}$，即服务器端本地所有注册了服务的人员姓名和手机号，服务器端拥有自己的密钥 β，且数据集的数据量远大于客户端的数据量（n 远大于 m），数据交互流程如图 4-27 所示。

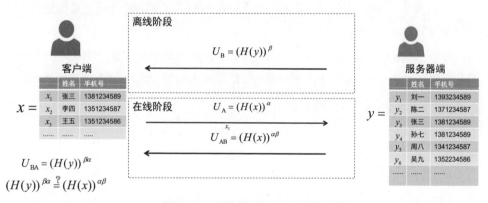

图 4-27 寻找联系人 PSI 过程

（1）在离线阶段，服务器端首先对自己的数据集进行哈希处理，并使用自己的密钥 β 进行加密，$U_B = (H(y_1))^\beta, (H(y_2))^\beta, (H(y_3))^\beta, \cdots, (H(y_n))^\beta$，然后将这部分数据提前发送给客户端，因为服务器端的数据量远大于客户端的数据量，因此该步骤在离线阶段提前发送，减少了后续流程的带宽压力。

（2）在线阶段，客户端对数据集进行哈希处理，并使用自己的密钥 α 进行加密，$U_A = (H(x_1))^\alpha, (H(x_2))^\alpha, (H(x_3))^\alpha, \cdots, (H(x_m))^\alpha$，接着将加密后的数据集合

发送给服务器端；服务器端二次加密客户端发送来的数据集 U_A，得到 $U_{AB} = (H(x_1))^{\alpha\beta}, (H(x_2))^{\alpha\beta}, (H(x_3))^{\alpha\beta}, \cdots, (H(x_m))^{\alpha\beta}$，并将 U_{AB} 发送给客户端。

（3）客户端首先使用自己的密钥 α 对 U_B 进行二次加密，得到 $U_{BA} = (H(y_1))^{\beta\alpha}, (y_1))^{\beta\alpha}, (H(y_2))^{\beta\alpha}, (H(y_3))^{\beta\alpha}, \cdots, (H(y_n))^{\beta\alpha}$，然后进行比较，求出 U_{AB} 和 U_{BA} 的交集，得到最终结果。

2. 会议预约

如图 4-28 所示，当想要与对方预约会议的时候，通常做法是将自己的空闲时段与对方的空闲时段进行求交，然而空闲时段对个人来说通常涉及个人隐私，在这种情况下可以使用 PSI 协议，在保护两端用户个人隐私的前提下实现空闲时段的求交，从而完成会议的预约。

参与方	周一	周二	周三	周四	周五
Alice	☑	☒	☑	☒	☑
Bob	☒	☑	☑	☒	☒
计算结果	☒	☒	☑	☒	☒

图 4-28　会议预约

在该业务场景中，两方的时间表的数据量相当，可使用基于不经意传输的 PSI 协议来制定技术方案。

假设 Alice 拥有的数据集 $X = \{x_1, x_2, x_3, \cdots, x_n\}$ 包含 Alice 的时间表，Bob 拥有的数据集 $Y = \{y_1, y_2, y_3, \cdots, y_n\}$ 包含 Bob 的时间表，具体的求交步骤如下。

（1）Alice 构造 n 个 OPRF 种子 $K = \{k_1, k_2, k_3, \cdots, k_n\}$。

（2）Bob 与 Alice 之间执行 OPRF 函数操作（OPRF 的函数可基于不经意传输来构造，具体构造方法可见 4.2.3 节），Bob 使用自己数据集中的每一个元素生成对应的 OPRF 的输出值，组成集合 $U_B = \{F(k_i, y_i) \mid y_i \in Y\}$。

（3）Alice 在自己的本地执行 OPRF 函数操作，对每一个种子都生成这个种子下所有元素的 OPRF 对应的输出值，组成集合 $U_A = \{F(k_i, x) \mid k_i \in K\}$。

（4）Alice 将 U_A 发送给 Bob，Bob 计算出 U_A 和 U_B 的交集，再将交集部分反向映射到自己的数据集 Y 中，即可得到数据集 X 和数据集 Y 的交集。

3. 样本对齐

如图 4-29 所示，PSI 协议在隐私计算场景中还有一类最常见的用法，即联邦学习前的样本对齐[176-177]。联邦学习是在不暴露两端数据的前提下进行分布式机器学习，通常进行联邦学习的样本分属不同的数据方，每个数据方的样本覆盖范围不同，所以联邦学习的第一步就是要进行跨域的样本对齐，即找到样本的交集。在计算交集时通常会使用如证件号、手机号等敏感信息，这些敏感信息直接用于计算会有隐私泄露的风险，所以使用 PSI 协议在保障数据隐私的前提下计算出样本的交集，再进行后续的模型训练。

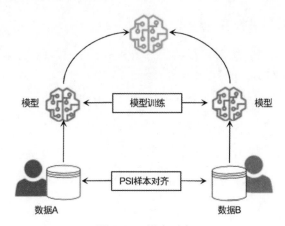

图 4-29　样本对齐

如图 4-30 所示，假设 Alice 与 Bob 想联合进行联邦学习纵向建模，Alice 端拥有数据集 $X = \{x_1, x_2, x_3, \cdots, x_n\}$，包含用户的年龄、工作类型、教育程度等特征，以及年收入是否超过 8 万元的标签，Bob 端拥有数据集 $Y = \{y_1, y_2, y_3, \cdots, y_m\}$，包含用户的婚姻状态、性别、国籍等特征，Alice 希望与 Bob 通过纵向联邦学习的模式训练模型，来预测一个人的年收入是否超过 8 万元，那么首先要对 Alice 和 Bob 拥有的数据集进行样本对齐，通过 PSI 协议求出共同拥有的用户集合，并将其作为模型训练的输入数据。

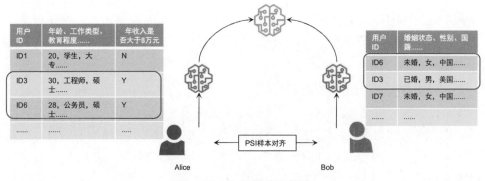

图 4-30　业务需求示意图

（1）初始化阶段：Alice 和 Bob 协商使用某种 FHE 算法，选取的 FHE 算法必须满足 IND-CPA 安全，并且由 Alice 生成相关的公/私密钥对 (pk,sk)，将公钥 pk 发送给 Bob。

（2）加密阶段：Alice 使用公钥将自己的数据集 X 中包含的用户 ID 进行加密，得到密文 $C_A = \text{Enc}_{pk}(X)$，并发送给 Bob。

（3）在计算阶段进行以下操作：

- Bob 首先使用公钥对自己的集合 Y 的所有用户 ID 进行加密，得到密文 $C_B = \text{Enc}_{pk}(Y)$。

- Bob 对 Alice 发送过来的密文集合 C_A 中的每一条密文 c_i，生成一个非零的随机数 r_i，在密文状态下同态计算出密文 d_i，其中，$d_i = r_i \prod_{y \in Y}(c_i - c_y)$。

- Bob 将所有计算出来的密文 d_i 发送给 Alice。

（4）解密阶段：Alice 将收到的 d_i 进行解密，解密结果为 0 的数据即为数据集 X 和数据集 Y 的交集。

4.3 多方联合计算分析

在多方联合计算（Private Compute，也可简称为联合计算）分析场景中，各参与方及多方计算平台间的数据相互保密，并共同完成特定的计算任务，查询方只能得到多方共同计算的结果信息，无法获得参与方其他的数据和计算算法参数等。计算需求方得到的计算结果与基于明文数据库的查询结果一致。如监管机构利用多方安全计算技术查询多个被监管机构的信息，实现多方联合计算分析，从而得知行业当前状况和发展趋势。多方联合计算分析用到的核心算法包括秘密共享、不经意传输和同态加密等，其完成的计算任务主要有四则运算、统计运算、比较运算、矩阵运算等，基于这些运算的有效组合，方可满足实际中较为复杂的应用场景。

一般在数据质量相同的情况下，数据集越大，相关方的数据就越丰富；数据越丰富，计算分析结果就越准确，可信度也越高。在实际应用中，能达到准确计算结果所需的数据量往往分散在多个数据所有方中，为获得更精确的结果，有效的方法就是进行多方联合计算，其中涉及的主要问题是数据隐私保护，而融合 MPC 的多方联合计算分析技术可在不泄露各方数据的前提下进行多方计算。

多方联合计算分析与隐私求交、隐私信息检索等场景类似，都是以业务为导向，并根据实际场景融合隐私计算基础算法，实现最终的业务需求。部分厂商的隐私计算产品已将多方联合计算分析融合到隐匿查询中。业界出现的使用场景主要有以下三方面。

1. 安全 SQL 查询保护

安全 SQL 查询保护，顾名思义，就是既要满足复杂多样的 SQL 语句执行，又要保护 SQL 语句本身和查询数据的隐私安全。利用融合 MPC 的多方联合计算技术，可保护 SQL 语句的关键字段信息、查询数据安全，同时支持自定义 SQL 运算。

2. 穿透式监管

监管机构利用多方联合计算技术实现与被监管机构之间的安全统计，既能满足监管机构查询统计辖内被监管机构的经营状态、资金流水和人员异动等信息的业务需求，履行监管职责，又能保护被监管机构数据的隐私安全。

3. 通用计算

数据分析的本质是计算，多方联合计算最广泛的应用是通用计算，具体需结合业务需求，制定有针对性的联合计算模型。如在医疗和保险行业中，通过多方联合计算实现医疗机构和保险公司的理赔分析，在保障用户个人隐私的前提下实现精准理赔和智能风控。

下面主要介绍基于同态加密的联合计算协议（SPDZ）和基于不经意传输的联合计算协议（MASCOT），并给出联合计算协议的具体应用案例。

4.3.1　基于同态加密的联合计算协议（SPDZ）

SPDZ 是一种多方安全计算协议，基于同态加密、秘密共享等技术实现安全多方计算[178-185]。SPDZ 可用于在任意有限域 F_{p^k} 中安全地计算算术电路。如图 4-31 所示，SPDZ 包括两个阶段，一是预处理阶段（离线阶段），预处理阶段区别于函数的计算和输入，主要基于同态加密生成在线阶段所需参数；二是在线阶段，完成基于秘密共享的各种计算，被认为是真正的计算阶段。在线阶段的计算复杂度基于 n 的线性计算复杂度，其中 n 为参与方的数量，在线阶段可认为是无条件安全的。SPDZ 满足通用可组合（Universally Composable，简写为 UC）安全框架下的静态恶意敌手（Static Adaptive Adversary）攻击模型，即在 n 个参与方中，最多允许 $n-1$ 个参与方恶意违反协议或者合谋。SPDZ 使用消息授权验证码（Message Authentication Code，简写为 MAC），检测参与方是否诚实地进行计算，其中，MAC 参数是在离线阶段生成的。SPDZ 不检测哪个参与方是恶意参与方，当检测

203

到协议有被违反的情况时，停止运行协议，从而防止数据泄露。

图 4-31　SPDZ 的两个阶段

1. 基础知识

1）$\langle\cdot\rangle$ 表示形式

有限域中的秘密共享值 $a\in F_{p^k}$ 表示为：

$$\langle a\rangle:=(\delta,(a_1,\cdots,a_n),(\gamma(a)_1,\cdots,\gamma(a)_n))$$

其中，$a=a_1+\cdots+a_n$，$\gamma(a)_1+\cdots+\gamma(a)_n=\alpha(a+\delta)$，各参与方 P_i 拥有 a_i，$\gamma(a)_i$ 和 δ 为公开值，$\gamma(a)\leftarrow\gamma(a)_1+\cdots+\gamma(a)_n$，$\alpha$ 是全局 MAC 密钥。

对于秘密共享值 a 和 b，以及公开常量值 e，秘密共享值计算具有如下性质：

$$\langle a\rangle+\langle b\rangle=\langle a+b\rangle$$
$$e\cdot\langle a\rangle=\langle ea\rangle$$
$$e+\langle a\rangle=\langle e+a\rangle$$

其中，$e+\langle a\rangle:=(\delta-e,(a_1+e,a_2,\cdots,a_n),(\gamma(a)_1,\cdots,\gamma(a)_n))$。

秘密共享值的乘法计算需要借助三元组。三元组是在 SPDZ 的离线阶段生成的，表示为 $(\langle a\rangle,\langle b\rangle,\langle c\rangle)$，且满足 $c=ab$。然而在实际预处理阶段产生的三元组满足 $c=ab+\Delta$，其中 Δ 可能是敌手引入的误差。因此，在使用前需要先验证这个三元组。这个验证需要消耗另一个三元组 $(\langle f\rangle,\langle g\rangle,\langle h\rangle)$，其中 $h=fg$。基于这个验证三元组，可以用下面的标准方法来做乘法：为了计算 $\langle xy\rangle$，首先打开 $\langle x\rangle-\langle a\rangle$，得到 ε，打开 $\langle y\rangle-\langle b\rangle$，得到 δ，然后计算 $xy=(a+\varepsilon)(b+\delta)=c+\varepsilon b+\delta a+\varepsilon\delta$。用 $\langle\cdot\rangle$ 表示方法可进行如下计算：

$$\langle x\rangle\cdot\langle y\rangle=\langle c\rangle+\varepsilon\langle b\rangle+\delta\langle a\rangle+\varepsilon\delta$$

2）$[\cdot]$ 表示形式

为了验证 MAC，需要全局密钥 α，它的表示形式为：

$$[\alpha]:=((\alpha_1,\cdots,\alpha_n),(\beta_i,\gamma(\alpha)_1^i,\cdots,\gamma(\alpha)_n^i)_{i=1,\cdots,n})$$

其中，$\alpha = \sum_{i=1}^{n} a_i$，$\sum_{j=1}^{n} \gamma(\alpha)_i^j = \alpha\beta_i$。各参与方 P_i 拥有 α_i、β_i 和 $\gamma(\alpha)_1^i, \cdots, \gamma(\alpha)_n^i$。

β_i 为参与方 P_i 的私钥，$\gamma(\alpha)_i \leftarrow \sum_{j=1}^{n} \gamma(\alpha)_i^j$ 是 MAC 验证 α 在私钥 β_i 下的值。为了打开 $[\alpha]$，每个参与方 P_j 将 α_j（α 的共享份额）和 $\gamma(\alpha)_i^j$（由 P_i 私钥产生的 MAC 密钥 α 的共享份额）发送给每一个 P_i，然后 P_i 验证 $\sum_{j=1}^{n} \gamma(\alpha)_i^j = \alpha\beta_i$ 是否成立。

$[\cdot]$ 在 SPDZ 协议中还用来表示一些随机数。在离线阶段会输出 n 对用 $\langle r \rangle$ 和 $[r]$ 形式表示的随机数 r。这些随机数对（$\langle r \rangle$ 和 $[r]$）将在在线阶段使用。

3）编码和解码函数

编码函数 encode，它把 $(F_{p^k})^s$ 中的元素映射到一个环 $\mathbf{Z}^N$（由 N 个整数组成）中的元素。解码函数 decode，它把在 $\mathbf{Z}^N$ 中的任意元素返回到 $(F_{p^k})^s$ 中的元素。

4）Admissible 密码方案

Admissible 是一种基于多项式环的密码方案，具有高度的安全性和可扩展性。它可以支持多项式加法和乘法运算，并且可以进行分布式加密和解密。具体地说，Admissible 密码方案包括以下组成部分。

- 参数生成算法 ParamGen：用于生成安全参数、公共参数等。
- 密钥生成算法 KeyGen：用于生成公钥和私钥。
- 加密算法 Enc：用于将明文加密为密文。
- 解密算法 Dec：用于将密文解密为明文。
- 分布式解密协议 KeyGenDec：用于实现多方参与的解密操作。

Admissible 加密方案还定义了 (B_{plain}, B_{rand}, C)-correct 的概念，其中 B_{plain} 和 B_{rand} 分别表示明文和随机数的上界，C 表示加密后的结果。如果一个 Admissible 加密方案满足 (B_{plain}, B_{rand}, C)-correct，则被称为 (B_{plain}, B_{rand}, C)-admissible，它可以支持所有"小于或等于 C"的多项式运算。

上面提及的 B_{plain} 和 B_{rand} 是 Admissible Cryptosystem 中的两个参数，用于限制明文和随机数的上界。在 Admissible Cryptosystem 中，明文和随机数都是多项式环中的元素，可以进行多项式加法和乘法运算。为了保证加密和解密过程的正确性和安全性，需要限制明文和随机数的取值范围。具体地说，B_{plain} 可以通过 $B_{plain} = N \cdot \tau \cdot \sec^2 \cdot 2^{(1/2+\upsilon)\cdot\sec}$ 计算得到，其中 N 表示多项式环中元素的数量，τ 表示明文元素的无穷范数上界，sec 表示安全参数，υ 是一个任意常数。类似地，B_{rand} 可以通过 $B_{\text{rand}} = d \cdot \rho \cdot \text{sec}^2 \cdot 2^{(1/2+\upsilon) \cdot \text{sec}}$ 计算得到，其中 d 表示随机数元素所在向量空间的维度（通常为 $3N$），ρ 表示随机数元素的无穷范数上界。

下面以基于 RLWE 的 BFV 密码方案（相关内容参见本书 3.3.6 节）为基础，实现 Admissible 密码方案。在 Admissible 密码方案中，多个算法可直接调用 BFV 密码方案，它们唯一不同的模块在于 KeyGenDec。因此，这里只介绍 KeyGenDec 的思想和设计原理。为了理解符号的上下文关系，这里首先给出 Enc 的简单介绍。

$\text{Enc}_{\text{pk}}(x, r) \rightarrow (c_0, c_1, c_2)$：给出编码后的明文 x 和随机值 $r \in D_\rho^d$，输出密文 $c_0 = b \cdot v + p \cdot w + x$、$c_1 = a \cdot v + p \cdot u$ 和 $c_2 = 0$（在经过乘法同态计算后，c_2 的值将会有变化，详细内容见 3.3.6 节）。这里的 u、v 和 w 是通过解析 r 得到的，例如，r 可以表示为 $r = u + v \cdot N + w \cdot N^2$。

KeyGenDec 是 Admissible 密码方案中的一种分布式解密协议，用于实现多方参与的解密操作。该协议基于秘密共享技术和多项式环运算，可以保证解密过程的安全性和正确性。具体来说，KeyGenDec 包括以下步骤。

步骤 1：每个参与方 P_i 在收到密文 $c = (c_0, c_1, c_2)$ 和无穷范数上界 B 后，如果 $i = 1$，则计算出 $v_i = c_0 - s_{i,1} \cdot c_1 - s_{i,2} \cdot c_2$，否则计算 $v_i = 0 - s_{i,1} \cdot c_1 - s_{i,2} \cdot c_2$（其中 $s_{i,1}$ 和 $s_{i,2}$ 是私钥的一部分，通过秘密共享对密钥 s 和 $s \cdot s$ 分片得到，例如 $s = \sum_{i=1}^{n} s_{i,1}$，$s \cdot s = \sum_{i=1}^{n} s_{i,2}$），并计算出 $t_i = v_i + p \cdot r_i$（其中 r_i 是一个随机元素，其无穷范数上界为 $\dfrac{2 \cdot \text{sec} \cdot B}{n \cdot p}$）。

步骤 2：所有参与方广播自己计算得到的 t_i。

步骤 3：所有参与方计算 $t' = t_1 + \cdots + t_n$，并根据 $t' \bmod p$ 计算出明文 m。

5）Fiat-Shamir 启发式零知识证明协议 Π_{ZKPoPK}

Fiat-Shamir 启发式算法是一种将交互式证明转换为非交互式证明的技术。具体来说，该算法使用哈希函数来模拟验证者向参与方发送挑战的过程，从而将交互式证明转换为非交互式证明。在使用 Fiat-Shamir 启发式算法时，验证者首先选择一个随机数作为挑战，并将其哈希处理成一个字符串。然后，参与方使用这个字符串来生成证明，并将其发送给验证者。最后，验证者使用公钥和哈希函数来验证其有效性。使用 Fiat-Shamir 启发式算法可以将交互式证明转换为非交互式证明，从而提高协议的效率和安全性。

下面介绍 Fiat-Shamir 启发式零知识证明协议 Π_{ZKPoPK} 的基本思想。

步骤 1：对于 $i \in [1,V]$，证明者生成 $\boldsymbol{y}_i = \text{encode}(m_i) + u_i$ 和 $\boldsymbol{s}_i \in \mathbf{Z}_d$，其中 m_i 表示 $(F_{p^k})^s$ 中的随机值，u_i 表示 P 的倍数，$\|\boldsymbol{y}_i\|_\infty \leqslant 128 \cdot N \cdot \tau \cdot \sec^2$，$\|\boldsymbol{s}_i\|_\infty \leqslant 128 \cdot d \cdot \rho \cdot \sec^2$。对于 $\boldsymbol{y}_i \in \mathbf{Z}_N$，这里添加一个标记 diag，如果 diag 的值为真，则 m_i 选择自 $(F_{p^k})^s$ 中的对角线元素。

步骤 2：证明者计算 $\boldsymbol{a}_i = \text{Enc}(\boldsymbol{y}_i, \boldsymbol{s}_i)$，定义 $\boldsymbol{S} \in \mathbf{Z}_{V \cdot d}$ 为矩阵，该矩阵的第 i 行是 $\boldsymbol{s}_i$，设置 $\boldsymbol{y} = (y_1, \cdots, y_V)$，$\boldsymbol{a} = (a_1, \cdots, a_V)$。

步骤 3：证明者发送 $\boldsymbol{a} = (a_1, \cdots, a_V)$ 至验证者。

步骤 4：验证者给证明者发送挑战 $\boldsymbol{c}$。

步骤 5：证明者计算 $\boldsymbol{e} = H(\boldsymbol{a}, \boldsymbol{c})$。

步骤 6：证明者设置 $\boldsymbol{z} = (z_1, \cdots, z_V)$，其中 $\boldsymbol{z}^\text{T} = \boldsymbol{y}^\text{T} + \boldsymbol{M}_e \boldsymbol{x}^\text{T}$，$\boldsymbol{T} = \boldsymbol{S} + \boldsymbol{M}_e \boldsymbol{R}$。让 $\boldsymbol{t}_i$ 表示 $\boldsymbol{T}$ 的第 i 行，设置 $\boldsymbol{D} = (d_1, \cdots, d_V)$。

步骤 7：验证者检查 $\text{decode}(z_i) \in F_{p^k}^s$，同时观察以下三个条件是否满足：

- $\boldsymbol{D}^\text{T} = \boldsymbol{a}^\text{T} \oplus \boldsymbol{M}_e \otimes \boldsymbol{c}^\text{T}$
- $\|z_i\|_\infty \leqslant 128 \cdot N \cdot \tau \cdot \sec^2$
- $\|t_i\|_\infty \leqslant 128 \cdot d \cdot \rho \cdot \sec^2$

如果 diag 设置为真，验证者同样需要检查 $\text{decode}(z_i)$ 是否为对角线元素，如果不是，则拒绝。

2. 离线阶段

SPDZ 协议的离线阶段利用同态加密技术产生如下辅助数据。

- 全局 MAC 密钥 α。
- 多对用 $\langle r \rangle$ 和 $[r]$ 两种形式表示的随机数 r。
- 多组乘法三元组 $(\langle a \rangle, \langle b \rangle, \langle c \rangle)$。

上述辅助数据和在线计算阶段的输入数据无关，因此可以提前计算。如图 4-32 所示，SPDZ 在整个离线阶段主要通过 Reshare 协议、PBracket 协议和 PAngle 协议实现，其中 Reshare 协议主要进行秘密共享重新分配；PBracket 协议主要生成 [·] 形式表示的秘密共享值；PAngle 协议主要生成 ⟨·⟩ 形式表示的秘密共享值。下面主要介绍 Reshare 协议、PBracket 协议和 PAngle 协议，以及通过这些协议完成离线

阶段的任务 Π_{PREP}。

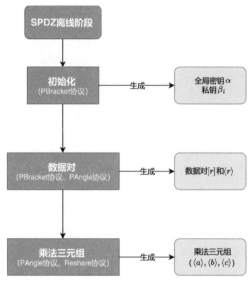

图 4-32 SPDZ 离线阶段

1）Reshare 协议

Reshare 协议的作用是将一个秘密共享值重新分配给参与方，以便参与方可以计算出新的共享值，而不会泄露原始秘密共享值。

输入：$e_{\boldsymbol{m}}$（其中 $e_{\boldsymbol{m}} = \text{Enc}_{\text{pk}}(\boldsymbol{m})$，是一个公开的密文，$\boldsymbol{m}$ 为明文）和一个参数 enc（其中 enc = NewCiphertext 或 enc = NoNewCiphertext）。

输出：每个参与方 P_i 持有 $\boldsymbol{m}$ 的一份共享份额 $\boldsymbol{m}_i$。若 enc = NoNewCiphertext，则不输出新的密文；若 enc = NewCiphertext，则输出新的密文 $e'_{\boldsymbol{m}}$，新的密文仍然包含明文 $\boldsymbol{m}$。$e_{\boldsymbol{m}}$ 可能是两个密文的产物，Reshare 将其转化为一个新的密文 $e'_{\boldsymbol{m}}$。由于 Reshare 使用分布式解密（可能会返回错误结果），因此，不保证 $e_{\boldsymbol{m}}$ 和 $e'_{\boldsymbol{m}}$ 中包含相同的值，但 $e'_{\boldsymbol{m}}$ 保证包含 $\sum_{i=1}^{n} \boldsymbol{m}_i$。

实现协议 Reshare($e_{\boldsymbol{m}}$, enc) 的具体步骤如下。

步骤 1：每个参与方 P_i 随机选择 $\boldsymbol{f}_i \in (F_{p^k})^s$，记 $\boldsymbol{f} := \sum_{i=1}^{n} \boldsymbol{f}_i$。

步骤 2：每个参与方 P_i 计算 $e_{\boldsymbol{f}_i} \leftarrow \text{Enc}_{\text{pk}}(\boldsymbol{f}_i)$，并将其广播给其他参与方。

步骤 3：每个参与方 P_i 运行 Π_{ZKPoPK}（零知识证明协议，使用 Fiat-Shamir 启发式的版本），生成基于 $e_{\boldsymbol{f}_i}$ 的零知识证明。若任何证明失败，协议将终止。

步骤 4：所有参与方计算 $e_f \leftarrow e_{f_1} + \cdots + e_{f_n}$， $e_{m+f} \leftarrow e_m + e_f$。

步骤 5：所有参与方运行 Admissible 中的 KeyGenDec 协议解密 e_{m+f}，得到 $m+f$。

步骤 6：参与方 P_1 设置 $m_1 \leftarrow m+f-f_1$，其他参与方设置 $m_i \leftarrow -f_i$。即每个参与方 P_i 获得一份 m 的共享份额 m_i，实现了对秘密值的共享。

步骤 7：若 enc = NewCiphertext，则所有的参与方设置 $e'_m \leftarrow \text{Enc}_{pk}(m+f) - e_{f_1} - \cdots - e_{f_n}$，在计算 $\text{Enc}_{pk}(m+f)$ 时，为了体现其随机性，则使用了一个默认值。

2）PBracket 协议

PBracket 协议的输入是每个参与方拥有自己的秘密共享值 $(v_1, \cdots, v_n)$ 和公开密文 e_v，假定密文 e_v 包含明文 $v = \sum_{i=1}^{n} v_i$，则其输出为 $[v]$。

实现协议 PBracket$(v_1, \cdots, v_n, e_v)$ 的具体步骤如下。

步骤 1：对于 $i = 1, \cdots, n$，所有的参与方设置 $e_{r_i} \leftarrow e_{\beta_i} e_v$，其中 e_{β_i} 是在初始化过程中产生的，所有的参与方都知道。每个参与方生成 $(\gamma_i^1, \cdots, \gamma_i^n) \leftarrow \text{Reshare}(e_{\gamma_i}, \text{NoNewCiphertext})$，因此，每个参与方都得到了 $v\beta_i$ 的秘密共享份额 γ_i^j。

步骤 2：输出 $[v] = (v_1, \cdots, v_n, (\beta_i, \gamma_1^i, \cdots, \gamma_n^i)_{i=1,\cdots,n})$。

3）PAngle 协议

PAngle 协议的输入是各参与方拥有的秘密共享份额 $(v_1, \cdots, v_n)$ 和一个公共密文 e_v，输出为 $\langle v \rangle$。这里假定 $v = \sum_{i=1}^{n} v_i$ 是包含在密文 e_v 中的明文。

实现协议 PAngle$(v_1, \cdots, v_n, e_v)$ 的具体步骤如下。

步骤 1：所有的参与方设置 $e_{v \cdot \alpha} \leftarrow e_v e_\alpha$，其中，$e_\alpha$ 是在初始化过程中产生的，所有的参与方都知道。

步骤 2：所有的参与方计算 $(\gamma_1, \cdots, \gamma_n) \leftarrow \text{Reshare}(e_{v \cdot \alpha}, \text{NoNewCiphertext})$，因此，每个参与方 P_i 得到一份 αv 的秘密共享份额 γ_i。

步骤 3：输出 $\langle v \rangle = (0, v_1, \cdots, v_n, \gamma_1, \cdots, \gamma_n)$。

4）离线阶段的协议 Π_{PREP}

三元组阶段总是并行执行 sec 次（即 Π_{ZKPoPK} 要求的密文输入次数），目的是确保当调用 Π_{ZKPoPK} 时，我们总可以提供它所需的 sec 个密文作为输入。另外，Π_{ZKPoPK} 和 Π_{PREP} 可以以 SIMD 方式执行，当它们检测到错误时，说明它们是数据无关的。因此，我们可以在压缩的明文空间 $(F_{p^k})^s$ 中执行 Π_{ZKPoPK} 和 Π_{PREP}，首先一次性生成 $s \cdot \mathrm{sec}$ 个元素，然后缓冲生成的三元组，最后按需输出下一个未使用的三元组。

（1）初始化：这一步生成全局密钥 α 和各参与方的私钥 β_i。

步骤 1：所有的参与方调用运行 $F_{\mathrm{KEYGENDEC}}$，获取公钥 pk。

步骤 2：各参与方 P_i 生成一个 MAC 密钥 $\beta_i \in F_{p^k}$。

步骤 3：各参与方 P_i 生成 $\alpha_i \in F_{p^k}$，令 $\alpha := \sum_{i=1}^{n} \alpha_i$。

步骤 4：各参与方 P_i 计算并广播密文 $e_{\alpha_i} \leftarrow \mathrm{Enc}_{\mathrm{pk}}(\mathrm{Diag}(\alpha_i))$，$e_{\beta_i} \leftarrow \mathrm{Enc}_{\mathrm{pk}}(\mathrm{Diag}(\beta_i))$。其中对于 $x \in F_{p^k}$，$\mathrm{Diag}(x)$ 表示元素 $(x, x, \cdots, x) \in (F_{p^k})^s$，$s$ 为 x 的个数。

步骤 5：各参与方 P_i 作为证明方调用 Π_{ZKPoPK} 且输入为 $(e_{\alpha_i}, \cdots, e_{\alpha_i})$ 和 $(e_{\beta_i}, \cdots, e_{\beta_i})$，其中 e_{α_i} 和 e_{β_i} 都重复了 sec 次，sec 是 Π_{ZKPoPK} 要求的密文输入次数。

步骤 6：所有的参与方计算 $e_\alpha \leftarrow e_{\alpha_1} + \cdots + e_{\alpha_n}$，生成秘密共享值 $[\mathrm{Diag}(\alpha)] \leftarrow \mathrm{PBracket}(\mathrm{Diag}(\alpha_1), \cdots, \mathrm{Diag}(\alpha_n), e_\alpha)$。

（2）数据对：这一步生成一对数据 $[\boldsymbol{r}]$ 和 $\langle \boldsymbol{r} \rangle$，也可以不执行 PAngle 协议，只生成一个值 $[\boldsymbol{r}]$。

步骤 1：每个参与方 P_i 生成 $\boldsymbol{r}_i \in (F_{p^k})^s$，令 $\boldsymbol{r} := \sum_{i=1}^{n} \boldsymbol{r}_i$。

步骤 2：每个参与方 P_i 计算并广播 $e_{\boldsymbol{r}_i} \leftarrow \mathrm{Enc}_{\mathrm{pk}}(\boldsymbol{r}_i)$，令 $e_{\boldsymbol{r}} = e_{\boldsymbol{r}_1} + \cdots + e_{\boldsymbol{r}_n}$。

步骤 3：每个参与方 P_i 作为证明方调用 Π_{ZKPoPK} 且输入为它生成的密文。

步骤 4：所有的参与方生成 $[\boldsymbol{r}] \leftarrow \mathrm{PBracket}(\boldsymbol{r}_1, \cdots, \boldsymbol{r}_n, e_{\boldsymbol{r}})$，$\langle \boldsymbol{r} \rangle \leftarrow \mathrm{PAngle}(\boldsymbol{r}_1, \cdots, \boldsymbol{r}_n, e_{\boldsymbol{r}})$。

（3）乘法三元组：这一步生成一个乘法的三元组 $(\langle \boldsymbol{a} \rangle, \langle \boldsymbol{b} \rangle, \langle \boldsymbol{c} \rangle)$。

步骤 1：每个参与方 P_i 生成 $\boldsymbol{a}_i, \boldsymbol{b}_i \in (F_{p^k})^s$，令 $\boldsymbol{a} := \sum_{i=1}^{n} \boldsymbol{a}_i$，$\boldsymbol{b} := \sum_{i=1}^{n} \boldsymbol{b}_i$。

步骤 2：每个参与方 P_i 计算并广播 $e_{\boldsymbol{a}_i} \leftarrow \mathrm{Enc}_{\mathrm{pk}}(\boldsymbol{a}_i)$，$e_{\boldsymbol{b}_i} \leftarrow \mathrm{Enc}_{\mathrm{pk}}(\boldsymbol{b}_i)$。

步骤 3：每个参与方 P_i 作为证明方调用 Π_{ZKPoPK} 且输入为它生成的密文。

步骤 4：所有的参与方计算 $e_{\boldsymbol{a}} \leftarrow e_{\boldsymbol{a}_1} + \cdots + e_{\boldsymbol{a}_n}$，$e_{\boldsymbol{b}} \leftarrow e_{\boldsymbol{b}_1} + \cdots + e_{\boldsymbol{b}_n}$。

步骤 5：所有的参与方计算并生成 $\langle \boldsymbol{a} \rangle \leftarrow \mathrm{PAngle}(\boldsymbol{a}_1, \cdots, \boldsymbol{a}_n, e_{\boldsymbol{a}})$，$\langle \boldsymbol{b} \rangle \leftarrow \mathrm{PAngle}(\boldsymbol{b}_1, \cdots, \boldsymbol{b}_n, e_{\boldsymbol{b}})$。

步骤 6：所有的参与方计算 $e_c \leftarrow e_a e_b$。

步骤 7：所有的参与方计算 $(\boldsymbol{c}_1, \cdots, \boldsymbol{c}_n, e_c') \leftarrow \text{Reshare}(e_c, \text{NewCiphertext})$。

步骤 8：所有的参与方计算并生成 $\langle \boldsymbol{c} \rangle \leftarrow \text{PAngle}(\boldsymbol{c}_1, \cdots, \boldsymbol{c}_n, e_c')$。

3. 在线阶段

SPDZ 的在线阶段主要完成基础计算，以及中间值和结果的 MAC 校验等，基础计算主要是加法、乘法等。在线阶段的计算过程如下。

（1）初始化：各参与方首先执行预处理过程中获得的共享密钥 $[\alpha]$、足够数量的乘法三元组（$\langle a \rangle, \langle b \rangle, \langle c \rangle$）、随机值数据对 $\langle r \rangle$ 和 $[r]$，以及随机值 $[t]$ 和 $[e]$，即首先各参与方获得离线阶段生成的数据。然后根据要计算的电路结构进入输入阶段执行操作。

（2）输入阶段：为了共享 P_i 的输入 x_i，P_i 首先取一个可用的数据对 $\langle r \rangle$ 和 $[r]$。然后执行以下操作。

步骤 1：向参与方 P_i 打开 $[r]$，如果能提前知道 P_i 提供的输入，那么这一步就在预处理阶段处理。

步骤 2：P_i 广播 $\varepsilon \leftarrow x_i - r$。

步骤 3：各参与方计算 $\langle x_i \rangle \leftarrow \langle r \rangle + \varepsilon$。

（3）加法计算阶段：为了计算 $\langle x \rangle$ 和 $\langle y \rangle$ 的加法，各参与方在本地计算 $\langle x \rangle + \langle y \rangle = \langle x + y \rangle$。

（4）乘法计算阶段：为了计算 $\langle x \rangle$ 和 $\langle y \rangle$ 的乘法，各参与方进行如下操作。

步骤 1：使用两个可用的三元组（$\langle a \rangle, \langle b \rangle, \langle c \rangle$）和（$\langle f \rangle, \langle g \rangle, \langle h \rangle$），校验 $a \cdot b = c$。

- 打开一个随机值 $[t]$。
- 部分打开 $t \cdot \langle a \rangle - \langle f \rangle$，得到 ρ，打开 $\langle b \rangle - \langle g \rangle$，得到 σ。
- 评估 $t \cdot \langle c \rangle - \langle h \rangle - \sigma \cdot \langle f \rangle - \rho \cdot \langle g \rangle - \sigma \cdot \rho$，并部分打开这个结果。
- 如果这个结果不是 0，则终止，否则继续使用（$\langle a \rangle, \langle b \rangle, \langle c \rangle$）。

步骤 2：各参与方部分打开 $\langle x \rangle - \langle a \rangle$，得到 ε，打开 $\langle y \rangle - \langle b \rangle$，得到 δ，计算 $\langle z \rangle \leftarrow \langle c \rangle + \varepsilon \langle b \rangle + \delta \langle a \rangle + \varepsilon \delta$，得到 $\langle x \rangle$ 和 $\langle y \rangle$ 的乘法计算结果。

（5）输出阶段：在这个阶段，各参与方有 $\langle y \rangle$ 作为输出值 y，但这个值还没有被打开。这个输出值只有当参与方是诚实的时候才是正确的。接着执行以下操作。

步骤 1：公开 $a_1,\cdots,a_T$，其中 $\langle a_j \rangle = (\delta_j, (a_{j,1}, \cdots, a_{j,n}), ((\gamma(a_j))_1, \cdots, (\gamma(a_j))_n))$。现在打开一个随机值 $[e]$，各参与方计算 $e_i = e^i$，其中 $i = 1, \cdots, T$。所有的参与方计算 $a \leftarrow \sum_{j=1}^{n} e_j a_j$。

步骤 2：每个参与方 P_i 调用 F_{COM}（F_{COM} 是承诺函数，即从参与方那里接收要提交的值后保存这些值，并根据提交者的请求将保存的值呈现给所有的参与方），并对 $\gamma_i \leftarrow \sum_{j=1}^{n} e_j (\gamma(a_j))_i$ 进行承诺，对于输出值 $\langle y \rangle$，P_i 贡献其共享份额 y_i 和在对应 MAC 中的共享份额 $\gamma(y)_i$。

步骤 3：打开 $[\alpha]$。

步骤 4：每个参与方调用 F_{COM} 去打开 γ_i，并验证 $\alpha(a + \sum_{j=1}^{n} e_j \delta_j) = \sum_{i=1}^{n} \gamma_i$。若验证不通过，协议终止；否则，所有的参与方认为输出结果正确。

步骤 5：为了得到输出值 y，对 y_i 和 $\gamma(y)_i$ 的承诺是开放的。将 y 定义为 $y := \sum_{i=1}^{n} y_i$，各参与方验证 $\alpha(y + \delta) = \sum_{i=1}^{n} \gamma(y)_i$，若验证通过，则 y 为输出值。

4.3.2 基于不经意传输的联合计算协议（MASCOT）

MASCOT[180]（Faster Malicious Arithmetic Secure Computation with Oblivious Transfer）协议是基于 OT 实现的快速抗恶意算术安全计算协议。相比 SPDZ 协议采用有限同态加密的预处理方案，MASCOT 协议通过 OT 操作在有限域的算术电路中执行安全乘法，以达到减少通信和计算的目的。SPDZ 采用昂贵的零知识证明技术实现对抗恶意参与方保证计算安全的目的，虽然是在离线阶段完成的，但整个协议的总成本依然很高。MASCOT 旨在降低离线阶段这些昂贵的验证开销，大多采用轻量级对称密码实现高效、安全的通用算术电路。

MASCOT 协议与 SPDZ 协议一样分为离线阶段和在线阶段两部分。离线阶段主要进行预处理操作，生成与输入无关的各种参数；在线阶段根据输入进行真正的计算。

1. 基础知识

1）不经意乘积评估（Oblivious Product Evaluation，简写为 OPE）

假设 Alice 和 Bob 为两个参与方，如图 4-33 所示，Alice 作为发送方，Bob

作为接收方，分别输入 $a \in F$ 和 $b \in F$ 。两方运行 k 轮基于 k 比特长度的字符串的 OT 协议，在每一轮的 OT 实现过程中，Alice 输入一个随机值 $t_i \overset{\$}{\leftarrow} F$ 和相关值 $t_i + a$ ，接收方 Bob 将输入值 b 分解为 $(b_1, \cdots, b_k) \in \{0,1\}^k$ ，使得 $b = \sum_{i=1}^{k} b_i \cdot 2^{i-1}$ ，并根据 b_i 的值接收 t_i 或 $t_i + a$ 。记 Bob 在第 i 轮 OT 实现过程中接收到的信息为 q_i ，则有 $q_i = t_i + b_i \cdot a$ 。

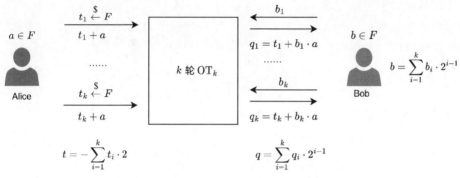

图 4-33　通过 OT 实现两方秘密共享乘法

Alice 和 Bob 通过梯度向量 $\boldsymbol{g}$ 简单计算它们的值 $(q_i)_i$ 和 $(-t_i)_i$ ，获得 $q = \sum_{i=1}^{k} q_i \cdot 2^{i-1}$ 和 $t = -\sum_{i=1}^{k} t_i \cdot 2^{i-1}$ ，计算过程如下：

$$
\begin{aligned}
q &= \sum_{i=1}^{k} q_i \cdot 2^{i-1} \\
&= \sum_{i=1}^{k} (t_i + b_i \cdot a) \cdot 2^{i-1} \\
&= \sum_{i=1}^{k} t_i \cdot 2^{i-1} + a \cdot \sum_{i=1}^{k} b_i \cdot 2^{i-1} \\
&= -t + a \cdot b
\end{aligned}
$$

即 $q + t = a \cdot b$ ，只要 Alice 输出 t ，Bob 输出 q ，这样就形成了一个 $a \cdot b$ 的秘密共享值。从安全角度看，由 OT 的性质可知，Alice 不知道 Bob 的输入为 b ，由于 t_i 随机，$t_i + a$ 也随机，Bob 也不知道 Alice 的输入为 a 。

综上所述，OPE 的目的就是让两个参与方 Alice 和 Bob 分别输入 a 和 b ，通过 OPE 计算，Alice 和 Bob 能得到 $a \cdot b$ 的秘密共享值 $q + t = a \cdot b$ ，Alice 和 Bob 分别持有数据 t 和 q ，不会将自己的输入数据泄露给对方。

2）相关不经意乘积评估（Correlated Oblivious Product Evaluation，简写为 COPE）

COPE 是一种协议，允许两个参与方获得一个加性共享的乘积 $x \cdot \Delta$，其中一个参与方持有 x，另一个参与方持有 Δ。相关性 Δ 在协议开始执行时被固定，未来的迭代会为不同的 x 值创建共享。COPE 的关键机制是 Gilboa 的方法，用于进行（可能不相关的）隐私保护乘积计算。在 COPE 中，两个参与方在 k 比特字符串上运行 k 组不经意传输（OT），其中在每一轮的 OT 实现过程中，发送方输入来自域 F 的随机值 t_i 和相关值 $t_i + a$，这里的 a 是发送方的输入。接收方对其输入进行按位分解，并根据 b_i 接收 t_i 或 $t_i + a$。掩盖后的相关性首先被发送到另一方，该方使用它来相应地调整伪随机函数（PRF）输出；现在两个参与方都具有 k 个关联 OT 的域元素。然后将它们映射到单个域元素中，方法是使用一个小工具向量 $\boldsymbol{g}$ 将其输出取内积，以获得 $x \cdot \Delta$ 的加性共享。

每运行一次 OPE，就需要执行 k 轮 OT，若要运行 n 次 OPE，则需要执行 $n \times k$ 轮 OT，OT 的开销是昂贵的，$n \times k$ 轮 OT 的开销是无法承受的。COPE 可以在一方的输入固定的情况下，只执行一次 k 轮 OT，就可以进行多次 OPE 操作。协议 Π_{COPEe} 分为初始化阶段和扩展阶段，具体实现过程如下：COPE 协议一开始需要用伪随机函数 $Y:\{0,1\}^{\lambda} \times \{0,1\}^{\lambda} \to F$（$F$ 为有限域，是计算安全参数）来维护一个计数器 $j := 0$。初始化阶段执行后，扩展阶段可能需要执行多次。Alice 记为 P_{A}，参与方 Bob 记为 P_{B}。

（1）初始化阶段：参与方 P_{B} 输入 $\Delta \in F$。

步骤 1：参与方 P_{A} 随机生成 k 对 λ 比特种子 $\{(\boldsymbol{k}_0^i, \boldsymbol{k}_1^i)\}_{i=1}^{k}$，且 $\boldsymbol{k}_0^i, \boldsymbol{k}_1^i \in \{0,1\}^{\lambda}$。

步骤 2：P_{A} 和 P_{B} 两个参与方调用 k 轮 OT，参与方 P_{A} 的输入为 $\{(\boldsymbol{k}_0^i, \boldsymbol{k}_1^i)\}_{i \in [k]}$，参与方 P_{B} 的输入为 $\Delta_{\text{B}} = (\Delta_0, \cdots, \Delta_{k-1}) \in \{0,1\}^k$（$\Delta_{\text{B}}$ 表示 Δ 按位分解）。

步骤 3：每轮 OT 操作结束后，参与方 P_{B} 得到 $\boldsymbol{k}_{\Delta_i}^i$，其中 $i \in [k]$。

（2）扩展阶段：参与方 P_{A} 输入 $x \in F$。

步骤 1：对于 $i = 1, \cdots, k$，则有

- 定义 $t_0^i = Y(\boldsymbol{k}_0^i, j) \in F$，$t_1^i = Y(\boldsymbol{k}_1^i, j) \in F$，参与方 P_{A} 知道 (t_0^i, t_1^i)，参与方 P_{B} 知道 $t_{\Delta_i}^i$。

- 参与方 P_{A} 发送 $u^i = t_0^i - t_1^i + x$ 给 P_{B}。

- 参与方 P_B 计算 $q^i = \Delta_i \cdot u^i + t^i_{\Delta_i}$，由于 $\Delta_i \in \{0,1\}$，当 $\Delta_i = 0$ 时，$q^i = t^i_0$；当 $\Delta_i = 1$ 时，$q^i = \Delta_i \cdot u^i + t^i_{\Delta_i} = u^i + t^i_1 = t^i_0 - t^i_1 + x + t^i_1 = t^i_0 + x$，即：

$$q^i = \Delta_i \cdot u^i + t^i_{\Delta_i}$$
$$= t^i_0 + \Delta_i \cdot x$$

步骤 2：计算 $j := j + 1$。

步骤 3：令 $\boldsymbol{q} = (q^1, \cdots, q^k)$，$\boldsymbol{t} = (t^1_0, \cdots, t^k_0)$，则有：$\boldsymbol{q} = \boldsymbol{t} + x \cdot \boldsymbol{\Delta}_B \in F^k$。

步骤 4：参与方 P_B 输出 $q = \langle \boldsymbol{g}, \boldsymbol{q} \rangle$，其中 $\boldsymbol{g}$ 为梯度向量。

步骤 5：参与方 P_A 输出 $t = -\langle \boldsymbol{g}, \boldsymbol{t} \rangle$。

步骤 6：得出 $t + q = x \cdot \Delta \in F$。

在扩展阶段中，步骤 4 和步骤 5 通过将输出与梯度向量 $\boldsymbol{g}$ 做内积运算，可以将输出映射成一个域元素，从而得到 $x \cdot \Delta$。

从上述过程可以看出，COPE 的扩展阶段的思路与 OPE 类似。从安全性上看，OT 可以保证参与方不会将自己的数据泄露给对方。

3）承诺协议 Π_{Comm}

如图 4-34 所示，承诺协议是一种加密协议，用于将一个数值或向量加密成一个承诺（commitment），并可以在之后证明该承诺的正确性，同时不泄露原始数值或向量的信息。该协议可以基于离散对数困难问题和双线性映射实现，假设承诺者和验证者分别为 Alice 和 Bob，则有

- **初始化阶段（Setup）**：首先选择大素数 q 作为乘法群 G 的阶，然后选择生成元 g 和 h，使得 $G = \langle g \rangle = \langle h \rangle$，最后将 (g, h, q) 公开。

- **承诺阶段（Comm）**：承诺方选取随机数 r 作为盲因子，计算承诺值 $C = g^\sigma \cdot h^r \bmod q$，并将其发送给接收者。

- **打开阶段（Open）**：承诺方发送 (σ, r) 给接收者，接收者验证承诺值 C 是否等于 $g^\sigma \cdot h^r \bmod q$，如果验证通过，则接受承诺，否则拒绝承诺。

通过这种方式，σ 被隐藏在离散对数中，而随机数 r 则确保了承诺的唯一性和不可预测性。只有知道 σ 和 r 的人才能解密承诺值 C。

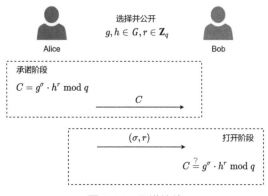

图 4-34 承诺协议

4）MAC 值验证协议 Π_{MACCheck}

输入已经打开过的值 y，参与方 P_i 的 MAC 份额 $m^{(i)}$ 和 MAC 密钥份额 $\Delta^{(i)}$，各参与方执行以下步骤。

步骤 1：计算 $\sigma^{(i)} \leftarrow m^{(i)} - y \cdot \Delta^{(i)}$，调用 Π_{Comm} 对 $\sigma^{(i)}$ 做出承诺，并接收到 τ_i。

步骤 2：输入 (open, τ_i)，调用 Π_{Comm} 并打开承诺。

步骤 3：如果 $\sigma^{(1)} + \cdots + \sigma^{(n)} \neq 0$，则输出 $\perp$，并终止运行程序，否则继续运行程序。

5）可验证秘密共享 $\Pi_{[\cdot]}$

在进行秘密共享计算时，若所有的参与方都能诚实地按照协议对每一步进行计算，那么按照协议步骤得到的结果就是安全、正确的。但如果存在某些参与方是恶意参与方，那么就可能破坏协议计算的正确性。为了应对这种情况，采用某种机制验证秘密共享的计算结果，就可以帮助我们判断秘密共享是否正确，若不正确，就终止计算。

可验证秘密共享是指允许多个参与方在不暴露私有输入的情况下进行计算，并且可以验证计算结果的正确性。在这种协议中，每个参与方都持有秘密份额，并且可以通过交换消息来计算出最终结果。为了确保计算的正确性，协议需要使用零知识证明或者其他可验证性技术来验证每个参与方提交的消息是否正确。

在一个有限域 F 上，对 $x \in F$，可验证秘密共享可表示为：

$$[x] = (x^{(1)}, \cdots, x^{(n)}, m^{(1)}, \cdots, m^{(n)}, \Delta^{(1)}, \cdots, \Delta^{(n)})$$

其中，每个参与方 P_i 持有一个随机共享份额 $x^{(i)}$、随机 MAC 共享份额 $m^{(i)}$ 和固定的 MAC 密钥共享份额 $\Delta^{(i)}$，使得 MAC 关系 $m = x \cdot \Delta$ 成立，且

$$x = \sum_{i=1}^{n} x^{(i)}, \quad m = \sum_{i=1}^{n} m^{(i)}, \quad \Delta = \sum_{i=1}^{n} \Delta^{(i)}$$

当打开共享值 $[x]$ 时，各参与方首先公开共享份额 $x^{(i)}$ 和计算 x。为了确保 x 是正确的，各参与方通过交出并打开 $m^{(i)} - x \cdot \Delta^{(i)}$ 来验证 MAC，即验证以下公式计算结果是否为 0：

$$\sum_{i=1}^{n} (m^{(i)} - x \cdot \Delta^{(i)}) = \sum_{i=1}^{n} m^{(i)} - x \cdot \sum_{i=1}^{n} \Delta^{(i)}$$
$$= m - x \cdot \Delta$$

若为 0，则验证通过，否则验证失败。

如图 4-35 所示，可验证秘密共享协议 $\Pi_{[\cdot]}$ 基于 Π_{COPEe}、Π_{MACCheck} 和 F_{Rand} 构建而成，其中 F_{Rand} 表示安全随机数选择函数。

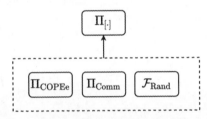

图 4-35　可验证秘密共享协议所需的基础协议和函数

下面将详细介绍 $\Pi_{[\cdot]}$ 的具体计算流程。

（1）初始化阶段（Setup）：各参与方 P_i 随机生成 MAC 密钥共享份额 $\Delta^{(i)} \in F$。每组参与方对 (P_i, P_j)（其中 $i \neq j$）调用 Π_{COPEe} 的初始化阶段，P_j 的输入为 $\Delta^{(j)}$。

（2）输入阶段（Input）：P_j 输入 $(\text{Input}, \text{id}_1, \cdots, \text{id}_l, x_1, \cdots, x_l, P_j)$，其他所有参与方输入 $(\text{Input}, \text{id}_1, \cdots, \text{id}_l, x_1, \cdots, x_l, P_j)$。

步骤 1：P_j 调用 F_{Rand} 生成一个随机数 $x_0 \overset{\$}{\leftarrow} F$。

步骤 2：对于 $h = 0, 1, \cdots, l$，P_j 生成随机加性共享 $\sum_{i=0}^{n} x_h^{(i)} = x_h$，并将 $x_h^{(i)}$ 发送给 P_i。

步骤 3：对于每组 $i \neq j$，P_i 和 P_j 调用 COPE 的扩展阶段，P_j 的输入为 $(x_0, \cdots, x_l) \in F^{l+1}$。

步骤 4：P_i 得到 $q_h^{(i,j)}$，P_j 得到 $t_h^{(j,i)}$，且满足 $q_h^{(i,j)} + t_h^{(j,i)} = x_h \cdot \Delta^{(i)}$，其中 $h = 0, \cdots, l$。

步骤 5：对于每个 P_i，$i \neq j$，定义 MAC 共享值 $m_h^{(i)} = q_h^{(i,j)}$，P_j 计算 MAC 共享值 $m_h^{(j)} = x_h \cdot \Delta^{(j)} + \sum\limits_{i=1, i \neq j}^{n} t_h^{(j,i)}$，得到 $[x_h]$，其中 $h = 0, \cdots, l$。

步骤 6：各参与方随机生成向量 $\boldsymbol{r} \in F^{l+1}$。

步骤 7：P_j 计算和共享 $y = \sum\limits_{h=0}^{l} r_h \cdot x_h$。

步骤 8：各参与方计算 $m^{(i)} = \sum\limits_{h=0}^{l} r_h \cdot m_h^{(i)}$。

步骤 9：各参与方调用 Π_{MACCheck}，对 y 和 $\{m^{(i)}\}_{i \in [n]}$ 进行 MAC 验证。

步骤 10：若验证通过，所有的参与方存储它们的共享值和 MAC 共享值。

（3）线性组合阶段（Linear comb）： 在输入 $\left(\text{LinComb}, \overline{\text{id}}, \text{id}_1, \cdots, \text{id}_t, c_1, \cdots, c_t, c\right)$ 时，各方检索其对应于 $\text{id}_1, \cdots, \text{id}_t$ 的秘密份额和 MAC 份额 $\left\{ x_j^{(i)}, m(x_j)^{(i)} \right\}_{j \in [t], i \in [n]}$，并且每个 P_i 计算：

$$y^{(i)} = \sum_{j=1}^{t} c_j \cdot x_j^{(i)} + \begin{cases} c & i = 1 \\ 0 & i \neq 1 \end{cases}$$

$$m(y)^{(i)} = \sum_{j=1}^{t} c_j \cdot m(x_j)^{(i)} + c \cdot \Delta^{(i)}$$

然后，各方存储 $y^{(i)}$ 和 $m(y)^{(i)}$，并关联在 $\overline{\text{id}}$ 下。

（4）打开阶段（Open）： 输入 (open, id)，并执行以下步骤。

步骤 1：每个 P_i 检索并广播它们的秘密份额 $x^{(i)}$。

步骤 2：各方重构 $x = \sum\limits_{i=1}^{n} x^{(i)}$ 并输出。

（5）验证阶段（Check）： 输入 $(\text{Check}, \text{id}_1, \cdots, \text{id}_t, x_1, \cdots, x_t)$，各方执行以下步骤。

步骤 1：选择一个公共随机向量 $\boldsymbol{r} = F_{\text{Rand}}(F^t)$。

步骤 2：计算 $y = \sum\limits_{j=1}^{t} r_j \cdot x_j$ 和 $m(y)^{(i)} = \sum\limits_{j=1}^{t} r_j \cdot m_{\text{id}_j}^{(i)}$，对所有的 $i \in [n]$ 和 $i \in [t]$，这里的 $m_{\text{id}_j}^{(i)}$ 表示 P_i 的 MAC 份额存储在 id_j 下。

步骤 3：输入 y 和 $m(y)^{(i)}$，执行 Π_{MACCheck}。

这个协议在有限域 F 上进行加性共享和验证输入,并允许打开这些共享份额,以及对这些共享份额进行线性操作。注意,初始化阶段只需要调用一次,是为了设置 MAC 密钥。

2. 离线阶段

MASCOT 在离线阶段主要生成预计算输入元组 $\Pi_{\text{InputTuple}}$ 和三元组 Π_{Triple} 两部分内容。

1)$\Pi_{\text{InputTuple}}$

即预处理阶段生成的一组随机共享值,用于在线计算阶段的输入。这些共享值由所有的参与方共同生成,并且只有特定的参与方知道每个共享值的具体取值。具体的生成过程如下。

步骤 1: P_j 选取随机数 $r \in F$,并调用 $\Pi_{[\cdot]}$。

步骤 2: 各方输出 $[r]$,P_j 输出 r。

2)Π_{Triple}

生成一系列秘密共享三元组 $([a],[b],[c])$,其中,$c = a \cdot b$,a、b 为随机值。具体的生成过程如下。

整数参数 $\tau \geqslant 3$,表示每次输出三元组时生成的三元组的数量。

(1)乘法。

步骤 1: 每个参与方随机生成 $\boldsymbol{a}^{(i)} \overset{\$}{\leftarrow} F^\tau$,$b^{(i)} \overset{\$}{\leftarrow} F$。

步骤 2: 每组有序的参与方对 (P_i, P_j) 执行 COPE 协议,计算 $\boldsymbol{a}^{(i)} \cdot b^{(j)}$,$P_i$ 得到长度为 τ 的向量 $\boldsymbol{c}_{i,j}^{(i)}$,$P_j$ 得到长度为 τ 的向量 $\boldsymbol{c}_{i,j}^{(j)}$,且 $\boldsymbol{c}_{i,j}^{(i)} + \boldsymbol{c}_{i,j}^{(j)} = \boldsymbol{a}^{(i)} \cdot b^{(j)} \in F^\tau$。

步骤 3: 每个参与方 P_i 计算 $\boldsymbol{c}^i = \boldsymbol{a}^{(i)} \cdot b^{(i)} + \sum\limits_{j=1,\ i \neq j}^{n} (\boldsymbol{c}_{i,j}^{(i)} + \boldsymbol{c}_{j,i}^{(j)})$。

(2)组合。

步骤 1: 随机生成两个向量 $\boldsymbol{r}$ 和 $\hat{\boldsymbol{r}} \in F^\tau$。

步骤 2: 每个参与方 P_i 设置 $a^{(i)} = <\boldsymbol{a}^{(i)}, \boldsymbol{r}>$,$c^{(i)} = <\boldsymbol{c}^{(i)}, \boldsymbol{r}>$,以及 $\hat{a}^{(i)} = <\boldsymbol{a}^{(i)}, \hat{\boldsymbol{r}}>$,$\hat{c}^{(i)} = <\boldsymbol{c}^{(i)}, \hat{\boldsymbol{r}}>$,其中 <> 表示两个元素的内积。

(3)验证。 每个参与方 P_i 运行 $\Pi_{[\cdot]}$ 的输入阶段,获得可验证秘密共享 $[a]$、$[b]$、$[c]$、$[\hat{a}]$ 和 $[\hat{c}]$。

（4）消耗。 通过消耗 $[\hat{a}]$、$[\hat{c}]$ 来验证三元组 $([a],[b],[c])$ 的正确性，即 $a \cdot b = c$。

步骤 1：生成随机值 $s \in F$。

步骤 2：调用 $\Pi_{[\cdot]}$ 的线性组合阶段存储 $s \cdot [a] - [\hat{a}]$，并关联在 $[\rho]$ 下。

步骤 3：调用 $\Pi_{[\cdot]}$ 的打开阶段，输入 $[\rho]$，得到 ρ。

步骤 4：调用 $\Pi_{[\cdot]}$ 的线性组合阶段存储 $s \cdot [c] - [\hat{c}] - [b] \cdot \rho$，并关联在 $[\sigma]$ 下。

步骤 5：运行 $\Pi_{[\cdot]}$ 的验证阶段来验证 $([\rho],[\sigma],\rho,0)$，如果 $\Pi_{[\cdot]}$ 运行终止，则终止。

（5）输出。 输出 $([a],[b],[c])$ 为一个有效的三元组。

3. 在线阶段

MASCOT 的在线阶段就是根据离线阶段生成的 $[r]$、r 和有效三元组 $([a],[b],[c])$，基于秘密共享实现加法、乘法计算。具体计算过程如下。

（1）初始化： 各参与方调用在离线阶段生成的一定数量的三元组 $([a],[b],[c])$ 和输入 $[r]$。若离线阶段运行失败，则终止。

（2）输入： 参与方 P_i 为了共享输入值 x_i，首先挑选 $(r_i,[r_i])$，然后进行以下操作。

步骤 1：广播 $\varepsilon \leftarrow x_i - r_i$。

步骤 2：各参与方计算 $[x_i] \leftarrow [r_i] + \varepsilon$。

（3）相加： 计算输入 $([x],[y])$ 的和，则各参与方本地计算 $[x+y] \leftarrow [x] + [y]$。

（4）相乘： 计算输入 $([x],[y])$ 的乘积，各参与方进行以下操作。

步骤 1：选择三元组 $([a],[b],[c])$，计算 $[\varepsilon] \leftarrow [x] - [a]$ 和 $[\rho] \leftarrow [y] - [b]$，并打开它们的共享值，分别得到 ε 和 ρ。

步骤 2：计算 $[x \cdot y] \leftarrow [c] + \varepsilon \cdot [b] + \rho \cdot [a] + \varepsilon \cdot \rho$。

（5）输出： 为了输出共享值 $[y]$，执行以下步骤。

步骤 1：验证所有打开的值，若验证失败，则终止。

步骤 2：打开并验证 $[y]$，若验证失败，则终止；否则接受 y 为有效输出。

4.3.3 具体案例

受限于各机构自身数据特征的丰富程度和特征量，很多机构对联合更多的数据方进行联合计算有着迫切的需求。基于隐私计算的联合计算能够为各参与方提供高效、安全的数据合作模式，在确保数据不离开本地的情况下，实现数据联合计算、统计和挖掘价值。目前多方联合运算可用于跨机构用户画像、跨机构用户信用评分、跨机构统计计算等业务场景，在金融、政务、医疗等领域都有着广泛的应用前景。

1. 构建用户画像

由于不同行业的各方数据特征相对独立，各方拥有不同的特征维度，如图 4-36 所示，联合多方数据进行用户画像可以增加用户特征数量，使得用户画像拥有更丰富、更细致的人群分类，从而便于更加深入地分析用户群体特征、了解用户潜在需求、挖掘潜在的用户群体。在这个过程中，为了保证各方数据的隐私安全，使用隐私保护计算技术进行多方联合计算，实现统计分析，可以完成在不泄露样本用户特征及标签的前提下，计算样本中具体特征的统计值等，如年龄的均值、性别比例、网购频率、通信流量使用量均值等，从而构建目标群体的用户画像，有助于从海量的候选人群中筛选目标客户并提供个性化服务。

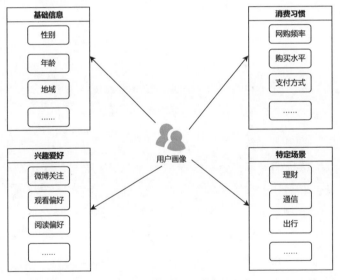

图 4-36 用户画像

如某银行想获得某用户每个月在多个电商平台上的总花费，可采用联合求和的计算方法。如图 4-37 所示，采用 SPDZ 协议进行联合求和，设电商 A、电商 B 为待统计的参与方，x、y 分别为其输入。SPDZ 在离线阶段生成一系列参数 $\langle r \rangle$、$[r]$ 等。在线阶段，A 共享输入 x，计算广播 $\varepsilon \leftarrow x - r$，A 和 B 都计算 $\langle x_A \rangle \leftarrow \langle r \rangle + \varepsilon$，$\langle x_B \rangle \leftarrow \langle r \rangle + \varepsilon$。类似地，B 共享输入 y，A、B 分别得到 $\langle y_A \rangle$、$\langle y_B \rangle$。A 本地计算 $\langle x_A \rangle + \langle y_A \rangle = \langle x_A + y_A \rangle$，记 $\langle z_A \rangle = \langle x_A + y_A \rangle$，同样，B 本地计算得到

$\langle z_{\mathrm{B}} \rangle = \langle x_{\mathrm{B}} + y_{\mathrm{B}} \rangle$。对 $\langle z_{\mathrm{A}} \rangle$ 和 $\langle z_{\mathrm{B}} \rangle$ 进行 MAC 校验，校验通过后计算 $z := \langle z_{\mathrm{A}} \rangle + \langle z_{\mathrm{B}} \rangle$，根据全局 MAC 密钥 $[\alpha]$，公开参数 $a_1, \cdots, a_T$，其中 $\langle a_j \rangle = (\delta_j, (a_{j,1}, \cdots, a_{j,n}),$ $(\gamma(a_j)_1, \cdots, \gamma(a_j)_n))$，校验 $\alpha(z + \delta) = \sum_i \gamma(z)_i$ 是否成立，若成立，则将 z 作为输出值返回银行端。

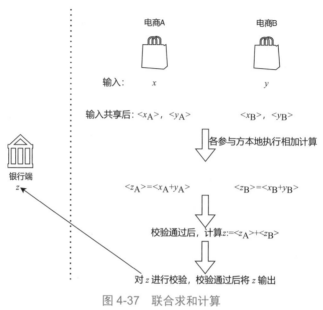

图 4-37　联合求和计算

2. 医疗领域

随着医疗信息化的发展，每个医疗机构都积累了大量的医疗数据，一方面，医疗数据对病人来说是十分敏感的个人信息，另一方面，医疗数据的统计对于分析病情有十分重要的意义。通过隐私计算数据，将不同地区、不同机构的数据联合起来进行统计分析，有助于分析疾病的发病规律、高危群体、有效治疗方案等。

如图 4-38 所示，联合多家医疗机构统计分析某种疾病的发病特征，比如，统计疾病第一天发病时各种症状的概率。各医疗机构首先分别在本地计算该病的发病人数、第一天发病有咳嗽症状的人数、第一天发病有发烧症状的人数，然后对这三个输入值分别执行秘密共享→本地计算相加→校验等联合计算的在线计算步骤，得到所有机构的总发病人数为 $N = 100$ 人，第一天发病有咳嗽症状的总人数为 90 人、第一天发病有发烧症状的总人数为 5 人，则第一天发病有咳嗽症状的概率为 $\frac{90}{100} = 90\%$，第一天发病有发烧症状的概率为 $\frac{5}{100} = 5\%$。通过统计疾病的发病症状，有助于分析疾病的发病规律，制定更加有效的治疗方案。

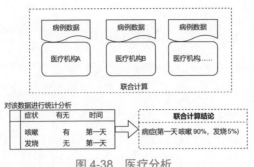

图 4-38　医疗分析

3. 纵向联邦学习

联合计算还可与纵向联邦学习应用场景结合使用。如图 4-39 所示，纵向联邦学习是联合多个参与者的共同样本的不同特征进行联合建模，即纵向联邦学习使训练样本的特征维度增多，集合了各参与方的特征。那么在使用纵向联邦学习的模型时，为了避免各方数据直接参与计算发生安全风险，则需要各参与方进行基于多方安全计算的联合计算，将多方的特征都参与模型计算才能得到预测结果。

假设参与方 A 的数据特征为 $(x_1,\cdots,x_k)$，其中 k 表示参与方 A 的特征数量，参与方 B 的数据特征为 $(y_1,\cdots,y_t)$，其中 t 表示参与方 B 的特征数量，联邦学习训练出的模型为线性模型 $f = a_0 + \sum_{i=1}^{k} a_i x_i + b_0 + \sum_{i=1}^{t} b_i y_i$，其中，$(a_0,\cdots,a_k)$ 为参与方 A 拥有的模型参数，$(b_0,\cdots,b_t)$ 为参与方 B 拥有的模型参数，即 f 可表示为 $f = f(A) + f(B)$，其中 $f(A) = a_0 + \sum_{i=1}^{k} a_i x_i$，$f(B) = b_0 + \sum_{i=1}^{t} b_i y_i$。那么当我们使用模型进行预测时，首先可在参与方 A、B 本地分别计算出自己的总输入值 $f(A)$ 和 $f(B)$，然后采用联合计算的加法，即可得到 A 和 B 共同参与的模型计算结果。

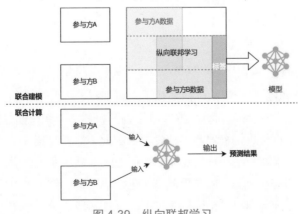

图 4-39　纵向联邦学习

4.4 隐私保护机器学习

随着计算机技术的发展和人工智能的兴起，机器学习已经成为许多领域（如医疗、金融、安保等）不可或缺的一种技术，并在这些领域具有许多有效应用。

机器学习涉及多个领域学科，它利用各种算法，尝试从大量的数据中挖掘其隐含的规律或模式，并在新的数据上进行预测。机器学习过程可以分为训练阶段和测试阶段，如图 4-40 所示。训练阶段在训练数据集上学习得到一个目标模型，并在测试阶段用于新数据的预测。图 4-40 中的蓝色框表示在机器学习流程中应进行隐私保护的数据。值得注意的是，机器学习的目标并不仅仅是在训练数据上表现良好，更重要的是在新样本上也能够表现良好，这被称为模型的泛化能力。

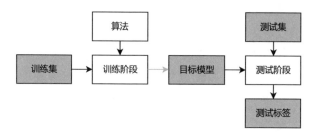

图 4-40   机器学习的过程

机器学习正越来越多地应用于多个领域，如新兴的深度神经网络，即深度学习，在模型精度和性能方面都有显著提高，特别是在计算机视觉[186]、自然语言处理[187]、语音或音频识别[188]等应用领域。此外，联邦学习被广泛认为是一种新兴的协作式机器学习，它可以在训练数据仍然分布在多个分散的设备上的同时训练高质量的模型[189]，联邦学习在各个领域均有广泛的应用前景，包括医疗、金融等。尽管这些模型在人工智能或机器学习驱动的应用程序中取得了较大的成功，但它们仍然面临着一些挑战，如：

- 缺乏强大的计算资源。
- 模型训练需要大量可用的数据。

一般来说，机器学习系统的性能依赖于大量训练数据及强大的计算资源来支持训练与推理阶段。然而，海量训练数据的可用性是机器学习系统面临的另一个挑战。更直接地说，数据直接决定机器学习的性能。因此，需要收集大量数据，在许多情况下，需要从多个来源收集数据。然而，数据的收集利用和机器学习模型的创建使用均有信息泄露的潜在风险，容易引起严重的隐私问题。例如，对手可以利用机器学习模型，通过各种推理攻击推断私人信息；又如，成员关系推理攻击、模型反转攻击、属性推理攻击和分布式机器学习场景中交换的深度梯度信息等。

为了解决应用程序中使用机器学习相关技术与日益增长的隐私保护需求之间的矛盾，对于应用程序中必须存储和处理的用户隐私敏感数据，如电子健康记录、位置信息等，设计创新的隐私保护机器学习解决方案至关重要。越来越多的研究人员致力于隐私保护机器学习的研究，或将现有的匿名机制或密码学机制与机器学习原理相结合，或为机器学习系统设计创新的隐私保护方法和架构。现有的每种隐私保护机器学习方法都解决了部分隐私保护问题，或者仅适用于有限的场景。隐私保护机器学习没有统一的解决方案，例如，在机器学习系统中采用差分隐私会导致模型的实用性损失（降低模型精度）；使用多方安全计算方法会产生较高的通信开销或计算开销。通信开销是由传输大量的中间数据引起的，例如，电路门的混淆真值表，同时，采用高级密码系统会导致计算开销增大。

学术界/工业界早有关注机器学习的安全性问题，例如，如何解决窃取机器学习模型或梯度信息等问题。隐私保护机器学习解决方案的主要目的是防止隐私信息从训练、推断数据样本或学习模型中泄露，涉及机器学习过程中的实体或实体集合相关联的隐私保护功能。

1. 基于机器学习算法的同态加密研究

如图 4-41 所示，同态加密使得用户能够直接在密文上进行运算，得到的结果经过解密后与在明文下的计算结果一致，是一项直接、有效的数据隐私保护技术。（有关同态加密算法原理的具体内容见 3.3 节。）

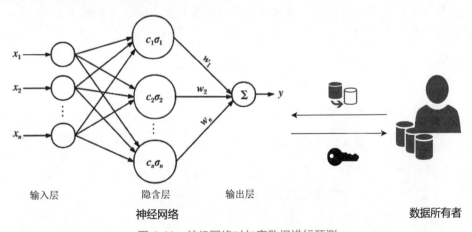

输入层　　　　　隐含层　　　输出层

神经网络　　　　　　　　　　　　　　　　　　　**数据所有者**

图 4-41　神经网络对加密数据进行预测

Du 等人[190]通过提出一种私有标量积协议，实现合作决策树的分类来实现决策树算法中的隐私保护。随后，Zhan 等人[191]利用 Paillier 加密算法，设计了同态加密下的决策树分类模型。Wu 等人[192]使用加法同态加密算法和不经意传输协议，构建了隐私决策树和随机森林的评估协议，并使用深度高达 20 层和超过 10000 个决策节点的决策树来评估他们协议的可扩展性，结果表明该协议能够保护算法的数据隐私，同时保证算法的效率。Yu 等人[193]提出了一种利用非线性核函数对水平分块数据进行隐私保护的支持向量机，并在文献[194]中考虑了垂直分块数据，但只关注由二进制特征向量表示的数据。Laur 等人[195]设计了核化支持向量机（kernelized SVM），能够输出加密的核值和分类器。Zhu 等人[196]建立了外包数据的交互式协议用于逻辑回归，其中用户必须始终与云服务器进行多轮通信。该协议中的通信成本由数据集的大小和维度决定，同时也取决于用户的计算成本。逻辑回归可以用最小二乘法来求解，Kim 等人[197]针对实数计算优化问题，设计了新型同态加密方案和逻辑回归的最小二乘近似算法，取得了较高的准确率和效率。Bharath 等人[198]在语义安全的加密关系数据上实现了 k 近邻分类，他们使用半同态对数据进行加密，并将其外包给云，同时数据所有者将密钥发送给另一个云服务器，这两个云服务器是半诚实的，不存在串通问题。他们通过调用主协议中的子协议来完成分类，设计了安全乘法（Secure Multiplication，简写为 SM）协议、安全平方欧氏距离（Secure Squared Euclidean Distance，简写为 SSED）协议、安全最小（Secure Minimum，简写为 SMIN）协议等子协议。值得一提的是，他们对类标签进行了加密，这是之前研究者从来没有做过的；数据所有者和查询者在上传私有数据后是离线的，因为他们有两个云服务器，计算工作都是由这两个云服务器来完成的。然而，如果这两个云服务器是共谋的，分类将不再安全。

同态加密技术发展迅速，目前针对同态加密与机器学习模型相结合的隐私保护研究目标有以下三点：

- 解决因噪声增加而无法解密的问题，使其成为全同态。
- 解决除加法和乘法外的复杂运算问题。
- 解决实际应用中效率低下的问题。

2. 基于多方安全计算的机器学习算法研究

多方安全计算起源于姚期智院士的"百万富翁"问题，主要是为了解决一组互不信任的参与方之间隐私保护的协同计算问题。

如图 4-42 所示，在多方安全计算中多个参与方拥有各自的不同数据集，在无可信第三方参与的情况下，如何安全地计算一个约定函数，同时要求每个参与方除计算结果外不能得到其他参与者的任何输入信息，故具有独立性、计算正确性和去中心化等特征。

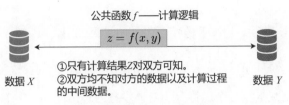

图 4-42　多方安全计算示意

多方安全计算允许多个参与者通过使用同态加密、秘密共享等加密技术，在其他参与方数据不离开本地的情况下对多方数据进行联合计算，但这种方法只能在学习过程中保护训练数据的隐私，不能防止对结果模型的推理攻击。

同态加密还常与其他多方安全计算基础原语（如秘密共享、不经意传输、混淆电路等）组合，应用于机器学习隐私保护中。这些技术通常不会单独使用，而是与同态加密结合起来构建符合应用场景需求的多方安全计算协议，以实现隐私保护、准确率、效率这三个目标。

在接下来的几节内容中，主要介绍基于不经意传输的隐私保护机器学习协议[199]、基于秘密共享和同态加密的隐私保护机器学习协议[200]，以及基于复制秘密共享的隐私保护机器学习协议 Falcon[201]。

4.4.1　基于不经意传输的隐私保护机器学习协议

在两方安全计算（2PC）下，神经网络推理预测一直是研究的难题，其难点一个是非线性计算的开销巨大，例如，比较、除法；另一个则是计算精度的损失。CrypTFlow2 基于 OT（具体算法原理见 3.5 节）提出了安全比较的一种新的协议，并对该协议进行了深度优化，进一步利用该比较协议设计了面向神经网络的多个算子协议，如 ReLU 激活函数、最大池化操作等。CrypTFlow2 针对环 $\mathbf{Z}_L (L = 2^l)$ 和 $\mathbf{Z}_n$（n 为任意大整数）设计了两个版本，从而适配面向不经意传输和同态加密的线性层计算。

CrypTFlow2 主要面向两方计算下的半诚实敌手模型，用到两方下的加性秘密分享、OT、基于 OT 构造的 AND 三元组、Multiplexer、B2A 转化，以及同态加密（主要用于神经网络线性层）。CrypTFlow2 的核心是基于 OT 实现两方隐私保护。

1. 基础知识

1）基于 OT 构造的 AND 三元组

常规协议 F_{AND} 可以用 AND 三元组计算，生成三元组 $(\langle d \rangle_b^{\mathrm{B}}, \langle e \rangle_b^{\mathrm{B}}, \langle f \rangle_b^{\mathrm{B}})$，其中 $b \in \{0,1\}$，$f = de$，传统方法是使用一次 OT 生成一个三元组，CrypTFlow2 则

是使用 $\binom{16}{1}-\mathrm{OT}_2$ 进行一次 OT 操作产生了两个三元组。假定 P_1 作为接收者，设置前两个比特位为 $\langle d\rangle_1^{\mathrm{B}}\|\langle e\rangle_1^{\mathrm{B}}$，第二个三元组的后两个比特位的设置与之类似；$P_0$ 作为接收者将第 i 条信息的第一个比特 $i\in\{0,1\}^4$ 设置为 $r\oplus((i_1\oplus\langle d\rangle_0^{\mathrm{B}})\wedge(i_2\oplus\langle e\rangle_0^{\mathrm{B}}))$，其中，$i=i_1\|i_2$。对于第二个三元组，设置第 i 条信息的第二个比特位 $r\oplus((i_1\oplus\langle d\rangle_0^{\mathrm{B}})\wedge(i_2\oplus\langle e\rangle_0^{\mathrm{B}}))$。从而使 P_0 最终获得 $\langle f\rangle_0^{\mathrm{B}}=r$，$P_1$ 最终获得 $\langle f\rangle_1^{\mathrm{B}}=\langle f\rangle_0^{\mathrm{B}}\oplus(d\wedge e)$。这样，总通信量为 $2\lambda+16$ 比特，均摊下来，每一个元组通信量为 $\lambda+8$ 比特。

2）Multiplexer

常规协议 F_{MUX} 输入 $\langle a\rangle^n$ 和 $\langle c\rangle^{\mathrm{B}}$，如果 $c=1$，则输出 $\langle a\rangle^n$；否则输出 0。具体原理可依据如下操作获知。

步骤 1：对于 $b\in\{0,1\}$，P_b 选择 $r_b\xleftarrow{s}\mathbf{Z}_n$。

步骤 2：P_0 按照如下方式设置 s_0 和 s_1，如果 $\langle c\rangle_0^{\mathrm{B}}=0$，则 $(s_0,s_1)=(-r_0,-r_0+\langle a\rangle_0^n)$，否则，$(s_0,s_1)=(-r_0+\langle a\rangle_0^n,-r_0)$。

步骤 3：P_0 和 P_1 调用 $\binom{2}{1}-\mathrm{OT}_\eta$，其中 P_0 是发送方，其输入是 (s_0,s_1)；P_1 是接收方，其输入是 $\langle c\rangle_1^{\mathrm{B}}$，令 P_1 的输出为 x_1。

步骤 4：P_1 按照如下方式设置 t_0 和 t_1，如果 $\langle c\rangle_1^{\mathrm{B}}=0$，则 $(t_0,t_1)=(-r_1,-r_1+\langle a\rangle_1^n)$，否则，$(t_0,t_1)=(-r_1+\langle a\rangle_1^n,-r_1)$。

步骤 5：P_0 和 P_1 调用 $\binom{2}{1}-\mathrm{OT}_\eta$，其中 P_1 是发送方，其输入是 (t_0,t_1)；P_0 是接收方，其输入是 $\langle c\rangle_0^{\mathrm{B}}$，令 P_0 的输出为 x_0。

步骤 6：对于 $b\in\{0,1\}$，P_b 输出 $\langle z\rangle_b^n=r_b+x_b$。

依据以上步骤，由 $\binom{2}{1}-\mathrm{OT}_\eta$ 可得到 $x_1=-r_0+c\cdot\langle a\rangle_0^n$，$x_0=-r_1+c\cdot\langle a\rangle_1^n$，则有 $z=z_0+z_1=c\cdot a$。由于调用了两次 OT，则通信量为 $2(\lambda+2\eta)$ 比特。

3）B2A 转化

常规协议 F_{B2A} 将布尔秘密共享 $\langle c \rangle^{\text{B}}$ 转换为算术秘密共享 $\langle d \rangle^{n}$，满足 $d = c$。

因为 $d = \langle c \rangle_0^{\text{B}} + \langle c \rangle_1^{\text{B}} - 2 \langle c \rangle_0^{\text{B}} \langle c \rangle_1^{\text{B}}$，不难发现，关键点在于求乘积，实现步骤如下。

步骤 1：P_0 和 P_1 调用 $\binom{2}{1}\text{-COT}_\eta$，其中 P_0 是发送方，其相关函数为

$f(x) = x + \langle c \rangle_0^{\text{B}}$；$P_1$ 是接收方，其输入是 $\langle c \rangle_1^{\text{B}}$。参与方 P_0 得到 x，并令 $y_0 = n - x$，随后 P_1 得到 y_1。

步骤 2：对于 $b \in \{0,1\}$，P_b 计算 $\langle d \rangle_b^{n} = \langle c \rangle_b^{\text{B}} - 2 \cdot y_b$。

可知，由 $\binom{2}{1}\text{-COT}_\eta$ 可得到 $y_1 = x + \langle c \rangle_0^{\text{B}} \langle c \rangle_1^{\text{B}}$。因此，$\langle d \rangle_0^{n} = \langle c \rangle_0^{\text{B}} + 2x$，

$\langle d \rangle_1^{n} = \langle c \rangle_1^{\text{B}} - 2x - 2 \langle c \rangle_0^{\text{B}} \langle c \rangle_1^{\text{B}}$，由于调用了一次 COT，则通信量为 $\lambda + \eta$ 比特。

2. "百万富翁" 协议

下面介绍前面提到的姚氏"百万富翁"问题 F_{MILL}^{l}。P_0 的输入为 x，P_1 的输入为 y，计算：

$$1\{x < y\} = 1\{x_1 < y_1\} \oplus (1\{x_1 = y_1\} \wedge 1\{x_0 < y_0\})$$

其中，$x = x_1 \| x_0$，$y = y_1 \| y_0$。现假设存在一个参数 m，令 $M = 2^m$，首先考虑比较简单的 $q = l / m$，并且 q 是 2 的次方，根据 $1\{x < y\} = 1\{x_1 < y_1\} \oplus (1\{x_1 = y_1\} \wedge 1\{x_0 < y_0\})$ 可知，递归 $\log_2 q$ 次，得到的树有 q 个叶子节点，每个叶子节点有 m 比特，即 $x = x_{q-1} \| ... \| x_0$ 和 $y = y_{q-1} \| ... \| y_0$。其中，$x_i, y_i \in \{0,1\}^m$。如此，两方则可以利用 $\binom{M}{1}\text{-OT}$ 计算公式（$1\{x < y\} = 1\{x_1 < y_1\} \oplus (1\{x_1 = y_1\} \wedge 1\{x_0 < y_0\})$）中的

不等式和等式。计算完叶子节点之后，则可以通过递归的方式计算 AND 和 XOR 门，直到根节点，得到最后输出。具体算法如下。

输入：P_0、P_1 分别持有 $x \in \{0,1\}^l$、$y \in \{0,1\}^l$。

输出：P_0、P_1 分别得到 $\langle 1\{x < y\} \rangle_0^{\text{B}}$、$\langle 1\{x < y\} \rangle_1^{\text{B}}$。

步骤 1：P_0 把输入 x 分成 q 个子串，P_1 把输入 y 分成 q 个子串，每个子串的大小是 m。

步骤 2：假设 $M = 2^m$。

步骤 3：对 $j = 0 \rightarrow q - 1$ 进行循环：

P_0 对 $\langle \mathrm{lt}_{0,j} \rangle_0^{\mathrm{B}}, \langle \mathrm{eq}_{0,j} \rangle_0^{\mathrm{B}} \overset{s}{\leftarrow} \{0,1\}$ 进行采样。

对 $k = 0 \rightarrow M - 1$ 进行循环：

- P_0 设置发送的 $\boldsymbol{s}_{j,k} = \langle \mathrm{lt}_{0,j} \rangle_0^{\mathrm{B}} \oplus \mathbf{1}\{\boldsymbol{x}_j < k\}$。
- P_0 设置发送的 $\boldsymbol{t}_{j,k} = \langle \mathrm{eq}_{0,j} \rangle_0^{\mathrm{B}} \oplus \mathbf{1}\{\boldsymbol{x}_j = k\}$。

结束 k 的循环。

P_0、P_1 调用 $\binom{M}{1} - \mathrm{OT}_1$，即从 M 个数据 $s_{j,k}$ 中选择一个。P_0 作为发送方，输入是 M 个数据 $s_{j,k}$，P_1 作为接收方，其输入是 $\boldsymbol{y}_j$。

P_0、P_1 调用 $\binom{M}{1} - \mathrm{OT}_1$，即从 M 个数据 $t_{j,k}$ 中选择一个。P_0 作为发送方，输入是 M 个数据 $t_{j,k}$，P_1 作为接收方，其输入是 $\boldsymbol{y}_j$。

结束 j 的循环。

步骤 4：对 $i = \{1, \cdots, \log q\}$ 进行循环：

对 $j = \{0, \cdots, (q / 2^i) - 1\}$ 进行循环：

对于 $b \in \{0,1\}$，P_b 对输入 $\langle \mathrm{lt}_{i-1,2j} \rangle_b^{\mathrm{B}}$ 和 $\langle \mathrm{eq}_{i-1,2j+1} \rangle_b^{\mathrm{B}}$ 进行"与"运算，从而得到输出 $\langle \mathrm{temp} \rangle_b^{\mathrm{B}}$。

P_b 计算 $\langle \mathrm{lt}_{i,j} \rangle_b^{\mathrm{B}} = \langle \mathrm{lt}_{i-1,2j+1} \rangle_b^{\mathrm{B}} \oplus \langle \mathrm{temp} \rangle_b^{\mathrm{B}}$，因为异或相当于进行相加操作，根据秘密共享的可加性，可以进行本地计算。

对于 $b \in \{0,1\}$，P_b 对输入 $\langle \mathrm{eq}_{i-1,2j} \rangle_b^{\mathrm{B}}$ 和 $\langle \mathrm{eq}_{i-1,2j+1} \rangle_b^{\mathrm{B}}$ 进行"与"运算，从而得到输出 $\langle \mathrm{eq}_{i,j} \rangle_b^{\mathrm{B}}$。

结束 j 的循环；结束 i 的循环。

步骤 5：对于 $b \in \{0,1\}$，P_b 输出 $\langle \mathrm{lt}_{\log q,0} \rangle_b^{\mathrm{B}}$。

根据上述推导，可以很容易验证"百万富翁"协议的正确性。协议安全性则可以通过 $(\binom{M}{1} - \mathrm{OT}, F_{\mathrm{AND}})$ 证明得到。

对于一般化场景，m 不能整除 l 且 $q = \lceil l / m \rceil$ 不是 2 的次方，所以可以做如下改进。

（1）令 $x_{q-1} \in \{0,1\}^r$，其中，$r = l \bmod m$，则上述步骤 3 的循环中调用针对 x_{q-1}、y_{q-1} 使用 $\binom{R}{1}$-OT，其中 $R = 2^r$。

（2）由于 q 不是 2 的次方，则无法构成完美二叉树。假设 $2^\alpha < q \leqslant 2^{\alpha+1}$，则针对 2^α 个节点构造完美二叉树，再对剩余 $q' = q - 2^\alpha$ 个节点递归构造，最终将子树根节点与公式（$1\{x<y\} = 1\{x_1<y_1\} \oplus (1\{x_1=y_1\} \wedge 1\{x_0<y_0\})$）结合。

进一步地，CrypTFlow2 提出了如下优化技术。

（1）在上述步骤 3 中，接收方的输入相同，因此发送方的输入为 $\{(s_{i,k} \| t_{i,k})\}_k$，则输出变为 $(\langle \mathrm{lt}_{0,j}\rangle_1^B \| \langle \mathrm{eq}_{0,j}\rangle_1^B)$。因此，可将通信量从 $2(2\lambda + M)$ 比特降低为 $2\lambda + 2M$ 比特。

（2）针对 AND 门的优化。上述步骤 4 的输入相同，因此可以生成关联三元组。关联三元组可以使用 $\binom{8}{1}$-OT_2 生成，生成关联三元组的通信量为 $2\lambda + 16$ 比特，均摊为 $\lambda + 8$ 比特，基于元组计算 AND 门，则额外需要 6 比特的通信量。

（3）由于在整个计算中不使用在最低有效位上计算的等式。具体地说，我们可以跳过计算值 $\mathrm{eq}_{i,0}(i \in \{0,\cdots,\log_2 q\})$。故，对于计算树中最低位的分支，可以只做一个 AND 门，调用一次生成两个元组的方法生成 AND 元组，均摊通信量为 $\lambda + 16$ 比特。计算 AND 门需要额外的 4 比特通信量。从整体上看，对于叶子节点，可节省 M 比特，对于中间节点，可节省 $(\lambda+2) \cdot \lceil \log_2 q \rceil$ 比特。

在上述优化的基础上，协议需要进行 1 次 $\binom{M}{1}$-OT_1、$q-2$ 次 $\binom{M}{1}$-OT_2、1 次 $\binom{R}{1}$-OT_1、$\lceil \log_2 q \rceil$ 次 AND 运算和 $(q-1-\log_2 q)$ 次关联 AND 运算。整体通信量为 $\lambda(4q - \lceil \log_2 q \rceil - 2) + M(2q-3) + 2R + 22(q-1) - 2\lceil \log_2 q \rceil$ 比特，当 $l=32$ 时，取 $m=7$ 的整体性能最好。

3. ReLU 和 DReLU

ReLU 是神经网络的激活函数，DReLU 是其微分，这里也可称为导数（因其为一阶方程）。激活函数的作用是：在计算神经网络每一层的激活值时，需要用到激活函数，之后才能确定这些激活值究竟是多少。具体而言，就是根据每一层前面的激活、权重和偏差值为下一层的每个激活计算一个值。但在将该值发送给下一层之前，需要使用一个激活函数对这个输出进行缩放。

ReLU 是解决梯度消失问题的方法，其公式如下：

$$\mathrm{ReLU}(x) = \max(0, x)$$

上述公式表明，如果输入的 x 小于 0，则令输出等于 0；如果输入的 x 大于 0，则令输出等于输入，如图 4-43 所示。

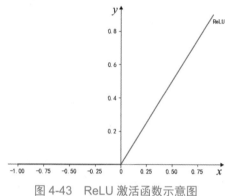

图 4-43   ReLU 激活函数示意图

通过图 4-43 不难看出，其微分要么是 0，要么是 1，即 DReLU。（以上为深度学习领域的基础知识，感兴趣的读者可自行查阅相关资料。）

基于 F_{MILL} 可以构造 ReLU 函数。首先计算 DReLU，这是由于 $\mathrm{DReLU}(a) = 1 \oplus \mathrm{MSB}(a)$，因此关键在于计算 $\mathrm{MSB}(a)$。

1）$\mathbf{Z}_L$ 中的 DReLU

对于 $a \in \mathbf{Z}_L$，令 $\langle a \rangle_b^L = \mathrm{msb}_b \,\|\, \boldsymbol{x}_b$，则 $\mathrm{MSB}(a) = \mathrm{msb}_0 \oplus \mathrm{msb}_1 \oplus \mathrm{carry}$，$\mathrm{msb}_0 = \mathrm{MSB}(a_0)$，$\mathrm{msb}_1 = \mathrm{MSB}(a_1)$，其中，$\mathrm{carry} = 1\{x_0 + x_1 > 2^{l-1} - 1\}$，显然，carry 可以用 F_{MILL}^{l-1} 计算得到，具体流程如下。

- 输入：P_0、P_1 分别持有 $\langle a \rangle_0^L$ 和 $\langle a \rangle_1^L$。
- 输出：P_0、P_1 分别获得 $\langle \mathrm{DReLU}(a) \rangle_0^B$ 和 $\langle \mathrm{DReLU}(a) \rangle_1^B$。

步骤 1：P_0 将其输入解析为 $\langle a \rangle_0^L = \mathrm{msb}_0 \,\|\, x_0$，$P_1$ 将其输入解析为 $\langle a \rangle_1^L = \mathrm{msb}_1 \,\|\, x_1$；s.t. $b \in \{0, 1\}$，$\mathrm{msb}_b \in \{0, 1\}$，$\boldsymbol{x}_b \in \{0, 1\}^{l-1}$。

步骤 2：P_0 和 P_1 调用 F_{MILL}^{l-1}，其中 P_0 的输入是 $2^{l-1} - 1 - x_0$，P_1 的输入是 x_1，对于 $b \in \{0, 1\}$，P_b 得到 $\langle \mathrm{carry} \rangle_b^B$。

步骤 3：对于 $b \in \{0,1\}$，P_b 设置 $\langle \mathrm{DReLU} \rangle_b^{\mathrm{B}} = \mathrm{msb}_b \oplus \langle \mathrm{carry} \rangle_b^{\mathrm{B}} \oplus b$。

显然，由以上流程可证明 DReLU 的正确性和安全性。通信量则和 F_{MILL}^{l-1} 一样，小于 $(\lambda+14)(l-1)$ 比特（设置 $m=4$）。

2）$\mathbf{Z}_n$ 中的 DReLU

对于一般的环 $\mathbf{Z}_n$，情况稍微复杂一点。其首先定义了：

$$\begin{cases} \mathrm{wrap} = 1\{\langle a \rangle_0^n + \langle a \rangle_1^n > n-1\} \\ \mathrm{lt} = 1\{\langle a \rangle_0^n + \langle a \rangle_1^n > (n-1/2)\} \\ \mathrm{rt} = 1\{\langle a \rangle_0^n + \langle a \rangle_1^n > n+(n-1)/2\} \end{cases}$$

可以验证得到：

$$\mathrm{DReLU}(a) = \begin{cases} 1 \oplus \mathrm{lt}, & \text{当}\,\mathrm{wrap} = 0\,\text{时} \\ 1 \oplus \mathrm{rt}, & \text{其他} \end{cases}$$

由此，可得到以下流程。

- 输入：P_0、P_1 分别持有 $\langle a \rangle_0^n$ 和 $\langle a \rangle_1^n$，其中 $a \in \mathbf{Z}_n$。
- 输出：P_0、P_1 分别获得 $\langle \mathrm{DReLU}(a) \rangle_0^{\mathrm{B}}$ 和 $\langle \mathrm{DReLU}(a) \rangle_1^{\mathrm{B}}$。

步骤 1：P_0 和 P_1 调用 F_{MILL}^{η}，其中 $\eta = \lceil \log n \rceil$，$P_0$ 的输入是 $(n-1-\langle a_0 \rangle_0^n)$，$P_1$ 的输入是 $\langle a_1 \rangle_1^n$，对于 $b \in \{0,1\}$，P_b 的输出为 $\langle \mathrm{wrap} \rangle_b^{\mathrm{B}}$。

步骤 2：P_0 和 P_1 调用 $F_{\mathrm{MILL}}^{\eta+1}$，其中 P_0 的输入是 $(n-1-\langle a_0 \rangle_0^n)$，$P_1$ 的输入是 $((n-1)/2+\langle a_1 \rangle_1^n)$，对于 $b \in \{0,1\}$，P_b 的输出为 $\langle \mathrm{lt} \rangle_b^{\mathrm{B}}$。

步骤 3：P_0 和 P_1 调用 $F_{\mathrm{MILL}}^{\eta+1}$，其中 P_0 的输入是 $(n+(n-1)/2-\langle a_0 \rangle_0^n)$，$P_1$ 的输入是 $\langle a \rangle_1^n$，对于 $b \in \{0,1\}$，P_b 的输出为 $\langle \mathrm{rt} \rangle_b^{\mathrm{B}}$。

步骤 4：对于 $b \in \{0,1\}$，P_b 调用 F_{MUX}^2，计算 $(\langle \mathrm{lt} \rangle_b^{\mathrm{B}} \oplus \langle \mathrm{rt} \rangle_b^{\mathrm{B}})$，并调用 $\langle \mathrm{wrap} \rangle_b^{\mathrm{B}}$ 得到 $\langle z \rangle_b^{\mathrm{B}}$。

步骤 5：对于 $b \in \{0,1\}$，P_b 输出 $\langle z \rangle_b^{\mathrm{B}} \oplus \langle \mathrm{lt} \rangle_b^{\mathrm{B}} \oplus b$。

据此可知，以上流程调用 3 次 F_{MILL}^{η}，调用 1 次 F_{MUX}^2，通信量是 $3(\lambda\eta+14\eta)+2\lambda+4$ 比特。

3）ReLU

ReLU 是在 DReLU 的基础上，执行一次 F_{DReLU} 和 F_{MUX} 操作，具体流程如下：

- 输入：P_0、P_1 分别持有 $\langle a \rangle_0^L$ 和 $\langle a \rangle_1^L$。

- 输出：P_0、P_1 分别获得 $\langle \text{ReLU}(a) \rangle_0^L$ 和 $\langle \text{ReLU}(a) \rangle_1^L$。

步骤 1：对于 $b \in \{0,1\}$，$\langle a \rangle_b^L$ 作为 P_b 的输入，P_b 调用 $F_{\text{DReLU}}^{\text{int},l}$，得到输出 $\langle y \rangle_b^B$。

步骤 2：对于 $b \in \{0,1\}$，$\langle a \rangle_b^L$ 和 $\langle y \rangle_b^B$ 作为 P_b 的输入，P_b 调用 F_{MUX}^L，得到 $\langle z \rangle_b^L$，并设置 $\langle \text{ReLU}(a) \rangle_b^L = \langle z \rangle_b^L$。

4. 除法和截断处理

CrypTFlow2 展示了其在环中除以正整数和截断的结果是安全实现的，这些实现按位等效为对应的明文计算。

1）在算术秘密共享中表示通用除法和截断

首先，定义 $\text{idiv}: \mathbf{Z} \times \mathbf{Z} \to \mathbf{Z}$ 为有符号整数除法，商趋近于 $-\infty$，余数和除数符号相同。用正整数表示环元素的除法 $\text{rdiv}: \mathbf{Z}_n \times \mathbf{Z} \to \mathbf{Z}_n$ 如下：

$$\text{rdiv}(a,d) = \text{idiv}(a_u - 1\{a_u \geq \lceil n/2 \rceil\} \cdot n, d) \bmod n$$

其中，整数 $a_u \in \{0, \cdots, n-1\}$ 是 $a \in \mathbf{Z}_n$ 的无符号表示，并且 $0 < d < n$。

定理 1：令 $a \in Z_n$ 的秘密共享为 $\langle a \rangle_0^n$，$\langle a \rangle_1^n \in \mathbf{Z}_n$，$n = n^1 \cdot d + n^0$，其中 $n^0, n^1, d \in \mathbf{Z}_n$，且 $0 < a_0^0, a_1^0 < d$。令 $n' = \lceil n/2 \rceil \in \mathbf{Z}$，定义 corr、A、B、C 如下：

$$\text{corr} = \begin{cases} -1, & (a_u \geq n') \wedge (a_0 \leq n') \wedge (a_1 \leq n') \\ 1, & (a_u < n') \wedge (a_0 \geq n') \wedge (a_1 \geq n') \\ 0, & \text{其他} \end{cases}$$

$$A = a_0^0 + a_1^0 - (1\{a_0 \geq n'\} + 1\{a_1 \geq n'\} - \text{corr}) \cdot n^0$$

$$B = \text{idiv}(a_0^0 - 1\{a_0 \geq n'\} \cdot n', d) + \text{idiv}(a_1^0 - 1\{a_1 \geq n'\} \cdot n^0, d)$$

$$C = 1\{A < d\} + 1\{A < 0\} + 1\{A < -d\}$$

于是有：

$$\text{rdiv}(\langle a \rangle_0^n, d) + \text{rdiv}(\langle a \rangle_1^n, d) + (\text{corr} \cdot n^1 + 1 - C - B) =_n \text{rdiv}(a,d)$$

证明：对定理 1 的证明如下。

首先对 $\mathrm{rdiv}(\langle a\rangle_i^n, d)$ 做分解，得到：

$$\mathrm{rdiv}(\langle a\rangle_i^n, d) =_n \mathrm{idiv}(a_1 - 1\{a_i \geq n'\}\cdot n, d)$$
$$=_n \mathrm{idiv}(a_i^1 \cdot + a_i^0 - 1\{a_i \geq n'\}\cdot(n^1\cdot d + n^0), d)$$
$$=_n a_i^1 - 1\{a_i \geq n'\}\cdot n^1 + \mathrm{idiv}(a_i^0 - 1\{a_i \geq n'\}\cdot n^0, d)$$

其次，$a_u = a_0 + a_1 - \omega\cdot n$，其中 $\omega = 1\{a_0 + a_1 \geq n\}$，故有：

$$a_u = a_0 + a_1 - \omega\cdot n$$
$$= (a_0^1 + a_1^1 - \omega\cdot n^1)\cdot d(a_0^0 + a_1^0 - \omega\cdot n^0)$$
$$= (a_0^1 + a_1^1 - \omega\cdot n^1 + k)\cdot d(a_0^0 + a_1^0 - \omega\cdot n^0 - k\cdot d)$$

其中，$0 < a_0^0 + a_1^0 - \omega\cdot n^0 - k\cdot d < d$ 与上述公式类似，基于上述公式可以得到：

$$\mathrm{rdiv}(a, d) =_n a_0^1 + a_1^1 - \omega\cdot n^1 + k - 1\{a \geq n'\}\cdot n^1 +$$
$$\mathrm{idiv}(a_0^0 + a_1^0 - \omega\cdot n^0 - 1\{a \geq n'\}\cdot n^0, d)$$
$$=_n a_0^1 + a_1^1 - \omega\cdot n^1 - 1\{a \geq n'\}\cdot n^1 +$$
$$\mathrm{idiv}(a_0^0 + a_1^0 - \omega\cdot n^0 - 1\{a \geq n'\}\cdot n^0, d)$$

于是有：

$$c =_n \mathrm{rdiv}(a, d) - \mathrm{rdiv}(\langle a\rangle_0^n, d) - \mathrm{rdiv}(\langle a\rangle_1^n, d)$$
$$= (1\{a_0 \geq n'\} + 1\{a_1 \geq n'\} - \omega - 1\{a \geq n'\})\cdot n^1 +$$
$$\mathrm{idiv}(a_0^0 + a_1^0 - \omega\cdot n^0 - 1\{a \geq n'\}\cdot n^0, d) -$$
$$(\mathrm{idiv}(a_0^0 - 1\{a_0 \geq n'\}\cdot n^0, d) + \mathrm{idiv}(a_1^0 - 1\{a_1 \geq n'\}\cdot n^0, d))$$
$$=_n c^1\cdot n^1 + c^0 - B$$

令 $A_i' = \mathrm{idiv}(a_0^0, a_1^0 - i\cdot n^0, d)$，$c^1$ 和 c^0 的真值表如表 4-1 所示。

表 4-1　c^1 与 c^0 的真值表

行　号	$1\{a_0 \geq n'\}$	$1\{a_1 \geq n'\}$	$1\{a_u \geq n'\}$	ω	c^1	c^0
1	0	0	0	0	0	A_0'
2	0	0	1	0	-1	A_1'
3	0	1	0	1	0	A_1'
4	0	1	1	0	0	A_1'
5	1	0	0	1	0	A_1'
6	1	0	1	0	0	A_1'
7	1	1	0	1	1	A_1'
8	1	1	1	1	0	A_2'

由表 4-1 可知，$c^1 = \text{corr}$。因此，$c =_n \text{corr} \cdot n^1 + c^0 - B$。那么进一步可以证明 $c^0 = 1 - C$。令 $C_0 = 1\{A < d\}, C_1 = 1\{A < 0\}, C_2 = 1\{A < -d\}$，则有 $C = C_0 + C_1 + C_2$。

根据上述的定理 1 和表 4-1 可知，$A = a_0^0 + a_1^0$ 对应表 4-1 中的第 1 行，$A = a_0^0 + a_1^0 - 2 \cdot n^0$ 对应表 4-1 中的第 8 行，而其他行对应 $A = a_0^0 + a_1^0 - n^0$。因此，容易验证 $c^0 = \text{idiv}(A, d)$，$-2 \cdot d + 2 \leqslant A \leqslant 2 \cdot d - 2$，故有 $c^0 \in \{-2, -1, 0, 1\}$。又由于

$$c^0 = -2 \Rightarrow (A < -d) \Rightarrow (C_0 = C_1 = C_2 = 1) \Rightarrow 1 - C = -2$$

其他情况也类似。因此，可以得到 $c =_n \text{corr} \cdot n^1 + (1 - C) - B$，以上即可完成对定理 1 的证明。进一步地，对 l 比特的整数进行截断，可以简化为：

$$(a_0 \gg s) + (a_1 \gg s) + \text{corr}\, 2^{l-s} + 1\{a_0^0 + a_1^0 \geqslant 2^s\} =_L (a \gg s)$$

对于相关证明，读者可以自行代入定理 1 中进行验证。

2）l 比特的整数截断操作

对于 l 比特的整数，利用 $F_{\text{Trunc}}^{\text{int}, l, s}$ 截断其末尾 s 比特，计算结果与明文计算结果完全相等，具体流程如下：

- 输入：对于 $b \in \{0, 1\}$，P_b 持有 $\langle a \rangle_b^L$，其中 $a \in \mathbf{Z}_L$。
- 输出：对于 $b \in \{0, 1\}$，P_b 得到 $\langle z \rangle_b^L\, s.t. z = a \gg s$。

步骤 1：对于 $b \in \{0, 1\}$，有 $a_b, a_b^0, a_b^1 \in \mathbf{Z}$。

步骤 2：对于 $b \in \{0, 1\}$，$\langle a \rangle_b^L$ 作为 P_b 的输入，P_b 调用 $F_{\text{DReLU}}^{\text{int}, l}$ 以得到输出 $\langle \alpha \rangle_b^B$。参与方 P_b 设置 $\langle m \rangle_b^B = \langle \alpha \rangle_b^B \oplus b$。

步骤 3：对于 $b \in \{0, 1\}$，P_b 设置 $x_b = \text{MSB}(\langle a \rangle_b^L)$。

步骤 4：P_0 根据规则 $\langle \text{corr} \rangle_0^L \xleftarrow{s} \mathbf{Z}_{2^l}$ 选取 $\langle \text{corr} \rangle_0^L$。

步骤 5：对 $j = \{00, 01, 10, 11\}$ 进行循环：

P_0 计算 $t_j = (\langle m \rangle_0^B \oplus j_0 \oplus x_0) \wedge (\langle m \rangle_0^B \oplus j_0 \oplus j_1)\, s.t.\, j = (j_0 \| j_1)$

如果 $t_j \wedge 1\{x_0 = 0\}$，则执行：

P_0 设置 $s_j =_L -\langle \text{corr} \rangle_0^L - 1$；

如果满足 $t_j \wedge 1\{x_0 = 1\}$，则执行：

P_0 设置 $s_j =_L -\langle \text{corr} \rangle_0^L + 1$；

其他情况则执行：

P_0 设置 $s_j =_L - \langle \mathrm{corr} \rangle_0^L$；

结束判断；结束 j 循环。

步骤 6：P_0 和 P_1 调用 $\binom{4}{1}-\mathrm{OT}_l$，其中 P_0 作为发送方，其输入为 $\{s_j\}_j$，P_1 作为接收方，其输入为 $\langle m \rangle_1^B \| x_1$，并获得 $\langle \mathrm{corr} \rangle_1^L$。

步骤 7：P_0 和 P_1 调用 F_{MILL}^s，P_0 的输入为 $2^s -1-a_0^0$，P_1 的输入为 a_1^0。对于 $b \in \{0,1\}$ 而言，P_b 能得到 $\langle c \rangle_b^B$。

步骤 8：对于 $b \in \{0,1\}$ 而言，P_b 调用 $F_{\mathrm{B2A}}^L (L = 2^l)$，将 $\langle c \rangle_b^B$ 作为输入，可得到 $\langle d \rangle_b^L$。

步骤 9：P_b 输出 $\langle z \rangle_b^L = (\langle a \rangle_b^L >> s) + \langle \mathrm{corr} \rangle_b^L \cdot 2^{l-s} + \langle d \rangle_b^L, b \in \{0,1\}$。

上述步骤中，步骤 1～步骤 6 计算 corr，步骤 7 计算 $1\{a_0^0 + a_1^0 \geqslant 2^s\}$，并在步骤 8 中进行 B2A 转化。比较复杂的地方在于验证 corr 的复杂性。难点在于步骤 6 中 OT 的构造，将 P_1 的输入 $\langle m \rangle_1^B \| x_1$ 代入 $\langle \mathrm{corr} \rangle_1^L$ 中，即可验证其正确性。由于 corr 在计算中完全是随机的，因此，其安全性可以通过 $(F_{\mathrm{DReLU}}^{\mathrm{int},l}, \binom{4}{1}-\mathrm{OT}, F_{\mathrm{MILL}}^s, F_{\mathrm{B2A}}^L)$ 证明。

由于调用了 $F_{\mathrm{DReLU}}^{\mathrm{int},l}$、$\binom{4}{1}-\mathrm{OT}$、$F_{\mathrm{MILL}}^s$ 和 F_{B2A}^L 各 1 次，所以通信量小于 $\lambda l + 2\lambda + 19l + F_{\mathrm{MILL}}^s$ 比特，F_{MILL}^s 的通信量取决于参数 s。

3）除法

$F_{\mathrm{DIV}}^{\mathrm{ring},n,d}$ 表示在一般环上的除法。该协议和截断协议相似，不过鉴于 $-3d+2 \leqslant A-d, A, A+d \leqslant 3d-2$，因此，可使用 $\delta = \lceil \log_2 6d \rceil$ 比特计算 $C = (\mathrm{DReLU}(A-d) \oplus 1) + (\mathrm{DReLU}(A) \oplus 1) + (\mathrm{DReLU}(A+d) \oplus 1)$，在计算 C 之前，还需计算 A。因此，在 $\mathbf{Z}_n$ 和 $\mathbf{Z}_\Delta (\Delta = 2^\delta)$ 上同时计算 A，具体流程如下：

- 输入：对于 $b \in \{0,1\}$，P_b 持有 $\langle a \rangle_b^n$，其中 $a \in \mathbf{Z}_n$。
- 输出：对于 $b \in \{0,1\}$，P_b 得到 $\langle z \rangle_b^n$ s.t. $z = \mathrm{rdiv}(a,d)$。

步骤 1：对于 $b \in \{0,1\}$，令 $a_b, a_b^0, a_b^1 \in \mathbf{Z}$，$n^0, n^1, n' \in \mathbf{Z}$，$\eta = \lceil \log(n) \rceil$，

$\delta = \lceil \log 6d \rceil$ ，$\Delta = 2^{\delta}$ 。

步骤 2：对于 $b \in \{0,1\}$ ，$\langle a \rangle_b^n$ 作为 P_b 的输入，P_b 调用 $F_{\mathrm{DReLU}}^{\mathrm{ring},n}$ ，以得到输出 $\langle \alpha \rangle_b^{\mathrm{B}}$ ，参与方 P_b 设置 $\langle m \rangle_b^{\mathrm{B}} = \langle \alpha \rangle_b^{\mathrm{B}} \oplus b$ 。

步骤 3：对于 $b \in \{0,1\}$ ，P_b 设置 $x_b = 1\{\langle a \rangle_b^n \geqslant n'\}$ 。

步骤 4：P_0 选取 $\langle \mathrm{corr} \rangle_0^n \overset{s}{\leftarrow} \mathbf{Z}_n$ ，$\langle \mathrm{corr} \rangle_0^{\Delta} \overset{s}{\leftarrow} \mathbf{Z}_{\Delta}$ 。

步骤 5：对 $j = \{00,01,10,11\}$ 进行循环：

P_0 计算 $t_j = (\langle m \rangle_0^{\mathrm{B}} \oplus j_0 \oplus x_0) \wedge (\langle m \rangle_0^{\mathrm{B}} \oplus j_0 \oplus j_1)$ s.t. $j = (j_0 \| j_1)$ ；

如果 $t_j \wedge 1\{x_0 = 0\}$ ，则执行：

P_0 设置 $s_j =_n -\langle \mathrm{corr} \rangle_0^n - 1$ 和 $r_j =_{\Delta} -\langle \mathrm{corr} \rangle_0^{\Delta} - 1$ ；

如果满足 $t_j \wedge 1\{x_0 = 1\}$ ，则执行：

P_0 设置 $s_j =_n -\langle \mathrm{corr} \rangle_0^n + 1$ 和 $r_j =_{\Delta} -\langle \mathrm{corr} \rangle_0^{\Delta} + 1$ ；

其他情况则执行：

P_0 设置 $s_j =_n -\langle \mathrm{corr} \rangle_0^n$ 和 $r_j =_{\Delta} -\langle \mathrm{corr} \rangle_0^{\Delta}$ ；

结束判断语句；结束步骤 5 中 j 的循环。

步骤 6：P_0 和 P_1 调用 $\binom{4}{1} - \mathrm{OT}_{\eta + \delta}$ ，其中 P_0 作为发送方，其输入为 $\{s_j \| r_j\}_j$ ，P_1 作为接收方，其输入为 $\langle m \rangle_1^{\mathrm{B}} \| x_1$ ，并获得 $\langle \mathrm{corr} \rangle_1^n \| \langle \mathrm{corr} \rangle_1^{\Delta}$ 。

步骤 7：对于 $b \in \{0,1\}$ ，P_b 设置 $\langle A \rangle_b^{\Delta} =_{\Delta} a_b^0 - (x_b - \langle \mathrm{corr} \rangle_b^{\Delta}) \cdot n^0$ 。

步骤 8：对 于 $b \in \{0,1\}$ ，P_b 设 置 $\langle A \rangle_b^{\Delta} =_{\Delta} \langle A \rangle_b^{\Delta} - b \cdot d, \langle A_1 \rangle_b^{\Delta} = \langle A \rangle_b^{\Delta}, \langle A_2 \rangle_b^{\Delta} =_{\Delta} \langle A \rangle_b^{\Delta} + b \cdot d$ 。

步骤 9：对 $j = \{0,1,2\}$ 进行循环；

对于 $b \in \{0,1\}$ ，P_b 调用 $F_{\mathrm{DReLU}}^{\mathrm{int},\delta}$ ，其输入为 $\langle A_j \rangle_b^{\Delta}$ ，输出为 $\langle y_j \rangle_b^{\mathrm{B}}$ 。参与方 P_b 设置 $\langle C_j' \rangle_b^{\mathrm{B}} = \langle y_j \rangle_b^{\mathrm{B}} \oplus b$ 。

对于 $b \in \{0,1\}$ ，P_b 调用 F_{B2A}^n ，其输入为 $\langle C_j' \rangle_b^{\mathrm{B}}$ ，并得到 $\langle C_j \rangle_b^n$ ；

结束 j 循环。

步骤 10：对于 $b \in \{0,1\}$，P_b 设置 $\langle C \rangle_b^n = \langle C_0 \rangle_b^n + \langle C_1 \rangle_b^n + \langle C_2 \rangle_b^n$。

步骤 11：对于 $b \in \{0,1\}$，P_b 设置 $B_b = \mathrm{idiv}(a_b^0 - x_b \cdot n^0, d)$。

步骤 12：P_b 设置 $\langle z \rangle_b^n =_n \mathrm{rdiv}(\langle a \rangle_b^n, d) + \langle \mathrm{corr} \rangle_b^n \cdot n^1 + b - \langle C \rangle_b^n - B_b, b \in \{0,1\}$。

根据上述流程，其正确性验证和截断协议类似，安全性则可以通过 $\left(\binom{4}{1} - \mathrm{OT}_{\eta+\delta}, F_{\mathrm{DReLU}}^{\mathrm{ring},n}, F_{\mathrm{B2A}}^n \right)$ 进行验证。

由于协议调用了 1 次 $\binom{4}{1} - \mathrm{OT}_{\eta+\delta}$ 和 $F_{\mathrm{DReLU}}^{\mathrm{ring},n}$，以及 3 次 $F_{\mathrm{DReLU}}^\delta$ 和 F_{B2A}^n。所以，总通信量小于 $(\frac{3}{2}\lambda + 34) \cdot (\eta + 2\delta)$ 比特。由此可知，采用除法协议可提升平均池化操作的性能。

4）截断优化

对于满足 $2 \cdot n^0 \leqslant d = 2^s$ 的场景，$A \geqslant -d$ 恒成立。因此，在计算 C 过程中的（$A < -d$）可以省略，进一步减少 $\delta = \lceil \log_2(4d) \rceil$。

5. 安全推理

CrypTFlow2 概述了能应用神经网络安全推理任务的所有必须被安全计算的神经网络层，神经网络层可以分为两类——线性层和非线性层。线性层的实际应用主要包含矩阵乘法、卷积、平均池化和批量归一化；而非线性层的实际应用主要包含 ReLU 激活函数、最大池化和 Argmax。

现假定模型的拥有者为参与方 P_0，当每一层神经网络层都被安全实现时，CrypTFlow2 始终保持以下不变量，即：参与方 P_0 和 P_1 对输入执行算术秘密共享，并对该层的输出也执行算术秘密共享（在同一个环域上）。这样就允许设计者按顺序拼接任意层的协议，以获得由这些层组成的任何神经网络的安全计算协议。

1）线性层

神经网络中的全连接层只是简单的两个维度相当的矩阵的乘积——权重矩阵和该层的激活矩阵。此外，卷积层也会在输入矩阵上应用滤波器，主要是通过滑动它并计算滤波器与输入的元素乘积的和。当对定点数进行矩阵乘法或卷积时，最终矩阵的值必须适当地按比例缩小，以便与计算的输入具有相同的比例。因此，为了进行可信的定点运算，CrypTFlow2 先计算矩阵乘法或环（$\mathbf{Z}_n$ 或 $\mathbf{Z}_L$）上的卷积，再利用上文的除法协议进行截断操作。

众所周知，基于 OT 协议的乘法在这里只进行一个简单的描述，首先考虑 a 和 b 在环 $\mathbf{Z}_L$ 上，其中，P_0 知道 a 且 P_0 和 P_1 持有 b 的算术秘密共享份额的简单安全乘法情况。这可以通过调用 $\binom{2}{1}\text{-OT}_i\ i\in\{1,\cdots,l\}$ 来实现，其需要的通信量相当于 l 实例的 $\binom{2}{1}\text{-COT}_{\frac{l+1}{2}}$。基于上述知识可以类推至矩阵运算，现假设 $A\in\mathbf{Z}_L^{M,N}$ 和 $B\in\mathbf{Z}_L^{N,K}$ 相乘，其中 P_0 知道 A、B 是算术秘密共享需要 MNKl 实例的 $\binom{2}{1}\text{-COT}_{\frac{l+1}{2}}$。这可以通过矩阵乘法中的结构化乘法进行优化，当与同一元素相乘时，将所有 COT 发送方的消息组合在一起，将复杂度降低到 NKl 实例的 $\binom{2}{1}\text{-COT}_{\frac{M(l+1)}{2}}$。最后，安全卷积操作的任务就被简化为了矩阵乘法。

2）非线性层

首先注意公式

$$\text{ReLU}(a)=\begin{cases}a,\text{如果}a\geqslant 0\\0,\qquad\text{其他}\end{cases}$$

可以等价为 $\text{ReLU}(a)=\text{DReLU}(a)\cdot a$。对于环域 $\mathbf{Z}_L$，首先调用 $F_{\text{DReLU}}^{\text{int},l}$ 来计算 $\text{DReLU}(a)$ 的布尔秘密共享份额，其次调用 F_{MUX}^L 来计算 $\text{ReLU}(a)$ 的秘密共享份额，具体流程可参见前面 "ReLU" 的相关内容。

6. 小结

CrypTFlow2 提出了准确截断和除法（除数公开）的高效计算方法，CrypTFlow2 的思想对后来的两方安全计算、三方安全计算等都有深远的影响。

4.4.2 基于秘密共享和同态加密的隐私保护机器学习协议

为了解决因深度学习技术所带来的隐私问题，研究者们引入了基于两方安全计算的加密框架，以实现基于隐私保护的深度神经网络推理。研究者们尝试解决的问题如下：

数据方持有一个有价值的预训练神经网络模型 F，并想提供 F 的服务能力，但不能直接将模型 F 交出去。查询方想利用 F 来预测自己的数据 x，但考虑到 x 作为隐私信息，不可以被直接展示给数据方。两方计算协议可以解决这个难题，并且完全满足各方需求。参与双方可以学习推理结果 $F(x)$，但除了可以从 $F(x)$

推导出的内容，还无法得到其他信息。一个可能的应用场景是基于隐私保护的人脸识别，数据方可在不查看照片内容的情况下从照片中识别犯罪分子。

目前两方安全计算神经网络推理系统的性能表现与应用场景的实际要求还存在较大差距。由于巨大的计算及沟通成本，推理系统往往被限制在小数据集（MNIST 和 CIFAR）或小模型上（如参数量只有几百的模型）。近年来，CrypTFlow2 已经进行了相当大的改进，并首次展示了在 ImageNet（大型数据集）上执行 2PC-NN 的推理能力。尽管 CrypTFlow2 取得了较大进步，但仍然存在相当大的计算开销，如使用 CrypTFlow2 时，数据方和查询方可能需要超过 15 分钟的时间来运行和交换超过 30GB 的消息，才能在 ResNet50 上执行一次安全推理。

Cheetah 是一个安全且快速的两方深度神经网络推理系统，通过精心设计的深度神经网络、基于格的同态加密、不经意传输，以及秘密共享来实现其性能。Cheetah 为常见的线性运算和非线性运算贡献了一套新颖的密码学协议，它能在大模型（如 ResNet 与 DenseNet）上进行安全推理，且与当下最好的 2PC-NN 推理系统相比，其计算和通信开销要小得多。例如，使用 Cheetah，数据方和参与方可以在 2.5 分钟内对 ResNet50 执行一次安全推理，在广域网设置下交换不到 2.3GB 的消息，分别比 CrypTFlow2 提高了约 5.6 倍和 12.9 倍。

1. 具体方法

在深度神经网络层中一般交替出现线性操作和非线性操作。为了在推理系统中设计有效的 2PC-NN，通常会使用多种类型的密码学原语。例如，CrypTFlow2 利用同态加密来评估深度神经网络中的线性函数，利用混淆电路或不经意传输来计算深度神经网络中的非线性函数。Cheetah 是一个在基本协议设计及协调不同密码学原语方面具有较好表现的混合系统。

大多数现有的 2PC-NN 系统使用加法秘密共享技术在不同类型的密码学原语之间来回进行切换。但依然存在一个问题，即应该使用哪个域来进行加法共享，有限域还是二次幂环域？有研究表明，对于深度神经网络中的非线性函数，基于不经意传输协议在带宽消耗方面，二次幂环优于数域 40%～60%。另一个使用二次幂环域而不是数域的原因是，在标准 CPU 上减少二次幂环模运算几乎是不需要花销的。

当下最好的基于同态加密的协议在现有的 2PC-NN 系统中都有增加秘密份额至数域，而不是更高效的二次幂环中。这是因为这些基于同态加密的协议大量使用了单指令多数据（SIMD）技术来分摊同态操作的花销。Cheetah 所提方案不需要使用 SIMD 和旋转操作，从而避免了这两个问题。

2PC-NN 的非线性计算（如比较、截断等）一直是影响安全推理速度的一大原因。例如，CrypTFlow2 中的截断协议通信开销超过 50%。VOLE 类型 OT 协议的出现可以更新现有 OT 扩展，用于非线性函数的两方安全评估，但直接应用 VOLE 类型的 OT 协议并不能达到最佳性能。Cheetah 进行了以下两点内容的优化。

（1）设计 CrypTFlow2 中的截断协议来消除两个概率误差：溢出误差 e_0 和 e_1，其中，$P(|e_0|=1)=0.5$，$P(0<|e_1|<2^1)<\varepsilon$，前者对安全推理的结果影响极大，后者 1 比特误差造成的影响几乎可以忽略。基于此，可以不考虑 e_1，从而设计更加高效的截断协议来消除 e_0。

（2）通过使用 VOLE 类型的 OT 协议，在已知最高有效位的前提下，Cheetah 实现了更高效的截断协议。

2. 线性层的两方计算协议

全连接层、卷积层、批量标准化层都可以写成一系列内积的形式。Cheetah 的线性协议使用单指令多数据技术优化和同态旋转是不需要额外花销的，其关键在于以下公式：

$$\hat{b}[i] = \sum_{0\le j\le i}\hat{a}[j]\hat{b}[i-j] - \sum_{0\le j\le N}\hat{a}[j]\hat{b}[N+j-i] \bmod q$$

若适当地排列多项式系数，则可以将其视为一系列内积运算。为此，Cheetah 将通信量扩展到大约 $(2l+1+40)$ 比特，从而实现 40 比特的安全统计，但也导致计算量和通信量增加了 $O(\frac{2l+1+40}{l})$ 倍。

全连接层的核心计算是矩阵向量乘法 $\boldsymbol{u}=\boldsymbol{wv}$，它可以分解为向量的内积。映射函数 π_{fc}^w 和 π_{fc}^i 是专门用于使用多项式来计算内积的。直观地说，当将两个 N 次多项式相乘时，所得多项式的第 $N-1$ 个系数是相反顺序的两个系数向量的内积。

现假设 $n_0 n_i \le N$，定义映射函数 π_{fc}^w 和 π_{fc}^i，$\pi_{\text{fc}}^w: \boldsymbol{Z}_p^{n_0\times n_i}\to A_{N,p}$；$\pi_{\text{fc}}^i:\boldsymbol{Z}_p^{n_i}\to A_{N,p}$，则有：

$$\hat{v}=\pi_{\text{fc}}^i(v)，其中\hat{v}[j]=v[j]$$

$$\hat{w}=\pi_{\text{fc}}^w(W)，其中\hat{w}[i\cdot n_i+n_i-1-j]=W[i,j]$$

其中，$i\in[[n_0]]$，$j\in[[n_i]]$，且 $\hat{v}$ 和 $\hat{w}$ 的所有其他系数均设为 0，则多项式的乘积 $\hat{u}=\hat{w}\cdot\hat{v}\in A_{N,p}$ 的某些系数直接给出了 $W_v\equiv u\bmod p$。

性质 1：给定两个多项式 $\hat{v}=\pi_{\text{fc}}^i(v)$ 和 $\hat{w}=\pi_{\text{fc}}^w(W)\in A_{N,p}$，通过环 $A_{N,p}$ 上的乘积 $\hat{u}=\hat{w}\hat{v}$，可以对 $W_v\equiv u\bmod p$ 求解，即对于所有的 $i\in[[n_0]]$，都有 $u[i]=\hat{u}[i\cdot n_i+$

$n_i - 1]$。

性质 2：给定两个多项式 $\hat{t} = \pi^i_{\text{conv}}(\boldsymbol{T})$ 和 $\hat{k} = \pi^w_{\text{conv}}(\boldsymbol{K}) \in A_{N,p}$，可以通过环 $A_{N,p}$ 上的多项式乘积 $\hat{t}' = \hat{t} \cdot \hat{k}$ 来求解，即对 $\boldsymbol{T}'$ 的所有位置 (c', i', j')，有：

$$T'[c', i', j'] = \hat{t}'[O - c'CHW + i'sW + j's]$$

其中，$O = HW(MC - 1) + W(h - 1) + h - 1$，现考虑大张量情况下的一般情形，与全连接层类似，仍需要将大的输入张量和核切分为更小的子块，使之适合 $A_{N,p}$ 上的多项式运算，并对边缘不足部分用 0 补足，针对不同层的功能函数，通过构造一对自然映射 (π^i_F, π^w_F)，分别用于排列函数的输入和权重的多项式系数，对于任意 $p > 1$，这两个映射都是良定义的，从而使协议可直接接受来自二次幂环的秘密份额输入。相比之下，以往的工作仅支持来自数域的秘密份额输入，为支持来自二次幂环的秘密份额输入，需要借助中国剩余定理（具体原理详见 3.3 节），将明文模数扩展到大约 $(2l + 1 + 40)$ 比特来实现 40 比特的安全统计，但这也导致计算量和通信量增加 $O(\frac{2l + 1 + 40}{l})$ 倍。

3. 批量标准化

批量标准化可以通过将张量的每个通道映射到多项式来使用标量多项式乘法，并进行评估。在深度神经网络的批量标准化层中，$\text{BN}(T; \partial, \beta)$ 取三维张量 $\boldsymbol{T} \in F^{C \times H \times W}$ 为输入，参数 $\boldsymbol{\mu} \in F^C$ 是缩放向量，$\boldsymbol{\theta} \in F^C$ 是移动向量，输出相同形状的三维张量 $\boldsymbol{T}'$，对所有的 $c \in [[C]]$、$i \in [[H]]$ 和 $j \in [[W]]$，则有：$T'[c, i, j] = \mu[c]T[c, i, j] + \theta[c]$。若将 $\boldsymbol{T}$ 看作大小为 HW 的向量，可以将 $T'[c, i, j] = \mu[c]T[c, i, j] + \theta[c]$ 看成标量——向量乘法和向量加法的形式。于是 Cheetah 通过将张量的每个通道映射到多项式来使用标量多项式乘法，并进行评估批量标准化，这会使得一个安全批量标准化协议的通信成本为 $O(C \lceil HW / N \rceil)$ 个密文。为此，可以将多通道转化为单个多项式来降低通信成本。

假设 $C^2HW \leqslant N$，则定义映射函数：$\pi^i_{\text{bn}}: \boldsymbol{Z}^{C \times H \times W}_p \to A_{N,p}$ 及 $\pi^w_{\text{bn}}: \boldsymbol{Z}^C_p \to A_{N,p}$，于是有 $\hat{t} = \pi^i_{\text{bn}}(\boldsymbol{T})$，使得 $\hat{t} = [cCHW + iH + j] = T[c, i, j]$，$\hat{a} = \pi^w_{\text{bn}}(\partial)$，使得 $\hat{a}[cHW] = \partial[c]$，其中 $c \in [[C]]$，$i \in [[H]]$，$j \in [[W]]$，$\hat{t}$ 和 $\hat{a}$ 的所有其他系数均设为 0。这样，多项式乘积 $\hat{t}' = \hat{t} \cdot \hat{a}$ 的某些系数给出了公式 $T'[c, i, j] = \mu[c]T[c, i, j] + \theta[c]$ 的乘法部分结果，即对所有的 (c, i, j) 位置，都有 $\hat{t}'[cCHW + cHW + iH + j] = T[c, i, j]\partial[c]$，当 $C^2HW > N$ 时，使用与上面类似的方法，将 $\boldsymbol{T}$ 切分成形状为 $C_W \times H_W \times W_W$ 的子块，使得 $C^2_W \times H_W \times W_W \leqslant N$。由于每个通道在批量标准化计

算中都是独立进行的，因此，可以将两个映射直接应用于 T 的子块。

4. "百万富翁" 协议

"百万富翁" 协议是比较两个整数的协议，是几乎所有非线性层的核心块。Cheetah 中的比较协议与 CrypTFlow2 的主要不同之处在于，底层的 F_{AND} 使用 VOLE 类型的 OT 扩展协议实现，而不是 KKRT 类型的 OT 扩展协议（具体内容详见 3.4 节）。

现假设 $x, y \in \{0,1\}^l$，F_{AND} 选取 x 和 y 的布尔份额作为输入，并输出 $x \wedge y$ 布尔份额的功能函数。

5. 小结

Cheetah 主要贡献了如下思想：

（1）卷积和矩阵向量乘法中涉及的同态旋转操作基于格的同态加密方案的性能瓶颈之一，通过构造映射巧妙地消除了同态旋转运算，在未使用单指令多数据（SIMD）的前提下，加快了同态运算的效率。

（2）基于 HE 的协议可以直接接受二次幂环的秘密份额，而不局限于数域，避免了额外的计算和通信开销。

（3）使用了基于 VOLE 类型的 OT 扩展协议来构造高效、精简的非线性计算协议，如截断协议、比较协议等，极大地降低了安全推理的计算和通信开销。

4.4.3 基于复制秘密共享的隐私保护机器学习协议

本节主要介绍一种端到端的三方隐私保护机器学习协议 Falcon，该协议主要用于大型机器学习模型的隐私训练和推理。其主要优点如下：

- 具有高表达性，支持 VGG16 等大型网络。
- 支持批量归一化，这对于训练 AlexNet 等复杂网络非常重要。
- 在多数情况为诚实模型的假设下，Falcon 针对敌手模型具有较好的安全性保障。
- 提供了新的高效理论与方法，使其优于现有的安全深度学习解决方案。

与现有技术相比，Falcon 的隐私推理效率比 SecureNN（SecureNN 是一个三方安全计算网络和推理框架，主要思想为 M 个参与方随机拆分 N 份秘密，并分别上传给 N 台服务器，这里考虑 $N=3$，服务器协同执行密文模型推理和训练，在特定的安全模型假设下，任意一台服务器均不能获知上传数据和模型参数）平均快 8 倍，与 ABY3（ABY3 是一个三方安全计算网络和推理框架，提供了三种秘密共享类型，即算术加法秘密共享、二进制秘密共享和姚氏电路秘密共享）相当。在隐私推理阶段，Falcon 的通信效率比 SecureNN 和 ABY3 高约 16～200 倍，Falcon 的隐私训练效率比 SecureNN 快约 6 倍，比 ABY3 快 4.4 倍；在隐私训练阶段，Falcon 的通信效率比 SecureNN 和 ABY3 高约 2～60 倍。

1. 基础知识

1）一个三方的机器学习服务

这里考虑以下场景：有两种类型的用户，第一种用户拥有学习算法和应用数据，称为数据持有者；第二种用户在学习周期后对系统进行查询，称为查询用户。这两组用户角色可以重叠。Falcon 设计了一个机器学习服务，该项服务由三方提供，称为计算服务器。现假设服务器之间不会合谋，那么该服务分为以下两个阶段。

第一阶段：训练阶段，机器学习模型在数据持有者的数据上训练。

第二阶段：推理阶段，经过训练的模型可以由用户使用。

数据持有者在 3 台计算服务器之间以复制的秘密共享方案进行数据共享。这 3 台计算服务器利用共享数据及本地训练网络，查询用户可以根据 3 台计算服务器新构建的共享模型向系统提交查询并接收答案。这样，数据持有者的输入在 3 台计算服务器中都具有完全的隐私性。此外，查询也是以共享形式提交的，因此对 3 台计算服务器保密。

三方安全计算协议成为机器学习隐私保护领域最有效的协议之一。虽然 MPC 还不是一种广泛应用的技术，但 3PC 对抗模型因其协议简单、高效得到了广泛应用。下面将介绍一个三方安全机器学习服务模型的具体应用。

随着社交媒体平台的兴起，剥削儿童的图像（也即虐童图像）传播激增，有效的虐童图像检测方案需严格遵守隐私保护相关的法律法规。由于机器学习在图像分类方面的突出表现，在法律合规的情况下，利用机器学习算法检测剥削儿童图像是当下较为理想的技术手段。Falcon 支持在该场景中使用机器学习，然而，由于法律规定无法直接使用原始图像，因此缺乏训练数据。为此，Falcon 提供了一个加密的安全框架，在这个框架中，客户端的数据被分割成若干个在非串通实体中无法识别的部分。

MPC（多方安全计算）能够积累高质量的训练数据，同时可以启用机器学习即服务（MLaaS）来解决剥削儿童图像的问题。通过这种方式，MPC 可以实现一个端到端的解决方案来自动检测社交媒体中的剥削儿童图像，并对底层数据具有很强的隐私保护。

2）恶意模型

Falcon 假设诚实的计算方占主导，即 3 台计算服务器中最多只有一台是恶意的，而且这台恶意的服务器可以任意偏离协议步骤，这也是多方安全计算方法中常见的对抗性设置，半诚实的对手被动地学习其他方的秘密数据，而恶意对手可以随意违背协议。现假设各方的私钥都是安全存储的，当各方拒绝合作时，协议无法防范拒绝服务（DoS）攻击。在这种情况下，Falcon 只能终止计算。

三方分别共享点对点通信通道并成对共享种子，以使用 AES 或 SM4 作为 PRNG 来提供加密安全的公共随机性。值得注意的是，当用户进行查询时，查询结果是明确的，即 Falcon 不保证训练数据的隐私免受诸如模型反转、隶属度推断和属性推断等攻击。

3）技术贡献

Falcon 是一个由 SecureNN 和 ABY3 思想混合而成的深度学习隐私保护协议。当存在恶意对手时，SecureNN 不保证其正确性，而在 SecureNN 中提供针对恶意破坏的安全性保障是极具挑战性的。Falcon 使用秘密共享作为其构建模块，在协议中使用冗余强制执行正确行为，并能够从 SecureNN 中的 2/2 秘密共享方案更改为 2/3 复制秘密共享。该协议能够在 3 个参与方的环境中运行，但至多只支持一方为敌手的情景，这通过通用可组合性（UC）框架证明了每个模块的安全，即 UC 安全。

Falcon 为常见的机器学习方法提供了更有效的协议和更强的安全性保证。Falcon 通过理论改进来减少计算和通信量。首先，Falcon 中参与的各方都执行相同的协议，而 SecureNN 的协议是不对称的，各方的一致性使得资源利用更加合理。其次，关于协议的 ReLU 激活函数，在 SecureNN 中，先使用共享转换子模块转换输入，再调用计算 MSB 子模块来计算与 DReLU 函数密切相关的最高有效位（MSB）。注意，当在环 $\mathbf{Z}_l$ 上使用定点编码时，DReLU 的定义如下：

$$\text{DReLU}(x) = \begin{cases} 0, & x > L/2 \\ 1 & \text{其他} \end{cases}$$

每个子模块的开销大致相同。Falcon 采用了一种更简单的数学方法来计算 DReLU，并将开销降低了一半以上。ReLU 和 DReLU 是深度学习的核心非线性激活函数，通常是 MPC 中消耗最大的操作。Falcon 使用更小的环，同时使用精确但消耗大的截断协议。然而，这种权衡允许整个框架在更小的数据类型上运行，从而将通信复杂度至少降低一半。此外，这种通信的改善随着整体通信对环的超线性依赖而被放大。

之前关于隐私保护机器学习的研究工作主要集中在实现线性层和非线性的操作上。Falcon 的出现实现了一个端到端的批量处理规范化协议（包括向前和向后传播）。批量归一化在神经网络的快速训练中被广泛应用，对机器学习至关重要，原因有二。其一，它通过允许较高的学习率来加速训练，并防止激活极端值，这是神经网络参数调整的一个重要组成部分，因为在本地训练中"看到的和学习到的"是有限的。其二，能通过提供轻微的正则化效应来减少过拟合，从而提高训练的稳定性和模型的鲁棒性。换言之，没有批量归一化的神经网络，本地训练通常是很困难的，并且需要大量的预训练。可以看出，要真正实现具有隐私保护的深度学习，需要有效地批量处理规范化协议。在 MPC 中实现批量归一化操作有两个困难，首先，在 MPC 中计算一个数的逆通常是困难的。其次，大多数近似方法都要求输入在一定的范围内，即在大范围内对一个数求逆的近似函数和在 MPC 中实现它的复杂性之间寻求平衡。Falcon 实现了可启用批处理规范化，可以训练复杂的网络架构，如 AlexNet（约 6000 万个参数）。

实验表明，在比较不同的 MPC 协议时涉及许多因素，而之前的研究工作都没有一个整体的解决方案。为此，Falcon 在 6 个不同的网络架构和 3 个标准数据集（MNIST、CIFAR10 和 Tiny ImageNet）上进行了评估，并在 LAN 和 WAN 设置中对 Falcon 进行了基准测试，用于训练和推理，以及半诚实和主动安全对抗模型。

另外，Falcon 在隐私保护机器学习领域（包括 2PC，纯粹是为了进行全面比较）与先前前沿的成果进行了全面的性能比较。这种跨场景部署的比较对 MPC 从业者是有益的。不难发现，Falcon 中提出的见解和技术是广泛适用的。例如，ReLU 本质上是一个比较函数，因此，可以支持许多其他应用——决策树的隐私保护计算、隐私保护检索和隐私保护排序等。

2. 协议架构

下面首先简述相关的数学符号，随后介绍如何在秘密共享方案上执行基本操作，最后介绍 Falcon 协议。

1）符号

P_1、P_2、P_3 分别代表 3 个参与方，并用 P_{i+1}、P_{i-1} 分别表示 P_i 的后一个和前一个参与方（具有周期性边界条件）。通俗地讲，就是 P_3 的后一个参与方是 P_1，P_1

的前一个参与方是 P_3。在此方案中，对于一般模数 m 而言，将 $\|\boldsymbol{x}\|^m$ 表示为模 m 的 3 选 2 复制秘密共享方案（Replicated Secret Sharing，简写为 RSS）。对于任意 $\boldsymbol{x}$，让 $\|\boldsymbol{x}\|^m = (x_1, x_2, x_3)$ 表示为秘密 $\boldsymbol{x}$ 分发给 3 个参与方的操作，符号 $\|\boldsymbol{x}\|^m$ 还表示为参与方 P_1 拥有子秘密份额 (x_1, x_2)，参与方 P_2 拥有子秘密份额 (x_2, x_3)，参与方 P_3 拥有子秘密份额 (x_1, x_3)。用 $x[i]$ 表示向量 $\boldsymbol{x}$ 的第 i 个分量。在 Falcon 中，主要关注 3 个不同的模：$L = 2^\ell$、小素数 P 和 2。在 Falcon 协议中，令 $\ell = 25$，$p = 37$，并使用 13 位精度的定点编码，当 $\prod_{\text{Mult}}$ 超过环 $\mathbf{Z}_p$ 时，执行相同的乘法操作即可，无须截断。

2）基本操作

为简化协议说明，下面首先介绍如何在上述秘密共享方案中执行基本操作，这些操作是对算术秘密共享方案的扩展，类似于 ABY3 协议。然而，ABY3 依赖于高效的混淆电路进行非线性函数计算，这与 Falcon 依赖于简单算法的原理有本质不同。通过这种方式，Falcon 提出了基于 SecureNN 和 ABY3 的混合集成思想。

（1）相关随机性：相关随机性贯穿整个 Falcon 协议，需要两个基本的随机数生成器，这两种随机数的生成方法都可以使用伪随机函数（RPF）有效地实现（基于本地计算）。两种方法描述如下。

- 3 选 3 随机性：对于任意的 ∂_1、∂_2、∂_3，使得 $\partial_1 + \partial_2 + \partial_3 \equiv 0 \pmod{L}$，且 ∂_i 属于参与方 P_i。
- 3 选 2 随机性：对于任意的 ∂_1、∂_2、∂_3，使得 $\partial_1 + \partial_2 + \partial_3 \equiv 0 \pmod{L}$，且 $(\partial_i, \partial_{i+1})$ 属于参与方 P_i。

给定成对共享的随机密钥 k_i（在参与方 P_i 和 P_{i+1} 之间共享），以上两个随机性可以计算为 $\partial_i = F_{k_i}(\text{cnt}) - F_{k_{i-1}}(\text{cnt})$ 与 $(\partial_i, \partial_{i-1}) = (F_{k_i}(\text{cnt}), F_{k_{i-1}}(\text{cnt}))$，其中 cnt 是每次调用后递增的计数器。

（2）线性操作：假设 a、b、c 为公共常数，$\|\boldsymbol{x}\|^m$ 与 $\|\boldsymbol{y}\|^m$ 为共享的秘密，随后 $\|a\boldsymbol{x} + b\boldsymbol{y} + c\|^m$ 可被本地计算为 $(ax_1 + by_1 + c, ax_2 + by_2, ax_3 + by_3)$。因此，线性操作也是简单的本地计算。

（3）乘法：首先将两个共享的值 $\|\boldsymbol{x}\|^m = (x_1, x_2, x_3)$ 与 $\|\boldsymbol{y}\|^m = (y_1, y_2, y_3)$ 相乘；然后各参与方分别进行本地计算 $z_1 = x_1 y_1 + x_2 y_1 + x_1 y_2$、$z_2 = x_2 y_2 + x_3 y_2 + x_2 y_3$、$z_3 = x_3 y_3 + x_1 y_3 + x_3 y_1$。于是 z_1、z_2、z_3 形成了 $\|\boldsymbol{z} = \boldsymbol{x} \cdot \boldsymbol{y}\|^m$ 的 3 选 3 秘密共享。接

着各参与方重新进行共享，3 选 3 的随机性通过发送 $\partial_i + z_i$ 到 $i-1$ 方来生成 3 选 2 秘密共享，其中 $\{\partial_i\}$ 在 3 选 3 秘密共享方案中是 0。

（4）**卷积和矩阵乘法**：根据之前的研究，对秘密份额执行卷积和矩阵乘法操作，为了执行矩阵乘法，需要注意的是：之前描述的 $\prod_{\text{Mult}}$ 已扩展到矩阵乘法。执行卷积操作需要将卷积展开为更大维度的矩阵乘法，并调用矩阵乘法协议。对于定点运算，每个乘法协议都必须遵循截断协议，以保证定点数的精度。

（5）**选择份额**：现定义一个子模块 $\prod_{\text{ss}}$，该子模块将两个随机值 $\|x\|^L$ 和 $\|y\|^L$ 作为输入份额，并共享 $\|b\|^2$。如果 $b=0$，则输出 $\|z\|^L = \|x\|^L$；如果 $b=1$，则输出 $\|z\|^L = \|y\|^L$。为此，先生成关联随机数 $\|c\|^2$ 与 $\|c\|^L$，随后公布 $(b \oplus c) = e$，如果 $e=1$，令 $\|d\|^L = \|1-c\|^L$；否则，$\|d\|^L = \|c\|^L$。最后，计算 $\|z\|^L = \|(y-x) \cdot d\|^L + \|x\|^L$。

3）隐私比较

Falcon 的比较方案和其他方案（例如 ABY3 等）不同，在其构建的隐私比较中，做比较之前，三方参与者已经得到了秘密共享值的比特分解，而且每一比特的分解是在 $\mathbf{Z}_p$ 上的。Falcon 的目标则是比较 $x \geq r$，其中 r 是一个公开数，由于 x 的比特分解已知，因此，可以和 SecureNN 类似，即按比特比较。算法如下：

- 输入：各参与方 P_1、P_2、P_3 分别在环域 $\mathbf{Z}_p$ 上拥有 x 比特的秘密。
- 输出：所有的参与方得到共享比特 $x \geq r$。
- 常见随机性：各参与方 P_1、P_2、P_3 拥有公共 ℓ 比特的整数 r。

步骤 1：对于 $i = \{\ell-1, \ell-2, \ell-3, \cdots, 0\}$，执行循环：

计算子秘密 $u[i] = (-1)^\beta (x[i] - r[i])$

计算子秘密 $w[i] = x[i] \oplus r[i]$

计算子秘密 $c[i] = u[i] + 1 + \sum_{k=i+1}^{\ell} w[k]$

结束 i 的循环。

步骤 2：计算 $d := \|m\|^p \cdot \prod_{i=0}^{\ell-1} c[i] \pmod p$。

步骤 3：如果 $d \neq 0$，则让 $\beta' = 1$，否则 $\beta' = 0$。

步骤 4：返回 $\beta' \oplus \beta \in \mathbf{Z}_2$ 子秘密。

其中，β 起到茫化作用，循环中 $u[i] = (-1)^\beta (x[i] - r[i])$ 做乘法只需要进行一次交互，步骤 2 中需要 $\log_2 \ell + 1$ 次交互。当 $d=0$ 时，说明 $c[i]$ 中有一项为 0。假设 $c[t] = 0$，$\beta = 0$，那么 $x[t] - r[t] = -1$；对于 $i > t$，$\omega[t] = 0$ 恒成立，则 $c[t] = 0$。而

对于 $i<t$，由于 $a[t]=1$，$c[i] \geqslant 0$ 恒成立。所以在 x 和 r 最高且不相同的比特位中，有 $r[t]=1$，$x[t]=0$，那么 $d=0$ 时，则有 $x<r$。故，$\beta'=0$；否则当 $d \neq 0$ 时，有 $\beta'=1$。

4）截断函数

计算 ReLU 和 DReLU 等操作的核心是比较函数。现定义 wrap_2 和 wrap_3 为参与方秘密份额的截断函数，在份额作为整数相加时能有效地计算"进位"。在环域 $\mathbf{Z}_L$ 中，wrap_2 的定义如下：

$$\mathrm{wrap}_2(a_1,a_2,L)=\begin{cases}0, & a_1+a_2<L\\ 1 & \text{其他}\end{cases}$$

$$\mathrm{wrap}_{3e}(a_1,a_2,a_3,L)=\begin{cases}0, & \sum_{i=1}^{3}a_i<L\\ 1, & L\leqslant\sum_{i=1}^{3}a_i<2L\\ 2, & 2L\leqslant\sum_{i=1}^{3}a_i<3L\end{cases}$$

进一步定义 $\mathrm{wrap}_3(a_1,a_2,a_3,L)=\mathrm{warp}_{3e}(a_1,a_2,a_3,L) \bmod 2$，为了计算 wrap_3，参与方首先生成随机数 $\|x\|^L$，并生成 x 的每一比特在 $\mathbf{Z}_P$ 中的算术分享 $\|x[i]\|^P$，然后生成 $\partial=\mathrm{wrap}_3(x_1,x_2,x_3,L)$ 的比特分享 $\|\partial\|^2$，则对已知秘密值 a，有：

$$r=a+x-\eta\cdot L$$
$$r=r_1+r_2+r_3-\delta_e\cdot L$$
$$r_i=a_i+x_i-\beta_i\cdot L$$
$$x=x_1+x_2+x_3-\partial_e\cdot L$$
$$a=a_1+a_2+a_3-\theta_e\cdot L$$

于是，由以上公式可得：

$$\theta_e=\beta_1+\beta_2+\beta_3+\delta_e-\eta-\partial_e$$

由 $\theta_e=\beta_1+\beta_2+\beta_3+\delta_e-\eta-\partial_e \bmod 2$，可得到 $\theta=\beta_1+\beta_2+\beta_3+\delta-\eta-\partial$。算法如下：

- 输入：参与方 P_1、P_2、P_3 在环域 $\mathbf{Z}_L$ 持有份额 a。
- 输出：参与方 P_1、P_2、P_3 获得共享比特。
- 常见随机性：参与方 P_1、P_2、P_3 持有份额 $\|x\|^L$、$\|x[i]\|^P$ 和 $\|\partial\|^2$，其中 $\partial=\mathrm{wrap}_3(x_1,x_2,x_3,L)$。

步骤 1：计算 $r_j \equiv a_j + x_j (\bmod L)$ 与 $\beta_j \equiv \mathrm{wrap}_2(a_j, x_j, L)$。

步骤 2：重构 $r \equiv \sum r_j (\bmod L)$。

步骤 3：计算 $\delta = \mathrm{wrap}_3(r_1, r_2, r_3, L)$。

步骤 4：基于 x 和 $r+1$ 执行 Π_{pc}，从而得到 $\eta = (x \geqslant r+1)$。

步骤 5：返回 $\theta = \beta_1 + \beta_2 + \beta_3 + \delta - \eta - \partial$。

5）ReLU 与 DReLU

对于 ReLU(a)，关键在于计算 a 的最高有效位，Falcon 的一个重要发现就是，对于 $a = a_1 + a_2 + a_3 \bmod L$，有：$\mathrm{MSB}(a) = \mathrm{MSB}(a_1) + \mathrm{MSB}(a_2) + \mathrm{MSB}(a_3) + c \bmod 2$，其中，$c$ 是 3 个 a_i 的低 $\ell - 1$ 位对于最高位的进位，即 $c = \mathrm{wrap}_3(2a_1, 2a_2, 2a_3, L)$。这样就有 $\mathrm{DReLU}(a) = \mathrm{MSB}(a_1) \oplus \mathrm{MSB}(a_2) \oplus \mathrm{MSB}(a_3) \oplus \mathrm{wrap}_3(2a_1, 2a_2, 2a_3, L) \oplus 1$，得到 DReLU 之后，计算 Π_{ss}，即可得到激活函数的结果。（关于 ReLU 和 DReLU 的具体原理，可参见 4.4.1 节。）

6）最大池化与最大池化的导数

池化层使用了最大池化函数，最大池化的功能只是将一个秘密共享值的向量作为输入，然后输出最大值。池化尺寸为 n，即将池化区域转换为 n 长度的向量，需要执行 $n-1$ 次 DReLU 协议，用于比较，获得池化区域的最大特征及其索引，索引（最大值的位置索引为 1，其他为 0）用于反向传播。池化层在协议层面和 SecureNN 一样，不同的是，隐私比较计算调用上文构造的方案。具体的算法流程如下。

- 输入：P_1、P_2、P_3 持有份额 $a_1, a_2, \cdots, a_n \in \mathbf{Z}_L$。
- 输出：P_1、P_2、P_3 获得 a_k 的份额以及 e_k，其中 $k = \arg\max\{a_1, \cdots, a_n\}$，当 $e_i = 0$，$\forall i \neq k$ 且 $e_k = 1$ 时，有 $e_k = \{e_1, e_2, \cdots, e_n\}$。

步骤 1：假定 $\max \leftarrow a_1$ 和 $\mathrm{ind} \leftarrow e_1 = \{1, 0, \cdots, 0\}$。

步骤 2：对 $i = \{2, 3, \cdots, n\}$ 执行循环：

假定 $d_{\max} \leftarrow (\max - a_i)$ 及 $d_{\mathrm{ind}} \leftarrow (\mathrm{ind} - e_i)$；

$b \leftarrow \Pi_{\mathrm{DReLU}}(d_{\max})$；

在输入 $\{a_i, \max, b\}$ 上计算 $\max \leftarrow \Pi_{\mathrm{ss}}$；

在输入 $\{e_i, \mathrm{ind}, b\}$ 上计算 $\max \leftarrow \Pi_{\mathrm{ss}}$；

结束 i 循环。

步骤 3：返回 max 和 ind 。

7）除法与批量归一化

在介绍除法与批量归一化之前，首先介绍一个工具协议，该协议记为 Π_{pow} 。下面是该协议的具体计算过程。

- 输入：P_1、P_2、P_3 分别持有 x 的份额，其中 $x \in \mathbf{Z}_L$ 。
- 输出：P_1、P_2、P_3 获得 ∂ ，其中 $2^{\partial} \leqslant x < 2^{\partial+1}$ 。

步骤 1：初始化 $\partial \leftarrow 0$ 。

步骤 2：对 $i = \{l-1, \cdots, 1, 0\}$ 执行循环：

$c \leftarrow \Pi_{\text{DReLU}}(x - 2^{2^i} + \partial)$ 并重构 c ；

如果 $c = 1$ ，设置 $\partial \leftarrow \partial + 2^i$ ；

结束 i 的循环。

步骤 3：返回 ∂ 。

Falcon 在除法与批量归一化阶段，主要利用近似计算进行除法运算，首先计算除数的指数，即使用 Π_{pow} 获得真实值 x 的边界，已知 x 的份额，即可输出计算 $2^{\partial} \leqslant x < 2^{\partial+1}$ 中的 ∂ 。

得到 ∂ 之后，就可以利用 Newton-Raphson 算法进行两次迭代，得到：

$$\begin{aligned}
\omega_2 &= \omega_1(2 - b\omega_1) \\
&= \omega_0(2 - b\omega_0)(2 - b\omega_0(2 - b\omega_0)) \\
&= \omega_0(1 + (1 - b\omega_0)(1 + 1 - 2b\omega_0 + (b\omega_0)^2)
\end{aligned}$$

令 $\varepsilon_0 = 1 - b\omega_0$ ，则有 $\omega_2 = \omega_0(1 + \varepsilon_0)(1 + \varepsilon_0^2)$ 。因此，在该近似算法中，除数需要满足 $b \in [0.5, 1)$ ，基于上一步骤提取 ∂ 之后，初始值 $\omega_0 = 2.9142 - 2b$ 将近似常数 2.9142 和 1 都扩大 $2^{\partial+1}$ ，从而使得 $b \in [0.5, 1)$ 。在最后的结果中，截断乘法造成了因子膨胀。而在批量归一化阶段中，除了计算均值和方差，剩下的部分和做除法类似，且都采用了近似算法。下面是除法和批量归一化的具体算法流程。

（1）除法（下述用 Π_{Div} 表示）的具体流程如下。

- 输入：P_1、P_2、P_3 分别持有 a、b 的份额，其中 $a, b \in \mathbf{Z}_L$ 。
- 输出：P_1、P_2、P_3 通过具有给定固定精度 f_p 的整数除法，计算得到份额 a/b ，其中 $a/b \in \mathbf{Z}_L$ 。

步骤 1：在 b 上运行 Π_{pow} ，获得 ∂ ，以满足 $2^{\partial} \leqslant b < 2^{\partial+1}$ 。

步骤 2：计算 $\omega_0 \leftarrow 2.9142 - 2b$。

步骤 3：计算 $\varepsilon_0 \leftarrow 1 - b \cdot \omega_0$ 及 $\varepsilon_1 \leftarrow \varepsilon_0^2$。

步骤 4：返回 $\partial \omega_0 (1 + \varepsilon_0)(1 + \varepsilon_1)$。

（2）批量归一化的具体算法流程如下。

- 输入：P_1、P_2、P_3 持有份额 $a_1, a_2, \cdots, a_m \in \mathbf{Z}_L$，其中 m 是每个批量（次）的大小，γ 和 β 是两个可学习参数（可学习参数是不断变化的）。
- 输出：P_1、P_2、P_3 获得份额 $\gamma z_i + \beta$，其中 $i \in [m]$，$z_i = (a_i - \mu) / \sqrt{(\sigma^2 + \varepsilon)}$（$\mu = 1/m \sum a_i$，$\sigma^2 = 1/m \sum (a_i - \mu)^2$，$\varepsilon$ 是一个常量）。

步骤 1：设 $\mu \leftarrow 1/m \cdot \sum a_i$。

步骤 2：计算 $\sigma^2 \leftarrow 1/m \cdot \sum (a_i - \mu)^2$，并使 $b = \sigma^2 + \varepsilon$。

步骤 3：基于 b 运行 Π_{pow}，以找到 α，使其满足 $2^\alpha \leqslant b < 2^{\alpha+1}$。

步骤 4：令 $x_0 \leftarrow 2^{\lceil \alpha/2 \rceil}$。

步骤 5：对 $i \in 0, \cdots, 3$ 进行循环：

设置 $x_{i+1} \leftarrow \dfrac{x_i}{2}(3 - bx_i^2)$；

结束 i 循环。

步骤 6：返回 $\gamma \cdot x_{\text{rnds}} \cdot (a_i - u) + \beta$，其中 $i \in [m]$。

3. 小结

Falcon 是支持在多数参与方为诚实模型的三方计算下进行隐私训练与推理的新协议。从理论上讲，Falcon 降低了通信的复杂度，并提供了以多数诚实参与方对抗恶意敌手模型的安全性。因此，Falcon 能够保障对抗恶意模型的安全性，并提供了几个数量级的性能改进。在实验中，Falcon 是第一个安全的深度学习框架，可用于验证在大规模网络（如 AlexNet 和 VGG16）和大规模数据集（如 Tiny ImageNet）上的性能表现，同时它也是第一个证明批量归一化的有效协议。

4.4.4　具体案例

在互联网金融业务中，金融风控是极其重要的一环，近年来，越来越多的大数据和人工智能技术被应用到这个领域中。在贷前，有一个重要环节是对用户信用进行评级，这里主要是综合考虑用户收入、以往经济行为等。用户的相关数据越多，对该用户的信用风险等级判断越准确，就越有助于银行判定风险，这一分析过程在业内一般称为信用评分卡（或 A 卡），在实际应用中，通常利用实现分类任务的神经网络模型进行预测，再根据简单映射关系转换到标准评分卡中的分数。

现在假设有两家银行 A、B 和某知名电商互联网企业 C，分别拥有大量银行客户以往的信贷数据和用户线上消费行为数据，如果能够将他们的数据联合起来，那么就可以在更多的数据维度上联合使用机器学习模型。为了方便介绍，下面以简单实用的实现分类任务的神经网络模型为例，来训练得到更加准确的信用评分卡模型。现将分类标签定为 "good" "general" "bad" 3 类，将两家银行 A、B 和某知名电商互联网企业 C 的数据在各自的本地根据统一的评判标准设置好标签。通过调用一样的预训练模型（例如 VGG16 等大型网络），并设置同样参数的方式进行训练。为了进行有效的安全推理及计算，可通过算术秘密共享的方式对神经网络中每一层的输入、权重、偏差值，以及输出进行共享，以保证具体数值无法被敌手模型获知，从而保证其安全性。此外，在进行卷积操作的同时，可利用 4.4.1 节中介绍的除法协议进行截断操作，以保证安全性。

这对于银行 A、银行 B 的后续客户信用评级都是有好处的，同时在保证安全的前提下也有助于 C 从数据中获取经济价值（当然，实际的商业合作模式可能是多种多样的，比如 A、B 也可以协助 C 训练一个更好的商品推荐系统）。但从合规和保护自身商业数据资产的角度看，显然不能直接将自己的数据交给对方，因为直接将自己的数据交给对方将涉及各方数据离开本地、数据出库效率低、可信第三方是否真的可信等问题。因此，可以使用隐私保护机器学习方案来解决此类问题，具体实施方案如图 4-44 所示。

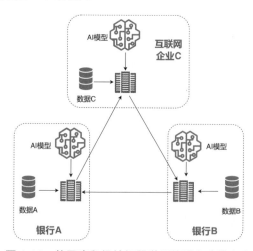

图 4-44 基于隐私保护机器学习的联合建模方案

在隐私保护机器学习中，对于原始数据的隐私保护一般针对集中学习过程，数据拥有者的数据被收集到执行机器学习任务的数据应用方。由于数据拥有者的数据一旦被收集，就很难再拥有数据控制权。因此，在数据进行分享发布前，需要对原数据进行隐私保护处理。常见的处理方式有分享处理后的原数据和不分享原数据两种。

原数据处理后再分享的方式一般通过对数据集中准标识符值进行泛化、抑制和隐匿处理，从而降低发布的数据精度来保护个人信息与属性。同时，基于数据失真的技术，通过对原始数据进行随机化处理或添加噪声扰动，使得处理后的数据失去重构性，从而实现在进行数据挖掘、数据分析等操作中的数据隐私保护。理论上，通过在数据中添加噪声扰动，总能实现数据隐私保护。面向机器学习的应用不仅可以对原数据集进行输入扰动，实现数据隐私保护，还可以对机器学习模型的目标函数、梯度、输出的模型参数，以及机器学习算法的真实输出结果引入随机噪声，确保整个机器学习过程满足隐私保护的要求。此外，目前业界已经出现了利用拉普拉斯噪声对支持向量机（support vector machine，简写为 SVM）的模型权重进行扰动的方法，实现对原始数据的隐私保护。

不分享原数据的方式一般是对机器学习的训练过程采用同态加密、联邦学习等方式，通过基于密文的运算方式，或数据拥有者直接利用数据在本地进行模型训练来保护原始数据。前者增加了计算复杂度，后者获得中心模型的过程仍面临诸多问题与挑战。同态加密是一种不需要访问数据本身就可以对数据进行运算分析的密码技术，支持对密文直接进行计算，详细内容可参考 3.3 节的介绍。而联邦学习作为一种分布式机器学习框架，它允许用户利用本地数据集进行模型训练，在训练过程中，数据本身不会离开用户本地，并通过加密机制下的参数交换来保证数据隐私，从而提供原始数据的隐私保护。但学术界对联邦学习在训练推理过程中是否存在泄露原始数据的风险依然存在争议。

第 5 章
隐私计算应用案例

在数字化时代，隐私保护已经成为一个越来越重要的话题，尤其是在人们越来越依赖互联网的今天，隐私泄露的风险也随之增加。因此，如何保护个人隐私已经成为一个迫切需要解决的问题。

隐私计算技术作为一种新兴的保护隐私的方法，已经引起了人们的广泛关注。它可以在不暴露个人数据的前提下，对数据进行计算和分析，从而保护个人隐私。在隐私计算领域中，隐私信息检索、隐私集合求交、联合计算分析和隐私保护机器学习等技术已经成为研究的热点。

本章将深入探讨这些技术的应用案例。我们将会从不同的领域中选取具有代表性的案例来进行分析和研究，旨在展示隐私计算技术在不同领域中的应用及其效果。

我们相信，本章的案例将会为读者提供有益的参考和启示，帮助大家更好地理解隐私计算技术的应用和发展趋势。

5.1 同态加密在支付对账流程中的应用

5.1.1 业务背景

对账是指在固定交易周期内，按照一定的方法或流程，核对相关方交易账目的过程。它是交易核算类系统中常见的业务场景，通常发生在不同机构间或同一机构的不同业务系统间，如银行与第三方支付平台对账、银行内部系统间对账等。

对账内容涉及单号、交易时间、币种、金额、手续费、收付账号、渠道、支付类型、交易状态等数据，包含对账双方用户的支付详情及相关账户信息。通常，对账系统利用 FTP/SFTP/HTTP/HTTPS、调用下载接口、人工下载等方式获取对账文件（常见的文件格式有 csv、txt、xml 等），随后根据既定规则进行文件解析、数据对账、差错处理等。对账是金融交易业务中需频繁进行的基本操作，它关系到交易数据的准确性。

5.1.2　业务痛点

通常，在对账业务的整个过程中无数据安全保护措施或安全保护措施有限（如 SFTP、HTTPS 协议仅能保证文件在传输过程中的安全性），而对数据文件进行常规的对称加密在对比过程中需先解密，再对比，若数据量较大，会耗费较长时间进行解密，从而影响对账业务处理进度，特别是在交易高峰时段或时期（如"双 11"购物节期间），交易数据成倍增加，电商平台与银行机构间的对账压力也随之加大，若对账前再进行大量数据的解密操作，对账业务的处理速度会更难满足特殊时期的系统需求。

如果不对交易对账数据进行隐私保护，对账数据被恶意第三方窃取后，就会对相关支付数据的隐私信息构成威胁。例如，对交易数据的持续收集，能够分析出相关机构或用户的资金规模、商业动态或消费习惯等。因此，在交易对账过程中，既要保障对账流程正确，又要保证对账数据安全。

5.1.3　解决方案

结合同态加密进行对账数据保护的解决方案如图 5-1 所示。

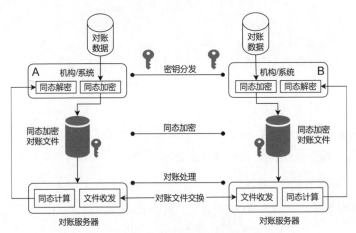

图 5-1　对账业务结构图

在图 5-1 中，A、B 作为有对账需求的两方，可以是不同机构，也可以是同一机构内的不同业务系统，其安全要求较高，通常不与外部系统直连，对账数据来源于该业务系统，两方具有相同的同态加/解密密钥，双方分别包含同态加密与同态解密模块。同态加密可利用密钥将对账数据加密，形成对账文件；同态解密可利用密钥将对账服务器的同态计算结果解密，以查验对账结果是否平账。

对账服务器负责对账文件的交换和比对数据的同态计算。对账服务器的文件收发服务负责对账文件的交换，该服务提供两方的通信接口，通常暴露在外；对账服务器的同态计算服务负责两方数据的比对计算。一方可拉取另一方的对账文件至对账服务器进行对账处理。双方对账数据经同态加密处理后，可基于密文直接进行对账操作。上述两方对账场景也可扩展至多方。

1. 适用于对账场景的整数同态加密算法

适用于对账（数据比对）场景的整数同态加密算法如下。

（1）密钥生成： 选取比特位数为 n 的奇数 P 作为加密密钥。为了提高算法的安全性，P 应为大整数，$p \in [2^{n-1}, 2^n)$。

（2）加密算法： 在对账业务场景中，所需比对的数据主要为数值（如单号、金额、账号、编码等）和少量文本（如币种、渠道名称等），长度较为固定。50 比特即可表达千万亿级别的数据（16 位十进制数），8 比特可表示 1 个英文字母（采用适当的编码方式，如 ASCII 码）。将数据整体视作加密对象（将其二进制表达转化为整数进行加密），相比于针对二进制比特位加密，可提高加密速率，降低密文膨胀度，节约存储空间。根据对账（数据比对）场景设计的加密算法如下：

$$c = p \times q \times r + m$$

其中，

- P 为加密密钥（当前密钥长度应大于或等于 1024 比特）。
- 明文 $m \in \mathbf{Z}$，m 的比特位数应远小于 P 的比特位数（如小于 512 比特，对于不需要乘法同态的场景，该长度可适当增加，如 768 比特）。
- q 为随机大整数，P 和 q 的长度应仅相差少数位。
- r 为随机整数（通常为小整数，远小于 P）。
- c 为最终的加密结果。

（3）解密算法： 计算 $m = c \bmod p$，其中 m 为解密结果。由于 P 远大于 m，可得 $(p \times q \times r + m) \bmod p = m$，获得正确的解密结果。

（4）同态计算： 根据不同的使用场景，可以选择不同的同态计算方案，包含加法同态和乘法同态，其计算过程如下。

①加法同态：

$$c_1 + c_2 = p \times q_1 \times r_1 + m_1 + p \times q_2 \times r_2 + m_2$$
$$= p \times (q_1 \times r_1 + q_2 \times r_2) + m_1 + m_2$$

对 $c_1 + c_2$ 解密： $(c_1 + c_2) \bmod p = m_1 + m_2$，当 $m_1 + m_2$ 远小于 p 时成立。

②乘法同态：

$$c_1 \times c_2 = (p \times q_1 \times r_1 + m_1)(p \times q_2 \times r_2 + m_2)$$
$$= p \times (pq_1r_1q_2r_2 + q_1r_1m_2 + q_2r_2m_1) + m_1 \times m_2$$

对 $c_1 \times c_2$ 解密： $(c_1 \times c_2) \bmod p = m_1 \times m_2$，当 $m_1 \times m_2$ 远小于 p 时成立。

通常，对账场景的同态计算次数有限，噪声问题可以忽略。

2. 基于整数同态加密算法的对账流程

基于上述整数同态加密算法的对账流程如图 5-2 所示。

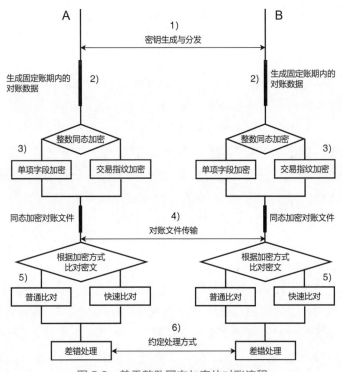

图 5-2　基于整数同态加密的对账流程

1）密钥生成与分发交换

对账的 A、B 双方可通过量子密钥分发、Diffie–Hellman 密钥交换、公钥加密体制传输私钥等方式进行密钥生成与分发，密钥 P 应为大整数，$p \in [2^{n-1}, 2^n)$，n 为比特位数，且 P 为奇数。密钥交予 A、B 两方的业务系统保管。如果双方具备相关软硬件设施，双方可提前生成满足条件且具有一定数量密钥的密钥库，经过简单通信（如发送加盐处理的密钥哈希值）后，即可确定双方将使用的密钥，免去对账时生成密钥的步骤，从而节约对账时间和通信成本。

2）生成固定账期内的对账文件

双方各自生成固定账期内的对账文件，其中的固定账期为双方约定的时间，可以为一天、数小时等。

对账文件中包含双方需核对的内容。通常，对账文件为 json、text、csv、excel 等类型，包含的主要内容有：订单号、交易流水号、交易时间、渠道名称、渠道编码、支付时间、付款方账号、交易金额、手续费、币种、交易类型、交易状态等字段。

3）整数同态加密

双方的业务系统利用前述整数同态加密算法及密钥，加密需保护的对账文件，分单项字段加密和交易指纹加密两种处理方式。

①单项字段加密。对每项字段值进行单独加密，如交易金额、付款方账号等。每个需保密的字段值分别进行加密并保存。

特别地，对于有限小数（如金额通常含有小数），有两种处理方式：第一种，统一将该类型数据（如金额）转换为最小单位，如"分"，则可将有限小数转化为整数，对转化后的整数进行同态加密；第二种，将整数部分和小数部分分开处理，并分别对各部分的数字进行加密后保存。对账双方可根据实际情况进行选择，通常选择第一种。

②交易指纹加密。对于需要对账的内容（包含需保密的信息），如订单号、交易金额、付款方账号、交易类型、交易状态等，按双方约定的字段和顺序，将每笔交易记录的各项字段值进行拼接组合，利用 Hash 函数计算其哈希值，该哈希值被称为交易指纹。如利用 SHA-256 算法可生成 256 位哈希值。特别地，因双方记录的交易时间或支付时间可能存在较小差异，通常不将其加入交易指纹中，交易指纹的计算内容通常包含需对比的确定性数据（如金额、账号类数据）。

利用整数同态加密算法对交易指纹（二进制表达式转化为整数）进行加密并保存。

对交易指纹加密的必要性：对账字段的取值范围有限，如订单号、账号、交易金额等，通常由长度有限的数字或字母组成，利用穷举法能够实现哈希碰撞，从而得知对应的原始值，对交易指纹进行同态加密，可较大程度地提高其安全性。

4）对账文件传输

通过单项字段加密或交易指纹加密处理，得到经同态加密处理的对账文件，双方通过文件收发服务，分别获取对方固定账期内的同态加密对账文件，并交由同态计算服务处理。由于其中的隐私数据已经过加密保护，因此能够保障传输过程与计算过程安全。对账双方也可在第 2）步直接生成经同态加密处理的对账文件，此种方式无须原始明文（对账）文件留底。

5）同态密文比对

对账服务器根据对账规则，对本地对账文件和所获取的（对方）对账文件的各项交易数据进行同态计算，计算结果返回业务系统解密，查验对账是否成功，否则进行差错处理。对账服务器只负责对账文件交换和数据比对同态计算，不能解密同态计算结果。

针对第 3）步中的单项字段加密、交易指纹加密，有两种比对方式。

①普通比对。根据双方约定的比对规则，逐一比对每笔交易记录中的各项字段。对于无须进行加密保护的明文数据可直接比对；经同态加密的密文，可利用同态计算模式基于密文比对。若每项交易记录中所有需比对的字段均完成比对且值相同，则该账单平账。

单项字段加密与普通比对相结合，形成普通对账方式。

②快速比对。利用同态计算模式，基于密文比对每项交易记录的交易指纹，若交易指纹相同，则可判定该笔账单平账，该方法只需比对一次。

交易指纹加密与快速比对相结合，形成快速对账方式。

通常，同态加密计算只给出同态加法或同态乘法计算模式，对于对账操作，应利用减法进行比较，需根据同态加法转化为同态减法。具体地说，基于密文的同态比对步骤如下。

步骤 1：密文相减。

$$
\begin{aligned}
c_1 - c_2 &= c_1 + (-c_2) \\
&= (p \times q_1 \times r_1 + m_1) + [-(p \times q_2 \times r_2 + m_2)] \\
&= pq_1r_1 + (-pq_2r_2) + (m_1 - m_2) \\
&= p(q_1r_1 - q_2r_2) + (m_1 - m_2)
\end{aligned}
$$

步骤 2：结果解密。

$$(c_1 - c_2) \bmod p = m_1 - m_2$$

步骤 3：比较大小。

$$\text{if}(m_1 - m_2) = 0$$

其中，if 为比较函数，用于判断函数值是否为 0。

6）比对结果处理

若同态相减的结果解密后的值为 0，则说明两项值相同；若值不为 0，则需根据业务规则进行差错处理，一般差错情况有以下 3 种。

第 1 种：本方多账，即本方有记录，但对方渠道中无记录。通常由日切（即系统从当前工作日切换到下一个工作日）问题造成，如本地订单交易发生于 T 日 23:59:58，本地记账日期为 T 日。对方渠道接收到订单的时间为 $T+1$ 日 00:00:03，则对方记账日期为 $T+1$ 日。对于此类差错，可将该数据挂账，等待 $T+1$ 日再进行核对，若金额一致，即可平账。

第 2 种：对方多账。即本方无记录，但对方渠道中有记录。对于日切问题引起的对端多账，可将本地之前留存的差异数据与之进行核对，若金额一致，即可平账。对于本方支付状态为失败的订单，若对方支付成功，与之核对无误后，修改订单状态为成功，即可平账。

第 3 种：金额差错。即本方和对方渠道均有记录，但金额不一致。此种情况较为少见，需根据双方的业务约定处理，可能需人工核查干预。对于普通比对方式，同态相减结果的解密值即为相应数据字段的差值。

上述对账文件的交换与密文相减计算均由对账服务器基于密文状态进行，因而能够保障对账数据传输和计算过程的安全。

5.2 多方联合金融电信反诈与监管协同方案

5.2.1 业务背景

近年来，电信网络诈骗多发、高发，已成为发案最多、数量上升最快、涉及面最广的犯罪类型。据公安部数据显示，截至 2021 年 11 月，我国共破获电信网络诈骗案件 37 万余起，紧急拦截涉案资金共 3265 亿元。在部分大中城市，电信网络诈骗案件发案量占刑事案件的 50%以上，严重损害了人民财产权益，并且随着新技术、新应用、新业态的发展不断演变升级，电信网络诈骗也呈现出专业化、集团化、技术化、智能化、跨国化的特点。从金融领域的角度看，获取非法资金是电信网络诈骗分子的最终目的，在电信网络诈骗日益猖獗的当下，如何借助金融科技进行反欺诈也成为当下金融领域关注的重点。

随着金融行业线上金融业务的增多，其带来的风险及犯罪趋势上升明显，监管的政策也更加严格。中共中央办公厅、国务院办公厅于 2022 年 4 月印发了《关于加强打击治理电信网络诈骗违法犯罪工作的意见》（以下简称《意见》），《意见》强调，各级党委和政府要加强对打击治理电信网络诈骗违法犯罪工作的组织领导，统筹力量资源，建立职责清晰、协同联动、衔接紧密、运转高效的打击治理体系。金融、电信、互联网等行业主管部门要全面落实行业监管主体责任，各地要强化落实属地责任，全面提升打击治理电信网络诈骗违法犯罪的能力水平。

行业内、行业间想要进行高效合作，势必需要构建反诈相关的信息共享机制，建立高效的协同反电信网络欺诈体系。然而，明文数据存在复制成本低、使用无排他性等特点，明文的共享易造成数据隐私泄露甚至滥用。随着国家陆续出台了《中华人民共和国个人信息保护法》《中华人民共和国数据安全法》文件，也对反欺诈数据共享提出了更高的安全要求。如何通过技术手段达成安全的数据开放和共享，实现欺诈犯罪的防控和精准打击成为反欺诈业务的关键因素，这也是金融科技一直关注的话题。

由此，在符合法律要求的大背景下，催生出了金融业和电信业依托隐私计算的密码技术，实现各自行业内的欺诈风险信息共享、构建高效的联合反电信网络欺诈体系的需求。本例是解决此类需求的隐私计算技术方案，主要使用的隐私计算密码技术为同态加密（HE）和秘密共享（SS）。

5.2.2　业务痛点

电信反欺诈数据共享有利于保护公民财产和维护社会稳定，目前相关数据分散在公安部门、银行和通信运营商等机构，出于对数据保护的考虑，各方主观上不愿意共享数据，从而造成了"数据孤岛"和"数据烟囱"现象；部分反欺诈数据具有一定的敏感性，涉及用户个人隐私，数据共享可能存在法律风险，客观上给各单位共享反欺诈数据带来了障碍，从而降低了各方协同能力，导致反欺诈工作不能形成合力，效率低下。

1. 场景 I："两卡"风险用户实时排查

2020 年，国务院打击治理电信网络新型违法犯罪联席会议召开，在全国范围内组织开展以打击、治理、惩戒非法开办贩卖手机卡、银行卡等"两卡"违法犯罪团伙为主要内容的"断卡"行动。《中华人民共和国反电信网络诈骗法》（以下简称《反电信网络诈骗法》）中的"金融治理"章节也明确要求开立银行账户、支付账户不得超过有关规定的数量。

在此背景下，公安机关、金融监管单位、电信监管单位一起分析涉案"两卡"信息，挖掘其中潜在的数据特征，构建预警模型，如表 5-1 和表 5-2 所示。

表 5-1 金融机构端账户预警模型

风险特征	判定标准	风险等级
特征 1	异常开户特征值≥阈值 1	高
	阈值 2≤异常开户特征值≤阈值 3	中

表 5-2 运营商端个人手机号码预警模型

风险特征	判定标准	风险等级
特征 2	异常开号特征值≥阈值 3	高
	异常开号特征值≤阈值 4	中

金融监管单位组织辖内金融机构对异常开立银号账户的风险进行排查，电信监管单位组织辖内运营商对异常开立手机卡的风险进行排查。

在性能要求方面，查询发起方为金融机构端（运营商端），当用户有办理相关业务的行为时，就对该用户进行实时的多方风险排查，并将风险结果反馈给查询方，对于高风险用户，可按照《反电信网络诈骗法》要求延长办理期限或者拒绝开户。

在安全性方面，对于各家银行（运营商）来说，用户的开卡（号）信息都是隐私数据。因此，在多方联合排查高风险人员时需要保护各家银行（运营商）开卡（号）的相关情况。

2. 场景 II：金融电信网络诈骗风险联合筛查

经过场景 I 的操作后，假设各个监管单位在排查过程中积累了一定的风险名单，各监管单位再结合自身积累的一些其他数据，通过密码技术，在保护各方数据安全的前提下进行统计、建模，达到电信网络诈骗风险联合筛查的目的。

（1）跨监管单位的反洗钱风险模型联合预测。

如图 5-3 所示，金融监管单位和电信监管单位联合训练反洗钱风险预测模型。具体地说，根据涉诈场景具有固定交易金额（或为固定金额的倍数）、固定时间点（特别是夜间）高频交易、跨省交易等特点，两端对提供的字段数据进行清洗和处理，从中选择 IV（Information Value，简写为 IV）高、相关性低的特征维度训练反洗钱 XGboost 模型，提高模型识别潜在洗钱主体的能力。

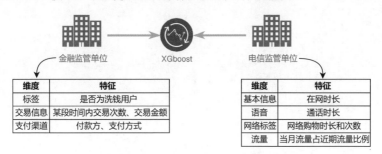

图 5-3　跨监管单位的反洗钱风险模型联合预测

（2）跨监管单位电信诈骗名单筛查。

在本场景中，由公安机关牵头金融子监管域和电信子监管域，根据场景I中"两卡"风险用户的排查结果，并结合公安机关自有的涉赌涉诈信息，甄别出用户名单，用于帮助一线干警侦破电信诈骗案件。

公安机关根据办案经验及金融机构和运营商的排查结果，处理得到涉嫌电信诈骗的用户画像。

此场景需要公安机关、金融机构和运营商跨领域协作。由于所用数据涉及用户隐私，公安机关、金融机构和运营商需保证各自的数据在整个计算过程中不泄露给其他计算参与方。

5.2.3　解决方案

1. 系统的架构设计

不同业务实行分区域监管，各监管单位之间再进行联合，如金融监管单位、电信监管单位与公安机关开展联合监管，系统架构如图 5-4 所示。

- 子监管域：由金融监管单位组织多家金融机构组成金融子监管域，电信监管单位组织运营商组成通信子监管域。
- 核心监管域：由公安机关、金融监管单位、电信监管单位等组成。

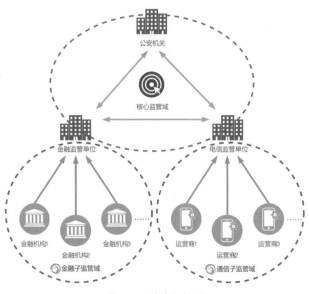

图 5-4　系统架构图

2. 场景Ⅰ

场景Ⅰ（见图 5-5）主要在子监管域中开展，当金融机构端（运营商端）有用户开展相关业务时发起查询，将查询的用户 ID 发送给对应监管域的监管单位，由监管单位组织监管域内的多个机构对该用户进行实时、多方风险排查，并将最终风险结果反馈给查询方，同时自己留存一份风险名单。

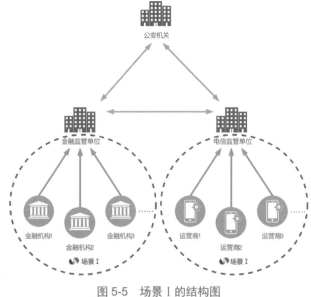

图 5-5　场景Ⅰ的结构图

场景 I 的业务流程（见图 5-6）描述如下。

A 为监管方，$B_1, B_2, \cdots, B_n$ 为被监管方，也是数据提供方。

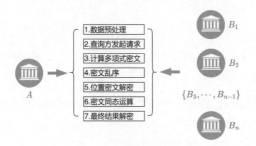

图 5-6 场景 I 的业务流程

A 方的本地数据为待查询的 ID 列表，如表 5-3 所示。

表 5-3 A 方本地数据

查询方 A
ID
1100011
1100012
1100078
1110000

数据提供方 $B_1, B_2, \cdots, B_n$ 拥有本地用户信息的具体数量，如表 5-4 所示。

表 5-4 数据提供方提供用户信息

数据提供方 B_1			数据提供方 B_n	
ID	N_{card}		ID	N_{card}
1100012	10		1100014	1
1100014	7	……	1110000	12
1100078	1			
1100100	1			
1100120	3			

步骤 1：查询方 A 发起查询。查询方 A 通过同态加密算法生成公/私钥的密钥对，使用公钥加密每条待查询的 ID 生成密文，并将密文和公钥发送给每个数据提供方 $B_1, B_2, \cdots, B_n$。

步骤 2：数据提供方计算多项式密文。数据提供方 $B_1, B_2, \cdots, B_n$ 利用构造的多项式和查询方 A 发来的密文和公钥，计算所有多项式的密文结果，并发送给数据提供方 B_2。

步骤 3：密文乱序。数据提供方 B_2 将收到的所有密文结果打乱顺序，一部分发送给查询方 A（多项式 1 的密文计算结果集合），另一部分发送给数据提供方 B_1（多项式 2 的密文计算结果集合）。

步骤 4：查询方 A 解密得到查询结果的位置指标。查询方 A 对数据提供方 B_2 发来的密文计算结果集合进行解密，提取出值为 0 的密文对应的位置指标，并将位置指标发送给数据提供方 B_1。

步骤 5：提取查询结果的密文并进行同态运算。数据提供方 B_1 对查询方 A 发来的位置指标，提取出数据提供方 B_2 发送来的对应位置的密文集合，并进行密文的加法运算后将计算的新密文发送给查询方 A。

步骤 6：查询方 A 解密得到所求结果。查询方 A 将数据提供方 B_1 发来的密文进行解密，得到所求结果。

3. 场景 II

如图 5-7 所示，场景 II 在核心监管域中开展，经过场景 I 的操作后，各个监管单位在排查过程中积累了一定的风险名单，各监管单位再结合自身积累的一些其他数据，通过密码技术，在保护各方数据安全的前提下进行建模、统计，以达到风险联合筛查的目的。

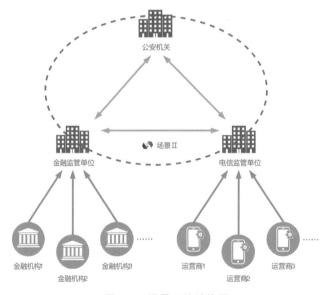

图 5-7　场景 II 的结构图

1）跨监管单位的反洗钱风险模型联合预测

在核心监管域中，构建跨监管单位的安全反洗钱模型并进行训练与预测，该场景融合多方数据训练纵向 XGboost 反洗钱模型来提升模型的效果，其主要流程如图 5-8 所示。

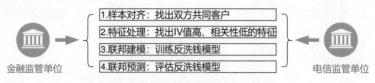

图 5-8　风险模型联合预测业务流程

步骤 1：通过隐私求交（PSI）技术找到双方共同的客户。

步骤 2：对各自的数据进行处理，挑选 IV 高、相关性低的特征作为模型参数。

步骤 3：使用选定的特征进行模型训练（需要根据模型效果选择不同的特征多次建模）。

步骤 4：评估模型效果，识别洗钱主体。在这个过程中，监管单位的数据均不离开本地。

2）跨监管单位的电信诈骗名单筛查

在核心监管域中，公安机关可基于各个监管单位的风险名单和公安涉赌涉诈名单，结合其电信诈骗用户画像，生成涉嫌电信诈骗的用户名单。

此场景由于涉及两个以上参与方，且要在隐私计算平台进行通用计算，需要引入基于秘密共享算法的计算协议，以便能够进行多方数据的加法、乘法、比较等隐私计算。此场景的业务流程如图 5-9 所示。

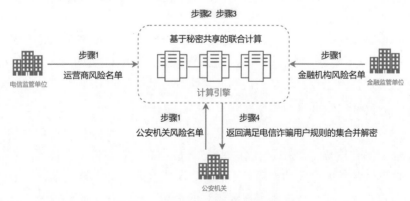

图 5-9　电信诈骗名单筛查业务流程

在图 5-9 中，隐私计算平台是分布式的，即计算模块部署在各个机构节点。涉嫌电信诈骗风险名单的主要生成过程如下。

步骤 1：监管单位将风险名单加密后上传到基于秘密共享计算协议的隐私计算平台。

步骤 2：在密文上计算出三方风险名单的并集和其对应的风险等级，同时判断该并集是否在公安系统的风险名单中。

步骤 3：在密文上计算出三方风险名单的并集数据中涉嫌电信诈骗的风险名单。

步骤 4：将计算结果返回给公安机关，并且保证在整个计算过程中的原始数据和中间计算结果不被其他参与方知晓。

5.3　隐匿查询在黑名单共享中的应用

5.3.1　业务背景

近年来，数据的充分挖掘和有效利用优化了资源配置和使用效率，改变了人们生产、生活和消费的模式，提高了全要素生产率，推动了诸多重大而深刻的变革，对经济发展、社会生活和国家治理产生了越来越重要的作用。数据日益成为重要的战略资源和新生产要素。

因此，对于数据的使用和治理越来越被金融机构所看重。然而由于多数金融机构将数据作为战略性资源，主观上不愿共享；金融数据具有一定的敏感性，可能涉及用户个人隐私、商业秘密甚至国家安全等，还可能涉及部分数据主体不同意公开的个人隐私数据，且《中华人民共和国民法典》（以下简称《民法典》）、《中华人民共和国数据安全法》（以下简称《数据安全法》）、《中华人民共和国个人信息保护法》（以下简称《个人信息保护法》）等法律法规对数据的合规监管日趋严格，这些因素制约了数据要素的流通共享，导致数据资产相互割裂、自成体系，严重阻碍了数据核心价值的挖掘。

2020 年，政府工作报告提出"大型商业银行普惠型小微企业贷款增速要高于40%"，但是普惠金融领域由于具有风险大、成本高、收益低 3 大特征，金融机构在推进普惠金融发展方面动力明显不足。以数字技术、大数据技术、人工智能技术、分布式技术、安全技术等为重要工具的金融科技，在降低金融服务的成本、扩大金融服务的覆盖面和深化金融服务的渗透率 3 个方面具有显著优势，通过与普惠金融的深度融合，有利于推动普惠金融的发展。

普惠金融是政府引导、市场化运作、商业或财务可持续的金融，是借贷双方、投融资双方互信、互助、合作、共赢的大众性、普遍性金融。其目的是为所有有劳动能力和生产能力、有获得金融服务愿望、信誉良好的小微经济体提供方便、快捷、公平且价格合理的金融服务。

因此，主要针对中小微企业的融资对接管理平台建设就显得十分有必要，融资对接管理平台可直接连通商业银行与企业的相关金融业务，为商业银行提供待访企业列表及相关辅助信息，帮助银行快速且便捷地筛选企业、联系企业和走访企业，对商业银行走访企业的情况及贷款发放情况进行统计监测，并将监测结果录入系统。融资对接管理平台还能通过智能推送等方式提升对企业的触达效果，引导企业进行融资需求填报及产品查询，并梳理形成各类企业名录，建立相关档案。融资对接管理平台作为企业线上融资服务体系的重要组成部分，使得金融管理部门能够组织银行批量走访企业、下沉服务重心，将企业的融资需求和银行的金融服务对接起来。

传统的融资对接管理平台如图 5-10 所示，金融管理部门联合区域主管部门在收集到企业的具体贷款需求后，经过人工初审导入到融资对接管理平台中，系统分配任务至相应的业务银行，业务银行分析具体业务对应的额度、属地等特性，并分配至具体的网点，由业务银行具体的网点与具体的企业进行对接，实地走访，最终促成贷款的发放。

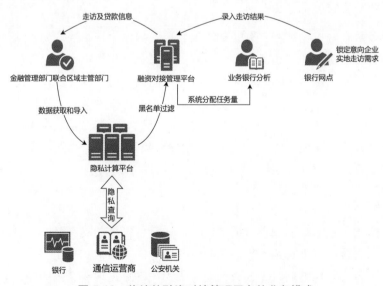

图 5-10　传统的融资对接管理平台的业务模式

5.3.2 业务痛点

目前，融资对接管理平台的问题在大多数行业/企业中普遍存在，主要表现为以下几点。

1）数据孤岛弊端凸显

数据孤岛是指不同组织机构、企业和行业之间的相同数据无法连接互动。数据孤岛让企业完整的业务链上孤岛林立，数据之间缺乏关联性，数据库彼此无法兼容，使得很多企业及组织虽然收集和存储了大量的业务数据，却无法应用这些数据来做运营及战略决策。想要让数据产生真正的价值，加强数据关联、消除数据孤岛是必要手段。

2）数据质量参差不齐

为了以最快速度优先满足业务的使用需求，数据质量往往是被忽视的一环。随着业务的深入和扩张，数据呈指数级增长，数据质量问题越来越突出，容易出现数据混乱和缺失、维度缺失、统计不准确等数据质量问题，这往往会带来低效率的数据开发和不准确的数据分析，最终导致错误的业务决策。

3）信任不足，防控风险激增

中国人民银行在 2022 年年初发布的《金融科技发展规划（2022—2025 年）》中明确提到了"金融业数字化转型更深化""数据要素潜能释放更充分""金融服务提质增效更显著""金融科技治理体系更健全""关键核心技术应用更深化""数字基础设施建设更先进"等发展目标。

目前多数金融机构都将自有的欺诈黑名单数据作为战略性资源，认为拥有该数据就拥有客户资源和市场竞争力，主观上不愿意共享数据；部分数据具有一定的敏感性，涉及用户个人隐私、商业秘密，数据共享可能存在法律风险，客观上给机构之间共享数据带来了障碍；由于各机构数据接口不统一，不同机构的数据难以互联互通，严重阻碍了数据开放和共享，导致数据资产相互割裂、自成体系，无法快速构建互信联盟。因此，无法有效地控制欺诈风险，而过于保守的放贷策略又影响放贷规模和业务增长。

5.3.3 解决方案

综上所述，黑名单为非官方征信数据，属于各机构的私有财产，且涉及用户隐私，无法直接以明文形式共享。同时，业务方的查询信息也属于隐私，如何在有效地保护各方隐私的同时完成查询业务成为关键。在现有传统的融资对接过程中，各方都存在一定的业务痛点问题。因此，可通过探索隐私保护计算技术的创新性应用，在保护好各方自有的黑名单数据的同时，利用好各方经业务沉淀验证过的黑名单数据价值，实现黑名单数据安全且合规的共享，在域内实现数据价值流通，缓解各方业务痛点。

1）技术方案分析

从场景需求上说，黑名单共享问题本质上是基于隐私计算的隐私传输和隐私查询问题，涉及的隐私计算技术问题相对比较简单，利用基于不经意传输协议的隐私信息检索协议实现黑名单查询功能。数据流转的整个过程以及所使用的密码算法这两方面都能保证数据的安全性，做到在保护数据提供方、业务发起方隐私的前提下，完成查询任务。

2）主要技术方案

设置中心控制节点，可对参与到隐私计算的所有节点进行管理和监控，同时其在功能上也可作为一个计算节点，向其他参与方发起隐私查询的任务，其他参与方作为每个参与黑名单共享的机构，将本地数据进行加密后参与到隐私查询任务中。不经意传输是密码学的一个基础协议，它支持以选择模糊化的方式传送消息，从而保护发送者和接受者的隐私。具体方法如下：

OT 协议是构造安全计算协议的一个非常重要的基础密码学原语，通常基于非对称加密算法。OT 协议最早是由 Rabin 在 1981 年提出的，并使用 RSA 公钥算法构造，发送方持有一条私密消息 s，在与接收方执行协议后，实现的效果为接收方以 1/2 的概率获取到消息 s，在此过程中接收方能够确认是否成功获取了消息 s，而发送方无法确定接收方是否成功获取到 s（具体原理见 3.4 节的介绍），如图 5-11 所示。

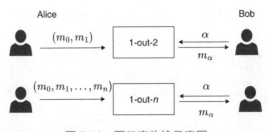

图 5-11　不经意传输示意图

基于 OT 协议实现匿踪查询的算法流程如下：

如图 5-12 所示，将一个 ID 和 n 个 ID 进行匿踪查询的内容简化为一个简单的问题。双方各自拥有单个 ID（如企业通信信用编码），在不暴露原始 ID 的前提下，仅判断这两个 ID 是否相等。

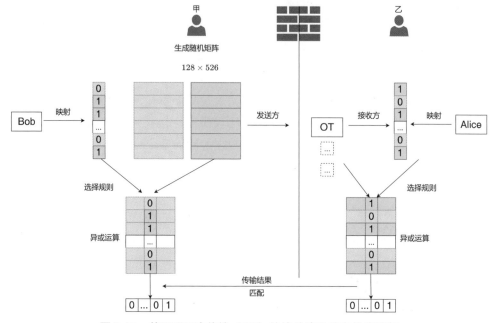

图 5-12　基于不经意传输（OT）协议的隐私信息检索流程

具体步骤见 4.1 节的介绍。在整个过程中，甲乙双方的数据不出库，而且加密利用的矩阵为一次性数据，无法反推出原始数据，在保证数据安全的前提下完成隐私信息检索。

针对以上具体的技术方案，这里以融资对接业务为例，给定预期的参与方黑名单数据及其格式。在基于隐私计算的融资对接管理方案中，数据格式、黑名单的定义等还需由各参与方自行商定。

①数据格式。参与黑名单共享的机构可约定黑名单的字段，如表 5-5 所示。

表 5-5　约定的黑名单字段

字段	说明
企业统一信用代码	作为匹配项
名单类型	作为业务参考

②数据定义。根据隐私计算平台的规则，对数据提供方（银行、运营商及公安机关）的数据进行定义，以保证数据质量，具体如图 5-13 所示。所有数据方提供的数据必须全部满足图中的 3 种规则，才能被认定为黑名单数据。

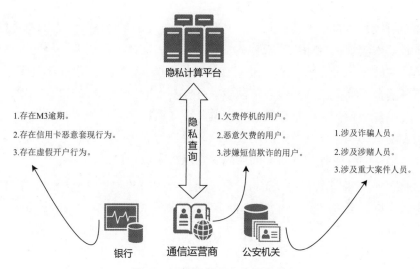

1.存在M3逾期。

2.存在信用卡恶意套现行为。

3.存在虚假开户行为。

隐私计算平台

隐私查询

1.欠费停机的用户。

2.恶意欠费的用户。

3.涉嫌短信欺诈的用户。

1.涉及诈骗人员。

2.涉及涉赌人员。

3.涉及重大案件人员。

银行　　　通信运营商　　公安机关

图 5-13　数据提供方的数据定义

根据以上数据定义、数据格式以及黑名单的评判标准可知，目前各外部机构（银行、通信运营商和公安机关）的数据量级一般不大，且融资对接业务对实时性、通信等性能要求不高。因此，基于隐私计算的融资对接管理平台能保证数据在域内安全地实现数据价值的流通，在缓解各方业务痛点的同时还能满足业务的基本需求。

5.4　隐私求交在合格投资者认证中的应用

5.4.1　业务背景

随着金融证券市场的日渐火热，越来越多的人开始投资金融证券市场。然而，进入金融证券市场投资最主要的一步是要进行合格投资者（Accredited Investor）的认定工作，即自身条件符合金融管理部门的标准。"合格投资者"这一名词最早出现在美国，联邦政府颁布的《美国 1933 年证券法》规定，任何发行人在退出市场时都必须在证券交易委员会注册，并将已发行证券转卖给合格投资者。我国私募基金立法于 2015 年修订的《中华人民共和国证券投资基金法》第八十七条界定了"合格投资者"的概念，指"达到规定资产规模或者收入水平，并且具备相应的风险识别能力和风险承担能力，其基金份额认购金额不低于规定限额的单位和个人"。

2014 年，中国证券监督管理委员会《私募投资基金监督管理暂行办法》（以下简称《监管暂行办法》）从第十一条到第十三条，规定了合格投资者的具体标准，包括 3 种基本类型：专业投资机构、发行内部人、高净值投资者。前两者体现在《监管暂行办法》第十三条第一款中，该条款将社会保障基金、企业年金等养老基金、慈善基金等社会公益基金，依法设立并在基金业协会备案的投资计划、投资于所管理私募基金的私募基金管理人及其从业人员视为天然的合格投资者，这主要是因为基于这些主体具备足够的投资管理经验或者具有获得充分信息的渠道，可以合理地认为其应当具备足够的风险识别能力来保护自己。

除此之外，《监管暂行办法》将符合一定资产规模与收入水平标准的单位和个人认定为合格投资者。针对单位合格投资者，要求单位净资产不得低于 1000 万元。针对个人合格投资者，要求：①资产规模：个人金融资产不低于 300 万元（金融资产包括银行存款、股票、债券、基金份额、资产管理计划、银行理财产品、信托计划、保险产品、期货权益等）；②收入水平：最近 3 年个人年均收入不低于 50 万元。

2018 年，中国人民银行、中国银行保险监督管理委员会、中国证券监督管理委员会、国家外汇管理局联合出台了《关于规范金融机构资产管理业务的指导意见》，（以下简称《资管新规》），其中又增加了对合格投资者标准的认定，主要为：

（一）具有 2 年以上投资经历，且满足以下条件之一：家庭金融净资产不低于 300 万元，家庭金融资产不低于 500 万元，或者近 3 年本人年均收入不低于 40 万元。

（二）最近 1 年末净资产不低于 1000 万元的法人单位。

（三）金融管理部门视为合格投资者的其他情形。合格投资者投资于单只固定收益类产品的金额不低于 30 万元，投资于单只混合类产品的金额不低于 40 万元，投资于单只权益类产品、单只商品及金融衍生品类产品的金额不低于 100 万元。

该规定进一步增加了对个人投资者具有 2 年以上投资经历、个人金融资产变更为家庭金融（净）资产，同时降低了个人的年收入，即为 40 万元。但根据该规定的第二条第三款"私募投资基金适用私募投资基金专门法律、行政法规，私募投资基金专门法律、行政法规中没有明确规定的适用本意见，创业投资基金、政府出资产业投资基金的相关规定另行制定。"就合格投资者的认定来看，因私募投资基金已有《监管暂行办法》进行了特殊规定，合格投资者的认定应仍沿用《监管暂行办法》的规定。

一般情况下，投资者需提供必要的资产证明文件或收入证明等材料来证明其符合合格投资者的条件。自然人普通投资者需要提供银行存款证明或其他符合条件的金融资产证明（有效期为签约时间前 20 个工作日内）或最近 3 年个人年均收入不低于 40 万元的收入证明。其中，金融资产证明主要就是存款和股债基等各种金融投资产品的证明，各项证明文件任选其一即可。收入证明主要就是工资（银行工资流水或单位开具的收入证明）、纳税证明，各项证明文件任选一个即可。机构普通投资者需提供认购时机构客户上一年度审计报告或上半年度资产负债表（净资产不低于 1000 万元）加盖公章，及财务表中真实性承诺函加盖公章等证明材料。除普通投资者认证外，还有专业投资者认证同样也需提供资产证明文件，其形式更加烦琐，本书在此将不再赘述专业投资者需提供的材料，感兴趣的读者可自行查阅。

投资者具备对应的资产条件后，需开具对应的资产明细。具体而言，就是需要投资者在金融机构开具存款证明（包括国有银行、私有银行，以及其他资金存储金融机构）。如果是定期，投资者可直接开具资产证明；如果是活期，由于银行之间数据不互通，为了防止资产持有人利用同一笔钱在多家金融机构或者商业银行存活期进行资产额度套额。因此，金融机构往往要求资产持有者将活期资产转为定期 6 个月，再开具存款证明。随后将所有的存款证明拍照上传至相关投资者认证系统审核。若总资产符合合格投资者认证的相关要求，则系统认定资产持有者为合格投资者，反之则不能认定为合格投资者。

5.4.2　业务痛点

1. 流程烦琐，效率低

目前，在现有的合格投资者认证方法中，需要投资者往返多家金融机构提供身份证明以开具资产证明，但在此过程中存在投资者向多家金融机构重复提供证明材料等烦琐的流程，进而可能导致投资者的投资信心不足、投资环境恶化等一系列问题。

2. 隐私泄露风险激增

投资者多次重复提交证明材料等隐私信息，容易引发一系列个人信息安全问题。就金融机构而言，收集投资者个人信息是出于管理的需要，然而一些机构在管理制度层面存在漏洞，加上相关工作人员履职不力，导致不规范存储、随意共享等问题时有发生，进而导致个人信息等隐私泄露风险激增。

5.4.3　解决方案

综上所述，在现有传统的合格投资者认证方案中，各方都存在一定的业务痛点问题。因此，可通过探索隐私保护计算技术的创新性应用，在保护好投资者隐私数据的同时，避免烦琐的流程，提高认证效率，缓解各方业务痛点问题。

1. 技术方案分析

从场景需求上说，合格投资者认证问题本质上是基于隐私计算的隐私传输与隐私求交问题，涉及的隐私计算技术问题相对比较简单，利用基于不经意传输协议的隐私求交技术实现合格投资者认证功能。数据流转的整个过程和所使用的密码算法这两方面都能保证数据的安全性，做到在保护数据提供方、业务发起方隐私的前提下，完成合格投资者认证任务。

2. 主要技术方案

设置中心控制节点，可对参与隐私计算的所有节点进行管理和监控；同时其在功能上也可作为一个计算节点，其他金融机构作为参与方，利用隐私求交技术来协同计算投资者的资产。具体方案介绍如下。

1）基于不经意传输的隐私集合求交的算法

基于不经意传输的隐私集合求交算法如下。

（1）双方共同运行不经意伪随机函数协议构造函数 $F_{s,q_i}(\cdot)$。

（2）双方分别输入本地数据集合 X 和 Y。

（3）交集接收方将 $F_{s,q_i}(X)$ 与 $F_{s,q_i}(Y)$ 一一进行比较，得到交集集合。

隐私集合求交协议的示意图如图 5-14 所示。

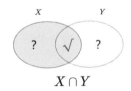

图 5-14　隐私集合求交协议示意图

2）隐私集合求交协议的原理

下面以步骤形式介绍隐私集合求交协议的原理。

步骤 1：Bob 为每一个没有被映射到储藏室的 $y \in Y$ 的项目跟踪一个哈希索引 $z \in \{1,2,3\}$。例如，如果 Bob 的 Cuckoo 散列将 y 映射到 bin $\#h_2y$，那么 Bob 将 $z=2$ 与 y 联系起来。如果 y 被两个哈希函数 $\#h_i y = \#h_2 y$ 映射到 bin，那么 Bob 可以任意选择 $z=1$ 或 $z=2$。

步骤 2：在前 $1.2n$ 个 OPRF 实例中，Bob 使用输入的 $y \| z$。对于与储藏室相关的 OPRF 实例，他不需要附加索引 z。总结起来，如果 Bob 将项目映射到储藏室中的位置 j，那么他就会学到 $F(k_{1.2n+j}, y)$。如果他没有将 y 映射到储藏室，那么他就会学到 $F(k_{h_z(x)}, y \| z)$。

步骤 3：Alice 计算出以下集合：

$$H_i = \{F(k_{h_i(x)}, x \| i) \mid x \in X\}, i \in \{1, 2, 3\}$$

$$S_j = \{F(k_{1.2n+j}, x) \mid x \in X\}, j \in \{1, \cdots, s\}$$

步骤 4：Alice 随机将每个 H_i 和每个 S_j 的内容进行置换，并将其发送给 Bob。对于 Bob 的每个项目 y，如果 y 没有被映射到储藏室，那么 Bob 就可以判断 $F(k_{h_z(y)}, y \| z) \in H_z$ 是否正确，对于相关的哈希索引 z，如果他的布谷鸟散列将项目 y 映射到储藏室的位置 j，那么他就可以判断 $F(k_{1.2n+i}, y) \in S_j$ 是否正确。

步骤 5：将哈希索引 z 附加到 OPRF 输入的原因如下。

假设 $h_1(x) = h_2(x) = i$（说明是因为存在一定的概率，使得 $h_1(x) = h_2(x) = i$），由于 h_1 和 h_2 的输出范围很小，即为 $[1.2n]$，如果不加 z，H_1 和 H_2 都会包含相同的值 $F(k_i, z)$。这将泄露 $h_1(x) = h_2(x)$ 这个事实。这样的事件取决于输入，所以无法模拟。

3）隐私集合求交协议的工作流程

针对合格投资者认证的隐私集合求交协议的工作流程如图 5-15 所示。

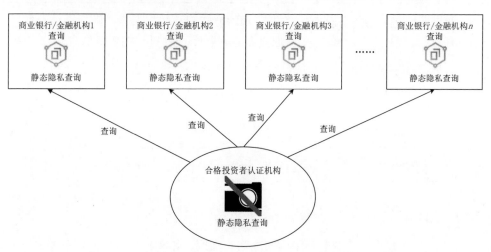

图 5-15　隐私集合求交协议的工作流程

步骤 1：对所查待认证投资者，每个查询金融机构作为参与方配置一个查询业务算子，对齐身份证号码用于隐私求交任务。

步骤 2：若金融机构的查询结果为空，则说明待认证投资者在该金融机构中没有存款业务，反之则为金融机构现有存款客户。合格投资者认证机构汇总非空集合数据，用于研判所查待认证投资者是否是合格投资者。

针对以上具体的技术方案，下面以合格投资者认证业务为例，给定预期的参与方数据要求及对齐列。在实际应用中，基于隐私计算的合格投资者认证方案，其数据格式等还需由各参与方自行商定。

①数据格式。参与投资者资产信息查询的机构可约定相关字段，如表 5-6 所示。

表 5-6　查询字段

参与方	数据要求
合格投资者认证机构	查询 ID 列表 $S = \{s_1, s_2, \cdots, s_m\}$
金融机构	待查询 ID 列表 $C = \{c_1, c_2, \cdots, c_m\}$

②数据要求。参与投资者资产信息查询的机构可约定数据相关要求，如表 5-7 所示。

表 5-7　数据要求

参与方	数据要求	对齐列
合格投资者认证机构	需查询用户的资产信息	身份证号码
各大金融机构	已有的所有用户的资产信息	身份证号码

通过明确参与方数据格式、数据要求的方式提高数据质量，随后通过获取双方共有 ID 集合 $\{s_i\} = S \cap C$，来获取投资者在各个金融机构的资产信息。

此外，合格投资者认证业务对实时性、通信等性能要求不高。因此，基于隐私计算的合格投资者认证方法能有效地缩短投资者的认证周期，增强投资者的投资信心。

5.5　隐私求和在小微企业贷前风险识别中的应用

5.5.1　业务背景

目前，"普惠金融"提升到了国家战略新高度，各家商业银行也越来越重视中小微企业的信贷业务发展。"普惠金融"旨在为有金融服务需求的社会各阶层的群体提供适当、有效的金融服务，小微企业是重点服务对象。

由于小微企业存在资本规模小、生产技术水平落后、产品结构单一、财务制度不健全、内部控制不完善、信息不透明、抵御风险能力较差等特点。因此，如何满足提高其融资需求，同时有效地控制融资风险，就成了商业银行需要长期面对的问题。

5.5.2　业务痛点

"普惠金融"的信贷风险主要来源之一是信用风险，小微企业大多没有合格抵质押品，需要采用风险更高的信用贷款模式。由于小微企业天然存在企业与家庭资金界限模糊、财务管理不规范、披露信息少的问题，加上之前征信体系不够健全，失信信息收集未必全面，且失信惩罚机制不够完善，失信成本较低。因此，容易产生信用风险。

控制风险的有效手段之一是做好贷前风险识别，在贷前审批阶段，例如，多头借贷信息可用来筛选风险客户。多头借贷，即单个借款人向两家或者以上的金融机构提出借贷需求的行为，因为单个借款人的偿还能力有限，这里就存在一定的信贷风险。有数据调查显示，多头借贷用户的信贷逾期风险是普通客户的 3~4 倍，用户每多向一家机构申请贷款，其违约概率就上升 20%。借贷信息在多方数据源中，由于个人隐私保护或商业银行之间的业务竞争，导致直接共享申请者的信息有法律和业务风险。

利用隐私计算可以从多方查得申请者的借贷信息进行综合研判，同时不可定位数据的具体来源既满足了业务需求，又保护了个人隐私。例如，判断某人在过去 30 天内在参与银行的申请贷款次数是否超过 2 次，总开户数是否大于 5 个，预留不同电话数量是否大于 3 个。

针对这样的问题和场景，可使用隐私计算的多方隐私求和协议来解决。目前在工程落地上，两方、三方的协议相对更成熟，但多方（当 $N>3$ 时）的场景协议较少，且存在效率不高、工程落地难度大的问题。

5.5.3　解决方案

本例需要解决的问题是在不暴露各家银行用户办卡、贷款记录（包括不暴露给风控中心）的前提下，完成多家银行的用户办卡数、申请贷款记录的多方求和，以便每家银行筛选出在本银行的潜在风险用户进行重点关注。技术方案将两方隐私求和协议安全、高效地扩展到多方（ $N>3$ ）隐私求和的方法，在保障参与方本地数据隐私的前提下，完成多方求和，适用于当前多头借贷风险识别的场景。

本方案由风控中心和对接的各家银行组成，如图 5-16 所示。其中：

- 风控中心：即控制中心，进行流程调度、校验和最终结果汇总。
- 银行 Y_1、银行 Y_2、银行 Y_3、……、银行 $Y_n(n>3)$：即计算节点，保存 30 天内本行所有的办卡、申请贷款记录，并且根据同一用户 ID 进行汇总。
- 贷前风控模型：判断过去 30 天内申请贷款次数是否超过 2 次，总开户数是否大于 5 个，预留不同电话数量是否大于 3 个。

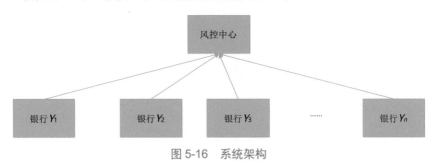

图 5-16　系统架构

针对具体的技术方案，下面首先介绍单一值的多方隐私求和的流程，包括具体的计算过程和安全性的保证，然后介绍在单一值的多方隐私求和的基础上扩展为数值集的多方隐私求和，并将数值集的多方隐私求和方案应用到当前的案例中。

1. 单一值的多方隐私求和

单一值的多方隐私求和可理解为控制节点为 X ，计算节点为 $Y_1, Y_2, Y_3, \cdots,$ $Y_n(n>3)$，对于同一用户（ID），每个接入节点有数值 $M_i(M_1, M_2, M_3, \cdots, M_n)$，流程结束后需要计算出各节点数值的加总 M （其中 $M = \sum_{i=1}^{n} M_i$），以及两方隐私求和协议 $P(D_1, D_2)$（该协议有两方参与，通过密码学的方式保证在不暴露两方各自拥有的数据 D_1、D_2 的前提下完成求和，协议指定的一方得到加总结果）。技术方案分为数据准备、分组调度、分组计算和上报汇总 4 个阶段，具体的流程如下。

步骤 1：数据准备阶段。每个计算节点将对应的值 M_i 进行随机拆分，拆分为 M_{i1} 和 M_{i2} 两块，满足 $M_i = M_{i1} + M_{i2}$。

步骤 2：分组调度阶段。调度中心随机配对分组，共得到不重复的 n 对分组，并确保每个节点在两对分组中，每组选出一个上报节点，每个接入点仅能担任一个组的上报节点。设 $i=1,2,3,\cdots,n$，配对得到分组 $G_i(Y_j, Y_k)(j,k \in [1,n])$，上报节点为 Y_j，各自拥有对应值 M_j 和 M_k 的拆分数据块 (M_{j1}, M_{j2}) 和 (M_{k1}, M_{k2})。

步骤 3：分组计算阶段。每对分组 $G_i(Y_j, Y_k)(j,k \in [1,n])$ 执行两方隐私求和协议 $P(M_{j1}, M_{k2})$，上报节点得到计算结果 $M_{j1} + M_{k2}$。

步骤 4：上报汇总阶段。每对分组的上报节点将数据块求和的结果发送给控制节点，控制节点在得到所有分组的数据块求和结果后进行最终加总，得到 M。

将单一值的多方隐私求和方案应用到当前的场景里：风控中心为 X，如果要计算某用户在接入的 n 家银行过去 30 天内办卡的总和，n 家银行分别对应 Y_1, Y_2，$Y_3, \cdots, Y_n (n > 3)$，假定每家银行都有该用户的办卡数目 $M_i (M_1, M_2, M_3, \cdots, M_n)$，则计算步骤如图 5-17 所示。

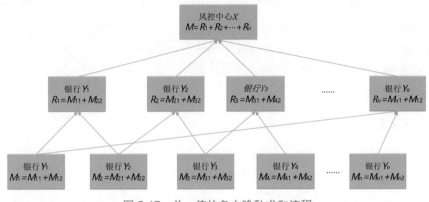

图 5-17　单一值的多方隐私求和流程

步骤 1：数据准备。每家银行 Y_i 将对应的值 M_i 进行随机拆分，拆分为 M_{i1} 和 M_{i2} 两块，满足 $M_i = M_{i1} + M_{i2}$，得到：$Y_1(M_{11}, M_{12}), Y_2(M_{21}, M_{22}), Y_3(M_{31}, M_{32})$，$\cdots, Y_n(M_{n1}, M_{n2})$。

步骤 2：分组调度。风控中心随机配对分组，共得到不重复的 n 对分组，并确保每个节点在两对分组中分别选出一个上报节点，每个接入点仅能担任一个组的上报节点，假设按照 $G_1(Y_1, Y_2), G_2(Y_2, Y_3), G_3(Y_3, Y_4), \cdots, G_{n-1}(Y_{n-1}, Y_n), G_n(Y_n, Y_1)$ 进行分组（其中 G_1 的上报节点为 Y_1，G_2 的上报节点为 Y_2，以此类推）。

步骤 3：分组计算。每对分组 G_i 执行两方隐私求和协议 P，上报节点得到计算结果，例如，$G_1(Y_1, Y_2)$ 计算 $R_1 = P(M_{11}, M_{22})$，并由 Y_1 得到计算结果 R_1，以此类推。

步骤 4：上报汇总。每对分组 G_i 的上报节点将数据块求和的结果 R_i 发送给控制节点 X，控制节点在得到所有分组的数据块求和结果后，再进行最终加总，得到 $M = R_1 + R_2 + \cdots + R_n = (M_{11} + M_{22}) + (M_{21} + M_{32}) + \cdots + (M_{n1} + M_{12})$。

不难看出：

$$M = M_{11} + M_{12} + M_{21} + M_{22} + \cdots + M_{n1} + M_{n2}$$

该技术方案的安全性在于，底层在进行碎片加和时使用的是安全两方协议，保证了两个节点求和过程的安全，两方在求得中间计算结果的过程中没有泄露隐私的风险；两方求得的只是各自碎片数据的加总，只能反推出对方的碎片数据，无法得知对方的原始数据。

分组和上报节点选择的方式，以及中间结果只能由上报节点获得，使得该系统抗合谋，例如，即使两方来合谋（合谋方仅提供计算小组另一半的碎片值），也只能得到一些碎片值，无法求得节点的原始数据。即使在底层碎片求和的 n 条结果均暴露，得到 n 条方程，$2n$ 个未知数，对于每个节点来说，共有 $2n-3$ 个未知数（假定半诚实模型下，上报节点反推了对端的碎片数据），其中，$2n-3>n$，即 $n>3$ 的情况下方程没有确定解，符合场景的应用条件，所以各节点 Y_i 的具体数值 M_i 也没有被泄露。

2. 数值集的多方隐私求和计算流程

数值集是指计算节点拥有多对键值（数值）的集合，不同节点的数值集的键值可能有交集，也可能没有，数值集的多方隐私求和是在单一值的隐私多方求和的基础上构建起来的。数值集的多方隐私求和可以理解为控制节点为 X，计算节点为 $Y_1, Y_2, Y_3, \cdots, Y_n$（其中 $n>3$），每个接入节点有多对键值 k（数值 v）的集合，不同节点的数值集的键值可能有交集，也可能没有。例如，Y_1 拥有数据集 $\{(k_1,v_1),(k_2,v_1)\}$，Y_2 拥有数据集 $\{(k_1,v_2),(k_2,v_2),(k_3,v_2)\}$，$\cdots\cdots$ Y_n 拥有数据集 $\{(k_1,v_n),(k_2,v_n),(k_j,v_n)\}$，最终需隐私求和得到所有键值对应的各节点的数值和，隐私保护的范围包括键值及其对应的数值。

在此技术方案中引入同态隐藏函数 E，该函数满足如下性质。

- 如果 x 和 y 不同，那么它们的加密函数值 $E(x)$ 和 $E(y)$ 也不相同。
- 给定 $E(x)$ 的值，很难反推 x。
- 给定 $E(x)$ 和 $E(y)$ 的值，可以很容易地计算出某些关于 x 和 y 的加密函数值，比如，可以通过 $E(x)$ 和 $E(y)$ 计算出 $E(x+y)$ 的值，即 $E(x+y)=E(x)+E(y)$。

将单一值的多方隐私求和使用如下步骤扩展为数值集的多方求和，具体的计算步骤如下。

步骤 1：所有的计算节点使用相同的方法（例如哈希），将数值集中的所有键值 k 单向映射到 $[0,K]$ 的整数域上，并将对应的数值 k 填到对应的位置上，得到一个 k 维向量，$Y_1, Y_2, Y_3, \cdots, Y_n$ 对应 $K_1, K_2, K_3, \cdots, K_n$。

步骤 2：计算节点 $Y_1, Y_2, Y_3, \cdots, Y_n$，并将各自的向量按照单一值的多方隐私求和的方式，随机拆分为两个向量 $(K_{11}, K_{12}), (K_{21}, K_{22}), (K_{31}, K_{32}), \cdots, (K_{n1}, K_{n2})$。

步骤 3：控制节点按照单一值的多方隐私求和的方式进行随机分组，每对分组商议出随机偏移量 ρ，使用随机偏移量将参与此分组求和计算的向量碎片进行偏移，并使用 E 对偏移后的每项值进行加密隐藏，将加密的数据块发送给控制中心用于后续的校验。

步骤 4：各分组和控制节点按照单一值的多方隐私求和的方式，对碎片向量中每个维度的值进行加和计算，并由上报节点将碎片向量的求和结果发送给控制节点。

步骤 5：汇总和校验。控制中心在加总求和之前，使用 E 对每项值进行校验，如图 5-18 所示，例如，在收到 Y_1 和 Y_2 分组的求和值 $K_{11} + K_{22}$ 后，使用 E 进行加密，计算 Y_1 和 Y_2 发送的加密后的偏移值，并求和后与前者进行比较，若相同，则通过校验；否则判断是否发生了数据篡改，调度该分组进行重新计算。

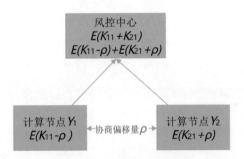

图 5-18　碎片完整性校验

将数值集的多方隐私求和方案应用到当前的场景里，构建了基于多方安全求和的贷前风险监控系统。每个银行节点存储过去 30 天内的用户 ID 和所办新卡的个数，并以 ID（办卡数）的形式来表示，例如：

银行 Y_1：$\mathrm{ID}_1(1), \mathrm{ID}_2(2), \mathrm{ID}_3(3)$

银行 Y_2：$\mathrm{ID}_2(1), \mathrm{ID}_3(2), \mathrm{ID}_4(3)$

银行 Y_3：$\mathrm{ID}_4(1), \mathrm{ID}_5(2), \mathrm{ID}_6(3)$

银行 Y_4：$\mathrm{ID}_6(1), \mathrm{ID}_7(2), \mathrm{ID}_8(3)$

最终希望求得 $\mathrm{ID}_1 \sim \mathrm{ID}_8$ 的每个用户的办卡总和：$\mathrm{ID}_1(1), \mathrm{ID}_2(3), \mathrm{ID}_3(5), \cdots, \mathrm{ID}_8(3)$，并且每家银行仅能得知自家银行满足风险模型的办卡用户。将上文介绍的多方隐私求和方法应用到案例中，具体的计算步骤如下。

步骤 1：每家银行使用同样的方法（例如哈希函数），将 30 天内有办卡记录的所有 ID 值单向映射到 $[0,K]$ 的整数域上。

步骤 2：每家银行将办卡数填到对应的维度上，得到一个 K 维的向量。

步骤 3：按照单一值的多方隐私求和的方法拆分 K 维向量，进行碎片的安全两方求和，每对分组商议出随机偏移量 ρ，使用随机偏移量将参与此分组求和计算的向量碎片进行偏移，并使用 E 对偏移后的每项值进行加密隐藏，将加密的数据块发送给风控中心用于后续的校验。

步骤 4：风控中心进行中间结果的校验、汇总，得到所有的 K 维向量，每个维度的办卡总数按照规则进行抽取，筛选出办卡总数在 30 天内超过 5 张的用户列表，得到风险人员列表。

步骤 5：风控中心将列表反向同步到所有的参与银行，因为步骤 1 为单向映射，且各家银行仅知道自家的办卡用户的 ID 和映射关系。因此，能够推断出本银行办卡且满足风险模型的用户。

以上步骤使用单向映射的方法将用户具体的 ID 进行了隐藏，各节点在收到规则筛选的列表之后，也仅能推断出本银行办卡且满足风险模型的用户；使用同态隐藏函数 E 在计算过程中做了完整性的校验，避免了计算过程中的篡改。

本例给出了一种将两方隐私求和的计算协议扩展到多方（多于三方）求和的方法，扩展了两方隐私求和计算协议的使用场景，扩展方法从各个角度保障了安全性，相较于一般的多方隐私求和的协议，本扩展方法使用两两配对分组的分布式计算方式，可以进行并行计算，从而提高了效率；分布式计算方式的容错性更高，例如，某分组出现故障无法完成运算，对最终结果不造成根本性的影响（控制节点在不收集全所有中间数块加总结果的条件下，仍然可以汇总并筛选符合条件的数值），且有利于校验和故障的定位。

5.6 基于 Web3 的电子健康记录安全共享

5.6.1 业务背景

在医疗领域，电子健康记录（Electronic Health Records，简写为 EHR）是重要的医疗信息资源，包括病人的个人信息、病历、病史、检查结果等。医生、患者和医院可以根据需要访问和共享这些信息，但是由于隐私和安全等问题，访问和共享是受限制的。现有的电子健康记录共享方案往往需要复杂的安全控制和权限管理，难以满足多方的需求。因此，需要一种更加高效和安全的方案。

5.6.2　业务痛点

当前电子健康记录的共享存在以下两个问题。

- 隐私泄露风险：电子健康记录包含敏感信息，例如，患者姓名、诊断结果等，如果没有足够的安全措施，共享可能导致隐私泄露。
- 访问和共享权限管理问题：当前的访问和共享权限管理往往比较复杂，需要考虑多方面的需求和安全控制，导致共享效率较低。

5.6.3　基础知识

1. 代理重加密

代理重加密是一种基于公钥密码的加密技术，它允许代理将一个公钥相关的密文转换到另一个公钥相关的密文，从而实现安全的数据共享。在这种技术中，代理无法了解原始消息的任何信息，因此保证了数据的机密性。为了实现代理重加密，代理必须拥有一个重加密密钥。

一般而言，代理重加密算法包含三种角色：数据拥有者 Alice、数据接收者 Bob 和代理服务器 Proxy。Alice 和 Bob 需要先生成自己的密钥对$\langle \mathrm{pk}_A, \mathrm{sk}_A \rangle$和$\langle \mathrm{pk}_B, \mathrm{sk}_B \rangle$，才能进行安全的数据共享。接下来，我们将简要介绍一个使用代理重加密的安全共享数据方案，如图 5-19 所示。

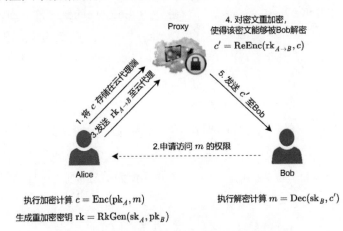

图 5-19　使用代理重加密安全共享数据

步骤 1：Alice 使用自己的公钥对数据进行加密 $c = \mathrm{Enc}(\mathrm{pk}_A, m)$，并将密文 c

存储到 Proxy。

步骤 2：Bob 向 Alice 申请 m 的访问权限。

步骤 3：Alice 使用自己的私钥和 Bob 的公钥生成重加密密钥 rk = RkGen (sk_A, pk_B)，并将 rk 发送至 Proxy。

步骤 4：Proxy 在接收到 rk 后，对密文 c 进行重加密，得到新密文 $c' = \text{ReEnc}(rk_{A \to B}, c)$。

步骤 5：Proxy 将 c' 发送至 Bob。Bob 使用自己的私钥对 c' 解密，即可得到明文数据 $m = \text{Dec}(sk_B, c')$。

2. 分布式代理重加密

代理重加密适合在云计算场景中使用，即代理节点为计算性能较强的单节点。这与现有隐私计算体系架构不符，因为现在隐私计算架构通常是分布式架构。因此，需要对传统的代理重加密方案进行改造，使之能够适应分布式计算环境。

分布式代理重加密是指，将传统代理重加密中的单一 Proxy 节点拆分为多个 Proxy 节点。因而，在对数据进行重加密时，需要多个 Proxy 节点参与合作计算。考虑到选取参与计算的 Proxy 节点的灵活性，需要将分布式代理重加密重新设计为基于门限的分布式代理重加密。

基于门限的分布式代理重加密（Threshold Proxy Re-Encryption，简写为 TPRE）包含 8 个算法，分别为初始化算法（Setup）、密钥生成算法（KeyGen）、重加密密钥生成算法（ReKeyGen）、胶囊封装算法（Encapsulate）、胶囊检查算法（CheckCapsulate）、胶囊解封算法（Decapsulate）、胶囊重新封装算法（ReEncapsulate），以及胶囊集合门限解封算法（DecapsulateFrags）。在本方案中，假设 Alice 为数据持有者，Bob 为数据使用者，代理服务节点分别为 $P_1, P_2, \cdots, P_N$ 中的 t 个节点。下面详细介绍 TPRE 的方案。

（1）Setup(sec)：设置算法首先根据安全参数 sec 确定一个素数 q 的循环群 G。假设 $g, U \in G$ 是生成元，$H_2 : G^2 \to \mathbf{Z}_q$、$H_3 : G^3 \to \mathbf{Z}_q$ 和 $H_4 : G^3 \times \mathbf{Z}_q \to \mathbf{Z}_q$ 表示密码哈希函数。让 $\text{KDF} : G \to \{0,1\}^\ell$ 表示一个同样作为随机神谕的密钥衍生函数，其中，ℓ 是安全参数 sec。全局公共参数由以下元组表示：

$$\text{params} = (G, g, U, H_2, H_3, H_4, \text{KDF})$$

（2）KeyGen(sec) $\to \langle \text{sk}, \text{pk} \rangle$：在 $\mathbf{Z}_q$ 中均匀地随机选择 a，计算 g^a 并输出密钥对 $\langle \text{pk}, \text{sk} \rangle = \langle a, g^a \rangle$。这里，Alice 和 Bob 会各自生成自己的密钥对 $\langle \text{pk}_A, \text{sk}_A \rangle$ 和

$\langle \text{pk}_B, \text{sk}_B \rangle$。

（3）$\text{ReKeyGen}(\text{sk}_A, \text{pk}_B, N, t) \to \text{rk}$：当输入密钥 $\text{sk}_A = a$、Bob 的公开密钥 $\text{pk}_B = b$，以及片段数 N 和阈值 t 时，重加密密钥生成算法 ReKeyGen 计算出 Alice 和 Bob 之间的重加密密钥的 N 个片段，具体包含以下 7 个步骤。

步骤 1：随机抽样 $x_A = \mathbf{Z}_q$，并计算 $X_A = g^{x_A}$。

步骤 2：计算 $d = H_3\left(X_A, \text{pk}_B, \text{pk}_B^{x_A}\right)$，其中，$d$ 是 Bob 的密钥对与临时密钥对 (x_A, X_A) 的非交互式 Diffie-Hellman 密钥交换的结果。使用这个共享的密钥来使该方案的重加密密钥生成变为非交互式。

步骤 3：在 $f_i = \mathbf{Z}_q$ 中随机抽取 $t-1$ 个元素，其中 $1 \leqslant i \leqslant t-1$，并计算 $f_0 = a \cdot d^{-1} \bmod q$。

步骤 4：在 $t-1$ 阶的 $\mathbf{Z}_q[x]$ 中构造一个多项式 $f(x) = f_0 + f_1 x + f_2 x^2 + \cdots + f_{t-1} x^{t-1}$。

步骤 5：计算 $D = H_6\left(\text{pk}_A, \text{pk}_B, \text{pk}_B^a\right)$。

步骤 6：初始化集合 $\text{KF} = \{0\}^N$，重复 N 次以下计算。

- 随机选取 y，$\text{id} \in \mathbf{Z}_q$；
- 计算 $s_x = H_5(\text{id}, D)$ 和 $Y = g^y$；
- 计算 $\text{rk} = f(s_x)$；
- 计算 $U_1 = U^{\text{rk}}$；
- 定义一个重加密密钥片段 $\text{kFrag} = (\text{id}, \text{rk}, X_A, U_1)$；
- $\text{KF} = \text{KF} \cup \text{kFrag}$。

步骤 7：输出重加密密钥片段 KF。

（4）$\text{Encapsulate}(\text{pk}_A) \to (K, \text{capsule})$：在输入公钥 pk_A 时，封装算法 Encapsulate 首先选择随机数 $r, u \in \mathbf{Z}_q$，并计算 $E = g^r$ 和 $V = g^u$。接下来，它计算出值 $s = u + r \cdot H_2(E, V)$。派生密钥被计算为 $K = \text{KDF}\left((\text{pk}_A)^{r+u}\right)$。该元组 E、V 和 s 被称为胶囊，可以再次推导出（即"解封装"）对称密钥 K。最后，Encapsulate 输出 $(K, \text{capsule})$。

（5）$\text{CheckCapsulate}(\text{capsule}) \to 0$ 或 1：在输入一个 $\text{capsule} = (E, V, s)$ 时，该算法通过检查以下方程是否成立来检查该胶囊的有效性。

$$g^s = V \cdot E^{H_2(E, V)}$$

（6）$\text{Decapsulate}(\text{sk}_A, \text{capsule}) \to K$：在输入密钥 $sk_A = a$ 和原始胶囊 $\text{capsule} = (E, V, s)$ 时，解封装算法首先用 CheckCapsule 检查胶囊的有效性，如果检查失败，则输出 $\perp$；否则，计算 $K = \text{KDF}(E \cdot V^a)$。最后，它输出 K。

（7）$\text{ReEncapsulate}(\text{kFrag}, \text{capsule}) \to \text{cFrag}$：在输入一个重加密的密钥片段 $\text{kFrag} = (\text{id}, \text{rk}, X_A, U_1, z_1, z_2)$ 和一个 $\text{capsule} = (E, V, s)$ 时，重封装算法 ReEncapsulate 首先用 CheckCapsule 检查 capsule 的有效性，如果检查失败，则输出 $\perp$；否则，计算 $E_1 = E^{\text{rk}}$ 和 $V_1 = V^{\text{rk}}$，并输出胶囊片段 $\text{cFrag} = (E_1, V_1, \text{id}, X_A)$。

（8）$\text{DecapsulateFrags}(\text{sk}_B, \text{pk}_A, \{\text{cFrag}_i\}_{i=1}^t) \to K$：在输入密钥 $\text{sk}_B = b$、原始公钥 $\text{pk}_A = g^a$ 和一组 t 个胶囊片段，并且每个片段都是 $\text{cFrag}_i = (E_{1,i}, V_{1,i}, \text{id}_i, X_A)$ 时，片段解封装算法 DecapsulateFrags 做如下处理。

步骤 1：计算 $D = H_6\left(\text{pk}_A, \text{pk}_B, (\text{pk}_A)^b\right)$。

步骤 2：假设 $S = \{s_{x,i}\}_{i=1}^t$，其中 $s_{x,i} = (\text{id}, D)$。对于所有 $s_{x,i} \in S$，计算

$$\lambda_{i,S} = \prod_{j=1, j \neq i}^t \frac{s_{x,j}}{s_{x,j} - s_{x,i}}$$

步骤 3：计算数值：

$$E' = \prod_{i=1}^t (E_{1,i})^{\lambda_{i,s}} \quad \text{和} \quad V' = \prod_{i=1}^t (V_{1,i})^{\lambda_{i,s}}$$

步骤 4：计算 $d = H_6\left(X_A, \text{pk}_B, (X_A)^b\right)$，其中，$d$ 是 Bob 的密钥对和临时密钥对 (x_A, X_A) 之间非交互式 Diffie-Hellman 密钥交换的结果。需要注意的是，对于所有的 cFrag 来说，其值是相同的，这些 cFrag 是通过使用重加密密钥片段集 KF 中的 kFrag 产生的。

步骤 5：输出对称密钥 $K = \text{KDF}\left((E' \cdot V')^d\right)$。

5.6.4　解决方案

为了解决电子健康记录共享存在的问题，我们提出了一种基于 Web3 的电子健康记录安全共享方案，该方案使用门限代理重加密技术来保护电子健康记录的对称加密密钥，并在需要共享时使用门限代理重加密的特性，实现安全共享。如图 5-20 所示，假设存在电子健康记录持有方 Alice、需要访问电子健康记录的医生 Bob，以及多个执行代理重加密的节点 P_1、P_2 和 P_3，具体的实现方法如下。

步骤 1：Alice 首先执行 TPRE 中的 KeyGen 算法，生成公/私钥对 $\langle pk_A, sk_A\rangle$；然后执行 Encapsulate 算法，生成 $(K, capsule)$；最后使用 K 加密 ehr_A，得到 C_{ehr_A}，并将 $(capsule, C_{ehr_A})$ 存储至区块链网络中，其中 ehr_A 表示 Alice 的电子健康记录，C_{ehr_A} 表示 ehr_A 的密文。

步骤 2：Bob 在给 Alice 诊断时，需要访问其 ehr_A。因此，Bob 向 Alice 申请 ehr_A 的访问权限。在申请权限时，Bob 首先生成公/私钥对 $\langle pk_B, sk_B\rangle$，并将 pk_B 和请求一起发送至 Alice。

步骤 3：Alice 首先使用 TPRE 中的 ReKeyGen(sk_A, pk_B, N, t) 算法生成 N 个重加密密钥片段 $kFrag_1, \cdots, kFrag_N$，这里将 N 和 t 分别设置为 3 和 2；然后将 $kFrag_1, \cdots, kFrag_N$ 分发给对应的代理计算方。

步骤 4：P_1 和 P_2 分别使用 TPRE 中的 ReEncapsulate 算法，将 capsule 重加密为两个片段 $cFrag_1$ 和 $cFrag_2$。

步骤 5：Bob 使用 TPRE 中的 DecapsulateFrags 算法，输入 sk_B、原始公钥 pk_A，以及一组胶囊片段 $cFrag_1$ 和 $cFrag_2$，得到 ehr_A。

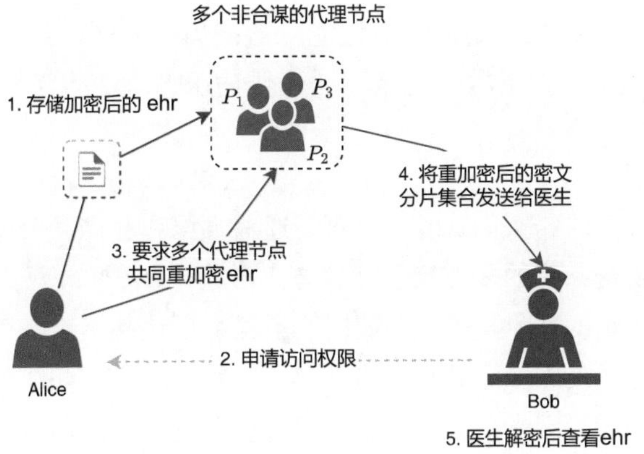

图 5-20　电子健康记录的安全共享

通过以上方案可以看出，我们提出的门限代理重加密方案可以提高密钥管理的安全性和隐私保护，同时使用户更容易控制其密钥。通过对密钥进行管理，实现电子健康记录的安全共享。

5.7 秘密共享在人脸特征隐私保护方向的应用

5.7.1 业务背景

人脸识别在金融领域具有广泛的应用,可用于开户、卡激活、转账等多种身份二次验证的场景。通过人脸识别的验证方式能提升金融机构的业务效率和客户的服务体验。但人脸数据因其唯一性、可分辨性又显得极为敏感,如何安全地进行人脸数据采集、传输和存储等是人脸识别技术面临的一项巨大挑战。

5.7.2 业务痛点

随着多方安全计算等隐私计算技术的发展,各金融机构都在积极参与和推动隐私计算技术应用落地,基于秘密共享的多方安全计算方案为人脸隐私数据保护带来了新的解决方案。基于秘密共享的多方安全计算方案可以将人脸数据拆分,这样每个参与方存储的都不是完整的人脸信息,需要多方数据共同计算才能恢复人脸数据,这增加了数据的安全性。随着参与方的增多,若仍将通过秘密共享后人脸数据的子秘密存储在所有的参与方,一方面,为恢复数据所需获取参与方子秘密的数量增加,会带来一定的计算性能压力;另一方面,某份数据被拆分为过多的子秘密,将造成大量的数据冗余和通信传输压力。

5.7.3 解决方案

针对参与方较多时带来的计算效率低、通信频繁和存储冗余过多等问题,我们采用基于 k 近邻秘密共享的多方安全计算方案(其中 $k<N$,N 为参与方总数,且 N 的数值较大),使得每个人脸特征数据的子秘密不是共享给所有的参与方,而是发送给参与方服务器的 k 个近邻参与方存储和计算。随着时间的推移,因网络升级、系统改造、硬件损耗等因素,参与方的近邻节点会发生变化,为了充分利用最优的资源组合,保障计算性能,会定期将子秘密数据迁移到最新的近邻参与方。

下面首先介绍确定近邻参与方的方法,然后给出具体的基于 k 近邻秘密共享的多方安全计算技术方案。

1. 确定近邻参与方

每个参与方 $P\{P_1,P_2,\cdots,P_N\}$(其中,N 为参与方总数)服务器的 k 近邻参与方为距离该参与方最近的 k 个参与方。参与方之间的距离设为用户发出的请求响应时间,请求响应时间主要由网络传输时间和服务器计算时间等决定,将影响网络传输时间的特征,如参与方服务器之间的网络带宽、通信距离、吞吐量等,记为传输特征；影响服务器计算时间的特征，如服务器计算性能、服务器类型等，记为计算特征，如表 5-8 所示。

表 5-8　参与方的距离计算特征

特征类型	特征	符号表示
传输特征	参与方服务器之间的网络带宽、通信距离、吞吐量等	$x_1, x_2, \cdots, x_f$（其中，f 为特征总数）
计算特征	服务器计算性能、服务器类型等	

在系统初始化时，各参与方首先通过协商、测试数据、专家经验等确定参数（包括权重参数等）和各项指标的量化规则，然后将各项特征进行初始化。同时根据实际情况，不断更新各项特征数据。

各参与方近邻节点的计算步骤如下。

步骤 1：计算参与方 P_i 与每个参与方的距离，公式如下：

$$D_{P_iP_j} = \sum_{i=1}^{f} w_i x_i$$

步骤 2：对每个距离 $\{D_{p_ip_1}, D_{p_ip_2}, \cdots, D_{p_ip_N}\}$ 进行排序，得到 P_i 距离最小的 k 个参与方 NN。

步骤 3：每个参与方通过步骤 1 和步骤 2 汇总，可得到一个 $N \times N$ 的距离矩阵。

$$\boldsymbol{D}_{N \times N} = \begin{pmatrix} D_{P_1P_1} & D_{P_1P_2} & \dots & D_{P_1P_N} \\ D_{P_2P_1} & D_{P_2P_2} & \dots & D_{P_2P_N} \\ \vdots & \vdots & & \vdots \\ D_{P_NP_1} & D_{P_NP_2} & \dots & D_{P_NP_N} \end{pmatrix}$$

2. 技术方案

1）人脸特征数据采集

在人脸特征数据采集阶段主要完成新用户的人脸信息采集和存储。如图 5-21 所示，人脸特征数据采集阶段的计算步骤如下。

步骤 1：客户端采集用户的人脸信息进行人脸检测，并提取人脸特征数据 F。

步骤 2：客户端对人脸特征数据 F 根据（t, n）门限秘密共享（其中，n 表示数据被分为子秘密的份数，t 表示至少 t 份子秘密才能恢复数据信息），分为 k（其中，$k = n$）个子秘密 $s\{s_1, s_2, \cdots, s_k\}$ 发送给所属参与方 P_i 服务器端。

步骤 3：P_i 服务器端读取其 k 个近邻参与方信息 NN，将子秘密 $s\{s_1, s_2, \cdots, s_k\}$

分发到这 k 个近邻参与方 NN 存储，同时记录该人脸特征子秘密存储的近邻节点信息。

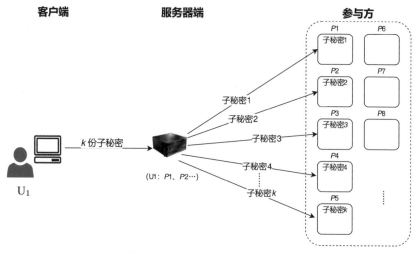

图 5-21　人脸特征数据采集阶段

2）人脸特征数据比对

人脸特征数据比对阶段主要完成用户进行二次验证时的人脸比对。如图 5-22 所示，人脸特征数据比对阶段的计算步骤如下。

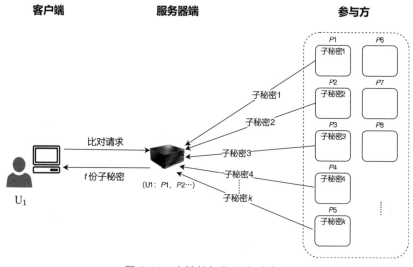

图 5-22　人脸特征数据比对阶段

步骤 1：客户端采集用户的人脸信息进行人脸检测和人脸特征的提取，并向所属参与方 P_i 服务器端发送比对请求。

步骤 2：P_i 服务器端读取该用户人脸特征子秘密存储的近邻节点信息，并向这些近邻节点发送读取请求，当有 t 份子秘密返回时，就将这 t 份子秘密返回到客户端。

步骤 3：客户端对接收到的 t 份子秘密进行秘密重构，恢复特征数据，并与步骤 1 中采集的人脸特征数据进行比对，得到比对结果。

3）子秘密数据定期迁移到最新的 k 近邻参与方

子秘密数据定期迁移到最新的近邻参与方，主要根据各参与方的资源变化，将人脸子秘密数据进行动态迁移，以保证进行人脸特征数据比对时有较高的计算性能，其具体步骤如下。

步骤 1：开始第 T 个周期的数据迁移任务。

步骤 2：更新各参与方距离特征量化值和距离矩阵 $\boldsymbol{D}_{N \times N}$。

步骤 3：计算参与方 P_i 的 k 近邻参与方 $\mathrm{NN}_T\{\mathrm{NN}_{T1}, \mathrm{NN}_{T2}, \cdots, \mathrm{NN}_{Tk}\}$。

步骤 4：对比 NN_T 与上一周期 NN_{T-1} 的近邻参与方，若 $\mathrm{NN}_T = \mathrm{NN}_{T-1}$，转至步骤 6；若 $\mathrm{NN}_T \neq \mathrm{NN}_{T-1}$，转至步骤 5。

步骤 5：P_i 查询用户的人脸特征子秘密是否有大于或等于 t 份不在 NN_T 中，若存在，则记该用户子秘密所在近邻参与方为 NN_0，然后进行以下操作。

- 从距离矩阵 $\boldsymbol{D}_{N \times N}$ 中提取从 $\mathrm{NN}_0 - \mathrm{NN}_T$ 到 $\mathrm{NN}_T - \mathrm{NN}_0$ 的子距离矩阵 subD，计算获得从 $\mathrm{NN}_0 - \mathrm{NN}_T$ 到 $\mathrm{NN}_T - \mathrm{NN}_0$ 最优的两两组合，即两两组合距离之和最小。
- 将该用户在 $\mathrm{NN}_0 - \mathrm{NN}_T$ 上的子秘密按照上述计算的最优两两组合方案复制到 $\mathrm{NN}_T - \mathrm{NN}_0$ 上。
- P_i 更新该用户子秘密的存放位置为 NN_T。
- 删除该用户在 $\mathrm{NN}_0 - \mathrm{NN}_T$ 上存放的子秘密。
- 转至步骤 6。

若不存在，则直接转至步骤 6。

步骤 6：等待执行下一周期的迁移任务，满足执行条件后，$T = T + 1$，转至步骤 1。

假设用户 U1 的子秘密存储信息和各参数设置为：

$$k = 5, \quad t = 3$$

$$NN_0 = \{P_1, P_2, P_3, P_4, P_5\}$$

$$NN_T = \{P_4, P_5, P_6, P_7, P_8\}$$

$$NN_T - NN_0 = \{P_6, P_7, P_8\}$$

$$NN_0 - NN_T = \{P_1, P_2, P_3\}$$

$$\text{subD} = \begin{pmatrix} D_{P_1P_6} & D_{P_1P_7} & D_{P_1P_8} \\ D_{P_2P_6} & D_{P_2P_7} & D_{P_2P_8} \\ D_{P_3P_6} & D_{P_3P_7} & D_{P_3P_8} \end{pmatrix} = \begin{pmatrix} 4 & 6 & 5 \\ 7 & 3 & 5 \\ 4 & 2 & 3 \end{pmatrix}$$

根据 subD 矩阵，可以计算得出：当 4+3+3=10 的距离之和最小时，得到的最优两两组合为：$(P_1, P_6),(P_2, P_7),(P_3, P_8)$。

$$\text{subD} = \begin{pmatrix} 4 & 6 & 5 \\ 7 & 3 & 5 \\ 4 & 2 & 3 \end{pmatrix}$$

如图 5-23 所示，根据最优组合方案，将子秘密进行迁移 $P_1(s_1) \to P_6$（其中 $P_1(s_1)$ 表示 P_1 上存储的子秘密 s_1），$P_2(s_2) \to P_7$，$P_3(s_3) \to P_8$，更新子秘密位置信息记录为 U1：P_6、P_7、P_8、P_4、P_5，删除 P_1、P_2 和 P_3 上多余的子秘密，得到该用户在当前周期的最终存储状态。

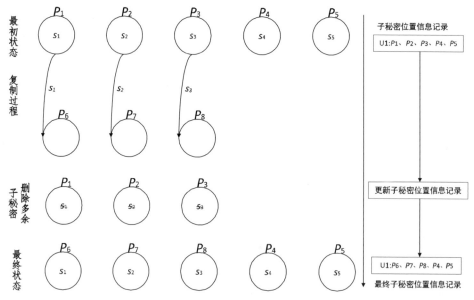

图 5-23 用户 U1 的子秘密迁移过程

综上所述，采用基于 k 近邻秘密共享的多方安全计算方案（其中 $k<N$、N 为参与方总数，且 N 的数值较大）进行人脸特征隐私保护时，一方面，使得人脸特征子秘密仅存储至最近的 k 个参与方，提高了计算效率，降低了通信压力，并减少了数据冗余；另一方面，定期将子秘密迁移到最新近邻参与方存储，充分利用所有参与方的最优资源组合，保证了计算性能。

第 6 章
遇见未来：新探险的开始

亲爱的读者，当你阅读本书到这里时，相信你已经和我们一起完成了一趟隐私计算及密码学理论与实践的学习旅程。还记得在本书第 1 章结尾时写的话吗？

如果想真的了解和掌握隐私计算技术，那么密码学的理论知识以及相关的安全算法和协议，就是我们必须去征服的"险峰"。在这个过程中，内容需要描述得严谨、科学，所以也许没有那么容易读懂，并且整个过程富有挑战性，挑战成功的成果便是我们可以领略隐私计算技术的无限风光。

现在，当这趟旅程快要结束的时候，我们想再跟你一起畅想一下数据时代可能的未来。

当然，从当下到未来，有许多路要走，也有许多问题要解决。但是，如同我们回望人类历史的历次工业革命一样，当满足社会需求的研究和工程成果出现的时候，都会极大地推进社会变革的进程。而在数字时代，数据这个新型的生产要素已广泛且快速地融入了人类社会的生产、分配、流通、消费和社会服务管理等各个环节，深刻地改变着我们的生产和生活方式，以及社会治理方式，数据安全流通的需求已经越来越迫切。我们清晰地感受到，那个能够响应需求的成果正在逐渐浮出水面。

当然，这个成果并不必然是隐私计算，也许会出现另外一种方案，并完美地解决所有的问题。但是身处当下，学习隐私计算技术对于想要实现数据时代的未来而言，是有意义的。

所以，虽然这是本书的最后一章，意味着这段探索旅程的结束，但我们更希望这个结束是遇见数据未来的一个新开始。在这个新开始的地方，让我们尝试从技术的视角看看，从当下走向未来，在我们眼前展现出的那些可能的道路。

6.1　量子时代的密码学

本书第 1 章已经介绍过，量子力学与相对论一起构成了现代物理学的理论基础，是人类历史上重要的理论突破。发展至今，基于量子力学的新兴技术取得了丰富的成果，其中对密码学有着深远影响的就是量子计算和量子通信技术。量子力学理论博大且艰深，如何从"初学者视角"去描述量子技术对密码学的影响呢？

那就让我们从那只也许是人类历史上最有名的猫开始吧。

6.1.1　从薛定谔的猫说起

伟大的科学家往往都有化繁为简的能力，在向普通人介绍科学概念时，他们能够抛开理论推导，用某种方式将艰深的概念变得通俗易懂。其中一种方式就是思想实验，特别是在物理学中，由于有些实验在现实中是很难实现的，因此物理学家们提出了思想实验，并在实验中进行思考和逻辑推演。在这些思想实验中，有四个与动物有关的名字，因此产生了著名的"四大神兽"：芝诺的乌龟、拉普拉斯兽、麦克斯韦妖和薛定谔的猫。"四大神兽"分别对应微积分、经典力学、热力学第二定律和量子力学的概念。下面介绍一下可能是其中传播范围最广的薛定谔的猫。

埃尔温·薛定谔，奥地利物理学家，量子力学奠基人之一。1935 年，薛定谔发表了一篇题为 *Present situation in quantum mechanics*[202]的论文。在论文的第 5 节，薛定谔提出了一个著名的思想实验。其实，这个思想实验的本意是为了反对哥本哈根学派提出的量子叠加态的概念，但之后却成了量子叠加态学说最出圈的宣传者。

我们来看看实验的内容，具体如下。

薛定谔设想了一种结构精妙的密闭箱子，在箱子里有一套设计巧妙的装置，这个装置包括会发生衰变的原子（镭）和剧毒物质（氰化物），箱子里还有一只可怜的猫。当镭原子发生衰变而释放出中子时，通过装置的连锁反应，会打破装有氰化物的瓶子，这样小猫就会被毒死。这个实验有意思的地方在于，按照量子理论，当没有打开箱子进行观察的时候，镭原子会处于衰变/不衰变的叠加状态；而当我们打开箱子进行观察的时候，这个叠加状态才会坍缩成一个确定的状态（衰变或者是不衰变）。因此，当我们打开箱子时，那只猫要么已经被毒死，要么就会活蹦乱跳地喵喵叫。但是当我们没有打开箱子时，就会得到一个神奇的推论，那就是箱子里的猫和原子一样处于叠加态，即猫在箱子里是死/活的叠加状态[203]。

这个思想实验是如此的出名，因为在实验中微观世界的量子效应出现在了我们日常生活可以感受的世界里。在薛定谔的猫身上，微观世界的不确定性直观地转化为了宏观世界的不确定性。猫处于死/活这样神奇的二重状态虽然明显有悖于我们的感受，却让普通人也能够很直观地感受到什么是量子叠加态。

限于篇幅，本章没有办法展开介绍更多量子力学的故事，这里主要是从薛定谔的猫的思想实验引出量子叠加态这个概念。因为利用量子叠加的特性，科学家们打开了量子计算的世界，提升了传统计算机的计算效率。在算力大幅提升的背景下，基于计算困难问题的密码学将面临不同的挑战。

6.1.2 量子计算：超越现有算力下的密码学

本书第 1 章介绍过现代计算机，我们知道，图灵奠定了计算机科学的理论基础，为计算机注入了灵魂，冯·诺依曼搭建了计算机结构的骨架，后世的贡献者则是在他们的基础上不断地丰富着计算机的"血肉"。

现代计算机的运算机制采用的是二进制数制，即计算机存储和处理的信息是二进制编码格式，编码单位被称为"比特"（Binary Digit，简写为 bit）。1 比特取值要么是 0，要么是 1，对应着数字电路基础元件的（例如电路开关的接通与断开等）物理状态，这个状态是确定性的。

但是大家不要忘记，物理世界的物质（包括计算机）也是由微观的原子构成的，因此，它也会服从于量子力学的理论规律。在量子世界里，科学家们提出了量子计算机[204-206]，其基本信息编码单位是"量子比特"（Quantum Binary Digit，简写为 qubit）。你肯定想到了，量子比特会遵从量子力学的理论而呈现出量子叠加的特性。也就是说，1 量子比特可以同时处于 0 和 1 两种状态的叠加，从而可以用于表示 0 和 1 两个数。这意味着同样是读入 10 个基本编码单位的信息，传统的通用计算机读入的是 10 比特，能处理的是一个 10 位的二进制数；而量子计算机读入的是 10 量子比特，理论上能够同时处理 2^{10} 个这样的数。

理论上，量子计算机仍然沿用图灵机计算模型框架，所以量子计算机仍然能解决现代计算机所能解决的问题。但是通过对量子比特进行可编程的逻辑操作，可以实现计算能力的大幅提升，甚至是指数级的加速。因此，从计算的效率上看，由于量子力学叠加性的存在，某些已知的量子算法在处理问题时的速度要快于传统的通用计算机。算力上的极大提升会对密码学带来全新的影响。比如，对于 RSA 的安全性基础——大整数分解问题。

第 1 章已提到过，对于大整数分解问题，目前最优的算法复杂度为

$O\left(e^{n^{1/3}}\log n^{2/3}\right)$，是指数复杂度级别的算法。这类问题被称为计算困难问题，代表传统的通用计算机难以高效求解。公钥密码体制以计算困难问题为重要的设计基础，而 RSA 就是以大整数分解可以作为安全基础进行设计的。现在，这将面临量子计算的挑战。

1994 年，美国麻省理工学院应用数学系的教授 Peter Willison Shor 提出了基于量子计算机的大整数因子分解算法，这就是著名的 Shor 算法。Shor 算法基于数论中的定理，将大整数因子分解转化为求某个函数的周期问题。如果通过量子计算机进行计算，求解一个规模为 n（大整数分解问题里指具有 n 位数字的大整数）的因子分解问题，Shor 算法的复杂度为 $O\left(n^2\log n\log\log n\right)$。可以看出，这是多项式复杂度的算法，所以在量子计算机中，Shor 算法把大整数因子分解这个现代计算机中的 NP 问题变成了 P 问题。

当然，这里需要说明的是，这只是针对大整数分解这个具体的问题找到了一个量子计算机环境下多项式复杂度量级的解法，并不代表解决了 P＝NP这个世纪难题。因为 P＝NP？在理论上的证明除了对于一个 NP 问题找到 P 量级的解法，还需要证明该问题是一个 NP 完全问题，也就是所有的 NP 问题都可以归约到该问题。因此，P＝NP？这个世纪难题的挑战即使在量子时代也是存在的。

但是对于大整数分解而言，量子计算机的出现已经让它的求解有了 Shor 算法这个更高效的解答方案。多项式算法的时间复杂度相较于指数时间复杂度的提升有多大呢？举个例子，如果用每秒运算万亿次的现代计算机来分解一个 300 位的大整数，需要 10 万年以上；而如果利用同样运算速率的量子计算机执行 Shor 算法，则只需要 1 秒。

因此，量子计算机一旦投入实际使用，将对以 RSA 为代表的密码安全体系带来巨大的影响。因为未来在量子计算机高算力支持下，很多计算困难问题都将可能得到有效的解答，所以，以这些计算困难问题为基础的密码体制都将不再安全。这将会带来很多新的威胁，例如，如果现在的通信内容遭到窃听并被存储下来，未来可以利用量子计算机对这些目前处于加密状态的信息进行破解。这就将破解的威胁从当前持续到了未来，即所谓的"现在拦截，将来破解"的威胁模式。即使量子计算机的实际应用可能还需要数十年，但这种可能性已经具有了现实性的威胁。

这就是量子计算给密码学带来的挑战，当然，应对挑战的过程往往也是促进密码学发展的过程。比如，为了能够对抗量子计算攻击，研究者提出了后量子密码（Post-Quantum Cryptography，简写为 PQC），也被称为抗量子密码（Quantum-

Resistant-Cryptography，简写为 QRC）。后量子密码的应用不依赖于任何量子理论现象，其计算安全性的设计考虑是：尽管大整数分解、离散对数等问题可能会被量子计算机在多项式的时间复杂度内解决，但是基于其他困难问题的密码体制依然能够形成足够的防御能力。目前这些领域的研究已经取得了不少成果，例如，基于格的加密算法，其核心问题是最短向量问题（Shortest Vector Problem，简写为 SVP），即在格系统内找到最短的非零向量问题，这些问题被认为是可以对抗量子计算攻击的加密算法。

量子世界除了带来量子计算，使得密码体系的设计面临全新的挑战外，还为密码安全带来了重要的助力，这就是量子加密通信技术。

6.1.3 量子通信：量子世界带来的安全保障

量子通信作为量子信息科学的重要分支，是指利用量子态作为信息载体来进行信息交互的通信技术。广义上，量子通信技术包含了量子隐形传态、量子纠缠交换和量子密钥分发等内容。现阶段，量子通信的典型应用形式主要为量子密钥分发（Quantum Key Distribution，简写为 QKD）[207-210]，因此，狭义地说，当谈到量子通信时，目前一般是指量子密钥分发或者基于量子密钥分发的密码通信，这也是国际学术界的广泛共识。

量子密钥分发技术依靠量子世界（包括叠加态、量子纠缠和不确定性等）的独特性质，能够安全地实现密钥交换的功能。目前已经实现的量子密钥分发技术能够通过量子信道让通信双方生成对称密钥，再由成熟的密码算法对需要传输的数据进行加/解密，即通过传统信道进行密文传输。通过这种方式，量子密钥分发保证了密钥分发过程的安全性，从而提升了数据通信的安全性。

关于量子通信的安全性，有观点认为它是信息论安全的，即无论攻击者拥有多少计算资源，都无法获知原始数据，即使这个计算资源是上面提到的量子计算机。

为什么这么说呢？

这是因为量子通信的安全性基础不是计算困难问题，而是量子力学中的测不准原理等基本原理。1927 年 3 月 23 日，德国物理学家 W. Heisenberg 提出了著名的海森堡测不准原理（也被称为不确定性原理），该原理已经被称为量子力学中的基本原理之一。海森堡测不准原理指出，对于一个量子，不可能同时知道它的动量和位置，每一次对量子的观测都至多能精确测定这两个物理量中的一个。由此，可以进一步推出不可克隆原理，即攻击者无法完美地复制一个量子的所有状态。

对于量子通信而言，即便攻击者有能力截获一个处于纠缠状态的量子，也不能完美地复制它。攻击者无法在通信方不知情的前提下将复制的量子转发给接收者，因为一旦窃听行为发生，必然会改变被窃听的通信双方的量子状态，由此就暴露了攻击者的存在。整个体系的安全性包括以下四点。

- 量子密钥分发采用单个量子（通常为单光子）作为信息载体。由于单光子不可再分，因此，窃听者无法通过窃取半个光子并测量其状态的方法来获得密钥信息。
- 窃听者可以在截取单光子后，测量其状态，并根据测量结果发送一个新光子给接收方。但根据量子力学中的海森堡测不准原理，这个过程一定会引起光子状态的扰动，发送方和接收方可以通过一定的方法检测到窃听者对光子的测量，从而检验他们之间所建立的密钥的安全性。
- 窃听者也试图在截取单光子后，通过复制单光子的量子态来窃取信息。但量子力学中的不可克隆原理保证了未知的量子态不可能被精确复制。
- 量子密钥分发方法自动保证了产生绝对随机的密钥，不需要第三方进行密钥的传送。

换言之，一旦成功在通信双方建立起量子信道，那么通过量子网络分发的量子密钥就是安全的。理论上，这种安全性不会受到计算能力不断提高的威胁，从而保证了在量子计算机实用的场景下，量子密钥分发系统的安全性。

当然，由于现实器件的不完美性，实际的量子密钥分发系统的使用条件与原始协议的假设条件就会有差异。因此，实际的量子密钥分发系统仍然面临源于实际条件与假设条件差异的安全威胁。但是基于海森堡测不准原理等量子特性而构造的密码体系，仍然给了人们在未来构建安全密码基石的信心。

接下来，让我们从量子这个可能的未来回到现在，再看看能够促进隐私计算技术广泛应用的另一种可能性。

6.2　工程优化的探索

从技术使用感受的角度来看，隐私计算与我们熟悉的人工智能、云计算、大数据等技术有一个特别明显的差异，这个差异的感受是什么呢？正如本书开头引入隐私计算概念时提到的：可以直观地感受到，相较于大家日常熟悉的计算，这种问题的定义和解决方式显得并不自然且麻烦。

是的，加入密码学之后，相较于常规的计算，隐私计算自然是效率更低的方式，因此在使用上会感觉"麻烦"。那么如何优化和提升隐私计算的使用效率，就成为工程优化上探索的方向。

我们选取同态加密的优化来说明目前业界所做的探索工作。

同态加密是数据安全领域最具应用价值的技术之一，同时也是研究挑战较大的安全技术之一，它在隐私计算领域有巨大的实用价值。同态加密的核心思想是密文可计算，指对经过同态加密的数据进行密文运算处理得到一个输出，这一输出解密结果与用同一方法处理未加密的原始数据得到的输出结果是一样的。同态加密算法被划分为全同态加密、半同态加密、近似同态加密等。对于同态加密后的密文数据，能够执行无限次同态加法和无限次同态乘法运算操作的，被称为完全同态，简称全同态。

目前同态加密技术的性能瓶颈是影响该技术大规模应用的主要因素，也是研究的难点和重点。与高效的明文处理相比，同态加密技术不可避免地引入了大量的计算开销。在工业优化方面，如何结合硬件芯片加速密文计算成为一个研究方向。

一种方式是设计专用的同态加密芯片，即通过定制化的方法来提升硬件处理特定领域应用的性能。

作为计算机体系结构领域的"泰山北斗"，2017 年图灵奖获得者 John Hennessy 和 David Patterson 在获奖演说中指出："未来十年，将是计算机体系结构的黄金时代。"演说中提到，随着摩尔定律的失效，传统的通用计算架构将达到性能瓶颈。两人给出的解决方案是针对特定的应用场景开发架构的，称为领域专用架构（Domain Specific Architecture，简写为 DSA），指出未来需要面向不同的场景，需要根据场景的特点去定制芯片。DSA 的首个经典案例是 AI 领域中谷歌定制开发的张量处理单元（Tensor Processing Unit，简写为 TPU），是用于加速机器学习工作负载的专用芯片。按照这种思路，隐私计算在业界也有很多专用的同态芯片的尝试和探索，我们完全可以期待未来能有更丰富、实用的成果出现。

另一种方式是软硬件结合的优化设计，例如，发掘各种并行性能力。

例如，整数同态加密过程中一般涉及较多的大整数相乘操作，从算法层面看，对于有 n 位的大整数，目前实现大整数乘法最快的方法是快速傅里叶变换（Fast Fourier Transform，简写为 FFT），其算法复杂度为 $O(n\log n)$。限于篇幅，这里不详细展开介绍 FFT，直接给出 FFT 可以用于优化的一些特点。对于 n 位数（$n=2^m$）的 FFT，算法整体分为 $\log n$ 轮变换操作，每一轮中有 $n/2$ 个蝶形变换单元；而在每一轮中，不同蝶形变换单元之间的计算是可以并行开展的。（如果你不熟悉这里出现的一些术语也没有关系，只要记住"蝶形变换单元之间的计算是可以并行开展的"这个结论就可以。）

下面以 $n = 2^3 = 8$ 个点的 FFT 为例，介绍它的运算过程，如图 6-1 所示。

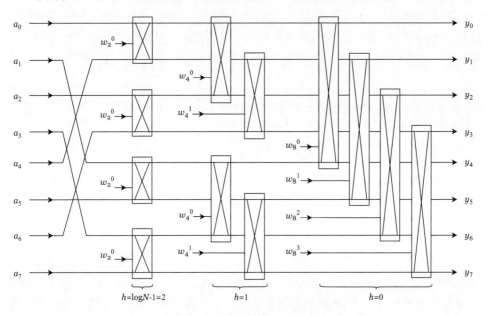

图 6-1　8 个点的 FFT 运算过程

快速傅里叶变换整体分为 $\log n = \log 8 = 3$ 轮变换操作，每一轮有 $n/2 = 4$ 个蝶形变换单元，在图中就对应着 $h=2$、$h=1$ 和 $h=0$ 这三轮，相应的矩形框里发生的计算是可以同时进行的。

这为提升运算效率提供了一个思路：如果能够结合硬件（如芯片）进行优化设计，让不同的运算单元在每一轮中承担一个蝶形变换单元的计算，那么就可以提升 FFT 的运算效率。而图形处理器（Graphics Processing Unit，简写为 GPU）作为一种专用图像渲染硬件，从结构上可以简单地理解为由很多计算单元（Streaming Multiprocessor，简写为 SM）组成，计算单元间可以同时执行计算任务。

因此，可以结合通用 GPU 架构有针对性地设计 FFT 并行算法，来提升大整数相乘的效率。其基本思想是将 GPU 中的每一个 SM 看作一个并行计算的计算节点，将 FFT 根据运算迭代轮次进行拆分，每一轮将相同的计算操作按规则分配至不同的 SM 中进行并行计算，从而提升算法并行度和计算效率。

当然，除了通用芯片，业界还有很多优化探索和尝试，比如一体机设备等。

各种算法优化和硬件加速方案的提出，其目的都在于通过软硬件结合的优化方式去提升运算效率。

到此，我们以同态加密为例列举了隐私计算技术在工程优化上一些可能的探索方法。其实同态加密的优化只是一个代表，其背后是隐私计算业界的科学家和工程师们不懈的努力，目标是让隐私计算的工程效率不断提升，为那个可能的未来做好技术上的准备。当然，这个准备除了技术，还有很多其他内容，比如法律法规、规范标准、成熟的市场等，这些要素有机地结合在一起，将会形成隐私计算生态。

6.3 隐私计算生态的建设发展

如果本章开始所畅想的未来有一天真的变成现实，除技术的进步外，更重要的一定是整个隐私计算乃至数据生态的完善与成熟。下面从以下几方面举例说明隐私计算的生态发展。

1. 法律法规

当前，数据安全和隐私保护法律法规的不断完善，为数据要素的有效保护和合法利用提供了制度保障。隐私计算技术火热的一个很重要的原因就是，其提供了安全使用数据的技术解决方案。但是，使用这项技术并不代表就完全符合法律的要求，成熟的法律体系是支撑未来隐私计算生态良性发展的基础。那么一套法律体系不仅仅指各项法律法规的颁布，而且也意味着人们对于法律法规的熟悉和理解。可能如同我们现在已经成熟的法律体系一样，一方面会有专业的数据安全法律机构和从业人员，能够提供相关的法律服务；另一方面，各个机构与个人也会形成对数据安全的法律意识。

而在当下，隐私计算虽然是数据合规使用的技术最优解，除性能和效率方面需要提升外，它仍面临着一系列挑战。比如，基于密码学的多方安全计算参与的各方是否相互信任的问题，又如，联邦学习解决方案的安全性证明。TEE（可信执行环境）方案所依赖的硬件厂商的可信赖程度等，都是需要逐步去解决的问题。所以当前的隐私计算实践需要结合具体的场景进行分析，充分理解需求和法律合规要求的基础上采用合适的技术解决方案，以确保符合各项法律法规和监管政策要求。

2. 规范标准

隐私计算技术发展和规模化应用的关键是构建生态，而生态的建立要求在数据产生、加工、使用、流通等环节中进行数据管理规范化，以及技术体系规范化与标准化。健全的规范标准能够促进生态各方数据的协作，促成生态各方技术的互联互通。

当前隐私计算行业的技术体系仍不统一，相关技术标准、规范仍有待完善。业界各个平台在技术架构、协议、算法等层面仍未达成统一，异构平台之间无法有效协作，导致出现了"数据群岛"和"计算孤岛"的问题。因此，业界目前也有很多底层技术研发实现互联互通、规范标准制定等方面的有益尝试，包括利用开源项目的技术开放性和迭代能力等，其目的是希望通过这些工作，营造互联互通的合作生态。

3. 数据应用价值体系的成熟

隐私计算技术为数据的安全使用提供了解决方案，但这项技术本身并没有解决数据价值闭环的问题，尤其是发展至今，数据的应用需要形成成熟的市场生态，使得隐私计算参与的各方能够从中获益，才能把隐私计算从仅仅为了合规的成本投入，变成能够支撑获得收益的投入，这包括数据的确权、定价、贡献度评估等工作，当参与的各方能够根据自身在数据合规共享中的共享度获得相应的收益时，这个生态才有可持续的发展前景。

最后，想再跟读者一起畅想一下可能的未来。

也许在未来的某一天，健全、成熟且安全可信的数据价值流通基础设施已经建成，支撑数据价值流通的网络就像互联网一样，四通八达，连接其中的机构和个人都能安全地按需获得想要的数据服务，同时每一个参与者的数据价值也都能放心地贡献其中。

也许在未来的某一天，支撑数据使用和流通的制度以及治理体系已然成熟，相关的法律规范就像交通法规一样，普遍且深入到各个场景细节，每个人都会像避免酒驾一样避免违规地使用数据。

也许在未来的某一天，兼顾效率和公平的数据收益和分配制度也已成型，数据资源真的就像石油等矿产资源一样，从资源的产生、使用、交易等环节都权责清晰，成熟完善的数据市场对于资源配置起到关键性的调节作用。

也许在未来的某一天，数据价值已经如同电力一样，畅通无阻地在我们的生活中流通，自然到你不易察觉，却重要到你离不开它，并且基于其上的各种服务和产品丰富多样，如同当年的工业革命一样改变人类社会的进程，开启我们的"数据安全时代"。

我们期待这样的愿景能够实现，相信你也一样。

参考文献

说明：因篇幅所限，本书参考文献请读者根据封底的"读者服务"提示下载电子版阅读。